plurall

Esta obra está no **Plurall**.
Baixe o app no seu celular
ou acesse **http://plurall.net**
e descubra uma nova
forma de estudar!

AASJJZQFQ

Atenção! Somente serão liberados conteúdos
e serviços relacionados a esta obra.

Ajuda: @plurallnet

SOMOS
EDUCAÇÃO

Elian Alabi Lucci

Bacharel e licenciado em Geografia pela Pontifícia Universidade Católica de São Paulo (PUC-SP)
Professor em escolas particulares do estado de São Paulo
Diretor da Associação dos Geógrafos Brasileiros (AGB) – seção local Bauru-SP

Anselmo Lazaro Branco

Licenciado em Geografia pelas Faculdades Associadas Ipiranga (FAI)
Professor em escolas particulares do estado de São Paulo
Ex-professor da rede estadual de ensino de São Paulo

Geografia

homem & espaço

9

Editora Saraiva

Geografia Homem & Espaço – 9º ano (Ensino Fundamental)

Direitos desta edição:
Saraiva S.A. – Livreiros Editores, São Paulo, 2014

Dados Internacionais de Catalogação na Publicação (CIP)
(Câmara Brasileira do Livro, SP, Brasil)

Lucci, Elian Alabi
Geografia : homem & espaço, 9º ano / Elian Alabi Lucci, Anselmo Lazaro Branco. – 26. ed. – São Paulo: Saraiva, 2014.

Bibliografia.
ISBN 978-85-02-22272-4 (aluno)
ISBN 978-85-04-22273-1 (professor)

1. Geografia (Ensino fundamental) I. Branco, Anselmo Lazaro. II. Título.

14-04782 CDD-372.891

Índices para catálogo sistemático :

1. Organização do espaço : Geografia : Ensino fundamental 372.891

Gerente editorial	M. Esther Nejm
Editor responsável	Wagner Nicaretta
Editores	Ana Carolina F. Muniz, Juliana Ribeiro Oliveira, Raquel Maygton Vicentini
Coordenador de revisão	Camila Christi Gazzani
Revisores	Juliana Welling, Maria Luiza Simões, Tássia de Carvalho
Coordenador de iconografia	Cristina Akisino
Pesquisa iconográfica	Andrea Bolanho, Mariana Valeiro, Thiago Fontana, Carolina Carmini Lúcio
Licenciamento de textos	Érica Brambila, Ricardo Corridoni
Gerente de artes	Ricardo Borges
Coordenador de artes	Aderson Oliveira
Design e Capa	Megalo Design com foto de: DAJ/Getty Images; Eddi Boehnke/Corbis/Latinstock; Image Sourde/Getty Images
Diagramação	Select editoração
Assistentes	Jacqueline Ortolan, Paula Regina Costa de Oliveira
Ilustrações	Alex Argozino, ConceitoGraf, Fernando & Wilma,Márcio Baraldi, Mauro Takeshi Kawasaki, Sic Cominicação, Vagner C. Santos
Cartografia e gráficos	Carlos Tadeu de carvalho Gamba, Portal de Mapas, Selma Caparroz, Sidnei Moura
Tratamento de imagens	Bernard Rodrigues Fuzetti
Produtor gráfico	Robson Cacau Alves
Impressão e acabamento	Bercrom Gráfica e Editora

568.885.026.002

Editora Saraiva

SAC 0800-0117875
De 2ª a 6ª, das 8h30 às 19h30
www.editorasaraiva.com.br/contato

Rua Henrique Schaumann, 270 – Cerqueira César – São Paulo/SP – 05413-909

Apresentação

Caro aluno

Vivemos em um mundo complexo e que se transforma em ritmo acelerado. Modificações nos modos de se comunicar, de produzir, de se divertir, de obter informações vão se processando rapidamente. Abrem-se novas possibilidades de se conhecer, compreender e analisar paisagens e espaço geográfico, particularmente com o desenvolvimento da era digital. Neste mundo em mudanças, são múltiplas as possibilidades de comunicação e o volume de informações veiculadas é enorme.

Ao observarmos as paisagens no lugar em que vivemos, bem como aquelas que conhecemos pelos diferentes meios de comunicação, ao tomarmos contato com as informações sobre acontecimentos, fenômenos e processos verificados no espaço geográfico, muitos questionamentos podem surgir: por quê? como? para quê? Essas indagações ou reflexões, junto com o seu conhecimento, serão o ponto de partida para o estudo de Geografia neste livro. Assim, ao utilizá-lo, em um trabalho conjunto com seu professor e seus colegas, você será capaz de elaborar muitas noções e encontrar respostas para várias perguntas. No decorrer do curso, porém, surgirão outros questionamentos, pois a busca pelo conhecimento, pela compreensão do mundo que nos cerca, em toda a sua complexidade, é tarefa que nunca termina.

Justamente por isso, em boa parte, a humanidade conquistou tantos avanços tecnológicos, modificou paisagens e desenvolveu amplas possibilidades de sobrevivência em diversos lugares da Terra. E é também por meio do conhecimento que podemos encontrar caminhos para estender os benefícios conquistados a um número cada vez maior de pessoas, reduzindo as desigualdades sociais materializadas nas paisagens do espaço geográfico.

Nesse contexto, a Geografia, ciência que estuda o espaço organizado pela sociedade e, portanto, a própria sociedade, pode colaborar para a formação de cidadãos capazes de compreender o mundo em que vivem e nele atuar de modo consciente, contribuindo para a conservação do meio ambiente e para que as desigualdades, a exclusão, a discriminação e o preconceito não sejam marcas de nossa sociedade.

Bom trabalho!
Os autores

VEJA COMO SUA COLEÇÃO está estruturada

Cada livro da coleção está dividido em 6 unidades que, por sua vez, subdividem-se em capítulos.

ABERTURA DA UNIDADE

Na seção que inicia as unidades, há imagens relacionadas à temática que será desenvolvida nos capítulos. Além disso, por meio das questões, de exploração das imagens, você descobre o que já sabe sobre aqueles temas.

Ásia: diversidade, desenvolvimento e conflitos

UNIDADE III

Seul, Coreia do Sul (2012).

Capadócia, na Turquia (2011).

Taj Mahal, na cidade de Agra, Índia, é classificado pela UNESCO como patrimônio da humanidade. Fotografia de 2011.

A Ásia é o continente mais extenso e mais populoso do planeta e corresponde à quase terça parte das terras emersas. Abriga cerca de 60% da população mundial. O extenso território — do Mediterrâneo ao Pacífico e do Índico ao mar Glacial Ártico — e a grande população explicam os profundos contrastes encontrados no continente.

Ao lado da diversidade histórica e étnica, as disputas territoriais e a abundância de recursos naturais estratégicos produzem no continente focos de tensão e frequentes conflitos. Essas questões, entre outras, serão discutidas nesta unidade.

- A Ásia é um continente bastante rico em termos de variedade de paisagens humanizadas e elementos da natureza. O que você conhece em relação a esses aspectos?
- Você observou uma fotografia de Seul, na Coreia do Sul, país que teve nos últimos 40 anos um acelerado crescimento econômico e que vem apresentando melhorias em relação às condições sociais. Quais contrastes sociais e econômicos você conhece do continente asiático?
- Você gostaria de conhecer algum dos lugares apresentados nas fotografias? E outros lugares da Ásia? Quais?

2 Geopolítica atual

PARA CONTEXTUALIZAR

Interprete o cartum e a fotografia a seguir.

19ª Conferência das partes (COP 19), em Varsóvia, Polônia (2013).

ATIVIDADES

Converse com seus colegas e com seu professor.

1. Considerando o cartum, além da evidente preocupação das pessoas com questões ambientais, o que a situação da Terra pode expressar?
2. Em sua opinião, questões ambientais, como as mudanças climáticas em escala global, são tratadas de maneira adequada pelos países desenvolvidos? Justifique sua resposta.
3. O mundo atual é marcado por inúmeros conflitos de diversos tipos. Em sua opinião, quais são os principais motivos para a ocorrência de tantos conflitos?

26 Unidade 1 Geopolítica e economia mundial

Este ícone indica que você encontrará Objeto Educacional Digital (OED), no DVD.

ABERTURA DO CAPÍTULO

Na abertura de cada capítulo, você encontra a seção **Para contextualizar** com atividades que serão o ponto de partida para o estudo dos conteúdos abordados. Propomos questões para você ler, interpretar e analisar imagens (fotografias, charges, cartuns, mapas, infográficos, gráficos e outros) e textos variados. Converse sobre as questões com seus colegas e com seu professor, utilize os conhecimentos que possui, apresente suas opiniões. As discussões aqui desenvolvidas serão resgatadas em alguns momentos, no decorrer do capítulo.

TEXTO PRINCIPAL

Para que você possa ler e compreender com facilidade os aspectos fundamentais do conteúdo, escrevemos um texto com linguagem objetiva e fluente. Durante sua leitura, você encontrará fotografias, ilustrações, mapas, tabelas, gráficos, que irão ajudá-lo a analisar e compreender melhor o que foi explicado.

Deserto de Gobi, Mongólia (2010).

Os desertos da parte central são frios. É o caso do deserto de Gobi (Mongólia e China) e do Takla Makan (China).

Em razão da aridez desse clima, nessas porções ocorrem as vegetações de estepes e desértica.

No sul e no sudeste da Ásia, ocorre o **clima de monções**, que é influenciado pelos ventos monçônicos.

A principal característica do clima de monções (tropical) é a variação das precipitações pluviométricas, marcando duas estações, uma seca (inverno) e outra chuvosa (verão), considerando a dinâmica das estações no hemisfério Norte.

Observe os mapas.

Monção de verão (chuvosa)

Monção de inverno (seca)

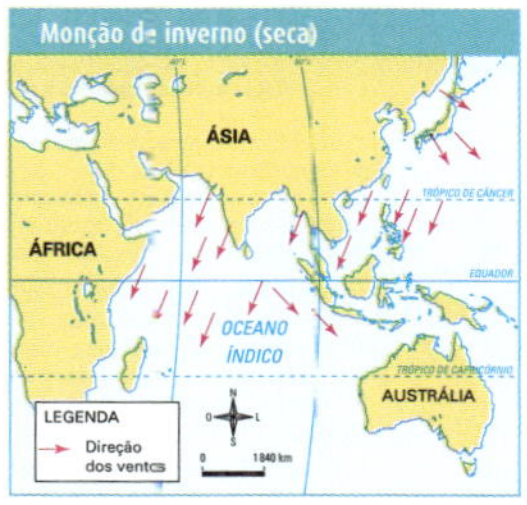

Fonte: Elaborado pelos autores com base em: *Previsão do tempo e clima*. São Paulo: Edusp, 1969. p. 113; MENDONÇA, Francisco; DANNI-OLIVEIRA, Inês M. *Climatologia*: Noções básicas. São Paulo: Oficina de Textos, 2007. p. 97.

- No capítulo 4 (Unidade 2), você estudou a dinâmica de circulação das massas de ar. Considerando o que foi estudado, identifique as zonas de alta e de baixa pressão, no verão e no inverno.

No verão, os ventos monçônicos sopram do oceano para o continente, carregando grande umidade, o que ocasiona chuvas prolongadas, indispensáveis para a irrigação da cultura do arroz e de outros produtos. Nesse período, ocorrem fortes enchentes nas planícies litorâneas do Índico e em parte do Pacífico.

No inverno, os ventos monçônicos sopram do continente para o oceano. Nesse período, as temperaturas no interior do continente são mais baixas do que as do oceano, o que provoca correntes de ventos continentais secos e frios.

Capítulo 8 Ásia - diversidade natural e questões ambientais 145

EXERCÍCIOS

Ao longo do texto principal, sugerimos alguns exercícios que poderão auxiliá-lo na leitura, interpretação e análise de mapas, gráficos, fotografias, tabelas, charges ou de algum aspecto importante abordado no texto.

Posição estratégica

Oriente Médio - Divisão política

Fonte: Atlas geográfico escolar. Rio de Janeiro: IBGE, 2009. p. 47 e 49.

O Oriente Médio está localizado em uma região estratégica, situada entre a Europa, a África e o restante do continente asiático. Nela se desenvolveram várias civilizações, como a Mesopotâmica, que abrigavam diversos povos e grande fluxo de mercadores e viajantes.

Foi uma das regiões mais ricas e desenvolvidas, e a partir dali os muçulmanos difundiram para o resto do mundo notáveis saberes científicos, artísticos e filosóficos. No século XV, a região foi dominada pelo império Turco-Otomano, permanecendo assim até os últimos dias de sua existência, no fim da Primeira Guerra Mundial.

No final da Primeira Guerra, franceses e britânicos obtiveram o apoio dos povos árabes contra os turco-otomanos. Entretanto, Reino Unido e França já haviam acertado a partilha dessa região em um acordo secreto — o acordo Sykes-Pikot, pelo qual Síria e Líbano foram ocupados pelos franceses; Palestina, Iraque e Transjordânia (atual Jordânia), pelos ingleses.

Palestina
Área onde se situam atualmente o Estado de Israel, a Faixa de Gaza e a Cisjordânia.

Somente no período entre as guerras mundiais e após a Segunda Guerra se consolidou o processo de independência, e as fronteiras entre os países foram sendo delimitadas.

Esse processo, no entanto, não significou o fim dos conflitos. Pelo contrário, após a Segunda Guerra Mundial, eles continuaram a ocorrer em virtude principalmente da formação do Estado de Israel, dos fortes interesses das grandes potências pela região e das disputas internas pelo poder, que contribuíram para a deposição de governantes e alterações em regimes de governo.

150 Unidade III Ásia: diversidade, desenvolvimento e conflitos

GLOSSÁRIO

Palavras ou termos que talvez você não conheça são explicados junto ao texto principal do capítulo, na seção **Glossário**, que lhe possibilitará uma ampliação de seu vocabulário, beneficiando também sua capacidade de compreensão leitora.

PARA COMPREENDER

Nesta seção apresentamos questões que desenvolvem habilidades de compreensão, comparação, diferenciação, identificação, análise, entre outras, de variados recursos, como poema, música, texto, mapa, charge, gráfico, fotografia, notícia, tabela ou infográfico. Na seção são apresentados textos de livros, de jornais, revistas, inclusive de meios eletrônicos.

MAIS INFORMAÇÃO

Seção composta de textos e, em alguns casos, imagens, que propiciam o contato com informações complementares ou que reforçam os conteúdos do texto principal, favorecendo a aquisição de novos conhecimentos. Os textos apresentados têm origens diversas – de livros, jornais, revistas, meios eletrônicos.

PARA COMPREENDER Texto

Na África, nasce hoje o Sudão do Sul, país mais pobre do globo

"Sob o olhar preocupado da comunidade internacional, nasce hoje o 193º país do mundo.

Devastado por décadas de guerras civis, o Sudão do Sul partilhará com Somália e Afeganistão os piores indicadores sociais do planeta.

'É um momento histórico, mas os desafios são gigantescos', afirma Erwin van der Borght, diretor para África da Anistia Internacional.

O país é o lugar no mundo onde mais morrem grávidas e recém-nascidos, e 90% das mulheres são analfabetas.

'Levará anos para o Sudão do Sul deixar de depender da assistência', diz Borght.

Falta tudo no novo país: hospitais, escolas, esgoto, iluminação, polícia. Estradas são poucas e precárias. Na capital, Juba, há apenas uma rua asfaltada. No lugar de táxis, garotos levam estrangeiros na garupa de motos, as 'boda-bodas'.

Só não faltam Coca-Cola e esperança. As garrafinhas vermelhas eram vendidas quentes, mesmo no precário posto da alfândega na fronteira com Uganda, que a *Folha* atravessou em janeiro.

'As pessoas estão tão otimistas que é até assustador', conta Jane Some, funcionária da ONU no Quênia.

'Os jovens esperam que a vida vá melhorar da noite para o dia, que vão conseguir emprego, estudo. A geração mais velha está radiante em testemunhar a independência depois de duas décadas de guerra', acrescenta.

A cerimônia de independência contará com a presença do secretário-geral da ONU, Ban Ki-moon, representantes de vários países vizinhos e celebridades, como o ator George Clooney.

Segurança

Crucial para a construção da nova nação, porém, é superar a insegurança. Em 2011, 1.800 sul-sudaneses morreram e 150 mil foram deslocados após renovados conflitos na fronteira, segundo a ONU.

Este é o ano [2011] mais inseguro no Sudão desde o fim da guerra civil de duas décadas, em 2005, quando rebeldes do sul (negros) e o norte (árabe) assinaram acordo de paz.

Disputas por terras e reservas de petróleo nas regiões fronteiriças de Abyei e Kordofan do Sul, porém, ainda trazem instabilidade, apesar de o sul ter legitimado sua secessão em referendo em janeiro.

O sul abriga 80% do petróleo sudanês, mas depende das refinarias do norte para exportar. [...]

Os EUA são o principal ator internacional no país e investem em infraestrutura, para fazer frente à presença chinesa no norte. Ontem, a ONU aprovou nova força de paz para o Sudão do Sul, com 7.900 homens."

População: 7,5 a 9,7 milhões
Capital: Juba
Área: 619.745 km² (tamanho de Minas Gerais)
Línguas: inglês, árabe, dinka
Religiões: cristianismo e animismo
111 por 1.000 nascimentos é a taxa de mortalidade infantil; uma das piores do mundo

MONTENEGRO, Carolina. *Folha de S.Paulo*, 9 jul. 2011. Disponível em: <http://www1.folha.uol.com.br>. Acesso em: 15 mai. 2014.

Fonte: *Folha de S.Paulo*, 9 jul. 2011.

Com base na leitura da notícia e na observação do mapa, explique, no caderno, por que o petróleo é considerado um "forte vetor de instabilidade" no território abordado.

214 Unidade IV África

O Brasil e os países africanos

Parcerias que intensifiquem as relações econômicas com países subdesenvolvidos, principalmente com emergentes, também podem trazer resultados para a superação dos diversos problemas que os países africanos enfrentam, sobretudo os situados ao sul do deserto do Saara — África Subsaariana.

Nesse contexto, pelos fortes laços étnico-culturais, o Brasil pode desempenhar papel importante. Neste início de século, o governo brasileiro aumentou de 18 para 30 o número de embaixadas e instalou dois consulados-gerais em países do continente africano.

Experiências bem-sucedidas no Brasil nas áreas de saúde, no combate à fome e com outras formas de assistência social também vêm sendo implementadas em países africanos, como em Angola e Moçambique, por exemplo.

MAIS INFORMAÇÃO Menos "colonizador", Brasil tem portas abertas na África

Tecnologia agrícola brasileira se adapta ao solo africano com facilidade

"A presença brasileira em países da África vai se intensificar cada vez mais. Grande parte dos países africanos está em um estágio agrícola dos anos 1960 e necessita recuperar rapidamente o tempo perdido nas últimas décadas.

Os governos descobriram que o Brasil é o caminho mais curto. Similaridade de clima, de lavouras, de cultura e o mesmo idioma em vários deles deixam as portas abertas para os brasileiros, que não são vistos como os tradicionais colonizadores europeus.

Se o Brasil quiser fincar pé no continente tem de agir rápido, porque os chineses já têm centros de pesquisas agrícolas em dez países e os indianos também marcam presença em vários deles.

Nesses dois casos, a participação governamental é grande porque eles querem segurança alimentar, diferentemente do Brasil, que se firma como um grande fornecedor mundial de alimentos.

A vantagem do Brasil é que a tecnologia agropecuária do país se adapta ao solo africano.

A condição 'continental' brasileira faz com que as variedades de grãos, a cana e até a pecuária tenham condições similares às africanas.

Com isso, os governos africanos sabem que a entrada de seus países na lista de produtores de alimentos pode ser encurtada através da 'via Brasil'.

Terra mais barata

Essa aproximação Brasil-África traz vários benefícios para os brasileiros, que passam a ser exportadores não apenas de *commodities* (soja, café, álcool etc.), mas também de tecnologia agrícola, incluindo sementes, genética e equipamentos.

Os produtores brasileiros vão encontrar, pelo menos no início, terras com preços mais baixos do que os já atingidos no Brasil, o que reduz os custos de produção.

Além disso, as tradicionais barreiras não tarifárias, que aumentam conforme o Brasil ganha importância no cenário mundial agrícola, são menores para os países africanos, principalmente as impostas pelos europeus.

No campo político, a aproximação brasileira com os africanos pode render frutos para a pretensão do Brasil de ganhar importância em organismos internacionais.

[...]"

ZALAFON, Mauro. *Folha de S.Paulo*, 14 ago. 2011, p. B5.

Capítulo 13 África – a influência externa 215

DIVERSIFICANDO

Seção presente no final de cada unidade, com indicações e comentários de livros, filmes e *sites*, que tratam temas discutidos ao longo dos capítulos.

DIVERSIFICANDO

LIVROS

Geopolítica: uma visão atual

Marcos Antonio Moraes; Sergio Franca. Campinas. Alínea e Átomo, 2009.

Para compreender melhor o atual e complexo mundo globalizado, esta obra expõe de forma clara e didática fatos que marcaram o século XX, utilizando-se de ordem cronológica e visando tanto à questão histórica quanto à geografia política. A este livro também são acrescentados fatos e perspectivas marcantes do início do século XXI.

Da Guerra Fria à nova ordem mundial (Coleção Repensando a História)

Ricardo de Moura; Mônica Liz Miranda (Org.). São Paulo: Contexto, 2009.

Retratando de uma forma imparcial o período da "Paz Armada", dando destaque à relação entre os EUA e a ex-URSS, a partir do final da Segunda Grande Guerra, esta obra mostra não só a situação diplomática entre as duas potências como também a pesada ideologia veiculada por ambos os lados no cotidiano de suas populações, por meio de propagandas.

SITES

Instituto de Estudos Estratégicos e Internacionais (IEEI)

Disponível em: <http://www.ieei.pt/index.php>.

O *site* do Instituto de Estudos Estratégicos e Internacionais (IEEI), dedicado à investigação e à promoção de debates sobre questões internacionais em suas variadas áreas – política, militar, econômica, social e cultural –, traz informações sobre suas pesquisas.

Fundação Padre Anchieta

Disponível em: <http://www2.tvcultura.com.br/aloescola/historia/guerrafria/index.htm>.

O *site* traz textos integrais a respeito da Guerra Fria, descrevendo de uma forma ampla e completa esse período histórico, abordando também seu fim e a nova ordem mundial vigente.

Fundação Padre Anchieta

Disponível em: <http://www2.tvcultura.com.br/aloescola/historia/cenasdoseculo/index.htm>.

O *site*, a partir de um panorama amplo e minucioso, explora todos os fatos e informações notáveis do século XX.

FILME

Adeus, Lênin!

Direção: Wolfgang Becker. Alemanha, 2003.

Em 1989, pouco antes da queda do muro de Berlim, a Sra. Kerner passa mal, entra em coma e fica desacordada durante os dias que marcaram o triunfo do regime capitalista. Quando ela desperta, em meados de 1990, sua cidade, Berlim Oriental, está sensivelmente modificada. Seu filho Alexander, temendo que a excitação causada pelas drásticas mudanças possa prejudicar a saúde da mãe, decide esconder-lhe os acontecimentos. Para isso, ele cria uma Alemanha socialista ilusória.

Cidadão Kane

Direção: Orson Welles. Estados Unidos, 1941.

Cidadão Kane é fundamentado na história de vida do influente magnata na área das comunicações, William Randolph Hearst. Por meio do filme conhecemos a história de Charles Foster Kane, um menino pobre que constrói um império, mas que possuía uma vida pessoal complicada e solitária. Jerry Thompson entra na história como jornalista contratado para investigar a vida de Kane a fim de descobrir o sentido de sua última palavra pronunciada, "Rosebud".

53

ATIVIDADES

Para encerrar cada capítulo, sugerimos uma seção de atividades variadas. Elas estão agrupadas em duas subseções – **Retome seus conhecimentos** e **Exercite seus conhecimentos**. As atividades propostas têm o objetivo de rever, melhor compreender e desenvolver diferentes habilidades a partir dos conhecimentos obtidos no decorrer do capítulo, além de propor, em alguns casos, pesquisas, entrevistas, observações de paisagens.

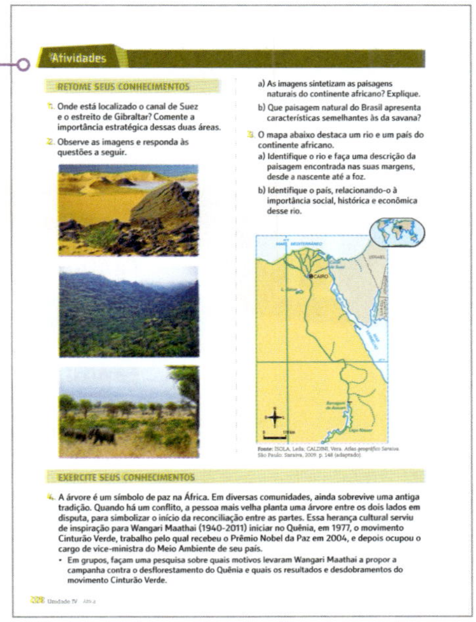

PROJETO ESPECIAL

Ao final das unidades ímpares, você encontra projetos, apresentando textos, imagens e atividades que estimulam a aquisição de conhecimentos, de métodos de estudo, de estratégias de aprendizado, além de promoverem o trabalho cooperativo. A principal intenção na produção dos projetos especiais é o desenvolvimento de experiências de aprendizagem diferentes daquelas que são produzidas diariamente na sala de aula.

GEOGRAFIA & ARTE

Ao final das unidades pares, propomos uma seção que associa arte à ciência geográfica. O objetivo é desenvolver habilidades de observação, interpretação e análise de obras de arte, poemas, fotografias etc. relacionadas com temas trabalhados em Geografia.

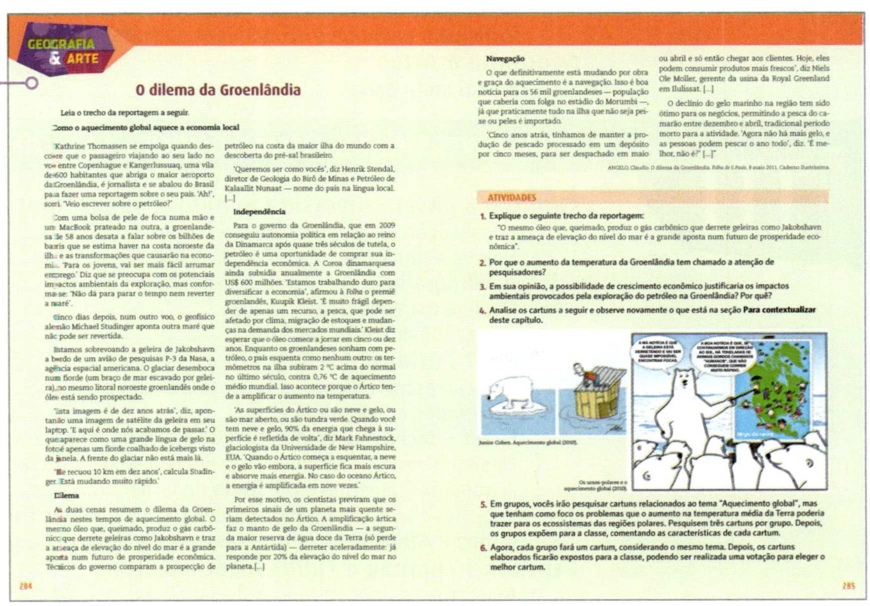

Sumário

Geopolítica e economia mundial

Soldados americanos em Baquba, a nordeste de Bagdá (2007).

Encontro do G20, em São Petersburgo, Rússia, em setembro de 2013.

UNIDADE I

Área industrial, ao fundo, da cidade de Yangzhou, na China (2010).

Entre as notícias veiculadas diariamente na TV, em jornais e revistas ou na internet, estão os acontecimentos que envolvem o poder econômico dos grandes grupos empresariais, as disputas comerciais entre países, o poder militar dos Estados-nação, as guerras, os atentados terroristas e as conferências internacionais.

- Você costuma acompanhar notícias sobre conflitos entre países veiculadas pela mídia? Compartilhe com o professor e os colegas fatos de algum conflito que chamou sua atenção.
- Quais países você incluiria numa lista de grandes potências mundiais, considerando aspectos político-militares e/ou econômicos?

Compreender características dos processos e da dinâmica desses acontecimentos é o desafio proposto ao longo deste livro e, particularmente, nesta primeira unidade, na qual analisaremos algumas relações entre poder e espaço geográfico – aspectos da geopolítica contemporânea –, abrangendo também as dimensões da globalização.

1 A Guerra Fria e o fim da URSS

PARA CONTEXTUALIZAR

Leia o texto a seguir. As palavras e expressões destacadas podem ajudar você a descobrir do que ele trata.

Kunihiko Bonkohara, 65 anos

"Picles. Kunihiko Bonkohara está vivo graças aos picles. Em **agosto de 1945**, vivia no sul de **Hiroshima**, a 2 quilômetros do centro. Sua casa ficava de frente para um depósito de tsukemono (legumes em conserva japoneses), prédio alto de tijolos resistentes.

Às **8h15 da manhã** daquele **6 de agosto**, recorda-se estar sentado ao lado de seu pai, engenheiro civil, diante da escrivaninha que ficava junto à janela da sala. A mãe e a irmã de 14 anos haviam sido convocadas para os trabalhos de demolição no centro da cidade. Bonkohara tinha 5 anos de idade.

'De repente, uma **luz muito forte** entrou pela janela. Em seguida, ouvimos um **grande estrondo** e uma **rajada de vento** levou o andar de cima da casa pelos ares. O vidro estourou e nós nos escondemos rapidamente embaixo da escrivaninha. Meu pai deitou-se em cima de mim. Lembro dele com as costas todas cobertas de sangue.'

Dos males, o menor. No lado de fora, o bairro inteiro estava destruído. As tradicionais construções de madeira — e quem quer que estivesse dentro — haviam sido reduzidas a entulho. Apenas duas casas tinham ao menos o térreo de pé: a de Bonkohara e a do vizinho. Precisamente aquelas sobre as quais o grande armazém de picles fazia sua abençoada sombra. Agindo como uma espécie de barreira, aquele prédio os protegera das **ondas de calor, das rajadas de vento**, do **fogo** e da **radiação.** Ou seja, da exposição total à **bomba atômica.**

Quando pai e filho ainda procuravam entender o que diabos havia sido aquilo, uma **chuva escura e espessa** começou a cair sobre a casa sem teto. 'Parecia piche', lembra Bonkohara. Quem dera fosse: trazia, na verdade, uma combinação mortal de **água e fuligem radioativa** produzida pelas cinzas da cidade que queimava do lado de fora.

A nuvem descomunal criada pela própria **bomba** ajudou a carregar a **'chuva negra'** para áreas de **Hiroshima** que não haviam sido diretamente atingidas. E quem acreditou ter escapado ganhou também sua cota de **radiação**".

Os caminhos da Terra. São Paulo: Editora Peixes, ano 13, n. 160, ago. 2005. p. 51.

ATIVIDADES

Converse com seus colegas e com seu professor.

1. Que situação o texto retrata?
2. O que você sabe sobre esse acontecimento?
3. Você sabe o que ele representou para a história da humanidade?
4. Você sabe quais são as potências nucleares com armamento atômico no mundo atual?

Relações políticas e econômicas no espaço mundial

Duas importantes **fontes de poder** no mundo são os **governos dos Estados-nação**, particularmente dos países desenvolvidos e mais ricos, como Estados Unidos, Japão, Alemanha, Reino Unido, França, Itália, ou dos mais fortes militarmente, como a Rússia, e as **grandes empresas multinacionais ou transnacionais.** Eles são os principais agentes responsáveis pela organização do espaço geográfico mundial. A esse grupo de países devemos acrescentar a China, que, além de apresentar um dos maiores Produtos Internos Brutos (PIBs) do mundo, é uma potência militar e um dos cinco membros permanentes do Conselho de Segurança da Organização das Nações Unidas (ONU).

Os governos desses países têm forte influência nas organizações multilaterais, como a ONU, nas decisões tomadas em conferências internacionais, no curso dos conflitos entre povos e entre países. Os grandes grupos empresariais transnacionais controlam boa parte da produção e da comercialização de mercadorias e serviços no mundo, além de concentrarem recursos financeiros e desenvolvimento tecnológico.

Ao analisarmos as relações políticas e econômicas no mundo e o modo como os governos dos Estados-nação atuam no espaço geográfico, estamos estudando geopolítica. Esse estudo engloba as disputas e os acordos entre os países, o jogo de forças do poder político-militar e econômico nos cenários nacional e internacional e todas as relações entre poder e espaço.

Ao tratarmos, por exemplo, do interesse e das ações dos Estados Unidos para controlar reservas de petróleo em países do Oriente Médio, por meio da manutenção de governos favoráveis aos estadunidenses (pró-Estados Unidos), que vão lhes vender petróleo, estamos tratando de questões geopolíticas.

Observe a fotomontagem.

Conselho de Segurança da ONU
1 Para o assunto ***Organização das Nações Unidas*** (**ONU**), acesse e explore este OED.

Fotomontagem do cartunista Latuff (2004).

1. O que ela representa?
2. Além de promover ações militares em determinados países para assegurar o fornecimento de petróleo, na fotomontagem fica evidenciada outra forma de interesse dos Estados Unidos no controle de áreas de influência no mundo. Qual é esse interesse?

Para compreendermos a geopolítica contemporânea e também a atual estruturação da economia mundial, torna-se necessária uma análise de alguns aspectos das relações internacionais, a partir de meados do século XX.

Os principais conflitos internacionais da segunda metade do século XX foram provocados pela rivalidade entre países capitalistas e socialistas.

Foi um período marcado pela Guerra Fria, no qual as superpotências Estados Unidos e União Soviética disputavam áreas de influência política no mundo (lembre-se das discussões realizadas na seção **Para contextualizar**).

Observe o mapa.

O mundo na Guerra Fria

Fonte: *Guia do estudante*. São Paulo: Abril, 2008. p. 31 (adaptado).

- Responda às questões a seguir.

1. Quais fatores podem ter possibilitado aos Estados Unidos e à URSS assumirem a posição de líderes no cenário político-econômico mundial?
2. O que significam as expressões: "Países alinhados com os Estados Unidos", "Países alinhados com a URSS" e "Países não alinhados"?
3. Do ponto de vista político-econômico, o que diferenciava as duas potências?

Com a crise do socialismo e a dissolução da União Soviética nos anos 1990, o principal processo de estruturação do espaço geográfico passou a ser a mundialização do capitalismo, caracterizado pela disputa entre as grandes potências econômicas e suas empresas sobre o comércio internacional.

MAIS INFORMAÇÃO

Capitalismo e socialismo

Nos países capitalistas, a sociedade está dividida em classes sociais. A maior parte dos meios de produção (fábricas, bancos, comércio e terras) é composta de propriedades privadas, ou seja, pertence a empresas particulares. A produção de mercadorias e a geração de serviços destinam-se ao mercado, à comercialização. Nesse sistema, os que não detêm os meios de produção (empregados) trabalham para aqueles que os detêm, em troca de um salário; os donos dos meios de produção (empresários) visam ao lucro, ou seja, à ampliação de seu capital, representado por dinheiro, imóveis, terras, veículos, máquinas, entre outros.

O socialismo é outro sistema que organiza a vida política, social e econômica de uma sociedade, com base nas ideias de Marx e Engels. Sua principal característica é a planificação da economia. Indústrias, máquinas, meios de transporte, terras etc., ou seja, todos os meios de produção pertencem ao Estado, a quem cabe fornecer condições míninas de vida à população. Teoricamente, o socialismo daria origem a uma sociedade sem classes.

Conforme você analisou anteriormente, os Estados Unidos são os maiores representantes do modelo capitalista, enquanto a URSS estruturou-se de acordo com o modelo socialista.

Nesse contexto de mundialização do capitalismo, se considerarmos o aspecto econômico, a disputa ou a competição entre empresas é bastante acirrada no âmbito da tríade Estados Unidos, União Europeia (UE) e Japão, responsáveis por cerca de 70% do PIB mundial e por aproximadamente 80% dos investimentos externos diretos, realizados anualmente ao redor do globo. No entanto, neste início de século, um quarto país já se configura como uma grande potência econômica: a China.

Além de deter um dos maiores arsenais nucleares, a China apresenta a maior população do mundo, com aproximadamente 1,3 bilhão de habitantes. Considerando os países — não os blocos econômicos, como a União Europeia —, a China é a segunda maior potência econômica e o segundo país em termos de volume de comércio internacional, atrás apenas dos Estados Unidos.

Não se pode deixar de considerar também a importância da Rússia, particularmente em termos político-militares, pois ela detém um expressivo arsenal nuclear. Além disso, as crescentes exportações de petróleo, bem como os elevados preços desse produto no mercado internacional, contribuíram para a recuperação econômica desse país na primeira década do século XXI.

Participação dos países nas exportações de mercadorias do mundo (2012)

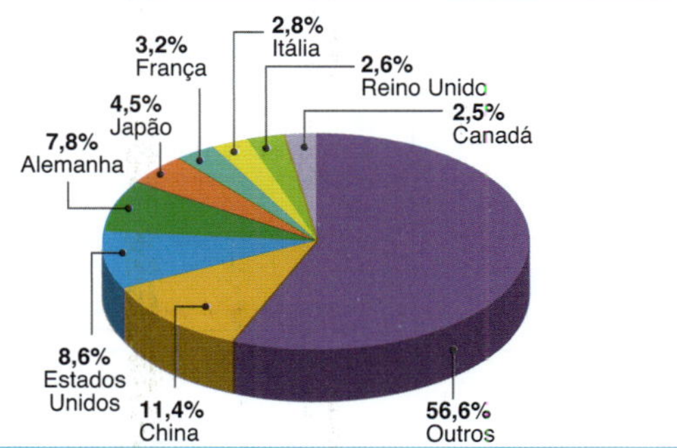

Participação dos países nas importações de mercadorias do mundo (2012)

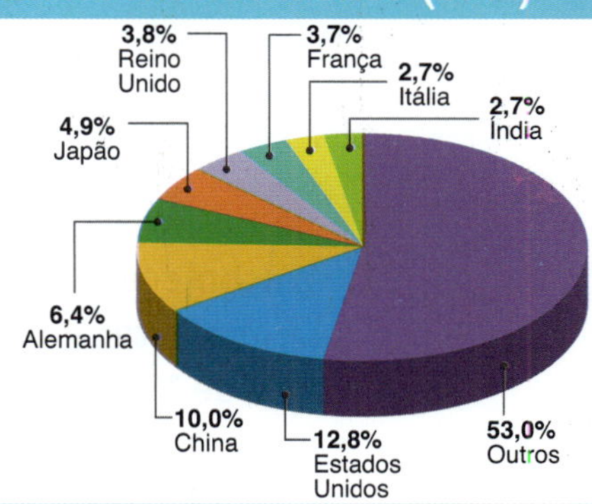

Fonte: OMC. *Estadísticas del comercio internacional*, 2013. Disponível em: <www.wto.org/estadisticas>. Acesso em: 13 mai. 2014.

Arsenal nuclear
Quantidade de armamentos nucleares (bombas e mísseis atômicos) que um país tem.

Os russos, aliados de países que os Estados Unidos consideram uma ameaça — Irã, particularmente, e Coreia do Norte (que também conta com apoio da China) —, buscam uma reinserção como grande potência internacional e um papel mais decisivo nos conflitos em diversos continentes, particularmente na Ásia e na Europa.

No entanto, do ponto de vista político-militar, na virada do século XX para o século XXI, o mundo presenciou uma situação na qual parecia haver apenas um protagonista: os Estados Unidos — nesse ponto de vista, chamado de hiperpotência mundial.

Analise o mapa.

Arsenais nucleares (2013)

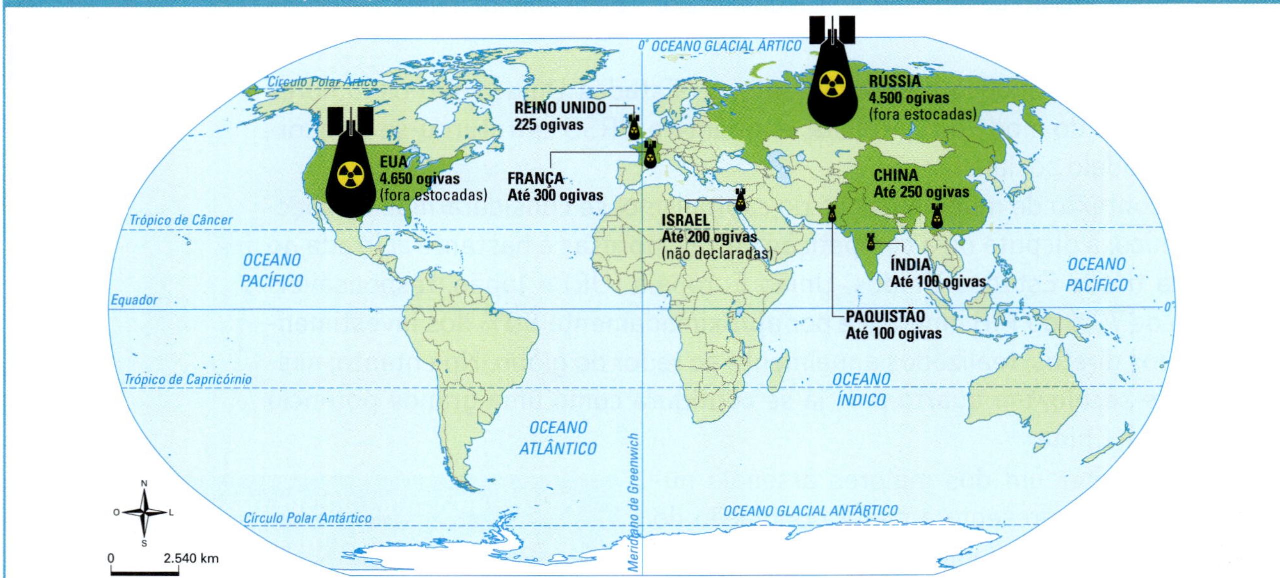

REDUÇÃO GRADUAL

Proposta é diminuir o arsenal de EUA e Rússia à metade do estabelecido nos anos 1990

1991
Start (Acordo para a Redução de armas Estratégicas), revisado em 2002 – Estabelece redução das ogivas de cada país – EUA e Rússia – para o máximo de 2.200. Expirou em dezembro de 2009

2010
"Novo Start" – Estabelece redução do arsenal dos dois países para o máximo de 1.550 ogivas

2013
Obama propõe cortar 1/3 dos arsenais, a partir do limite fixado em 2010. Isso permitiria, a cada país, ter entre 1.000 e 1.100 ogivas

Fonte: Obama promete a redução de arsenal nuclear em um terço. *Folha de S.Paulo*, 20 jan. 2013. Mundo, p. A12.

- Podemos dizer que os membros permanentes do Conselho de Segurança da ONU, abordados anteriormente, possuem como característica, na atualidade, o forte poder bélico e nuclear?

A Segunda Guerra Mundial (1939-1945)

Já no fim da Primeira Guerra Mundial, haviam sido criadas condições para que acontecesse uma nova guerra.

A implantação do socialismo e sua consolidação na URSS, os acordos de paz, a crise de 1929 e a intensificação do nacionalismo — condição básica ao desenvolvimento dos partidos nazista e fascista — desencadearam uma instabilidade permanente no continente europeu.

MAIS INFORMAÇÃO

A Revolução Russa (1917)

A Rússia sofreu perdas humanas e materiais consideráveis durante a guerra. Pouco antes da eclosão da Revolução Socialista (1917), a Primeira Guerra Mundial já havia feito, entre mortos e feridos, mais de 5 milhões de vítimas. Além disso, a mobilização da Rússia para a guerra provocou a quebra de sua economia agrícola e industrial, deixando a população civil em situação precária. Essas circunstâncias favoreceram a oposição ao regime imperial e o fortalecimento dos partidos comunistas.

No início de 1917, uma onda de greves tomou conta das principais cidades russas, paralisando a economia e provocando a queda do czar Nicolau II. Depois de um governo provisório frágil, os comunistas mais radicais, liderados pelo partido bolchevique, conquistaram o poder e instalaram a primeira república socialista do mundo.

Czar
Título que se dava ao imperador da Rússia (entre 1547 e 1917).

Após um longo período de guerra civil, com a consolidação da vitória dos bolcheviques, foi criada, em 1922, a URSS (União das Repúblicas Socialistas Soviéticas), quando houve o rompimento definitivo com o sistema capitalista internacional. A Rússia será analisada na Unidade II deste volume.

A crise de 1929 iniciou-se nos Estados Unidos, onde o crescimento econômico e o ritmo bastante intenso dos negócios do pós-guerra provocaram um excesso de produção em todos os setores, que, por sua vez, não foi acompanhado pelo nível de consumo, pois os salários eram muito baixos.

Nessas circunstâncias, em 24 de outubro de 1929, a "quinta-feira negra", os valores da Bolsa de Nova York caíram vertiginosamente.

Esse acontecimento, ocorrido no centro financeiro mais importante do mundo — os Estados Unidos —, atingiu todos os países que com ele se relacionavam. A instabilidade política gerada pela crise econômica preparava o terreno para os regimes totalitários.

A Alemanha de Hitler, o Eixo e o fim da guerra

Em 1933, na Alemanha, Adolf Hitler conquistou, por vias legais, o cargo de chanceler. Em pouco tempo, eliminou os partidos de esquerda e os sindicatos, instaurou uma forte censura aos meios de comunicação e rompeu com as cláusulas impostas pelo Tratado de Versalhes. Esse tratado, assinado após a Primeira Guerra Mundial, impôs severas condições à Alemanha, com perdas territoriais, inclusive de colônias, além da necessidade de pagar indenizações elevadas aos países vencedores da guerra, como Reino Unido, França e Bélgica. Os alemães não poderiam constituir forças armadas com tropas superiores a mais de 100 mil homens, entre outras imposições. Por esse tratado, também, a Rússia era obrigada a reconhecer a independência da Polônia.

Chanceler
Chefe de governo ou primeiro-ministro em alguns países, como na Alemanha.

Hitler contestou a ordem mundial definida pela Primeira Guerra e formou com a Itália e o Japão uma nova aliança militar, conhecida como Eixo. A concepção geopolítica de Hitler, e dos países do Eixo, partia do princípio de que a Alemanha necessitava de um "espaço vital" para promover seu desenvolvimento econômico. Isso justificava a retomada dos territórios perdidos durante a guerra e a expansão, sem limites, de sua área de influência.

Em 1938, a Alemanha ocupou a Áustria e, em 1939, a Tchecoslováquia. Em setembro de 1939, o exército alemão invadiu a Polônia. Com isso, a França e o Reino Unido (Aliados) declararam guerra à Alemanha.

Em menos de um ano, a Alemanha já havia ocupado a Holanda, a Bélgica, Luxemburgo, a Dinamarca, a Noruega e a maior parte da França.

As forças do Eixo tiveram um avanço significativo nos dois primeiros anos de guerra. A Itália invadiu a Albânia e a Somália, enquanto o Japão invadiu Malásia, Cingapura, Filipinas e outras regiões dominadas pelo império colonial dos Aliados. A guerra também se estendeu à China e ao norte da África, ganhando uma dimensão nunca vista em outro momento da história.

No fim de 1941, os Estados Unidos e a URSS entraram na guerra ao lado das tropas aliadas. A participação desses dois países mostrou-se decisiva para a derrota do Eixo, que nos últimos anos de guerra teve de recuar e abandonar boa parte das terras conquistadas no início do conflito.

Já em 1943, a Itália assinou um acordo de paz com as tropas aliadas. Em maio de 1945, quando o exército soviético ocupou Berlim, a Alemanha rendeu-se incondicionalmente. A guerra terminou com o lançamento de duas bombas atômicas, pelos Estados Unidos, sobre as cidades japonesas de Hiroshima e Nagasaki e a consequente rendição do Japão, em agosto de 1945. Lembre-se do texto da seção **Para contextualizar**.

O mundo pós-1945 – A Guerra Fria

No fim da Segunda Guerra Mundial, os espaços urbanos e rurais dos países europeus estavam desestruturados em termos de produção, habitação e circulação. A produção, voltada para uma economia de guerra por quase seis anos, encontrava-se totalmente desorganizada, e os países estavam endividados.

A Alemanha foi dividida em quatro zonas de ocupação. Em maio de 1949, as zonas de ocupação francesa, britânica e estadunidense transformaram-se na República Federal da Alemanha (Alemanha Ocidental). Um mês depois, a zona de ocupação soviética deu origem à República Democrática Alemã (Alemanha Oriental). A cidade de Berlim, capital da Alemanha, também foi dividida em quatro zonas de ocupação. Berlim ocidental foi ocupada por França, Reino Unido e EUA, e Berlim oriental pela URSS. Em 1961, foi erguido o Muro de Berlim, para impedir a fuga de berlinenses orientais e a circulação de mercadorias entre as duas partes, uma vez que passou a ocorrer a venda de alimentos a preços baixos (subsidiados pelo governo socialista da Alemanha Oriental) aos ocidentais.

Os Estados Unidos foram os grandes beneficiados dessa desestruturação, pois, durante a guerra e por um longo período após seu término, constituíram-se no principal fornecedor de mercadorias e capital para os países envolvidos no conflito.

Leste Europeu (1949)

A expressão Leste Europeu teve significado muito mais político-ideológico do que geográfico. Ela foi uma decorrência da implantação do regime socialista em países da Europa Central Oriental.
Fonte: G. Duby. *Atlas historique*. Paris: Larousse, 1996. p. 97 (adaptado).

A então União Soviética foi a outra grande vencedora. Recuperou os territórios da Estônia, da Letônia e da Lituânia, parte do território da Polônia e da Romênia, anexou a Prússia Oriental (atual Kaliningrado, território russo situado entre a Polônia e a Lituânia) e estendeu sua influência a todo o Leste Europeu e à parte oriental da Alemanha.

Com o enfraquecimento das potências europeias (Reino Unido, França e Alemanha), o mundo passou a se estruturar a partir de dois polos opostos — Estados Unidos e União Soviética —, que começaram a disputar a hegemonia mundial.

A guerra delineou uma ordem mundial, conhecida como bipolar, em que os antagonismos entre o mundo capitalista e o socialista tornaram-se muito mais intensos, em razão do fortalecimento da União Soviética.

A aliança entre os países capitalistas e a União Soviética, durante os anos de guerra, foi assegurada pela necessidade da luta contra o inimigo comum: a Alemanha. Mas no período pós-guerra ficou claro que entre esses países existiam mais diferenças do que afinidades.

Após o fim da Segunda Guerra Mundial e a derrota do nazi-facismo, surgiram novos problemas internacionais. Os acordos de guerra, a implantação do socialismo no Leste Europeu e a perspectiva de sua expansão para outros países do mundo colocaram em lados opostos a União Soviética e as demais potências vencedoras (Estados Unidos, França e Reino Unido).

Para os Estados Unidos, a ampliação da área de influência soviética representava uma ameaça à sobrevivência do mundo ocidental (capitalista), motivo pelo qual os esforços para contê-la foram ilimitados.

O Partido Comunista obteve uma votação expressiva nas primeiras eleições do pós-guerra em vários países da Europa. A desorganização econômica dos países arrasados pela guerra criou condições objetivas que poderiam levar os comunistas ao poder em vários países europeus e, consequentemente, à ampliação da influência soviética.

MAIS INFORMAÇÃO

A Doutrina Truman e o Plano Marshall

Em 1947, o presidente Truman, dos Estados Unidos, deu início a uma política de contenção da expansão socialista, conhecida como Doutrina Truman. Em declaração ao congresso estadunidense, em 11 de março de 1947, o presidente afirmou:

"A política dos Estados Unidos será a de prestar apoio aos povos livres que resistem às tentativas de subjugamento por obra de minorias armadas e de pressões do exterior."

As palavras de Truman eram endereçadas à então União Soviética e aos grupos que estimulavam a Revolução Socialista em outros países do mundo. Essa declaração, que indicava uma nova política externa para os Estados Unidos, é considerada um dos marcos iniciais da Guerra Fria.

Ainda em 1947, o secretário de Estado norte-americano, George Marshall, anunciou um plano de apoio financeiro para a reconstrução europeia. Para os Estados Unidos, o Plano Marshall tinha dois objetivos principais: assegurar sua influência na parte ocidental da Europa e em outras regiões do mundo e reorganizar a economia capitalista mundial, fundamental para o escoamento de seus produtos e de seus investimentos no mercado externo.

A Otan e o Pacto de Varsóvia

Durante a Guerra Fria, os Estados Unidos e a União Soviética procuraram formar, isoladamente, algumas alianças militares para fortalecer os laços com seus aliados e se proteger de ameaças.

A Otan (Organização do Tratado do Atlântico Norte), criada em 1949, contava com: Bélgica, Canadá, Dinamarca, França, Reino Unido, Holanda, Itália, Luxemburgo, Islândia, Noruega, Portugal e Estados Unidos. Mais tarde, juntaram-se a eles Grécia e Turquia (1952), Alemanha Ocidental (1955) e Espanha (1982). Essa organização tinha como objetivos o desenvolvimento de uma colaboração política entre os países-membros e o auxílio militar mútuo, em caso de ataque a um deles. O princípio do tratado era que "todo ataque armado contra um de seus membros seria considerado um ataque dirigido a todos".

Em 1955, como resposta à Otan, foi assinado o Tratado de Assistência Mútua da Europa Oriental, conhecido como Pacto de Varsóvia. Seus signatários foram: Alemanha Oriental, Polônia, Hungria, Tchecoslováquia, Romênia, Bulgária, Albânia e União Soviética. O Pacto de Varsóvia tinha como objetivos o auxílio militar mútuo, no caso de os países-membros sofrerem agressões armadas, e consultas sobre problemas de segurança e colaboração política.

Como alternativa para a bipolaridade mundial entre a Otan e o Pacto de Varsóvia, criou-se nos anos 1960 o Movimento de Países Não Alinhados. Desse movimento participavam principalmente países subdesenvolvidos, como os da Ásia, da África e da América Latina, que tinham como objetivos consolidar sua independência e soberania, resgatar suas culturas e economias, além de manifestar seu compromisso com a paz.

As consequências da Guerra Fria

A Guerra Fria obrigou os Estados Unidos e a União Soviética a destinar parte substancial de sua economia e de seus investimentos para a pesquisa e a produção de armamentos.

Enquanto isso, outros países do mundo, especialmente o Japão e a Alemanha, que ficaram de fora da corrida armamentista, dirigiam seus investimentos aos setores mais produtivos e à ampliação de seus mercados externos. A partir da década de 1970, esses países registraram, anualmente, taxas de crescimento muito superiores às das duas superpotências. O mesmo ocorreu com o Reino Unido, a França, a Itália e o Canadá.

A União Soviética foi o país mais prejudicado pela Guerra Fria. Os gastos militares, especialmente com a produção de armas, impossibilitaram o desenvolvimento tecnológico de outros setores produtivos, tornando sua economia atrasada, limitada e incapaz de atender às necessidades básicas da população. Esse atraso tecnológico, que comprometia o desempenho das atividades produtivas, também se manifestava nos demais países socialistas. A economia socialista dava os primeiros sinais de esgotamento.

O descontentamento popular nos países do bloco socialista era evidente. As manifestações populares, duramente reprimidas em todos os países socialistas, tornaram-se frequentes nos anos 1980.

Queda do muro de Berlim (1989).

Em 1985, Mikhail Gorbachev, dirigente da União Soviética até 1991, estabeleceu duas medidas para enfrentar a crise econômica e política que se arrastava em seu país desde a década de 1960: a *glasnost* (transparência política) e a *perestroika* (reestruturação econômica).

A *glasnost* tinha como objetivo promover a democracia. A *perestroika* propunha a introdução gradual de alguns mecanismos da economia de mercado e o fim do planejamento econômico do Estado.

A União Soviética passou a reduzir os investimentos em armamentos, com o objetivo de aplicá-los na agricultura e na indústria de bens de consumo. Além disso, foi necessário recorrer à ajuda externa. Assim, Gorbachev instituiu uma política de reaproximação com os Estados Unidos.

A abertura promovida por Gorbachev estendeu-se aos países do Leste Europeu que apresentavam os mesmos problemas. Até o fim da década de 1980, alguns desses países já haviam modificado suas orientações políticas e econômicas, democratizando suas instituições e adotando mecanismos de mercado, típicos da economia capitalista.

2 A queda do muro de Berlim

Para o assunto ***O muro de Berlim* (1961-1989)**, acesse e explore este OED.

Todos esses fatores provocaram mudanças no mapa da Europa, como a separação da Tchecoslováquia e o esfacelamento da Iugoslávia.

Dois acontecimentos foram muito importantes no processo de abertura do Leste Europeu: a queda do Muro de Berlim (que simbolizou o fim da Guerra Fria), em 9 de novembro de 1989, e a reunificação da Alemanha, em 3 de outubro de 1990.

A dissolução da URSS

As medidas político-econômicas do governo Gorbachev foram muito bem-aceitas internacionalmente. Entretanto, internamente, não tiveram o efeito esperado. A população, que em um primeiro momento havia apoiado as reformas, passou a questioná-las em razão dos problemas econômicos que imediatamente se estabeleceram. Os preços das mercadorias básicas subiram, houve aumento do desemprego e o país passou a enfrentar um desabastecimento maior do que existia antes da instituição das reformas.

Além disso, várias repúblicas que compunham a União Soviética passaram a reivindicar autonomia. O movimento de independência dos países bálticos (Estônia, Letônia e Lituânia) contribuiu para aumentar o descontentamento com relação ao governo de Gorbachev.

Um dos principais focos desse descontentamento vinha dos militares "linha-dura" e de boa parte da liderança do Partido Comunista da União Soviética (PCUS). Em agosto de 1991, Gorbachev foi retirado do poder por um golpe de Estado promovido pela cúpula militar e pelo vice-presidente.

A reação popular foi imediata. A resistência ao golpe contou com a pressão internacional e com o presidente da Rússia, Boris Yeltsin. O golpe de Estado fracassou, mas, apesar disso, Gorbachev já não tinha o apoio necessário para conduzir as reformas.

Os sentimentos nacionalista e democrático intensificaram-se nas repúblicas, resultando na declaração de independência de algumas delas e na confirmação por parte de outras que já haviam se declarado independentes.

Em setembro de 1991, as três repúblicas soviéticas do Báltico (Lituânia, Letônia e Estônia) foram reconhecidas como Estados independentes.

Em dezembro de 1991, após várias reuniões, sem contar com a participação de Gorbachev, os presidentes de algumas das repúblicas soviéticas criaram a Comunidade dos Estados Independentes (CEI). Reuniram 11 repúblicas da União Soviética, que, a partir de então, deixava de existir, levando o líder Gorbachev a renunciar.

A Geórgia, que havia ingressado em 1994, aumentando o número de países para 12, retirou-se da organização em agosto de 2008, após conflito com a Rússia. Já o Turcomenistão, desde 2005, é membro associado. Rússia e CEI serão estudadas no capítulo 7 deste livro.

O novo papel da Otan e o fim do Pacto de Varsóvia

Após a crise dos países socialistas do Leste Europeu, no fim da década de 1980, o Pacto de Varsóvia esvaziou-se e acabou sendo dissolvido em 1991.

Com o fim da Guerra Fria, a Otan vem passando por uma reestruturação e iniciou um processo de expansão para áreas do antigo bloco soviético na Europa.

Em 12 de março de 1999, a República Tcheca, a Hungria e a Polônia ingressaram na organização. Em 2004, foi a vez de Bulgária, Romênia, Eslovênia, Eslováquia, Letônia, Lituânia e Estônia.

A Otan constitui atualmente uma organização militar que oferece apoio e cooperação em matéria de segurança para a ONU, defesa contra o terrorismo e combate ao tráfico de drogas.

Estrategicamente, a manutenção de uma organização militar que envolva a Europa e os Estados Unidos reduz a possibilidade de criação de uma organização dessa natureza representando a União Europeia.

Assim, ampliar a atuação da Otan nos principais conflitos mundiais e processos de ocupação significa ampliar a participação financeira da Europa nesses processos. A Otan, dessa forma, vem se colocando em uma posição de equilíbrio entre Estados Unidos e União Europeia, apesar dos desentendimentos entre ambos, como no caso da ocupação do Iraque em 2003.

PARA COMPREENDER — Texto e imagem

Em 2003, sob o pretexto de derrubar o regime do ditador Saddam Hussein, que, segundo os estadunidenses, desenvolvia projetos para a construção de armas de destruição em massa (químicas, nucleares e biológicas), os Estados Unidos e alguns aliados (particularmente o Reino Unido) invadiram o Iraque, sem a autorização da ONU.

No ano seguinte, os governos estadunidense e britânico admitiram que não havia esse tipo de armamento em território iraquiano.

■ Responda à questão: Qual ideia o cartunista quis expressar?

Angeli.

Em maio de 2002, a Rússia e a Otan selaram um acordo de cooperação, com a criação do Conselho Otan-Rússia. A partir de então, o país passou a participar das decisões dos países-membros em assuntos de interesse mútuo, como a definição de estratégias político-militares a serem aplicadas no controle da proliferação de armas nucleares e no combate ao terrorismo.

Otan na Europa (2014)

Na América (2014)

LEGENDA
- Membros da Otan até 1989
- Ingressos na Otan em 1999 e 2004
- Ingressos na Otan em 2009
- Candidatos a membros da Otan
- Membro não votante (papel consultivo)

O Conselho Otan-Rússia
- ✓ A Rússia terá o mesmo *status* que os países-membros da aliança, mas cada lado mantém autonomia total no que se refere à tomada de decisões e à realização de operações.
- ✓ Moscou não poderá vetar decisões da Otan.
- ✓ Áreas de trabalho conjunto: contraterrorismo; controle da proliferação de armas de destruição em massa; administração de crises; defesa antimísseis; manutenção da paz.

Responsável pela coordenação das Forças Armadas dos membros da Organização do Tratado do Atlântico Norte, com sede em Bruxelas, a estrutura militar da Otan tem cerca de 14 mil homens.

Fonte: Otan. Disponível em: <www.nato.int/cps/en/natolive/nato_countries.htm>. Acesso em: 13 mai. 2014.

PARA COMPREENDER Texto

Leia o texto.

ONU – Frágil, mas essencial

"Criada na Conferência de São Francisco, Estados Unidos, em 1945, com a participação de delegados de 51 países, a ONU estabeleceu em sua Carta objetivos tão grandiosos quanto necessários: proteger as gerações futuras do flagelo da guerra; reafirmar a fé nos direitos fundamentais do indivíduo, na igualdade entre homens e mulheres, entre nações grandes e pequenas; promover o progresso social em um quadro de amplas liberdades; praticar a tolerância para uma vida comunitária em paz; empregar os organismos internacionais para promover o progresso econômico e social de todos os povos. [...]

Para viabilizar os propósitos em que se baseava, a ONU não só conservou e reformou organismos existentes desde 1919 (a Corte Permanente de Justiça Internacional e a Organização Internacional do Trabalho), como criou outros. [...] Além de instituir tais organismos, de indiscutíveis propósitos humanitários, o sistema ONU aparelhou-se para enfrentar a corrida nuclear, as desigualdades econômicas e os desequilíbrios ambientais.

Em essência, tanto a criação da ONU quanto sua legitimidade e eficácia resultaram da afirmação de um quadro internacional marcado pela Guerra Fria e por um virtual equilíbrio nuclear entre as duas grandes potências (Estados Unidos e União Soviética). É esse equilíbrio político-militar que explica, ao menos no início, a engenharia institucional da ONU, que tendeu a expressar em sua estrutura e funcionamento as regras gerais de um equilíbrio instável e tenso, mas necessário, sob pena de consequências imprevisíveis.

Esse equilíbrio foi permanentemente afetado por conflitos abertos ou latentes, a exemplo da explicitação da Guerra Fria (a partir de 1947), da primeira guerra entre árabes e judeus no contexto da criação do Estado de Israel (1948), da guerra da Coreia (entre 1950 e 1953). [...]

A estrutura da ONU é composta por três órgãos principais: a Assembleia Geral, que se reúne anualmente e é composta por representantes de todos os países-membros; o Conselho de Segurança, hoje exercido por representantes de 15 países, cinco deles com assento permanente e direito a veto (Estados Unidos, Grã-Bretanha, França, China e Rússia); o Secretariado Geral, exercido por um secretário eleito pela Assembleia Geral. [...]

O poder, não há como ignorar, está concentrado no Conselho de Segurança, particularmente nos cinco membros permanentes. [...]

A explicitação desse novo quadro manifestou-se com o ataque dos Estados Unidos ao Iraque em 2003, contra a vontade da maioria dos membros permanentes do Conselho de Segurança e contra a opinião pública mundial. A quem interessa uma ONU enfraquecida e desmoralizada? A quem interessa a ausência de mecanismos efetivos de controle e regulação internacionais? A quem interessa a transformação da ONU em uma por vezes patética instituição humanitária que tenta compensar de modo irrisório os efeitos perversos da globalização? [...]

Desde sua criação a ONU tem sido desafiada por questões complexas e dramáticas. Nem sempre obteve êxito, nem sempre correspondeu aos anseios dos que viram nela a possibilidade de realização da paz perpétua.

Reconhecer a fragilidade da ONU, sua impotência diante do poder imperial, não significa abandonar o sonho da construção de relações internacionais baseadas no princípio da solidariedade e do respeito às diferenças. [...]"

PAULA, João Antônio de. *Ciência Hoje*. Rio de Janeiro: SBPC, v. 36, n. 212, jan./fev. de 2005.

Com base no texto, responda: Por que a ONU é essencial, mas frágil?

Atividades

RETOME SEUS CONHECIMENTOS

1. O que foi a Guerra Fria?

2. Durante a Guerra Fria, a Europa estava dividida novamente, assim como o mundo. Faça um mapa da Europa, identificando com cores diferentes os países que eram socialistas e os que eram capitalistas. Acrescente um mapa-detalhe para mostrar a separação da Alemanha.

3. Em 1985, Mikhail Gorbachev assumiu a liderança do Partido Comunista Soviético e, a partir de então, o mundo, principalmente o Leste Europeu, deixou de ser o mesmo.

   a) Quais foram as mudanças geradas pela política de Gorbachev?

   b) Quais as consequências dessas reformas para os países socialistas?

   c) O que aconteceu com a União Soviética?

   d) Qual a situação do Leste Europeu no fim da década de 1990?

EXERCITE SEUS CONHECIMENTOS

4. Leia o texto.

> "Em um zoológico, satisfazem-se as necessidades materiais básicas, mas não se pode sair da clausura. Nestas circunstâncias, muitos animais suspiram por voltar à selva.
>
> Sem dúvida, esquecem, ou nunca souberam, que o mundo da selva é cruel e que ali poucos sobrevivem decentemente e menos ainda são os que triunfam. Além disso, durante o período da grande transição, as vantagens do zoológico são subestimadas e as da selva, exageradas."

ENMERIJ,L. "Perestroika en Occidente". Apud: HAESBAERT, Rogério. *Blocos internacionais de poder*. São Paulo: Contexto, 1990. p. 44.

Responda:

a) A situação descrita no texto ilustra, de forma figurada, determinado contexto socioeconômico. Os animais do zoológico são usados, na verdade, como referência a certo grupo de países. Que grupo é esse?

b) A quais sistemas socioeconômicos o zoológico e a selva são comparados neste texto?

5. A Segunda Guerra Mundial é um marco histórico muito importante, pois ocasionou profundas mudanças no cenário político mundial. Comente a situação, após essa guerra, dos seguintes países ou continentes:

   a) Europa;

   b) Alemanha;

   c) União Soviética;

   d) Estados Unidos.

6. As duas guerras mundiais dividiram o território europeu. A Guerra Fria concretizou essa divisão com base nos sistemas socioeconômicos, definindo um cenário bipolar, ou seja, uma separação do mundo em capitalismo e socialismo. A dissolução da URSS e a unificação da Alemanha representaram o fim da bipolaridade.

   a) Atualmente, como pode ser caracterizado o cenário político-militar mundial?

   b) Qual o papel da Rússia e da Alemanha nesse contexto?

7. A Guerra Fria ocorreu com o agravamento dos conflitos diplomáticos entre Estados Unidos e União Soviética. Há historiadores e outros estudiosos que apontam a explosão das bombas atômicas no fim da Segunda Guerra como fato marcante para o início da ordem bipolar.

   Explique por que, para alguns especialistas, as bombas atômicas de Hiroshima e Nagasaki, no Japão, possuem relações com a Guerra Fria.

8. Por que o capitalismo prevaleceu e o socialismo entrou em crise? Revise as características de cada sistema e manifeste a sua opinião.

2 Geopolítica atual

PARA CONTEXTUALIZAR

Interprete o cartum e a fotografia a seguir.

19ª Conferência das partes (COP 19), em Varsóvia, Polônia (2013).

ATIVIDADES

Converse com seus colegas e com seu professor.

1. Considerando o cartum, além da evidente preocupação das pessoas com questões ambientais, o que a situação da Terra pode expressar?
2. Em sua opinião, questões ambientais, como as mudanças climáticas em escala global, são tratadas de maneira adequada pelos países desenvolvidos? Justifique sua resposta.
3. O mundo atual é marcado por inúmeros conflitos de diversos tipos. Em sua opinião, quais são os principais motivos para a ocorrência de tantos conflitos?

As relações internacionais no início do século XXI

No período da Guerra Fria, as relações político-militares tinham um papel de grande destaque e giravam em torno da bipolarização do poder mundial — a rivalidade entre Estados Unidos e URSS. Uma das principais preocupações da humanidade nesse contexto era a possibilidade de ocorrer uma guerra nuclear entre as superpotências.

Com a dissolução da União Soviética e a abertura para o capitalismo em quase todos os antigos países socialistas, esse período se encerrou, e os Estados Unidos assumiram o papel de potência hegemônica nos planos econômico, político e militar.

Inaugurou-se, assim, a chamada nova ordem mundial, a partir dos anos 1990. Nesse novo período, as guerras entre grupos étnicos de um mesmo país, particularmente na África e na Ásia, assim como a luta pela independência empreendida por vários povos (como os tchetchenos, na Rússia) ou pela formação de um Estado-nação (como os palestinos), continuam ocorrendo com certa frequência. Ainda são marcantes algumas disputas territoriais entre países, como o conflito entre Índia e Paquistão pelo controle da região da Caxemira.

Após os atentados terroristas contra os Estados Unidos em 11 de setembro de 2001, uma das prioridades do Ocidente, em termos político-militares, no início do século XXI, passou a ser o combate ao terrorismo internacional — inimigo disperso em vários países que age, geralmente, sem anunciar, causando grandes danos humanos e materiais, mesmo sem dispor de um arsenal expressivo.

Atentado terrorista, assumido pela Al Qaeda, na estação ferroviária de Atocha, em Madri, Espanha, no dia 11 de março de 2004.

MAIS INFORMAÇÃO

Potência hegemônica e o mundo ocidental

Uma potência hegemônica é aquela que influencia, de algum modo, os outros países do mundo. Ela impõe sua política, interferindo no sistema de regras no âmbito das relações internacionais. Os Estados Unidos, especialmente após a Segunda Guerra, moldaram o sistema mundial de acordo com a sua visão e seus interesses. O país, que já era a maior economia mundial desde a Primeira Guerra, passou a controlar cerca de 40% do PIB mundial, com uma força política e militar dominante, além de exercer uma influência cultural ampla no mundo.

As potências ocidentais (países da Europa Ocidental, Estados Unidos e Canadá) exercem sua hegemonia no mundo desde a metade do segundo milênio. Porém, a partir da Guerra Fria, passou-se a chamar de "mundo ocidental" os países capitalistas desenvolvidos, como Estados Unidos, Canadá, os da Europa Ocidental, Austrália, Nova Zelândia, Japão e Israel, independentemente de sua localização geográfica.

Fim da Doutrina Bush e eleição de Obama

A posse de Barack Obama como presidente dos EUA, em janeiro de 2009, pôs fim à Doutrina Bush (que você estudou no livro do 8º ano, capítulo 12), segundo a qual o governo dos EUA podia se defender de modo preventivo e antecipado, realizando invasões e ataques a qualquer país que, em sua visão, ameaçasse os interesses econômicos e político-militares dos Estados Unidos.

No âmbito das relações exteriores, o governo Obama adotou uma postura mais participativa nas negociações sobre as questões ambientais, ainda que não tenha tomado nenhuma decisão de grande envergadura. No que se refere aos conflitos internacionais, acertou um plano para a retirada das tropas militares norte-americanas do Iraque e priorizou uma aproximação nas relações com a Rússia, a China e a União Europeia, visando, inclusive, propor novos encaminhamentos para a atuação nos conflitos do Oriente Médio. Nessa região, o governo Obama iniciou um processo de reaproximação com o Irã – país com o qual os Estados Unidos não mantinham relações diplomáticas desde 1980.

Entretanto, a revelação, em 2013, de um programa de espionagem dos EUA, executado pela Agência de Segurança Nacional (NSA, nas iniciais da sigla em inglês), provocaram reações em todo o mundo e abalaram a confiança de diversos aliados estadunidenses. Esse programa de espionagem, de acordo com um ex-funcionário da Agência Central de Inteligência dos Estados Unidos (CIA), monitora comunicações, como telefonemas, trocas de *e-mails* e postagens em redes sociais de cidadãos estadunidenses, mas também espiona governantes de países, funcionários de organizações internacionais e de empresas, tendo acesso inclusive a contratos e acordos comerciais e industriais. A justificativa para a atuação da NSA era o combate ao terrorismo e a defesa da segurança nacional.

Essas e outras posturas de Obama, reeleito em 2013, gradativamente foram substituindo o clima de grandes expectativas e esperanças que cercou sua posse. Embora mais pautada pelas negociações, e sem a visão unilateralista dos tempos de Bush, a política externa estadunidense, em muitas circunstâncias, continua sobrepondo os interesses dos EUA.

A disputa pela hegemonia

Particularmente em relação à influência no continente asiático, os Estados Unidos enfrentam a concorrência de dois fortes protagonistas geopolíticos neste fim da primeira década do século XXI: a Rússia e a China.

A Rússia está fortalecida economicamente com as exportações de petróleo e busca um papel mais atuante no cenário político-militar internacional. Em 2007, assinou acordo com dois países da Ásia Central — Casaquistão e Turcomenistão — para a construção de um gasoduto ao longo do mar Cáspio, a fim de escoar boa parte da produção desses países para a Europa.

Quanto à ascensão da China, especialistas em relações internacionais entendem que os chineses serão competidores dos Estados Unidos não apenas no aspecto econômico, mas também no âmbito geopolítico mundial. As re-

Cartum de Baraldi.

• O que o cartunista quis expressar? Você concorda com essa visão? Por quê?

lações entre Estados Unidos e China cada vez mais desempenham um papel importante na geopolítica global neste início de século. O enorme fluxo comercial entre os países é extremamente favorável aos chineses, que necessitam manter essa situação por mais alguns anos, a fim de continuar alavancando o crescimento econômico.

Essa forte expansão da economia da China exige que o país busque fornecedores de matérias-primas e parceiros comerciais ao redor do mundo, ampliando seus mercados e suas possibilidades de investimento. Em decorrência dessa situação, serão inevitáveis os choques de interesses com os Estados Unidos. No próprio continente asiático, os chineses já desempenham papel importante no desenvolvimento econômico de vários países, bem como na África, como será analisado neste volume.

Além disso, em termos geopolíticos, uma série de tensões regionais passa pela relação sino-americana, como a possível proliferação de armas nucleares na Coreia do Norte (Estado socialista), o programa nuclear no Irã, o conflito na Síria e a questão de Taiwan (país apoiado pelos Estados Unidos, mas que a China não reconhece como Estado-nação, e sim como território chinês). Cabe destacar que Taiwan não é reconhecido pela ONU e pelas principais organizações internacionais e mantém relações diplomáticas com apenas 26 países.

Os estadunidenses exercem supremacia no espaço global, apesar da existência de outros centros de poder político e econômico — União Europeia e Japão, além da China e da Rússia — que buscam um papel mais ativo nas decisões tomadas no âmbito das relações internacionais.

Essa preponderância político-econômica e militar, por sua vez, pode ser sentida nas decisões tomadas pela própria ONU (e pelos países que a integram), que age, na maioria das vezes, sob a influência dos Estados Unidos. Está presente também nas políticas desenvolvidas pelos organismos internacionais, como o FMI, o Banco Mundial e a OMC. Resta saber, no entanto, como o governo e a sociedade civil estadunidense irão superar, de forma duradoura, as consequências da crise econômica de 2008. No início de 2014, alguns sinais mais evidentes de melhora na economia dos Estados Unidos eram o maior crescimento do PIB e a queda nos índices de desemprego.

PARA COMPREENDER Mapa

Leia as informações do mapa a seguir.

Presença militar norte-americana no mundo (2014)

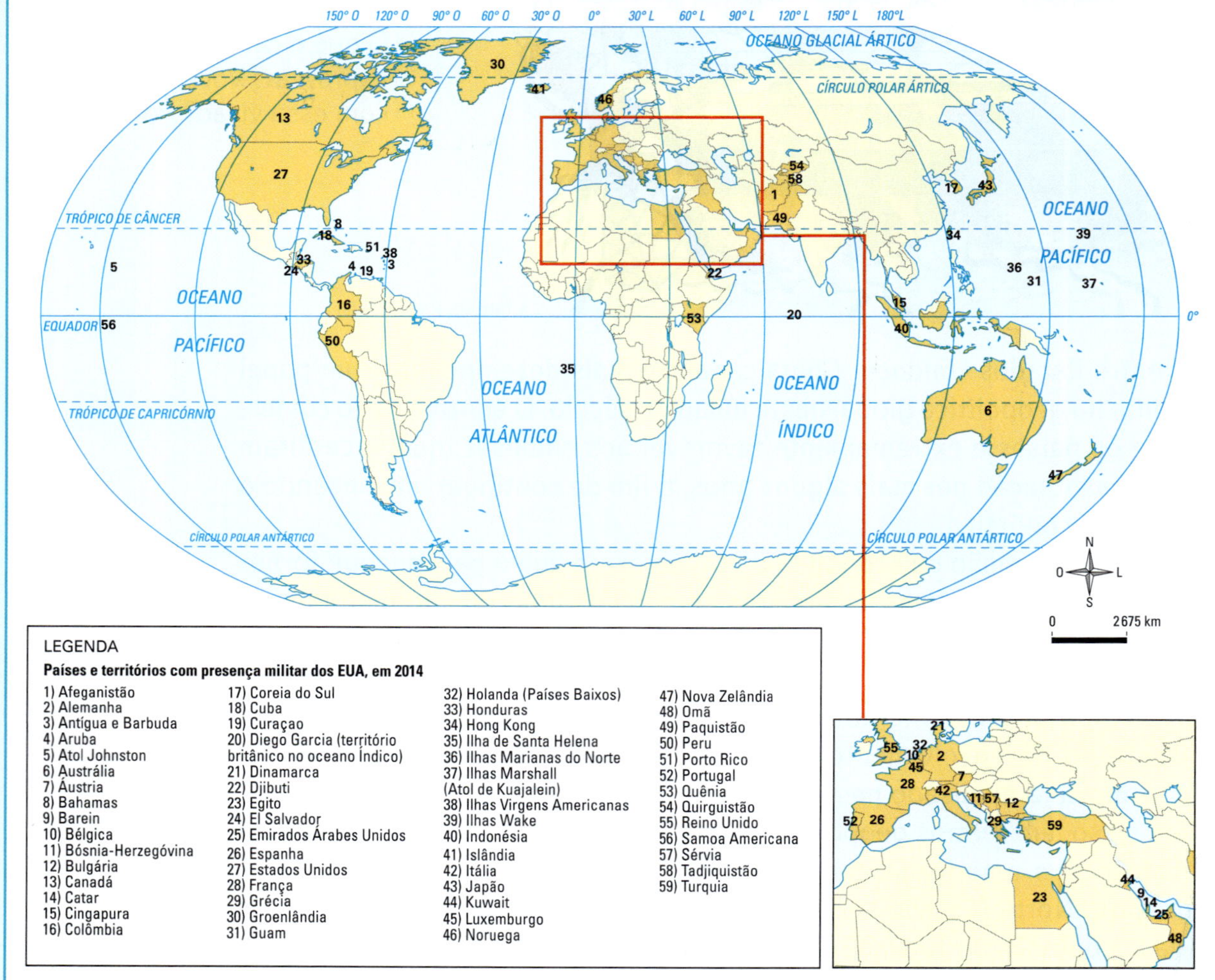

Fonte: Instituto Internacional de Pesquisa da Paz de Estocolmo, 2007 (atualizado pelos autores).

Responda às questões a seguir.

1. Em quais continentes as forças militares estadunidenses estão presentes?
2. Quais regiões e/ou continentes apresentam mais bases militares norte-americanas?
3. Por que a presença de bases militares em várias partes do mundo fortalece os Estados Unidos?
4. Relembre as reflexões feitas a partir do item 2 da seção **Para contextualizar**. Em seguida, discuta com o professor e os colegas: a redução do arsenal bélico dos Estados Unidos, bem como de outras potências militares, contribuiria para a diminuição dos conflitos que envolvem os países? Registre sua conclusão no caderno.

Os Estados Unidos e a produção mundial

Os Estados Unidos são responsáveis por cerca de 23% de toda a produção e geração de serviços no mundo, ou seja, um quarto do PIB mundial. Com cerca de 5% da população do planeta, os estadunidenses consomem um quarto da energia gerada no mundo, considerando todas as fontes energéticas. Aproximadamente 20% das importações mundiais são realizadas pelo país. Dele dependem, em termos de comércio exterior, vários países, inclusive alguns desenvolvidos.

As 12 maiores economias do mundo (2012)

Países	PIB nominal (em bilhões de US$)[1]	IDH (posição)[2]
1. Estados Unidos	16.430	3ª (0,937)
2. China	7.731	101ª (0,699)
3. Japão	6.107	10ª (0,912)
4. Alemanha	3.624	5ª (0,920)
5. França	2.742	20ª (0,893)
6. Reino Unido	2.444	27ª (0,875)
7. Brasil	2.311	85ª (0,730)
8. Itália	2.062	25ª (0,881)
9. Índia	1.955	137ª (0,554)
10. Rússia	1.822	55ª (0,788)
11. Canadá	1.777	11ª (0,911)
12. Espanha	1.368	23ª (0,885)

[1] Calculado em relação às taxas de câmbio do mercado ou oficiais do governo. Fonte: World Bank. *World Development Indicators*, 2013.

[2] Fonte: Relatório de Desenvolvimento Humano, 2013.

Estados Unidos e Rússia — O combate ao terrorismo internacional

O convite para a Rússia participar da Otan em 2002, como foi visto no capítulo anterior, deve ser entendido como uma retribuição ao apoio (apesar de algumas restrições) que o país passou a dar no combate ao terrorismo internacional, empreendido sobretudo pelos Estados Unidos.

O combate ao terrorismo vem sendo realizado por meio de diversas ações, lideradas especialmente pelos Estados Unidos e por países da Europa. Algumas dessas ações são: maior rigor no controle do fluxo de imigrantes; estabelecimento de leis que autorizam os governos a prender, sem julgamento e por tempo indeterminado, pessoas suspeitas de atos terroristas; promulgação de leis que permitem aos órgãos de segurança do governo rastrear *e-mails* e "grampear" ligações telefônicas. Trata-se, porém, de ações que violam os direitos de liberdade das pessoas.

Guarda italiano, na fronteira com a Suíça, controla a entrada de estrangeiros (2010).

Na reunião do Conselho Otan-Rússia, entre 2 e 4 de abril de 2008, em Bucareste (Romênia), foram decididos: a aprovação do escudo antimísseis nucleares estadunidense na Polônia e na República Tcheca (questão bastante contestada pela Rússia); o aumento das tropas militares da Otan no Afeganistão; a não adesão da Ucrânia e da Geórgia à organização por pressões da Rússia.

MAIS INFORMAÇÃO

Espionagem prejudica guerra contra terrorismo, dizem líderes europeus

"Líderes europeus reunidos em Bruxelas [em outubro de 2013] afirmaram [...] que a espionagem americana contra países aliados pode prejudicar o combate ao terrorismo.

A placa [que proíbe o uso de telefone celular] sinaliza perfeitamente o mal-estar dos governos da Europa com o governo dos Estados Unidos. 'Não se trata só do meu telefone, mas dos de milhões de cidadãos europeus', disse a chanceler alemã Angela Merkel, que teria tido seu celular grampeado pelos americanos.

[...] o primeiro-ministro da Espanha se somou aos que pediram explicações depois de mais uma denúncia de espionagem. No final do encontro dos líderes europeus, França e Alemanha anunciaram que querem um acordo com os Estados Unidos que limite ações de coleta de dados e avisaram que a falta de confiança mútua pode atrapalhar na luta contra o terrorismo.

A única voz destoante foi a do primeiro-ministro britânico David Cameron, que acusou o [estadunidense] Edward Snowden e os jornais que publicam as denúncias de espionagem originárias dele de estarem ensinando terroristas a como escapar dos serviços de segurança.

A posição do governo britânico é meio delicada. Por um lado, ele é membro da União Europeia. Por outro, é um aliado fiel dos Estados Unidos e faz parte de um programa conhecido [por] Cinco Olhos, que une os serviços de inteligência dos [norte-]americanos, britânicos, mas também da Austrália, Nova Zelândia e do Canadá."

Espionagem prejudica guerra contra terrorismo, dizem líderes europeus. G1, 25 out. 2013. Disponível em: <http://g1.globo.com/jornal-nacional/noticia/2013/10/espionagem-prejudica-guerra-contra-terrorismo-dizem-lideres-europeus.html>. Acesso em: 13 mai. 2014.

A primeira reação dos Estados Unidos aos atentados de 11 de setembro de 2001 foi a guerra no Afeganistão, já em 2001. O pretexto era eliminar integrantes da rede terrorista Al Qaeda, especialmente seu líder, Osama bin Laden, morto no dia 1º de maio de 2011 durante operação dos EUA no Paquistão, e o governo do Taleban — milícia islâmica que comandava o Afeganistão desde 1996 e que, segundo os estadunidenses, apoiava a rede terrorista de Bin Laden.

Ao apoiar algumas ações dos Estados Unidos e de alguns países europeus no combate ao terrorismo internacional, o governo da Rússia espera que as potências ocidentais não reprovem as ações de seu exército para reprimir o movimento separatista na Tchetchênia, república que faz parte da Federação Russa e onde um grupo de guerrilheiros islâmicos havia declarado sua independência em 1991.

A Rússia, no entanto, não concorda com ações militares dos Estados Unidos em países que, segundo os estadunidenses, apoiam e protegem terroristas. Esses países, como o Irã e a Coreia do Norte, são tradicionais aliados dos russos e mantêm com eles acordos de cooperação econômica e científica, especialmente o Irã.

Principais questões ambientais e relações internacionais

Desde a primeira grande conferência sobre o meio ambiente, em 1972 (Conferência de Estocolmo, na Suécia), as discussões sobre problemas ambientais entraram na pauta da agenda política internacional. A partir de então, inúmeras reuniões e diversos acordos foram feitos.

Alguns avanços foram obtidos, mas há muito o que ser feito em termos de: conservação da biodiversidade, redução do desmatamento, proteção dos ecossistemas marinhos, redução de poluentes, diminuição da produção de lixo, manutenção de reservas hídricas, entre outras questões.

É preciso considerar que novos padrões de crescimento econômico, de distribuição de riquezas e de utilização dos recursos naturais dependem fundamentalmente da atuação dos principais atores no cenário econômico e geopolítico contemporâneo: os governos de países poderosos, como Estados Unidos, Japão, Alemanha, Reino Unido, França, Itália, Rússia e China, e as grandes empresas multinacionais ou transnacionais. Entretanto, frequentemente, esses atores colocam seus interesses acima da resolução dos grandes problemas socioambientais. Os Estados Unidos, por exemplo, país responsável por cerca de 25% das emissões de gases de efeito estufa, conforme você estudou no 8º ano, não ratificaram o Protocolo de Kyoto, temendo efeitos negativos em sua economia.

O primeiro grande acordo internacional sobre um problema ambiental foi o Protocolo de Montreal. Aprovado em 1987, esse acordo estabeleceu limites para a produção do gás CFC (clorofluorcarboneto), usado nas latas de aerossol (desodorantes e inseticidas), em aparelhos de ar-condicionado, em geladeiras e na fabricação de isopor. O acordo determinou a eliminação gradativa do CFC na produção industrial e sua substituição pelo gás HCFC (hidroclorofluorcarboneto), que é menos nocivo à camada de ozônio, embora também contribua para a intensificação do efeito estufa. Graças a isso, um acordo assinado em 2007 por 191 países, no Canadá, estabeleceu que o CFC terá produção e consumo eliminados até 2030.

A Usina Hidrelétrica de Itaipu Binacional foi construída por Brasil e Paraguai, no rio Paraná, na fronteira entre os dois países em 1982. Fotografia de 2009.

Controle e conservação dos recursos hídricos

Outra questão ambiental importante nas relações internacionais refere-se à utilização, ao controle e à conservação dos recursos hídricos, como rios, lagos e águas subterrâneas. Diversos rios de grande porte, aquíferos e lagos estendem-se pelos territórios de vários países. Assim, o uso compartilhado dessas fontes de água, sua captação para uso doméstico, industrial e agrícola, a construção de hidrelétricas, a navegação e o lançamento de esgotos são aspectos importantes nas relações entre os governos e podem causar conflitos e disputas.

MAIS INFORMAÇÃO

Conflitos por água

"[...] Mesmo quando os países não estão envolvidos em choques militares, a tensão sobre como dividir os parcos recursos hídricos está presente em locais onde os rios são compartilhados. Pelo menos 260 bacias fluviais atravessam 145 fronteiras internacionais. Treze dessas bacias são utilizadas em conjunto por cinco ou mais países. Os que moram a montante do rio têm mais sorte; os que vivem a jusante ficam vulneráveis e sujeitos a abusos. No mínimo, 40% da população mundial vive numa bacia fluvial dividida entre dois ou mais países, e pelo menos um quinto está sob ameaça potencial dos vizinhos que habitam rio acima.

As boas-novas são que muitos países assumiram suas obrigações fluviais e criaram comissões para administrar as águas compartilhadas. Os rios Reno, Zambeze, Nilo, Mekong e Danúbio estão entre os mais conhecidos. Surpreendentemente, a cooperação formal é mais avançada no norte chuvoso do que no sul seco. Mesmo que a Europa tenha apenas quatro bacias fluviais compartilhadas por mais de quatro países, quase 200 tratados separados regulam o uso dessas águas.

Os conflitos relacionados às águas atingem outros níveis. Onde há pouca água, quem deve utilizá-la? 'Os fazendeiros' — dizem os fazendeiros —, 'pois fornecemos alimentos que permitem a sobrevivência.' 'A indústria' — dizem os industriais —, 'já que o uso que fazemos das águas é o mais produtivo de todos.' 'As pessoas comuns' — dizem as próprias —, 'uma vez que, se não tivermos água suficiente em casa, não poderemos trabalhar nas fazendas nem nas indústrias.'

Todos têm razão, embora os motivos dos industriais e de alguns fazendeiros sejam mais fracos do que os das pessoas comuns. [...]"

CLARKE, Robin; KING, Jannet. *O atlas da água*. São Paulo: PubliFolha, 2005. p. 75.

Montante
Ao lado da nascente ou de onde vêm as águas de um rio.

Jusante
No sentido do rio, para onde correm as águas.

Aquecimento global

Apesar de encontrar resistência em uma pequena parte da comunidade científica do mundo, o aquecimento global é considerado um fenômeno inquestionável pela maior parte dos cientistas. Segundo eles, a capacidade de absorção de gases do efeito estufa (dióxido de carbono e gás metano, principalmente) pela atmosfera é limitada, e isso tem provocado a intensificação do efeito estufa, responsável pelo aumento das temperaturas médias na Terra nos últimos 100 anos.

Por provocar mudanças no clima, nos níveis dos oceanos, nos ecossistemas, entre outras, o aquecimento global é um dos temas do centro de negociações entre os países. Além disso, exige modificações nos padrões de uso de fontes energéticas e de consumo das sociedades. Nesse contexto, cada país, sobretudo as grandes potências, assume posições de acordo com os próprios interesses (relembre as reflexões feitas na seção **Para contextualizar**). Nesse tema, os Estados Unidos têm um papel central e decisivo no encaminhamento de soluções, pelo que o país representa em termos de consumo de combustíveis fósseis (petróleo, carvão mineral e gás natural) e de lançamento de gases do efeito estufa na atmosfera.

Nas negociações relativas às mudanças climáticas, alguns países, denominados "em desenvolvimento" ou "emergentes" pelos organismos internacionais, têm também uma participação mais relevante. São exemplos o Brasil, a China e a Índia, que fazem parte de um grupo denominado G77, que, na verdade, tem mais de 100 países.

Por um lado, esses países têm expressivas áreas florestais que, se conservadas, evitariam o lançamento de gases na atmosfera e produzem combustíveis renováveis (etanol, por exemplo), como o Brasil.

Por outro, apresentam-se cada vez mais como grandes emissores de gases do efeito estufa, sobretudo a China, que já superou os Estados Unidos como maior emissor de dióxido de carbono em volume total.

Leito seco do rio Tarumã, por ocasião da seca que atingiu o Amazonas em 2010.

Depois que o Protocolo de Kyoto entrou em vigor, em 2005, reuniões e conferências entre países para estabelecer o papel de cada um e soluções num mundo pós-Kyoto tornaram-se frequentes. Além disso, a divulgação dos relatórios do Painel Intergovernamental sobre Mudanças Climáticas (IPCC), em 2007, revelou a gravidade do problema e a necessidade de tomar medidas mais drásticas e urgentes para a redução das emissões e para a adaptação às mudanças provocadas pelo aquecimento global. Isso demonstra que na política internacional as mudanças climáticas passaram a ser consideradas um fenômeno que interferirá nos rumos da economia, da sociedade, do ambiente e, por conseguinte, do espaço geográfico mundial.

Alguns países desenvolvidos (sobretudo europeus) assumiram responsabilidades no controle das emissões e colocaram em prática mecanismos eficientes para atingir as metas do Protocolo de Kyoto.

Na conferência de Durban, COP-17, na África do Sul (2011), decidiu-se que somente em 2020 entrará em vigor um novo tratado para substituir o Protocolo de Kyoto. Esse tratado começará a ser definido em 2015. Até 2020, os países, inclusive EUA e China, os dois maiores poluidores do planeta atualmente, se comprometeram a assumir metas voluntárias. Na COP-18, em Doha, Catar (2012), quando se decidiu prorrogar a validade do Protocolo de Kyoto até 2020, o Japão, a Rússia, o Canadá e a Nova Zelândia se recusaram a participar dessa prorrogação.

Casas destruídas por tufão nas Filipinas em 2011.

China, Brasil, Índia, Indonésia e África do Sul, países emergentes — ou em desenvolvimento — , que não tiveram de assumir metas dentro do Protocolo de Kyoto, vinham relutando em assumir compromissos, argumentando que os maiores poluidores da história são os desenvolvidos. Entendiam, ainda, que esses países deveriam transferir tecnologia e recursos financeiros para os países em desenvolvimento e subdesenvolvidos.

Um grupo de países denominado "pequenos Estados-ilhas" acompanha as negociações e acordos com extrema preocupação, pois são os mais vulneráveis às consequências do aquecimento do planeta, particularmente no que se refere à elevação no nível médio dos mares. Para esses países, os compromissos assumidos podem tornar-se uma questão de sobrevivência no médio prazo.

Por fim, é preciso considerar que todas as discussões em torno do tema "aquecimento global e suas consequências" têm um papel importante no intuito de mostrar o quanto precisam ser alterados os padrões de consumo e de descarte de lixo nas sociedades contemporâneas e, por consequência, as relações entre sociedade e natureza. Cada vez mais os efeitos negativos de uma natureza fortemente explorada e poluída são sentidos nos ecossistemas e no ambiente, com reflexos frequentemente catastróficos na organização do espaço geográfico.

Atividades

RETOME SEUS CONHECIMENTOS

1. Quando se iniciou a chamada nova ordem mundial e quais as suas principais características?
2. Qual prioridade foi estabelecida pelo Ocidente, em termos político-militares, depois dos atentados de 11 de setembro de 2001?
3. Quais eram os princípios da Doutrina Bush?

EXERCITE SEUS CONHECIMENTOS

4. Leia o texto e responda às questões a seguir.

"[...] O governo islâmico fundamentalista no Sudão agora fornece 7% de sua produção de petróleo à China, e a China investiu 3 bilhões de dólares em infraestrutura de perfuração nesse país.

Em setembro de 2004, a China ameaçou vetar uma iniciativa nas Nações Unidas para impor sanções ao Sudão pelo genocídio que está perpetrando em sua província de Darfur. Em seguida, a China se opôs a qualquer tentativa de remeter ao Conselho de Segurança das Nações Unidas a evidente tentativa do Irã de desenvolver combustível nuclear de teor suficiente para armamentos. O Irã fornece 13% do consumo chinês de petróleo."

FRIEDMAN, Thomas. *O mundo é plano*. Rio de Janeiro: Objetiva, 2005.

Fundamentalista

Relativo a fundamentalismo, movimento que age movido pela obediência estrita a determinados princípios. O fundamentalismo islâmico será analisado no capítulo sobre o Oriente Médio.

Sanções

No texto, refere-se a uma pena estabelecida a um país, em razão de ter descumprido, por exemplo, determinações das declarações dos direitos humanos universais. De uma forma geral, as sanções estão previstas nas leis que regulam os atos de indivíduos, empresas, governos e preveem penas para os delitos.

Darfur

Região do oeste do Sudão rica em minérios. Os conflitos na província de Darfur serão analisados na unidade que trata do continente africano.

a) Qual país é o principal protagonista das informações do texto?

b) Esse país tem interesse em garantir fornecimento de que tipo de matéria-prima?

c) Quais atitudes ele toma em relação ao Sudão e ao Irã para manter o fornecimento dessa matéria-prima? No âmbito de qual organização internacional o protagonista toma ou tomaria tais atitudes?

d) Por que o protagonista tem papel preponderante nessa organização?

e) Que relações podem-se estabelecer, a partir do texto, entre os interesses econômicos e a política internacional?

f) Elabore um título para o texto.

5. Pesquise em livros, revistas e na internet informações sobre os conflitos que ocorrem atualmente nos países.

   Selecione um deles e escreva um texto explicando as razões, causas e consequências desse conflito. Converse com seus colegas e com seu professor sobre as informações que você obteve em sua pesquisa.

6. Consulte noticiários, de televisão, jornais, revistas e internet, para conhecer algumas ações do governo Obama em relação às relações exteriores.

   Anote os pontos mais interessantes e troque informações com um colega.

7. O desmatamento e as queimadas no Cerrado e na Amazônia, entre o final do século XX e o início do século XXI, eram responsáveis por cerca de 75% das emissões de gases do efeito estufa no Brasil. Entretanto, a partir de 2005, a participação das queimadas no total de emissões vem caindo.

   Faça uma pesquisa em revistas ou na internet para avaliar a participação dos diferentes setores (agropecuária, indústria, transporte etc.) nas emissões brasileiras.

3 Globalização

PARA CONTEXTUALIZAR

Observe o esquema.

Fonte: *Veja*. Edição 2017. São Paulo: Abril, 18 jul. 2007.

ATIVIDADES

Converse com seus colegas e com seu professor.

1. O que o esquema mostra?
2. Se você fosse classificar o avião, considerando o nível de tecnologia necessário para produzi-lo, em que grupo o incluiria: como um bem de alta tecnologia, de tecnologia média ou de baixa tecnologia? Por quê?
3. Qual o nível de desenvolvimento econômico dos países citados?
4. Por que os componentes são produzidos em vários países? Como isso é possível?

As novas tecnologias

No mundo atual, o desenvolvimento tecnológico tornou-se um fator determinante da competitividade internacional de uma empresa e mesmo de um país, e acabou se difundindo por todos os setores econômicos, destacando-se o industrial e o de serviços. Os avanços tecnológicos nas áreas de eletrônica, microeletrônica, robótica, informática, biotecnologia e telecomunicações constituem um elemento fundamental na conquista e na ampliação de mercados consumidores. Nesse contexto da Terceira Revolução Industrial, o geógrafo Milton Santos salientou que os espaços estão carregados de ciência, técnica e informação.

Esses avanços tecnológicos possibilitam criar e renovar produtos, bem como transformar os processos de fabricação e as técnicas de administração industrial. Para responder a essas novas necessidades, a ciência pura se aproxima da tecnologia industrial competitiva, ou seja, as pesquisas científicas passam a ser orientadas para o desenvolvimento dos produtos. Como exemplo, temos o surgimento de novos materiais, chamados assim pelo fato de não serem encontrados na natureza, mas produzidos em laboratórios com a alteração da estrutura de outros. Outro exemplo que pode ser dado é o da biotecnologia, que interliga as ciências biológicas e os processos tecnológicos industriais, produzindo alimentos, medicamentos e outras formas de vida.

A criação dessa avançada tecnologia exige investimentos elevados em pesquisa e desenvolvimento, sendo por isso fortemente concentrada nos países desenvolvidos, onde estão situados os principais polos tecnológicos mundiais (relembre as discussões feitas na seção **Para contextualizar**).

Pessoas trabalhando no East London Tech City, um centro tecnológico localizado em Londres (2011).

Os polos tecnológicos ou centros de alta tecnologia, que agrupam os centros de pesquisa das grandes empresas, localizam-se nas proximidades de universidades e laboratórios de pesquisa dos Estados.

Acidente na usina nuclear de Chernobyl, em 1986.

Os avanços tecnológicos, além de possibilitarem comunicação instantânea até mesmo entre locais a milhares de quilômetros de distância, vêm contribuindo para um aumento significativo da capacidade produtiva das empresas e para uma diminuição nos custos de produção.

Um fato ocorrido em qualquer parte do mundo pode tornar-se conhecido quase instantaneamente pela população mundial. Logo após o acidente da usina nuclear de Chernobyl, na Ucrânia, em 1986, imagens geradas a partir de um satélite comercial francês foram distribuídas em diversas partes do mundo. Em 2001, em questão de minutos, o mundo acompanhava os desdobramentos dos atentados terroristas às torres gêmeas em Nova York, nos Estados Unidos. Eventos esportivos são acompanhados por bilhões de pessoas ao redor do globo, como a abertura dos jogos olímpicos. O crescimento da internet acelera ainda mais a difusão das informações.

No entanto, o acesso aos recursos tecnológicos, particularmente à internet e à telefonia celular de terceira geração (3G), e, futuramente, de quarta geração, está restrito a uma pequena parcela da população mundial, concentrada sobretudo nos países desenvolvidos. Se, em 2013, 80% dos estadunidenses tinham acesso à internet, boa parte com sistema de banda larga, nesse mesmo ano somente 16% dos habitantes do continente africano estavam conectados à rede.

Telefonia celular de terceira geração (3G)

Oferece acesso mais rápido à internet e pode ser utilizada para realizar videoconferências.

Banda larga

Nome que define a velocidade de conexão à internet em padrões superiores aos das linhas e *modens* analógicos, que operam a 56 Kbps (*Kbits* por segundo).

Ao diminuir o tempo de acesso aos lugares e reduzir as distâncias na Terra, as tecnologias de comunicação e de transportes acabam alterando as noções de espaço e de tempo, interferindo no modo como as pessoas trabalham, se deslocam, se comunicam, compram e se divertem. Além disso, os avanços se processam em ritmo bastante acelerado, o que também traz consequências para a vida da sociedade.

Por um lado, isso pode trazer muitas vantagens para pessoas e empresas que dispõem de recursos bastante avançados nos setores da telemática, telefonia, TV a cabo ou de transportes, como facilidades e rapidez no envio de informações e na realização de tarefas no trabalho, mais possibilidades de entretenimento, mais agilidade nos deslocamentos, compras etc.

Por outro lado, essas alterações nas noções de espaço e de tempo podem causar mais estresse nas pessoas, pela busca desenfreada por consumo, maiores pressões no trabalho e um ambiente mais competitivo.

3 Desenvolvimento tecnológico

Para o assunto ***Evolução da telefonia móvel***, acesse e explore este OED.

Globalização

O capitalismo, desde sua origem, proporcionou integração entre os mais diversos países. Atualmente, porém, os Estados-nação vêm atingindo um grau de interdependência nunca visto em outro período histórico.

A economia mundial capitalista, principalmente a partir dos anos 1980, passou por rápidas e profundas transformações, que foram popularizadas com o termo globalização. São exemplos desse processo:

- a rápida mudança tecnológica e sua distribuição desigual no mundo;
- os novos padrões de organização da produção e da gestão das empresas;
- a formação de um mercado mundial, marcado por grande aumento na exportação/importação de mercadorias, e de mercados dentro de blocos econômicos regionais;
- o aumento dos fluxos de capitais, mercadorias, informações e pessoas, com maior interdependência entre os países, a partir da estruturação de redes geográficas globais;
- a abertura das economias, sobretudo dos países subdesenvolvidos industrializados, cujos governos passaram a dar mais liberdade à entrada de capitais estrangeiros, inclusive para a compra de empresas, e implementaram processos de privatização, no contexto do neoliberalismo;
- a expansão das empresas multinacionais;
- a maior interferência de organismos internacionais, especialmente FMI e Banco Mundial, em políticas econômicas dos países subdesenvolvidos;
- a modificação no papel do Estado em vários países, principalmente nos subdesenvolvidos, que, com a adoção das políticas neoliberais e em razão do grande endividamento externo, passam a depender mais intensamente dos organismos internacionais e do capital dos investidores estrangeiros e das multinacionais;
- a participação da Organização Mundial do Comércio (OMC), criada em 1994, nas negociações comerciais entre os países.

O fenômeno da globalização proporcionou alguns benefícios, como a disseminação de informações em escala mundial, a maior difusão cultural entre os países, o grande avanço tecnológico, o aumento na produção de bens e na geração de serviços, a formação de ONGs que atuam globalmente, entre outros.

Aeroporto de Heathrow, em Londres, Reino Unido (2010), um dos principais "nós" da rede mundial de circulação de aeronaves.

No entanto, diversos geógrafos, economistas, sociólogos e outros estudiosos vêm alertando sobre os aspectos negativos desse processo, principalmente porque o aumento nos fluxos de capitais e de mercadorias e as políticas neoliberais têm intensificado as desigualdades, tanto entre os Estados-nação como no interior deles. Essa desigualdade torna-se mais evidente se considerarmos que, nos anos 1960, os países mais pobres (20%) tinham uma participação de 4% no comércio mundial de mercadorias e serviços e passaram a participar com apenas 1%, no fim do século XX.

Observe o mapa.

Pobreza de rendimentos

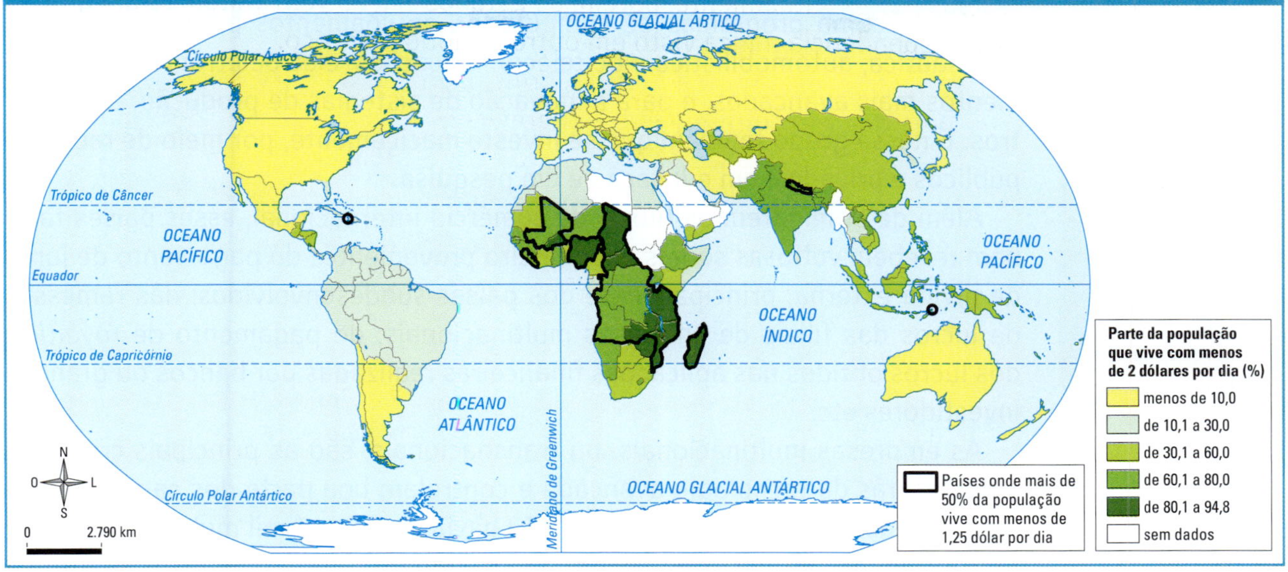

Fonte: FERREIRA, Graça Maria Lemos. *Atlas Geográfico*: espaço mundial. São Paulo: Moderna, 2013. p. 38.

- Responda: Em quais continentes há mais pessoas vivendo em situação de pobreza extrema?

A interligação econômica e financeira em um mundo desigual

Ao analisarmos a evolução do sistema capitalista, especialmente a partir da Primeira Revolução Industrial, uma característica importante acaba se sobressaindo: o aprofundamento das relações internacionais graças ao desenvolvimento técnico. Com esse desenvolvimento, houve um aumento da produção e das exportações dos países, sobretudo dos mais industrializados, que proporcionaram também a diversificação das atividades econômicas.

Os países fortemente industrializados e com amplo domínio tecnológico, que formam o grupo dos desenvolvidos, foram conquistando novos mercados no mundo todo. A partir de meados do século XX, suas empresas — as multinacionais — foram se expandindo e abrindo filiais em diversos países, inclusive nos subdesenvolvidos, onde obtinham benefícios dos governos locais. Esses benefícios aumentavam a possibilidade de ampliar os lucros das multinacionais, particularmente no Brasil, no México e na Argentina, que apresentavam grandes mercados consumidores.

A partir da década de 1980, o capitalismo passou por um processo de expansão sem precedentes na História no que se refere à sua abrangência mundial. Trata-se da globalização econômica, fenômeno que pode ser considerado a expressão mais significativa das relações entre os Estados-nação.

Nesse contexto de expansão, os grandes agentes do processo de globalização são os países desenvolvidos, as empresas multinacionais e os organismos internacionais — FMI, Banco Mundial e OMC.

Os países desenvolvidos geram o maior volume dos investimentos, seja para a atividade produtiva, seja para a aplicação financeira. É principalmente nesse grupo de países que são geradas tecnologias para a fabricação de diversos produtos, como programas de computador, equipamentos para as indústrias aeronáutica, automobilística e de telecomunicações, eletroeletrônicos, medicamentos mais avançados, e para a inovação de sistemas de produção, entre outros. É nesse grupo também que se investe maciçamente, por meio de recursos públicos e privados, em educação e em pesquisa.

Royalty
Quantia paga ao detentor de uma marca, patente, processo de produção, produto ou obra original pelos direitos de sua exploração comercial.

Além de dominarem os fluxos de comércio internacional, esses países também recebem vultosas somas em dinheiro provenientes do pagamento de juros de dívida externa, principalmente dos países subdesenvolvidos; das remessas de lucros das filiais de empresas multinacionais; do pagamento de *royalties*; dos lucros obtidos nas aplicações financeiras realizadas por bancos ou grandes investidores etc.

As empresas multinacionais, ou transnacionais, são as principais criadoras e detentoras da tecnologia avançada e controlam boa parte dos capitais mundiais. Enquanto no início dos anos 1970 havia cerca de 7 mil multinacionais em todo o mundo, no início do século XXI o número dessas empresas já atingia 56 mil. Elas também são responsáveis por grande parte dos fluxos internacionais de mercadorias e serviços.

Analise o gráfico.

Comércio mundial de bens (2012)

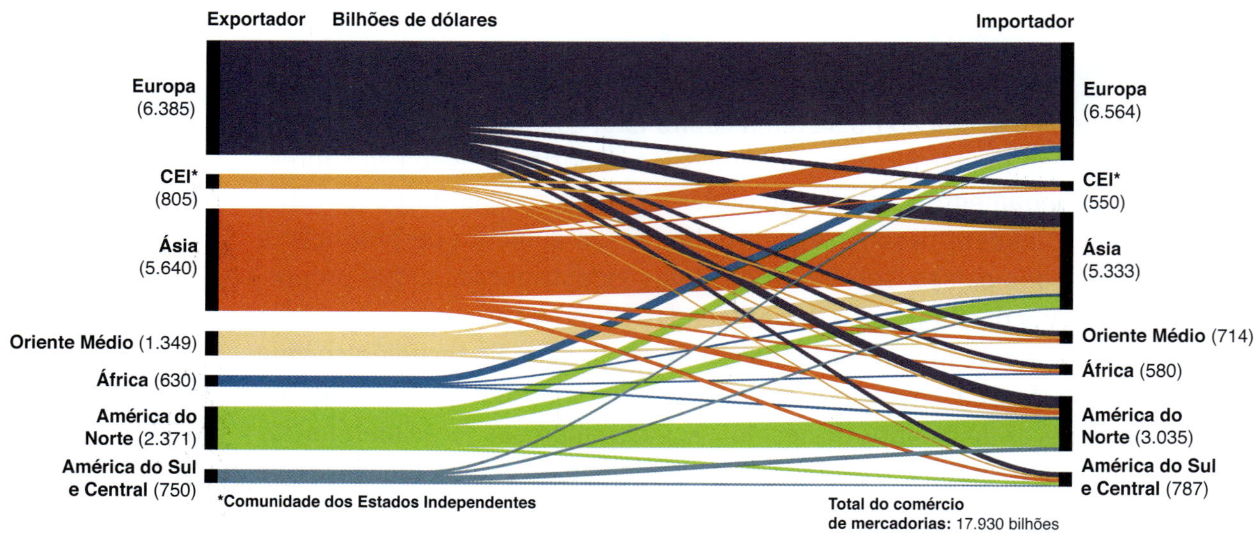

Fonte: OMC. *Estadísticas del comercio internacional, 2013*. Disponível em: <www.wto.org/estadisticas>. Acesso em: 19 mai. 2014.

- Responda às questões a seguir.

1. Quais regiões ou continentes têm participação mais ativa nos fluxos comerciais?
2. Na Ásia, quais países devem se destacar em participação no comércio internacional?
3. Em quais países estão as sedes das principais multinacionais?

MAIS INFORMAÇÃO

Associações entre países

Em função do mercado, os países passaram a se agrupar em associações econômicas e políticas, criando outras formas de organização do espaço geográfico. A União Europeia, melhor exemplo dessa nova tendência, iniciou o processo, que vem sendo seguido, em parte, por outros países do mundo. É também principalmente em função do mercado que se têm decidido novos investimentos tecnológicos.

Para enfrentar concorrentes e conquistar mercados, além de crescer em número, as empresas multinacionais crescem também em tamanho, por meio de fusões e aquisições. Isso possibilitou que um número reduzido de grandes grupos multinacionais dominasse vários setores industriais, de comércio e de serviços em escala mundial.

Esse é o caso da indústria automobilística, em que praticamente uma dezena de empresas responde por cerca de 80% da produção mundial, e da indústria de equipamentos de telecomunicações, na qual os quatro maiores grupos são responsáveis por cerca de 70% das vendas mundiais. Também formam oligopólios mundiais as indústrias farmacêutica, de informática, eletrônica, aeronáutica, entre outras.

Oligopólio
Situação em que poucas empresas dominam grande parcela do mercado, determinando os preços e inviabilizando a concorrência.

Os investimentos que as multinacionais realizam em pesquisa possibilitam o lançamento frequente de produtos e a modificação dos já existentes, procurando torná-los atraentes aos consumidores a fim de estimular sua compra.

Grande parte das multinacionais tem maior retorno, em termos de vendas, fora de seus países de origem. Para a escolha do local de investimento, essas empresas podem levar em consideração diversas razões: a especialização e o custo da mão de obra; a cobrança, pelos governos, de impostos e taxas sobre as atividades produtivas; a potencialidade dos mercados internos dos países ou sua proximidade de outros mercados; as facilidades concedidas para exportação e importação de mercadorias e de serviços, levando em conta inclusive se o país faz parte de algum bloco econômico regional etc.

MAIS INFORMAÇÃO

Multinacionais brasileiras

"De fevereiro de 2006 a janeiro de 2010, uma pesquisa levantou e analisou informações sobre os processos envolvidos na internacionalização de empresas brasileiras.

O trabalho [...] aprofundou a cooperação entre grupos de pesquisa brasileiros na área e gerou subsídios para companhias nacionais interessadas em atuar no exterior.

Segundo o seu coordenador, o professor Afonso Fleury, do Departamento de Engenharia de Produção da Escola Politécnica da Universidade de São Paulo (USP), o projeto 'Gestão empresarial para internacionalização das empresas brasileiras' (Ginebra) ajudou a impulsionar a área de pesquisa em negócios internacionais na qual o Brasil, junto com outros países emergentes, especialmente China e Índia, passa a atuar com grande destaque.

[...]

De acordo com Fleury, o estudo das multinacionais brasileiras tem não só o objetivo de compará-las às multinacionais tradicionais, mas, principalmente, de analisá-las em relação aos demais países emergentes que formam o BRIC, grupo que reúne Brasil, Rússia, Índia e China.

As empresas brasileiras enfrentam vários obstáculos para cruzar fronteiras e estabelecer filiais no exterior. Uma delas seria a falta de tradição em sair do país, mesmo quando comparadas às multinacionais de outros países emergentes. 'Empresas indianas [...] estão presentes no Reino Unido desde o século XIX', contou.

Outro obstáculo é o idioma, no qual a Índia também leva vantagem. O domínio da língua inglesa facilita a inserção dos indianos, os aproxima de outros países e viabiliza negócios no exterior.

No caso da China, o governo daquele país assumiu o compromisso de promover a internacionalização de sua economia já em 1979, estabelecendo um objetivo de longo prazo de ter 50 empresas entre as 500 maiores do mundo. 'Atualmente, já são 30 nesse grupo', disse Fleury.

O forte apoio do governo chinês é um peso importante nesse aspecto, de acordo com o professor da Poli. No Brasil, as políticas públicas de incentivo à internacionalização são bem mais recentes.

Até a década de 1990, as empresas brasileiras viviam isoladas da concorrência internacional. 'Naquela época o processo de substituição de importações chegou ao fim e o país passou a participar cada vez mais da chamada globalização da produção. Quem não se preparou para isso, quebrou ou vendeu o negócio. As empresas que haviam desenvolvido competências organizacionais para competir na economia global começaram a se destacar', destacou.

O processo de internacionalização era visto com desconfiança pelas áreas do governo até recentemente, segundo Fleury. 'A ideia que se tinha era que empregos e investimentos seriam levados para fora do país', afirmou.

Segundo ele, isso só teria mudado recentemente, com uma nova postura do Banco Nacional de Desenvolvimento Econômico e Social (BNDES) de apoio à internacionalização, que inclui grandes aportes e a criação de grupos nos quadros do banco para articular e fomentar esses processos.

Outros países, como a China e mesmo a Espanha, têm dado um caráter mais estratégico à internacionalização de suas empresas. Na Espanha, o governo criou fóruns para as empresas que se agruparam e saíram em blocos, aumentando as chances de sucesso. 'A América Latina foi invadida pelo que se chamou de armada espanhola', destacou o professor. 'No caso das empresas brasileiras as decisões ainda são isoladas', disse.

'Sair em bloco reduz as incertezas do ambiente externo e também as dificuldades enfrentadas em solo estrangeiro, como, por exemplo, a obtenção de financiamentos ou de suprimentos de acordo com padrões de qualidade do país de destino', completou.

Inovação

O projeto Ginebra revelou modelos de negócios inovadores desenvolvidos por empresas brasileiras que dão sustentação competitiva no processo de internacionalização. É o caso da Embraer, sediada em São José dos Campos, que compete em um mercado de alta tecnologia.

Para empreender novos projetos, a Embraer conta com parceiros investidores que correm os mesmos riscos que a empresa. 'A inovação requer investimentos de risco, área que ainda engatinha no Brasil', segundo Fleury.

'No projeto de construção de seu primeiro jato executivo, a Embraer contou com quatro parceiros de risco. Hoje, são 11 os que apoiam seu novo modelo', disse, salientando que o país ainda precisa se habituar a fazer esse tipo de investimento, fundamental para ganhar outros mercados.

[...]"

REYNOL, Fabio. Disponível em: <http://agencia.fapesp.br/12320>. Acesso em: 13 mai. 2014.

As multinacionais atualmente têm como características a pulverização, a disseminação geográfica de seus investimentos e a mundialização de suas aplicações financeiras. Parte da lucratividade dessas grandes empresas é reinvestida não só em seu país de origem como também em várias regiões do mundo, de acordo com as oportunidades oferecidas em cada momento.

No entanto, vale ressaltar que o poder de decisão no que se refere, por exemplo, às grandes estratégias de investimentos e de produção continua concentrado na matriz dessas empresas.

Prédio da AIA, uma empresa de seguros do grupo americano AIG em Hong Kong (2008). A AIG é uma multinacional com sede nos Estados Unidos.

Os organismos internacionais e as políticas neoliberais

A partir dos anos 1980, principalmente, os organismos internacionais (FMI, Banco Mundial), em boa parte comandados pelos países desenvolvidos — sobretudo pelos Estados Unidos —, estimularam processos de abertura econômica e de redução de gastos pelos governos em vários países, especialmente nos subdesenvolvidos.

No entender desses organismos, essa era a saída para a crise de endividamento externo e interno enfrentada pelos países subdesenvolvidos. Algumas dessas políticas, particularmente as relacionadas à redução dos gastos do governo, também foram adotadas em países desenvolvidos, como Estados Unidos e Reino Unido.

A redução das barreiras comerciais, os processos de privatização, nos quais houve grande participação de empresas estrangeiras, a contenção de gastos, até mesmo com a diminuição de investimentos em setores como educação, saúde, geração de energia, saneamento básico e moradia popular, fizeram parte das políticas neoliberais instituídas em vários países subdesenvolvidos.

Essa maior abertura foi amplamente favorável aos países desenvolvidos, às multinacionais, aos grandes bancos e investidores estrangeiros, pois aumentou ainda mais as possibilidades de lucros. Em consequência disso, já nos primeiros anos do século XXI, o fluxo de capitais que retornava aos países desenvolvidos na forma de rendimentos de aplicações financeiras, remessa de lucros das multinacionais e dos grandes bancos internacionais e *royalties* foi cada vez maior.

Os dez maiores bancos do mundo - capitalização do mercado (2013)

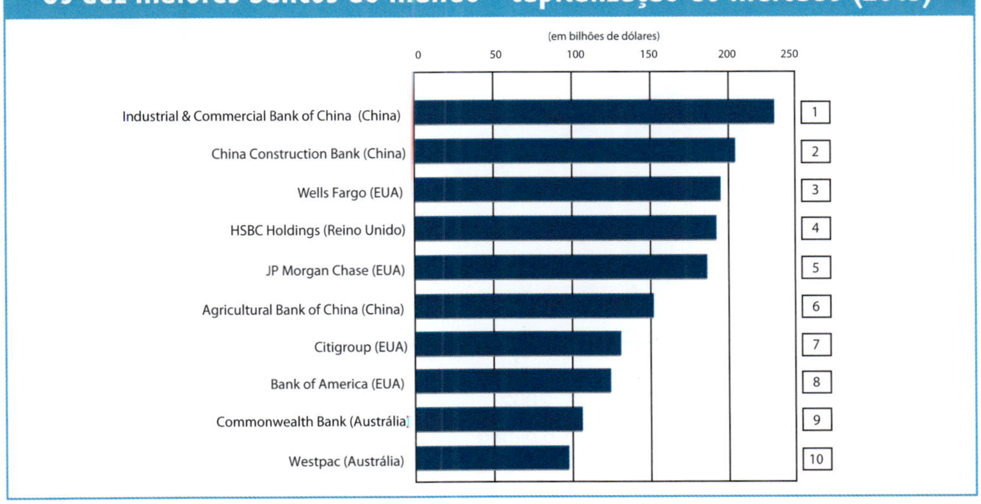

Fonte: Disponível em: <www.banksdaily.com>. Acesso em: 16 mai. 2014.

A globalização financeira

Os fluxos internacionais de capitais — globalização financeira — concentram-se nos países desenvolvidos, que são centros da economia internacional, mas também nos principais emergentes, sobretudo na China, mas também no Brasil, Rússia, Coreia do Sul, México, Polônia, Arábia Saudita e Turquia. Grande parte desses fluxos de capitais é composta de investimentos diretos feitos no exterior por empresas multinacionais e por bancos internacionais. Entretanto, os avanços e a expansão do setor das telecomunicações permitem também que um investidor situado em Nova York, por exemplo, compre ações em diversas bolsas de valores no mundo todo, em alguns minutos.

Tais investimentos dirigem-se principalmente a aplicações financeiras e saem rapidamente do país ao primeiro sinal de instabilidade política, econômica ou social (catástrofes naturais, queda nas taxas de juros, endividamento do governo, mudanças políticas). E mesmo países desenvolvidos podem ser afetados por essa instabilidade no direcionamento dos investimentos, cujos detentores buscam maiores lucros e segurança. A crise financeira de 2008 e que se desdobrou de forma mais intensa em alguns países da Europa a partir de 2010 é um exemplo disso. Você irá analisar a crise na Europa na próxima unidade.

Os países desenvolvidos, detentores de grandes reservas de capitais e de moedas fortes e estáveis, bem como os emergentes, acima citados, são, de modo geral, os grandes beneficiados pelo crescimento dos mercados financeiros, pois oferecem mais liquidez e segurança.

O aumento das desigualdades e a instabilidade econômico-financeira

Analise o gráfico.

Dinâmica da pobreza em algumas regiões (1990-2005) em % de pobres

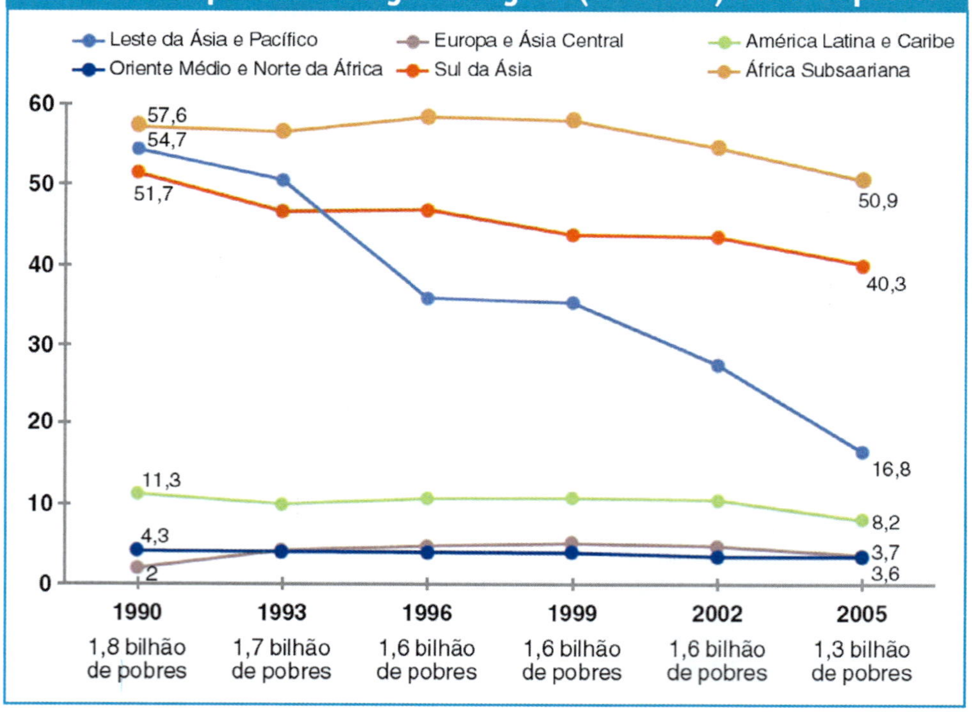

Fonte: World Bank. Disponível em: <http://siteresources.worldbank.org/INTPOVERTY/Images/PovTrends_large3.gif>. Acesso em: 13 mai. 2014.

- Responda às questões a seguir.

1. O que ocorreu com o número total de pobres entre 1990 e 2005?

2. Em quais regiões houve redução mais significativa do número de pobres?

3. Em qual região houve aumento?

• Agora, observe a charge ao lado com atenção e responda: Em sua opinião, o que o chargista quis expressar?

Pelo que estudamos até o momento, percebe-se que os benefícios da globalização, de certa forma, ficam restritos aos países desenvolvidos e que são evidentes algumas consequências negativas desse processo para muitos países subdesenvolvidos, apesar de alguns terem experimentado períodos de crescimento econômico e terem sido beneficiados, em determinados aspectos, pela globalização.

No entanto, vale destacar que os países de crescimento mais acelerado, como a China e a Índia, não promoveram uma liberalização da economia, como fizeram, por exemplo, o Brasil e a Argentina, particularmente no final do século XX. Tanto na China como na Índia, o Estado continua bastante atuante na esfera econômica e nos investimentos sociais. Neste início de século, na América Latina, diversos programas sociais vinham contribuindo para uma redução da pobreza e da miséria. Mas a concentração de riquezas continuava grande.

A formação dos blocos econômicos

Após a Segunda Guerra Mundial, surgiu na Europa uma série de alianças de integração econômica entre países, com o objetivo de aumentar o intercâmbio comercial e ampliar a capacidade competitiva no mercado global.

Governos e setores da sociedade dos países europeus sabiam que jamais teriam condições de competir, individualmente, com os Estados Unidos. Além disso, percebiam que era necessário fazer frente ao crescimento da União Soviética.

> **4 Blocos econômicos**
> Para o assunto ***Os principais blocos econômicos***, acesse e explore este OED.

Essas alianças marcaram o início da formação dos blocos econômicos regionais, importante característica do espaço geográfico mundial.

Há formas diferenciadas na configuração de blocos econômicos, conforme o nível de integração:

- **Zona de livre-comércio:** é estabelecida entre países que têm o objetivo de reduzir e eliminar os impostos de importação (tarifas aduaneiras) de mercadorias. Exemplo: Acordo Norte-Americano de Livre-Comércio (Nafta), que reúne Estados Unidos, Canadá e México;
- **União aduaneira:** etapa ou nível de integração em que, além de reduzir e eliminar os impostos de importação, os países-membros estabelecem uma tarifa externa comum (TEC), ou seja, todos os países integrantes têm o mesmo valor de imposto de importação para mercadorias provenientes de outros países. Nessa etapa, os países-membros negociam em bloco com outros Estados-nação. Exemplo: Mercosul (Brasil, Argentina, Uruguai, Paraguai e Venezuela) no estágio atual, mas de forma incompleta;
- **Mercado comum:** etapa em que vigora a livre circulação de mercadorias, de serviços, de capitais e de pessoas entre todos os países-membros da organização. Exemplo: União Europeia, que, como veremos, já superou essa etapa e constitui atualmente uma união econômica e monetária.

Blocos econômicos (início de 2014)

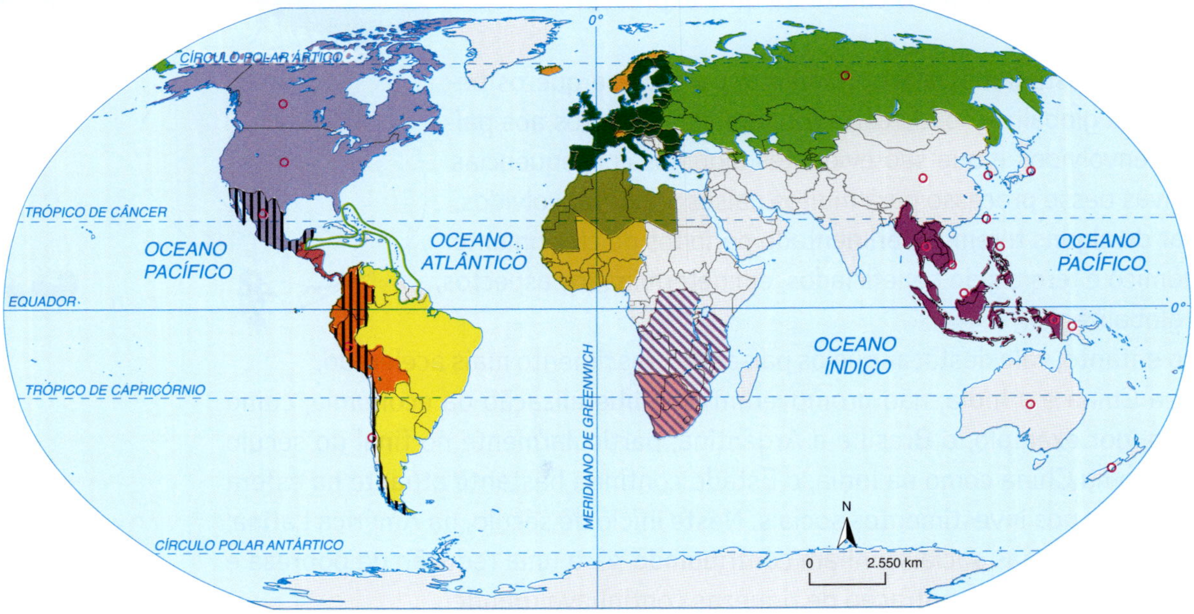

Principais Organizações – ano de criação

- Nafta – Associação de Livre-Comércio da América do Norte – 1989
- Mercosul – Mercado Comum do Cone Sul – 1991
- MCCA – Mercado Comum Centro-Americano – 1961
- CAN – Comunidade Andina
- UE – União Europeia –1993
- EFTA – Associação Europeia de Livre-Comércio – 1960
- CEI – Comunidade dos Estados Independentes – 1991*
- Asean – Associação dos Países do Sudeste Asiático – 1967
- UMA – União dos Países do Maghreb – 1989
- Ecowas – Comunidade Econômica do Oeste Africano – 1975
- SADC – Comunidade de Desenvolvimento da África Austral – 1980
- Sacu – União Aduaneira da África Austral – 1969
- Aliança do Pacífico
- Apec – Cooperação Econômica Ásia-Pacífico – 1989
- Caricom – Comunidade do Caribe – 1972

* O Turcomenistão é membro associado da CEI desde 2005.

Fonte: ÍSOLA, Leda; CALDINI, Vera. *Atlas geográfico Saraiva*. São Paulo: Saraiva, 2009. p. 183. Atualizado pelos autores.

Os interesses das multinacionais

As grandes empresas multinacionais têm bastante interesse na formação dos blocos econômicos e nos acordos realizados no âmbito da Organização Mundial do Comércio (OMC), pois eles permitem redução das tarifas ou dos impostos de importação. Quando os impostos são reduzidos, ou quando não existem, os produtos das multinacionais chegam com um preço mais baixo ao consumidor, proporcionando, geralmente, aumento das vendas.

Essas empresas acabam influenciando os governos dos países a oferecer maior abertura comercial, tanto em nível regional como mundial.

No caso da formação de um bloco econômico, as multinacionais conseguem reduzir os custos de produção, pois podem escolher um país para se instalar, considerando, por exemplo, o local onde a mão de obra é mais barata, o fornecimento de energia apresenta menor custo, o setor de transportes é mais bem aparelhado, a matéria-prima é abundante e mais barata, a infraestrutura em termos de telecomunicações é melhor etc. A isso se dá o nome de vantagens competitivas.

Essas vantagens possibilitam às multinacionais aumentar os seus lucros, já que se trata de empresas com maior capacidade de investimentos, maior nível de avanço tecnológico e mais experiência para atuar em outros mercados.

A zona de livre-comércio e a união aduaneira

Em todas as modalidades de blocos econômicos o objetivo é a eliminação de tarifas ou impostos de importação entre os países-membros. Por esse motivo, os países que formam esses blocos (zona de livre-comércio, mercado comum ou união econômica e monetária) adotam como princípio a redução das tarifas de importação.

No caso da zona de livre-comércio, o acordo entre os países que a integram tem como objetivo final apenas a eliminação dos impostos cobrados na importação de mercadorias que circulam no interior do bloco. As mercadorias de outros países não pertencentes à zona de livre-comércio ou de outros blocos econômicos são taxadas com impostos de importação.

Cada país da zona de livre-comércio determina o valor do imposto de importação que será cobrado. Em geral, os países que estabelecem a zona de livre-comércio também fazem acordos para que os produtos comercializados no interior do bloco tenham uma porcentagem (que não pode ser muito baixa) de componentes produzidos no próprio país. Por exemplo, suponhamos que dois países — A e B — estabeleçam uma zona de livre-comércio. Se A quiser exportar um automóvel para B, esse bem deverá ter, pelo menos, 60% das peças produzidas no próprio país, para poder entrar em B sem que sejam cobrados impostos de importação.

No caso da união aduaneira, além de vigorar a circulação de mercadorias entre os países-membros do bloco sem a cobrança de impostos de importação, existe uma tarifa externa comum (TEC). Isso significa que todos os países integrantes têm uma mesma tarifa ou imposto de importação para mercadorias importadas de outros países.

Com a TEC, o relacionamento comercial dos países da união aduaneira com outros países ou outros blocos comerciais deixa de ser individual — as negociações passam a ser feitas em bloco.

Os acordos de livre-comércio trazem uma série de consequências para as empresas e a população dos países integrantes. Os consumidores podem se beneficiar com produtos mais baratos que entram em seus países, mas muitos desses consumidores podem ser prejudicados com a perda do emprego, em virtude da falência ou da diminuição da produção das empresas onde trabalhavam, pois muitas delas não conseguem concorrer com os produtos mais baratos dos outros países integrantes do bloco.

Percebemos, assim, que nos setores produtivos, sejam eles agrícolas ou industriais, pode haver ganhadores e perdedores. Ganhadores serão os produtores rurais ou as empresas que, por serem mais competitivos, terão condições de vender mais, conquistando mercados nos outros países do bloco. Perdedores serão os produtores rurais ou as empresas menos competitivos que seus concorrentes, pois venderão menos, podendo, inclusive, falir.

Mesmo com essas implicações, os processos de formação dos blocos econômicos muitas vezes acontecem sem que haja uma maior participação da sociedade nas decisões tomadas. No caso do processo de formação da União Europeia, ao menos nas etapas finais, antes de tomarem algumas decisões importantes, os governos consultaram a população.

Aspectos relevantes quanto à liberalização nas relações comerciais

Quando se trata de analisar as relações comerciais internacionais, o discurso dos governantes dos países desenvolvidos sempre destaca a necessidade de os países subdesenvolvidos abrirem seus mercados, reduzindo suas tarifas de importação para várias mercadorias. No entanto, internamente esses governantes mantêm impostos elevados para os produtos em que não são competitivos.

Além disso, ao menor sinal de crise em algum setor de suas economias, os governos dos países desenvolvidos procuram elevar os impostos de importação dos produtos estrangeiros que oferecem maior concorrência ao setor em crise, para dificultar ou até mesmo impedir a entrada de mercadorias.

No caso dos produtos agrícolas, que são importantes mercadorias de exportação para vários países subdesenvolvidos, os países desenvolvidos mantêm tarifas de importação elevadas e impõem cotas para a entrada de produtos, que, em muitos casos, limitam a possibilidade de exportação por parte dos agricultores dos países subdesenvolvidos. Além disso, os governos dos países desenvolvidos oferecem amplo auxílio a seus agricultores, com várias formas de subsídios, como impostos reduzidos ou inexistentes; empréstimos a juros baixos e com longos prazos para pagamento; garantia de preço mínimo para as mercadorias, para não causar prejuízo aos produtores.

Conferência interministerial da OMC, em Genebra, Suíça (2010).

Já os governos dos países subdesenvolvidos não têm condições de oferecer auxílio semelhante devido aos elevados custos, e travam uma disputa no comércio internacional para que os governos dos países desenvolvidos diminuam os impostos aos produtos agrícolas estrangeiros. É o que vem ocorrendo nas negociações comerciais no âmbito da OMC. A Rodada Doha, cujas negociações se iniciaram em 2001, ainda não foram concluídas.

PARA COMPREENDER **Texto**

Leia o texto a seguir.

Um novo conceito de nação

"Muitas pessoas veem a globalização como um processo de homogeneização cultural que, em vez de aproximar povos distintos pelas suas diferenças, destrói justamente essas particularidades. Essa é uma interpretação correta? Sim e não. Sim, se nos referimos à globalização de empresas de mercados consumidores que, normalmente, se originam em poucos países, mais notadamente nos Estados Unidos, e espalham, ou tentam disseminar seu poder pelo globo. Há certos produtos de consumo em quase todos os países – de lojas do McDonald´s até determinados serviços de telefonia celular – cujas empresas costumam destruir firmas locais ou nacionas que produzem bens ou serviços equivalentes. Não, porque precisamente em razão da globalização, da mídia global, da internet, as pessoas podem se tornar conscientes de suas diferenças e das dos outros; podem ser mais inquisitivas e curiosas sobre outras culturas. O risco aqui é que essas outras culturas, se não forem ocidentais, sejam transformadas em produto, sejam comercializadas. Mas as evidências disponíveis mostram, por exemplo, que houve um acentuado aumento no uso de línguas, que não o inglês, na internet, como se as pessoas estivessem recuperando parte de sua herança, de sua cultura nativa. Alguns dos *blogs* que não são escritos em inglês estão se tornando um veículo para questões locais ou nacionais que não fazem parte do foco da mídia global. Tudo isso reforça a especificidade e a diversidade culturais".

Entrevista com a socióloga holandesa naturalizada norte-americana Saskia Sassen. *Ciência Hoje*. Rio de Janeiro. n. 231, out. 2006.

Unidade da rede McDonald's em Beijing, China (2011).

Responda às questões a seguir.

1. De acordo com o texto, de que forma a globalização pode favorecer as culturas locais?
2. No lugar onde você vive é possível notar a influência/presença da cultura global e também a resistência ou manutenção dos valores culturais locais? Dê exemplos.
3. Podemos dizer que a fotografia ilustra o fenômeno da globalização? Por quê?

Atividades

RETOME SEUS CONHECIMENTOS

1. Responda: qual mudança a globalização tem provocado no papel do Estado?
2. Sobre as novas tecnologias, responda.
   a) Como tem sido a participação da ciência no desenvolvimento delas?
   b) Onde está concentrada a criação dessas tecnologias avançadas? Por quê?

EXERCITE SEUS CONHECIMENTOS

3. Leia o texto e responda à questão a seguir.

   A rapidez das notícias

   "Flagradas pelas câmeras do jornalismo internacional e noticiadas em escala global pelas agências de notícias e cadeias de tevê, as violações de direitos humanos provocam reações imediatas da opinião pública e forçam governos a tomar atitudes rápidas e enérgicas.

   A divulgação em escala global de cenas de discriminação, de tortura e de chacinas num país pode derrubar secretários e funcionários de Estado e acelerar processos legislativos e judiciais de proteção aos direitos fundamentais".

   BRIGADÃO, Clóvis; RODRIGUES, Gilberto. *Globalização a olho nu*. São Paulo: Moderna, 1998. p. 34.

   O texto mostra um aspecto positivo da globalização. Qual é esse aspecto? Explique.
4. Com base no que você aprendeu, escreva três frases que indiquem aspectos positivos da globalização. Crie um cartaz com essas frases e exponha-o na sala de aula. Converse com seus colegas e com seu professor sobre as frases elaboradas por vocês. Quais foram os assuntos mais abordados?
5. Em seu cotidiano, como você identifica aspectos da globalização?
6. Com base no que você aprendeu neste capítulo, crie um cartum com o tema:

   "O mundo globalizado e eu". Lembre-se de que o cartum é uma narrativa humorística que se expressa por meio da caricatura, ou seja, é uma anedota gráfica que pode ou não conter algum texto.
7. "Vivemos em um mundo plano, em um planeta sem fronteiras." Essa é uma frase utilizada por algumas pessoas para representar a atual situação do mundo globalizado. Você concorda com ela? Por quê?
8. As facilidades que as novas tecnologias criaram para a comunicação entre pessoas ao redor do mundo impressionam quem nasceu em uma época em que os jogos de uma Copa do Mundo de futebol eram acompanhados apenas por transmissão de rádio. A primeira Copa transmitida ao vivo pela televisão para o Brasil foi a de 1970, disputada no México. De lá para cá, as informações "em tempo real", proporcionadas pelas telecomunicações via satélite e por meios eletrônicos, nos colocam praticamente em qualquer lugar do mundo no momento em que os fatos estão acontecendo. Faça uma pesquisa e elabore uma lista dos eventos que você considera importante serem acompanhados ao vivo.

LIVROS

Geopolítica: uma visão atual

Marcos Antonio Moraes; Sergio Franco.
Campinas: Alínea e Átomo, 2009.

Para compreender melhor o atual e complexo mundo globalizado, esta obra expõe de forma clara e didática fatos que marcaram o século XX, utilizando-se de ordem cronológica e visando tanto à questão histórica quanto à geografia política. A este livro também são acrescentados fatos e perspectivas marcantes do início do século XXI.

Da Guerra Fria à nova ordem mundial (Coleção Repensando a História)

Ricardo de Moura; Mônica Liz Miranda (Org.).
São Paulo: Contexto, 2003.

Retratando de uma forma imparcial o período da "Paz Armada", dando destaque à relação entre os EUA e a ex-URSS, a partir do final da Segunda Grande Guerra, esta obra mostra não só a situação diplomática entre as duas potências como também a pesada ideologia veiculada por ambos os lados no cotidiano de suas populações, por meio de propagandas.

SITES

Instituto de Estudos Estratégicos e Internacionais (IEEI)

Disponível em: <http://www.ieei.pt/index.php>.

O *site* do Instituto de Estudos Estratégicos e Internacionais (IEEI), dedicado à investigação e à promoção de debates sobre questões internacionais em suas variadas áreas – política, militar, econômica, social e cultural –, traz informações sobre suas pesquisas.

Fundação Padre Anchieta

Disponível em: <http://www2.tvcultura.com.br/aloescola/historia/guerrafria/index.htm>.

O *site* traz textos integrais a respeito da Guerra Fria, descrevendo de uma forma ampla e completa esse período histórico, abordando também seu fim e a nova ordem mundial vigente.

Fundação Padre Anchieta

Disponível em: <http://www2.tvcultura.com.br/aloescola/historia/cenasdoseculo/index.htm>.

O *site*, a partir de um panorama amplo e minucioso, explora todos os fatos e informações notáveis do século XX.

FILME

Adeus, Lênin!

Direção: Wolfgang Becker.
Alemanha, 2003.

Em 1989, pouco antes da queda do muro de Berlim, a Sra. Kerner passa mal, entra em coma e fica desacordada durante os dias que marcaram o triunfo do regime capitalista. Quando ela desperta, em meados de 1990, sua cidade, Berlim Oriental, está sensivelmente modificada. Seu filho Alexander, temendo que a excitação causada pelas drásticas mudanças possa prejudicar a saúde da mãe, decide esconder-lhe os acontecimentos. Para isso, ele cria uma Alemanha socialista ilusória.

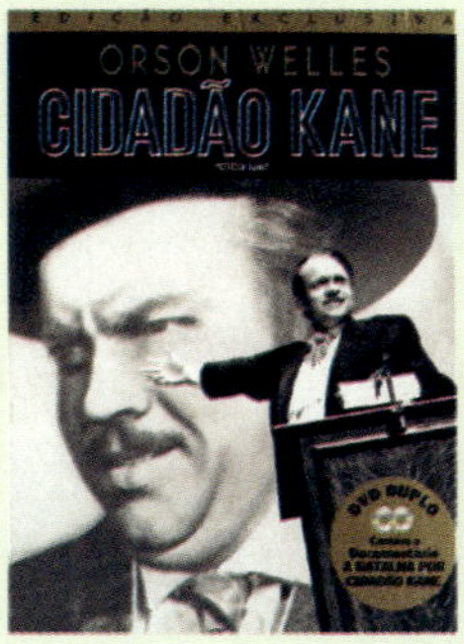

Cidadão Kane

Direção: Orson Welles.
Estados Unidos, 1941.

Cidadão Kane é fundamentado na história de vida do influente magnata na área das comunicações, William Randolph Hearst. Por meio do filme conhecemos a história de Charles Foster Kane, um menino pobre que constrói um império, mas que possuía uma vida pessoal complicada e solitária. Jerry Thompson entra na história como jornalista contratado para investigar a vida de Kane a fim de descobrir o sentido de sua última palavra pronunciada, "Rosebud".

PROJETO ESPECIAL

Pesquisa e Desenvolvimento (P&D)

Leia o texto e as tabelas a seguir.

A tecnologia desempenha papel decisivo no sucesso ou no fracasso de uma região dentro da concorrência da economia global. Segundo o sociólogo Manuel Castells, devemos considerar capacidade tecnológica de um país, região ou área econômica a base científica do processo produtivo, a vantagem em Pesquisa e Desenvolvimento (P&D), a utilização adequada das novas técnicas, a eficiente gestão administrativa e dos recursos humanos necessários à inovação tecnológica e a difusão das inovações por toda a rede de interação econômica. Em razão dos custos elevados, os centros de pesquisa estão concentrados em algumas áreas e no interior de algumas grandes empresas.

Outra fonte de competitividade na economia global é a capacidade política dos Estados ou de blocos supranacionais de criar vantagens para as empresas sediadas em seus territórios.

15 países que mais registraram patentes (2008-2010)

Posição	País	Número de registros			2010 (percentual em relação ao total)
		2008	2009	2010 (estimativas)	
1	EUA	51.637	45.618	44.855	27,5%
2	Japão	28.760	29.802	32.156	19,7%
3	Alemanha	18.855	16.797	17.171	10,5%
4	China	6.120	7.900	12.337	7,6%
5	Coreia do Sul	7.899	8.035	9.686	5,9%
6	França	7.072	7.237	7.193	4,4%
7	Reino Unido	5.466	5.044	4.857	3,0%
8	Holanda	4.363	4.462	4.097	2,5%
9	Suíça	3.799	3.671	3.611	2,2%
10	Suécia	4.137	3.567	3.152	1,9%
11	Canadá	2.976	2.527	2.707	1,7%
12	Itália	2.883	2.652	2.632	1,6%
13	Finlândia	2.214	2.123	2.076	1,3%
14	Austrália	1.938	1.740	1.736	1,1%
15	Espanha	1.390	1.564	1.725	1,1%
	Outros países	13.725	12.659	12.909	7,9%
	Total	163.234	155.398	162.900	

Fonte: Organização Mundial de Propriedade Intelectual, 2011. Disponível em: <www.wipo.int/pressroom/en/articles/2011/article_0004.html#annex5>. Acesso em: 13 mai. 2014.

Estima-se que o Brasil tenha registrado 442 patentes em 2010.

Empresas que mais registraram patentes em 2012			
Posição	**Empresas**	**País de origem**	**Quantidade de registros**
1	ZTE Corporation	China	3.906
2	Panasonic Corporation	Japão	2.951
3	Sharp Kabushiki Kaisha	Japão	2.001
4	Huawei Technologies Co., LTD.	China	1.801
5	Robert Bosch Corporation	Alemanha	1.775
6	Toyota Jidosha K.K.	Japão	1.652
7	Qualcomm Incorporated	EUA	1.305
8	Siemens AK.	Alemanha	1.272
9	Koninklijke Philips Eletronics	Holanda	1.230
10	Telefonaktiebolaget LM Ericsson (PUBL)	Suécia	1.197
11	LG Eletronics INC.	Coreia do Sul	1.094
12	Mitsubishi Electric Corporation	Japão	1.042
13	NEC Corporation	Japão	999
14	Fujifilm Corporation	Japão	891
15	Hitachi, LTD.	Japão	745
16	Samsung Electronics CO., LTD.	Coreia do Sul	683
17	Fujitsu Limited	Japão	671
18	Nokia Corporation	Finlândia	670
19	BASF SE	Alemanha	644
20	Intel Corporation	EUA	640

Fonte: Organização Mundial de Propriedade Intelectual, 2013. Disponível em: <www.wipo.int/pressroom/en/articles/2013/article_0004.html#annex5>. Acesso em: 13 mai. 2014.

1. Segundo o sociólogo Manuel Castells, o que é a capacidade tecnológica de um país?

2. Qual é a outra fonte de competitividade na economia global?

3. Analisando a primeira tabela, é possível avaliar a evolução dos países no período considerado. Que país apresentou o maior crescimento?

4. Em relação ao item anterior, apoiado nas análises desenvolvidas no início do capítulo 1 e também em seus conhecimentos, apresente justificativas para a evolução desse país.

5. Analisando e comparando as informações das duas tabelas, a quais conclusões é possível chegar?

6. Em grupo, pesquise em livros, revistas, jornais e na internet alguns dos avanços nas áreas de ciência e tecnologia desenvolvidos nos primeiros cinco países colocados na segunda tabela. Vocês poderão pesquisar projetos científicos ou produtos inovadores e diferenciados desenvolvidos nas áreas de saúde, educação, comunicação e tecnologia.

Escrevam um texto explicando a procedência e a importância desses avanços. Se possível, insiram imagens (fotografias ou desenhos).

Leiam os textos produzidos para todos na sala e conversem sobre eles.

7. Que tal usar o mesmo procedimento para pesquisar a capacidade tecnológica do nosso país? Produza um painel sobre avanços nas áreas de ciência e tecnologia desenvolvidos no Brasil.

Europa

Estação de trem e de trens de alta velocidade (TGV) em Nice, França (2009).

Vista aérea de Varsóvia, capital da Polônia (2011).

UNIDADE II

Floresta temperada do Parque Nacional Floresta da Baviária, Alemanha (2011).

Berço do capitalismo e da Revolução Industrial, mas também do socialismo real, o continente europeu — palco das duas grandes guerras mundiais — conheceu transformações espaciais significativas nos últimos séculos e vem desempenhando um papel muito importante no contexto econômico e geopolítico internacional.

No decorrer do século XX, foi na Europa que surgiu o primeiro e, até o momento, mais integrado bloco econômico do mundo: a União Europeia. O continente abriga países de elevado nível de desenvolvimento socioeconômico e atrai anualmente milhares de imigrantes de todos os lugares do mundo.

Outro aspecto importante da dinâmica demográfica dos países europeus é o baixo índice de crescimento vegetativo. Esses e outros aspectos serão analisados no decorrer desta unidade.

- O que você sabe sobre os países da Europa, considerando o nível de desenvolvimento socioeconômico?
- Uma das fotografias apresenta aspecto da floresta temperada no continente. Você acha que as paisagens naturais na Europa foram modificadas? Por quê? O que você sabe sobre problemas ambientais nesse continente?

4 Europa – dinâmicas da natureza

PARA CONTEXTUALIZAR

Observe o mapa.

Europa – Divisão política

Fonte: ÍSOLA, Leda; CALDINI, Vera. *Atlas geográfico Saraiva*. São Paulo: Saraiva, 2009. p. 112.

ATIVIDADES

Converse com seus colegas e com seu professor.

1. Qual a localização do continente europeu, considerando as principais coordenadas geográficas, os hemisférios, a zona térmica e os oceanos?
2. Que formações naturais determinam os limites do continente a leste?
3. Observe a configuração do litoral europeu. Quais os principais mares e as três maiores ilhas?
4. Quais continentes estão próximos da Europa?

O continente europeu

Com uma área de pouco mais de 10 milhões de quilômetros quadrados (10.521.466 km²), que corresponde a apenas 7% das terras emersas, a Europa é uma das menores porções continentais do globo. O continente europeu estende-se do oceano Atlântico aos montes Urais (que o separam da Ásia).

Diferentemente dos outros continentes, as terras da Europa não estão distribuídas de forma compacta. Seu extenso litoral, bastante recortado, contém um grande número de mares, golfos, penínsulas, fiordes e outras formações geomorfológicas. Isso facilita a construção de portos, favorecendo a utilização do transporte marítimo, mesmo entre regiões e países do próprio continente.

Fiorde
Estreito corredor em forma de U, de grande profundidade (pode alcançar até 600 m), que se localiza num litoral alto. Os fiordes foram construídos pela erosão glacial e, posteriormente, invadidos pelo mar.

Dos mares europeus, os mais importantes são: Mediterrâneo, Negro, Adriático, do Norte, Báltico, da Noruega, Egeu e Cáspio. Observe-os no mapa da seção **Para contextualizar**.

Ao norte do continente, em razão dos climas frios, alguns mares, parte do Atlântico e do Ártico congelam-se durante o inverno, dificultando a navegação.

A Rússia é um dos países mais afetados pelas baixíssimas temperaturas no inverno, pois as saídas por mar para o Atlântico, as únicas com as quais o país pode contar, ficam congeladas nessa estação. O acesso ao Atlântico é feito pelo mar Mediterrâneo, passando pelo mar Negro e atravessando os estreitos de Bósforo e de Dardanelos e o mar de Mármara, os três últimos controlados pela Turquia.

Dentre as várias penínsulas, destacam-se:

- a península Escandinava, onde se localizam a Noruega e a Suécia;
- a península da Jutlândia, onde se situa a Dinamarca;
- a península Ibérica, constituída pela Espanha e por Portugal;
- a península Itálica, onde se localiza a Itália;
- a península Balcânica ou dos Bálcãs, constituída por Bulgária, Croácia, Bósnia-Herzegovina, Sérvia, Montenegro, Macedônia, Turquia (parte europeia), Grécia e Albânia.

Sobressaem também ilhas e arquipélagos:

- no oceano Atlântico, o arquipélago Britânico, cujas maiores ilhas são a Grã-Bretanha e a Irlanda, o arquipélago dos Açores e a ilha da Islândia;
- no mar Mediterrâneo, as ilhas Baleares e as da Sardenha, da Sicília, de Córsega e de Creta;
- no mar Egeu, o arquipélago grego.

Fiorde Geiranger na Noruega, península Escandinava (2010).

MAIS INFORMAÇÃO — Eurotúnel

Em dezembro de 1990, 51 metros abaixo da superfície do canal da Mancha, operários ingleses e franceses concluíram a abertura do primeiro dos três túneis previstos no projeto que liga a Inglaterra à França. Um dos túneis serve aos trens de passageiros, o outro, ao trem que leva automóveis, e o terceiro é para manutenção. A ideia da ligação entre os países foi do engenheiro francês Albert Mathieu, apresentada a Napoleão Bonaparte em 1802.

Desde 1994, com a conclusão dos trabalhos, é possível percorrer os 50,5 quilômetros que separam a ilha do continente, dos quais 35 quilômetros de túnel encontram-se sob o mar. A viagem de trem entre Paris e Londres dura aproximadamente 2 horas e meia.

O relevo e a hidrografia

Observe o mapa.

Europa – Físico

Fonte: *Atlas 2000. La France et le monde*. Paris: Nathan, 1998. p. 28 (adaptado).

- Responda às questões a seguir.

1. Que fronteiras naturais entre a Europa e a Ásia o mapa permite identificar?
2. Quais formas de relevo há no continente europeu?
3. Identifique, na Europa Central, um centro dispersor de águas e seus respectivos rios.

O relevo

Na maior parte da Europa predominam baixas altitudes — cerca de dois terços de sua área continental têm altitudes inferiores a 200 metros. No Brasil, o relevo também apresenta altitudes relativamente modestas (predominam no país patamares inferiores a 500 m). Entretanto, diferentemente do que ocorre no relevo brasileiro, na Europa há cadeias montanhosas com altitudes superiores a 4 mil metros (Alpes) e a 5 mil metros (Cáucaso).

O relevo europeu é formado por planaltos (inclusive maciços antigos), cadeias de montanhas, planícies e depressões.

Os planaltos são encontrados ao norte e distribuídos pela parte central do continente. São formas de relevo desgastadas pela erosão, caracterizadas por baixas altitudes e formas arredondadas ou planas (mesetas).

Meseta
Denominação regional utilizada na Espanha Central para os planaltos com topo plano e escarpas acentuadas nas diferentes direções.

Esses maciços, que se estendem pela península Escandinava (Alpes Escandinavos) e pelas ilhas Britânicas (cadeia Penina), prolongando-se pela Europa Central (maciço Xisto-Renano), pela França (maciço Central) e pela Espanha (meseta Espanhola), têm como ponto culminante o pico Glittertind, com 2.472 metros (nos Alpes Escandinavos).

Outros planaltos europeus são: o planalto da Boêmia (República Tcheca), o planalto de Valdai, o Central Russo e os montes Urais (Rússia).

Em contraste com a pequena altitude e a forma arredondada dos maciços do norte, na porção central e sul do continente europeu estendem-se as cadeias de formação mais recente e altitudes elevadas. Entre elas, a cadeia mais importante são os Alpes. Essas **cadeias montanhosas** foram formadas por tectonismo (dobramentos ocorridos na Era Cenozoica — Período Terciário). A porção sul apresenta atividades sísmica (terremotos) e vulcânica.

Vista de meseta na província Soria, Espanha (2009).

Na Islândia, 100% da eletricidade gerada é proveniente de fontes de energia renováveis (hidrelétrica e geotérmica ou geotermal). Na fotografia, o gêiser Strokkur (2010).

Vista aérea do vulcão Eyjafjallajokull, na Islândia. A nuvem de cinzas que se vê na fotografia prejudicou muitos voos na Europa, em abril/maio de 2010.

A atividade vulcânica também é intensa na Islândia. Além dos vulcões, há na ilha cerca de 800 fontes de água quente, chamadas gêiseres, que lançam água a temperaturas entre 75 °C e 100 °C e são aproveitados para a geração de energia.

Os Alpes estendem-se aproximadamente desde Nice (no sul da França) até Viena (no extremo leste da Áustria), formando um grande arco, que abrange principalmente o território da Suíça e o norte da Itália, além do leste da própria Áustria. Contam com 12 picos com mais de 4 mil metros de altitude, dos quais o monte Branco (4.807 m) é o ponto culminante.

Além dos Alpes, destacam-se na Europa outras cadeias montanhosas:

- os Pirineus, na divisa entre França e Espanha;
- os Apeninos, na península Itálica;
- os Cárpatos, pequeno arco em torno da planície da Hungria;
- os Bálcãs, na península Balcânica, entre o mar Adriático e o mar Negro;
- o Cáucaso, entre o mar Negro e o mar Cáspio.

Região dos Alpes, na Áustria (2010).

Cerca de dois terços do relevo europeu é formado por **planícies** que se localizam, principalmente, nas partes leste e central do continente. Tal fato favorece o desenvolvimento de atividade agrícola mecanizada. São planícies sedimentares cortadas por importantes rios navegáveis e se estendem do mar do Norte aos montes Urais.

As planícies mais extensas são: a Russa (também chamada de Sarmática), a Germano-Polonesa (conhecida como planície do Norte da Europa) e a da Hungria. Existem outras menores, como a planície do Pó (ao norte da Itália), a bacia de Paris e a bacia de Londres.

As depressões absolutas ocorrem junto ao mar Cáspio (entre a Europa e a Ásia) e na Holanda (Países Baixos), ao norte do baixo curso do rio Reno.

Para impedir o avanço da água do mar sobre o país, os holandeses constroem diques, canais de drenagem e sistema de bombeamento da água.

Depressões

Trechos do relevo mais baixos que as áreas que os circundam. Quando esses trechos estão acima do nível do mar, recebem o nome de depressões relativas; quando estão abaixo do nível do mar, são chamados de depressões absolutas (altitudes negativas).

A hidrografia

Os rios europeus não se destacam pela grande extensão, mas por seu volume de água e sua importância como via de transporte.

A Europa apresenta cerca de 75 mil quilômetros de vias fluviais, dos quais 43.500 quilômetros são constituídos por canais.

Os principais rios europeus são o Danúbio, o Volga e o Reno.

O rio Danúbio nasce na região da Floresta Negra (Alemanha), a mais de 600 m de altitude, e deságua no mar Negro. O Danúbio é o rio que atravessa o maior número de países europeus: Alemanha, Áustria, Eslováquia, Hungria, Croácia, Sérvia, Montenegro, Bulgária, Romênia e Ucrânia, servindo como limite para alguns deles. Além de estar relacionado com um grande número de países, o Danúbio é o principal rio de três importantes capitais europeias: Viena (Áustria), Budapeste (Hungria) e Belgrado (Sérvia).

Dos seus 2.858 quilômetros de extensão, 2.450 quilômetros são navegáveis em qualquer época do ano. O tráfego no Danúbio (navios de carga e de passageiros) foi internacionalizado em 1856. Com isso, o rio tornou-se uma importante via de ligação entre a parte ocidental e a parte oriental da Europa. Entretanto, após a Segunda Guerra Mundial, quando os países da Europa Oriental adotaram o socialismo, esse tráfego pelo Danúbio ficou bastante reduzido. Com o fim da divisão da Europa — capitalista e socialista —, o Danúbio recuperou sua importância como principal elo de comunicação entre países europeus, possibilitando o transporte de mercadorias e pessoas.

Tráfego internacionalizado
Trânsito permitido e oficializado entre países.

Outro traço importante desse rio é o fato de comunicar-se com o rio Reno, através do canal Ludwig e do rio Meno.

MAIS INFORMAÇÃO

A bacia do Danúbio

"O Danúbio é o segundo rio mais longo da Europa (depois do Volga), atravessando-a de oeste a leste, desde sua nascente, na Floresta Negra (Alemanha), até desaguar no mar Negro, no Delta do Danúbio (Romênia). [...]

A bacia do rio Danúbio abrange partes ou a totalidade de 18 países [...]. O Delta do Danúbio representa um dos últimos paraísos naturais da Europa e o maior parque do continente. Com quase 50 mil hectares de águas, tem ilhas, florestas virgens, canais, lagos, muitos peixes – até os esturjões, relíquias terciárias que dão o famoso caviar – e centenas de espécies de aves.

Ao longo dos anos, os recursos naturais e ecossistemas do Delta foram seriamente afetados pela intervenção humana e pela contaminação causada por esgotos domésticos e industriais, pesticidas e nutrientes, pela redução das zonas inundáveis por meio de represas, ou com a superexploração dos recursos do Delta pela agricultura, pesca, caça, turismo, crescimento e corte de juncos e extração de areias.

No início da década de [19]90, foi criada a Reserva de Biosfera Delta do Danúbio, abrangendo o Delta e o sistema de lagos Razim-Sinoe. Sua função é preservar a diversidade genética da flora e fauna do Delta do Danúbio, manter os sistemas de apoio vital e assegurar o uso sustentável de espécies e ecossistemas. A reserva é formada por 18 áreas protegidas, que cobrem 506 mil hectares, onde são permitidas atividades econômicas controladas, tais como corte de árvores, agricultura, corte de juncos, piscicultura, caça e turismo. [...]"

OLIVEIRA, Cecy. A bacia do Danúbio, patrimônio da humanidade. *ComCiência Ambiental*. Ano 2, n. 9, mar. 2007. p. 81-82.

Com 3.701 km de comprimento, o rio Volga é o mais extenso do continente. Ele nasce no planalto de Valdai, corre pela planície Russa e desemboca no mar Cáspio. É navegável em quase todo o seu curso e suas águas permanecem congeladas durante boa parte do ano.

O Reno, com 1.350 km de extensão, é outro rio de grande importância para o espaço geográfico europeu, pois liga a parte central da Europa aos Países Baixos. Ele nasce nos Alpes Suíços, separa a Alemanha da França, corta a principal região industrial da Alemanha, passa pelos Países Baixos e desemboca no mar do Norte.

Junto ao seu principal afluente na Alemanha, o rio Ruhr, localiza-se o maior complexo industrial da Europa.

Em razão das obras de engenharia, o Reno é navegável da Basileia (Suíça) até o mar do Norte (porto de Roterdã, na Holanda), o que permite o escoamento de vários produtos a custos bem menores do que por outras vias. Além disso, em seu curso foram construídas várias usinas hidrelétricas.

Transporte de mercadorias no rio Reno, na Alemanha (2009).

O Reno se comunica com vários outros rios através de canais e liga o oceano a várias regiões industriais do interior do continente. Isso tornou o porto de Roterdã, localizado em sua foz, um dos mais movimentados do mundo.

Outros rios importantes do continente europeu são:

- Tejo, Douro e Minho, em Portugal;
- Tejo, Douro e Ebro, na Espanha;
- Sena, Loire e Ródano, na França;
- Tâmisa, na Inglaterra;
- Pó, Tibre e Arno, na Itália;
- Vístula e Oder, na Polônia;
- Elba, na República Tcheca e na Alemanha;
- Don e Dnieper, na Rússia;
- Dnieper, na Ucrânia e em Belarus.

Os dois principais centros dispersores de água da Europa são: os Alpes (norte da Itália, sul da França, Suíça, Áustria e extremo sul da Alemanha) e o planalto de Valdai (Rússia).

PARA COMPREENDER **Texto**

Leia o texto.

O exemplo do Tâmisa

"O Tâmisa, na Inglaterra, hoje um dos cartões-postais de Londres, é a grande prova de que um rio poluído pode voltar a ter vida, mesmo atravessando uma metrópole. Suas águas, que no século XIX exalavam um cheiro tão insuportável que algumas sessões do Parlamento tiveram de ser suspensas, hoje são cenário de pescarias, passeios de barco, prática de esportes e de turismo.

A poluição do Tâmisa vem de longa data. Em 1610, a água deixou de ser potável e, no final do século XIX, ele foi declarado morto. Para tentar reverter a situação, o governo construiu em Londres, no início do século XX, um sistema de captação de esgotos e, com isso, o rio se recuperou por alguns anos. No entanto, como os dejetos não eram tratados, mas apenas coletados e lançados mais adiante no próprio curso, o Tâmisa não resistiu por muito tempo e, em 1950, foi novamente declarado morto.

Dessa vez, os ingleses investiram em uma solução definitiva, que custou US$ 20 bilhões, aplicados ao longo de 20 anos. Ainda na década de 1950, foram construídas as primeiras estações de tratamento. O governo também promoveu uma ampla campanha de conscientização da população, para ensinar aos cidadãos que o rio não era lugar de jogar lixo ou esgoto. Na década de 1970, os peixes voltaram a viver no Tâmisa. Hoje, suas águas abrigam 121 espécies diferentes.

O rio atualmente é gerenciado pela Thames 21, uma organização composta, entre outros, pela Agência do Meio Ambiente do governo, pela Autoridade do Porto de Londres e por representantes da sociedade civil. A entidade zela pela qualidade da água, aplica o dinheiro arrecadado com impostos em projetos sociais e educacionais ligados ao rio e realiza uma limpeza anual do fundo. Mesmo com tanto cuidado, todos os anos ainda são retiradas do leito do Tâmisa cerca de mil toneladas de lixo."

Problemas Brasileiros. São Paulo: Sesc, ano 42, n. 367, jan./fev. 2005.

Rio Tâmisa, em Londres, Inglaterra (2010).

■ Responda às questões a seguir.

1. Quais medidas foram adotadas para despoluir o rio Tâmisa?
2. Cite três benefícios gerados pela despoluição do rio Tâmisa.
3. Você sabe de algum projeto semelhante em andamento no Brasil? No município onde você mora, ou próximo a ele, há rios que poderiam ser beneficiados com um projeto desse tipo?
4. Observe algum rio ou córrego em seu município: suas margens estão ocupadas? Qual é a cor da água e como é o cheiro? Há despejo de esgoto? Há lixo acumulado?
5. Em sua opinião, como podemos contribuir para a conservação e despoluição dos rios?

Os lagos da Europa

A Europa apresenta numerosas regiões lacustres.

Na parte europeia da Rússia, localizam-se grandes lagos, como o Ládoga (com 18.200 km²) — o maior da Europa — e o Onega. Esses dois lagos têm origem tectônica (surgiram a partir de desdobramentos ou falhas na estrutura geológica) e são alimentados pelas águas provenientes do derretimento das neves.

Na península Escandinava, aparecem o Venern e o Vattern, considerados lagos residuais (restos de antigos mares). Na Finlândia, existem alguns milhares de lagos, formados a partir de processos resultantes da escavação de geleiras. Esses lagos cobrem aproximadamente 9% do território finlandês.

Entretanto, os mais belos lagos da Europa localizam-se nos Alpes, que, entre outros fatores, com excelente infraestrutura hoteleira e de transportes, atraem milhares de turistas. Entre eles, destacam-se: o de Genebra, entre a Suíça e a França; o dos Quatro Cantões (Vierwaldstatter), o de Zurique e o de Neuchatel, na Suíça; o de Constança, entre a Suíça e a Alemanha, que funciona como regularizador do curso do rio Reno; o de Como e o de Garda, na Itália.

O clima e a vegetação

Europa – Fatores climáticos

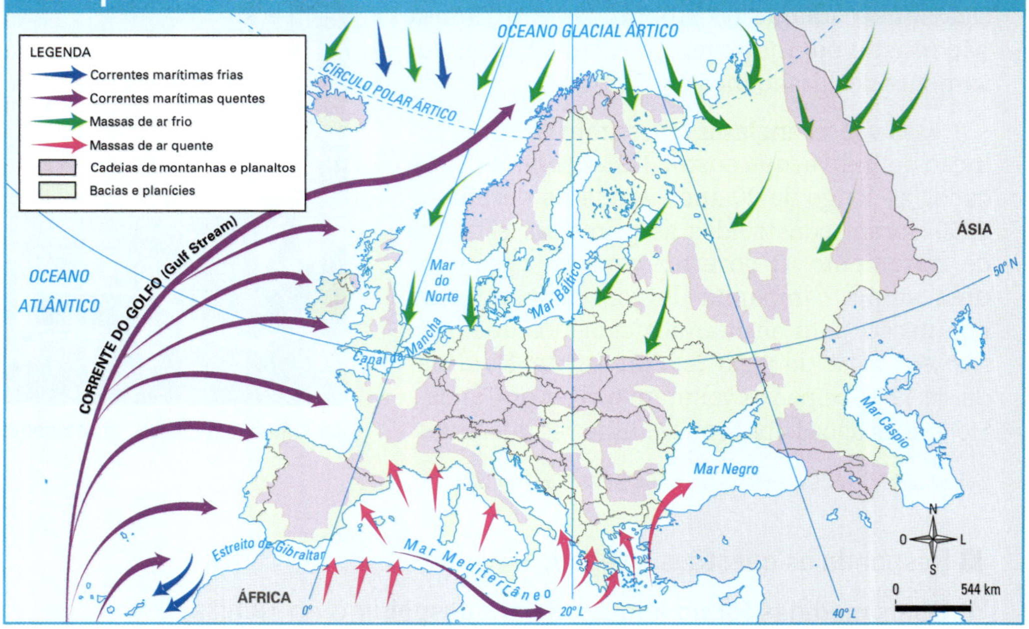

Fonte: KNAFOU, Rémy. *Histoire/Géographie* (initiation économique). Paris: Belin, 1992. p. 202 (adaptado).

- Responda às questões a seguir.

1. Que região da Europa tem o clima influenciado pela corrente do Golfo? De que maneira se dá essa influência, considerando as características da corrente?
2. Qual a influência do relevo para que as massas de ar frio da região Ártica que penetram pela Europa Norte-Oriental cheguem ao interior do continente?
3. E em relação às massas de ar quente provenientes da África e do Mediterrâneo?

O continente europeu, situado quase totalmente na zona temperada do hemisfério Norte, apresenta predominantemente clima temperado. Além da posição geográfica, outros fatores são responsáveis pela determinação de seus tipos climáticos: as correntes marinhas, o litoral recortado – que aproxima o mar de muitas áreas do continente – e a disposição das formas do relevo, que influi na penetração das massas de ar.

Uma corrente marinha que influencia bastante o clima da Europa é a corrente do Golfo (*Gulf Stream*). Ela provém da zona intertropical e aquece as áreas litorâneas de vários países, amenizando o rigor do inverno. O litoral da Europa, muito recortado, canaliza as brisas marinhas, aquecidas pela corrente do Golfo.

A disposição das montanhas na porção sul do continente dificulta a penetração da massa tropical saariana no interior da Europa. Já na porção norte, penetram pelo continente europeu as massas de ar frio (Ártica oceânica e Ártica continental), que atingem as áreas de planície da porção central, provocando baixas temperaturas nessa região.

O clima temperado

O clima temperado europeu divide-se em dois tipos: temperado oceânico e temperado continental.

O clima temperado oceânico, que ocorre na parte ocidental do continente e recebe a influência da corrente do Golfo, é úmido, com verão e inverno menos rigorosos. A amplitude térmica é menor que no interior do continente, e as chuvas, abundantes, distribuem-se de forma regular pelos 12 meses do ano, atingindo maiores quantidades no inverno.

O clima temperado continental ocorre no interior do continente e não recebe a influência do mar. Abrange as partes central e oriental da Europa, onde os verões são quentes, em contraste com o inverno, bastante rigoroso e com queda de neve. A amplitude térmica é grande, e as chuvas, bastante irregulares, caem em maior quantidade no verão e na primavera.

Observe o mapa e os climogramas dos climas da Europa a seguir.

Europa – Climas

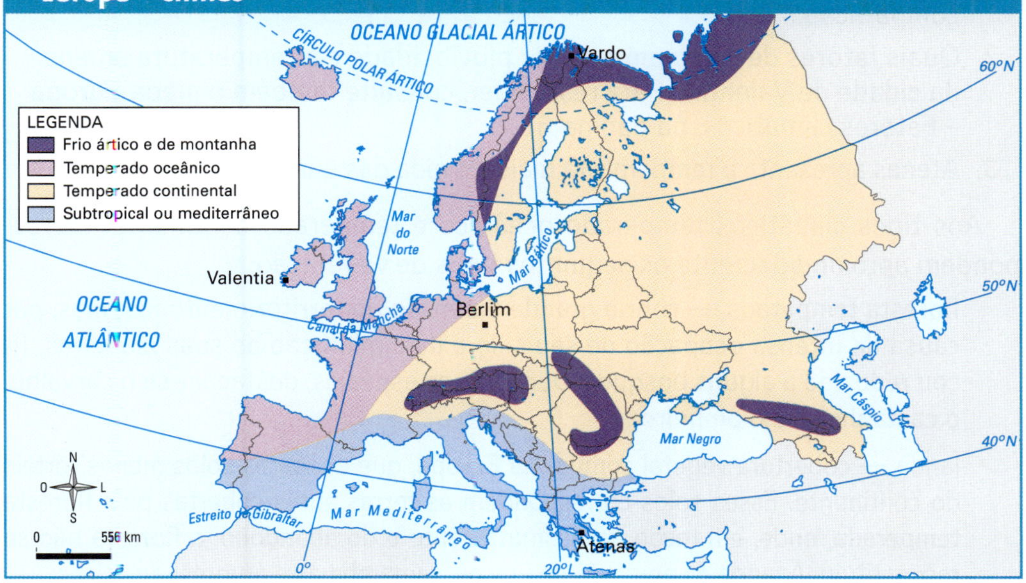

Fonte: *La Géographie de monde*. Paris: Nathan, 2000. p. 13 (adaptado).

Climogramas de quatro cidades europeias

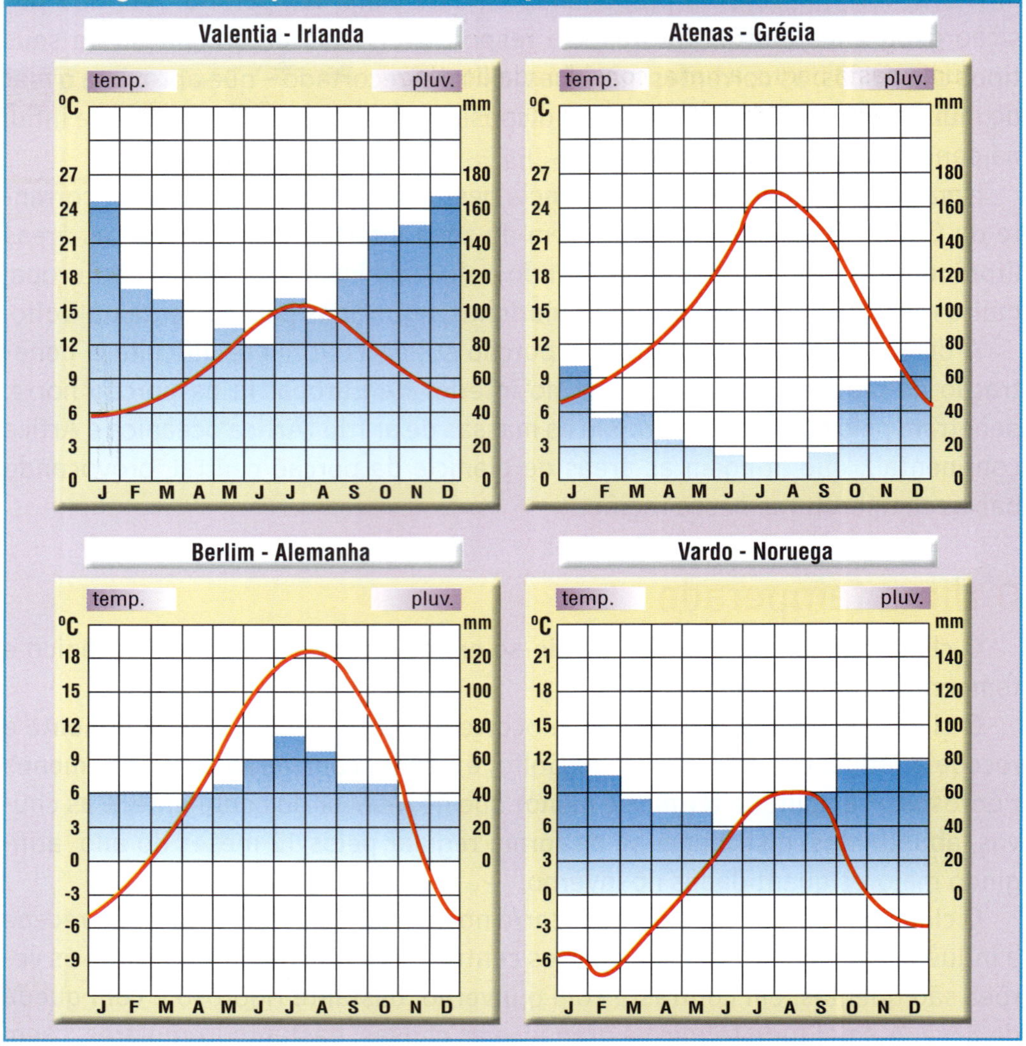

Fonte: *La Géographie de l'Europe des 15*. Paris: Nathan, 1998. p. 11.

• Responda às questões a seguir.

1. Compare os climogramas das cidades de Vardo e Atenas, considerando o outono europeu, e elabore um pequeno texto conclusivo sobre essa comparação.
2. Quais fatores determinam a maior pluviosidade e a temperatura amena na cidade de Valentia? Para responder, consulte também o mapa Europa – Fatores climáticos, na página 66.
3. Atenas apresenta a temperatura mais elevada das quatro cidades. Por quê?

Aos tipos climáticos temperado oceânico e temperado continental correspondem aproximadamente os seguintes tipos de vegetação:

- floresta temperada — cobria grande extensão do território europeu, mas, por causa da intensa ocupação de seu solo e da exploração de suas madeiras, ficou reduzida a alguns bosques. Dentre suas espécies, destacam-se o carvalho, o castanheiro e o pinheiro;
- landa — cobertura vegetal comum na Europa, que ocupa os solos menos férteis do continente. Esses solos correspondem às terras antes cobertas pela floresta temperada, onde, em razão do desmatamento e do abandono, a floresta não se reconstituiu. A landa é composta de juncos, samambaias e árvores raquíticas;

- turfeira — aparece onde os solos se apresentam muito úmidos, em virtude do fraco escoamento das águas. Sob a turfeira forma-se uma pasta negra, a turfa, considerada um tipo de carvão em fase inicial de formação;
- estepe — recobre as planícies e os baixos planaltos, áreas de clima temperado continental um pouco mais seco. Ao norte do mar Negro, em terras da Ucrânia, encontra-se a estepe negra, que apresenta um dos tipos de solo mais férteis do globo, o *tchernoziom*, intensamente aproveitado para a atividade agrícola, principalmente o cultivo de trigo.

Estepe russa (2011).

MAIS INFORMAÇÃO

Solo *tchernoziom*

O solo *tchernoziom* apresenta uma tonalidade escura por causa da grande proporção de húmus - substância proveniente da decomposição e da fermentação de matéria orgânica (restos de vegetais e animais). Trata-se de um solo de grande profundidade, cuja origem está associada ao desenvolvimento de processos glaciais (deslocamento de geleiras e acúmulo de sedimentos trazidos por elas).

Cultivo em solo *tchernoziom* na Ucrânia (2010).

O clima frio ártico

Da área total do continente europeu, apenas o extremo norte da Noruega, da Suécia, da Finlândia e da Rússia está situado na zona polar Ártica.

Próximo ao oceano glacial Ártico, ocorre o clima frio ártico. Durante um curto período do verão, esse tipo climático apresenta temperaturas próximas a 10 °C e, no inverno, médias inferiores a 0 °C.

Sua vegetação predominante é a tundra (no verão), vegetação rasteira constituída por musgos e liquens. Ao sul da região coberta pela tundra aparece a floresta boreal, formada originalmente principalmente por coníferas, que são intensamente aproveitadas para a obtenção de madeira e celulose.

Carregamento de madeira (pinheiros) e trecho de floresta boreal desmatado na Finlândia (2010).

Nas áreas de elevada altitude, ocorre o **clima frio de montanha**. Nessas áreas, a vegetação modifica-se de acordo com a altitude e a consequente queda de temperatura nas partes mais altas. Nas áreas mais baixas, é comum a presença de coníferas; nas áreas mais elevadas, de campos alpinos (vegetação rasteira, aproveitada para a atividade criatória, nas encostas mais ensolaradas).

O clima mediterrâneo

Nas proximidades do Mar Mediterrâneo, ocorre o **clima mediterrâneo**. Graças à influência das massas de ar oriundas do deserto do Saara (África), esse tipo de clima caracteriza-se por verões quentes e secos. A época das chuvas é o inverno.

As coberturas vegetais que correspondem ao clima mediterrâneo são o maqui (vegetação densa e espessa de árvores e arbustos) e o garrigue (arbustos e vegetação rasteira).

MAIS INFORMAÇÃO

As massas de ar

O ar que compõe a atmosfera está em constante movimento, principalmente em função das diferenças de pressão e do movimento de rotação da Terra. Apesar de ocorrerem variações nos valores da pressão numa mesma região, sobretudo em razão das mudanças de estações do ano, podem ser delimitadas, em geral, algumas áreas com predominância de altas pressões e outras onde predominam as baixas pressões, o que, por sua vez, vai determinar a circulação geral da atmosfera.

É no interior dessa circulação geral que se estabelece a dinâmica das massas de ar, que contribuem para a determinação dos diferentes tipos climáticos.

Dessa forma, a caracterização e mesmo a compreensão do tipo climático de um local têm como elemento principal a atuação das massas de ar.

A massa de ar é uma grande porção da atmosfera, com milhares de quilômetros quadrados de extensão. Ela se forma quando um grande volume de ar permanece em repouso ou se move lentamente sobre superfícies continentais ou oceânicas. O local onde a massa de ar se forma recebe o nome de região de origem. É nela que a massa de ar adquire as características de temperatura, pressão e umidade, que serão praticamente as mesmas em toda a sua extensão.

Assim, uma massa de ar que se forma sobre uma superfície gelada como, por exemplo, a Antártida, adquirirá em toda a sua extensão características típicas dessa região: temperatura baixa, alta pressão e pouca umidade. Por isso, o estado do tempo em toda a área abrangida pela massa de ar é praticamente o mesmo, só ocorrendo modificações onde existem montanhas, vales ou grandes extensões de água (lagos, por exemplo) e nas zonas de contato entre duas massas de ar.

Conforme as massas de ar se deslocam, verificam-se alterações do estado do tempo nas regiões afetadas por elas. Ao se deslocarem, as massas de ar vão, aos poucos, perdendo as suas características de temperatura, pressão e umidade. Por exemplo: uma massa de ar frio e úmido, formada, portanto, em altas latitudes, vai se aquecendo e perdendo sua umidade conforme se dirige para latitudes mais baixas (áreas mais quentes).

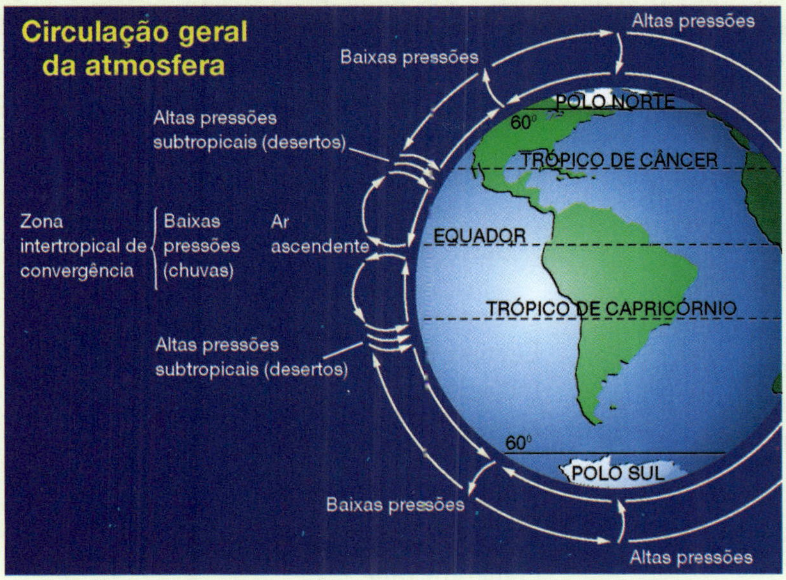

As áreas de alta pressão são denominadas anticiclonais; as de baixa pressão, ciclonais. Nas baixas pressões equatoriais, as elevadas temperaturas provocam intensa evaporação e, em consequência, chuvas. Nas áreas de alta pressão subtropicais, o ar descendente é seco, daí a existência de desertos nessas áreas, como o do Saara, no norte da África; o da Arábia, na península Arábica; e o de Gibson, na Austrália. Os dois primeiros estão na linha do trópico de Câncer e o último, na linha do trópico de Capricórnio.

Fonte: *A atmosfera e a previsão do tempo.* São Paulo: Melhoramentos, 1979 (adaptado).

Classificação das massas de ar

As massas de ar que se formam sobre os continentes são secas, com exceção das formadas sobre áreas de densas florestas tropicais, onde a evapotranspiração é intensa. As massas que se formam sobre os oceanos, por sua vez, são úmidas. No entanto, as massas de ar originadas em áreas secas, ao passarem pelo oceano em lento deslocamento, tornam-se úmidas.

Assim, considerando o local de origem e o tipo de superfície (continente ou oceano) sobre o qual as massas de ar se formam, é possível classificá-las de acordo com a tabela ao lado.

<table>
<tr><td rowspan="5">Massas equatoriais</td><td rowspan="2">continentais</td><td>Amazônica</td><td rowspan="2">úmidas</td></tr>
<tr><td>do Congo (África)</td></tr>
<tr><td rowspan="3">oceânicas</td><td>Atlântica</td><td></td></tr>
<tr><td>Índica</td><td></td></tr>
<tr><td>Pacífica</td><td></td></tr>
<tr><td rowspan="9">Massas tropicais</td><td rowspan="5">continentais</td><td>Chaco (América do Sul)</td><td></td></tr>
<tr><td>do Congo (África)</td><td></td></tr>
<tr><td>Australiana</td><td></td></tr>
<tr><td>Mexicana</td><td></td></tr>
<tr><td>Saariana</td><td></td></tr>
<tr><td rowspan="4">oceânicas</td><td rowspan="2">Atlântica</td><td>norte</td></tr>
<tr><td>sul</td></tr>
<tr><td>Índica</td><td></td></tr>
<tr><td>Pacífica</td><td></td></tr>
<tr><td rowspan="6">Massas polares</td><td rowspan="2">continentais</td><td>Antártica</td><td></td></tr>
<tr><td>Ártica</td><td></td></tr>
<tr><td rowspan="4">oceânicas</td><td>Atlântica</td><td></td></tr>
<tr><td>Pacífica</td><td></td></tr>
<tr><td>Ártica</td><td></td></tr>
<tr><td>Índica</td><td></td></tr>
</table>

As frentes

Ao se deslocarem, as massas de ar se encontram. Nesse contato, porém, elas não se misturam: uma exerce pressão sobre a outra, de tal forma que aquela que avança com mais intensidade faz que a outra retroceda e acabe incorporando suas características.

A zona de contato entre duas massas de ar diferentes recebe o nome de frente ou superfície frontal.

Quando a massa de ar frio avança, fazendo o ar quente recuar, trata-se de uma frente fria.

Quando o ar quente avança sobre o ar frio, trata-se de uma frente quente.

Atividades

RETOME SEUS CONHECIMENTOS

1. Observe a localização da Holanda no mapa da seção **Para contextualizar**, e veja também o mapa Europa – Físico da página 60. Em seguida, explique a seguinte afirmação:

   Um dos maiores desafios da Holanda, em relação à manutenção do território, é controlar a invasão das águas marinhas.

2. Sobre a energia geotérmica, responda.
   a) O que é a energia geotérmica? Como é gerada a energia a partir dessa fonte energética?
   b) Qual a vantagem, do ponto de vista ambiental, de aproveitar essa fonte energética?

EXERCITE SEUS CONHECIMENTOS

3. O mapa abaixo destaca diferentes trajetos que podem ser percorridos por aviões. Observe-o e depois responda às questões a seguir.

Europa

Fonte: Elaborado pelos autores com base em *Concise atlas of the world*. Londres: Oxford, 1993. p. 7.

   a) O avião sobrevoará quais países se seguir o trajeto AB?
   b) Em relação às formas de relevo, considere o trajeto CD e descreva-o a partir de C.

4. Observe novamente o mapa Europa – Climas da página 67 e indique um país com predomínio de clima.
   a) temperado oceânico;
   b) temperado continental;
   c) mediterrâneo;
   d) frio de montanha.

5. Por que o setor de transportes marítimos da Rússia é bastante afetado no período do inverno? Discuta sobre essa questão com o professor e registre sua conclusão.

6. Atualmente, o rio Danúbio recupera sua posição de destaque no cenário econômico e político da Europa. Justifique a afirmação, considerando o quadro político europeu.

7. Qual é a importância econômica da bacia do rio Reno? Como a presença desse rio contribui para o desenvolvimento dessa região?

8. A Europa apresenta uma enorme variedade de paisagens em razão da diversidade de condições climáticas e geológicas. Em grupos, façam uma pesquisa em jornais, revistas, livros e na internet sobre as características naturais dos países europeus e as possibilidades de seu aproveitamento em atividades sustentáveis, como o turismo. Cada grupo poderá escolher um país e elaborar um cartaz para apresentar em sala de aula, com imagens e as principais informações que conseguir sobre o assunto.

5 Europa – dinâmicas demográficas e questões étnicas

PARA CONTEXTUALIZAR

Observe a imagem e leia a reportagem.

Primeira edição da revista *O Imigrante*, publicada em São Paulo, SP, em 1907.

Europeus barram imigrantes agora, mas precisarão deles

"Não importa muito o que digam Sarkozy, Berlusconi nem mesmo a extrema direita xenófoba.

O fato é que, no futuro, os países europeus vão precisar trazer consideráveis contingentes de imigrantes, se quiserem manter seu sistema de aposentadorias e seus níveis de riqueza. [...]

[...] menos pessoas contribuindo para a Previdência e mais gente dela sacando por períodos mais longos é sinônimo de encrenca, não só para as contas públicas como também para a economia do país como um todo.

[...] a única forma de equilibrar o sistema é agregando mais trabalhadores à população.

Como os europeus não parecem dispostos a ter filhos, a única saída é a importação de mão de obra. [...]"

SCHWARTSMAN, Hélio. *Folha de S. Paulo*, 27 abr. 2011. Caderno Mundo, p. A14.

ATIVIDADES

Converse com seus colegas e com seu professor.

1. Considerando a data de publicação e o título da revista, a que processo da história do Brasil a revista pode ser relacionada? Explique.
2. Você tem antepassados que vieram da Europa como imigrantes? De qual (quais) país (países)?
3. O primeiro parágrafo da reportagem menciona a extrema direita xenófoba da Europa. Consulte no dicionário o significado de xenofobia e discuta com o professor suas repercussões na Europa.
4. Diferencie a realidade apresentada na ilustração da realidade exposta na reportagem.

População

Em 2013, a população europeia era de aproximadamente 740 milhões de habitantes (incluindo-se os habitantes da Rússia asiática), o correspondente a cerca de 10% da população mundial. Nesse mesmo ano, a densidade demográfica atingia cerca de 65 hab./km^2, fazendo do continente o mais densamente povoado do mundo.

Observe o mapa.

Europa – População

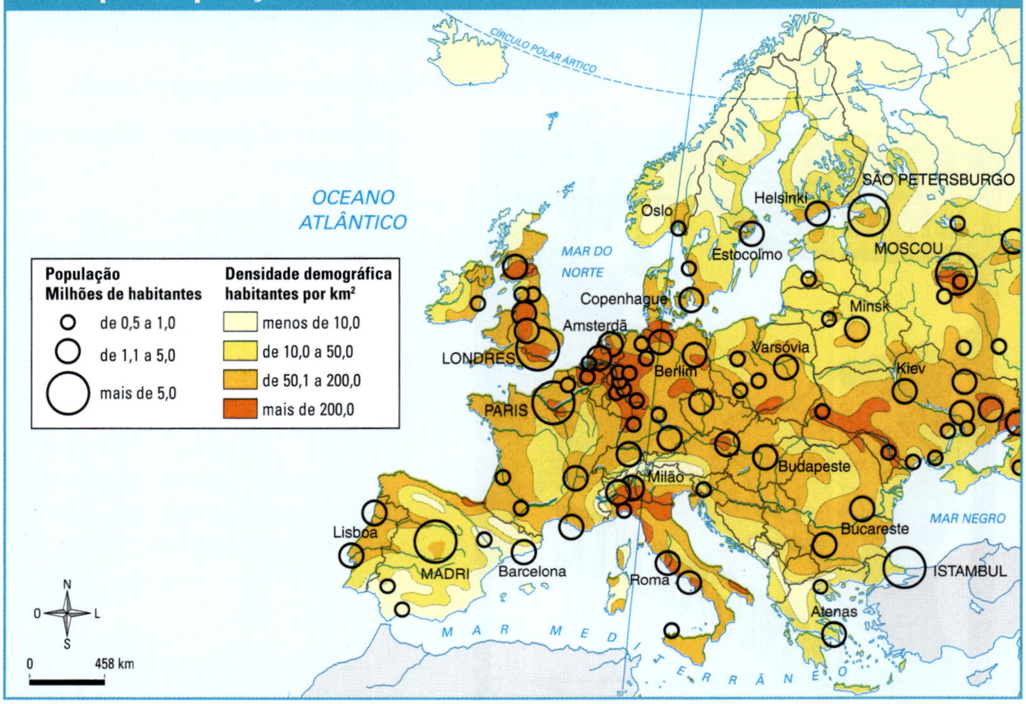

Fonte: FERREIRA, Graça Maria Lemos. *Atlas Geográfico*: espaço mundial. São Paulo: Moderna, 2013. p. 90.

- Identifique as regiões mais povoadas e as menos povoadas do continente europeu.

A dinâmica do crescimento populacional

Em decorrência da acentuada queda dos índices de natalidade, a Europa vem apresentando baixas taxas de crescimento populacional.

As taxas de crescimento demográfico europeu estão próximas de zero. Alguns países, como Itália, Hungria, Bulgária, Letônia e Estônia, vêm apresentando taxas negativas nos últimos anos.

Essa queda pode ser atribuída ao desenvolvimento urbano-industrial do continente, que eleva o custo de vida para uma família numerosa, ao mesmo tempo que provoca uma redefinição no modo de vida, com casamentos mais tardios, crescente participação da mulher no mercado de trabalho, desejos de consumo, lazer e ascensão social. Além disso, a disseminação dos métodos anticoncepcionais a partir da segunda metade do século XX e a maior difusão dos meios de comunicação, que ampliaram o acesso à informação, permitiram que os casais passassem a fazer planejamento familiar, reduzindo o número de filhos.

Taxa de crescimento demográfico em alguns países europeus (2012)	
Países	Crescimento anual (%)
Reino Unido	0,4
Suécia	0,2
Dinamarca	0,1
Espanha	0,1
República Tcheca	0,0
Alemanha	-0,2
Hungria	-0,4
Letônia	-0,5
Bulgária	-0,6

Fonte: Population Reference Bureau. *World Population Data Sheet*, 2013. Disponível em: <www.prb.org>. Acesso em: 15 jan. 2014.

• Responda: O que os dados da tabela revelam?

O aumento do número de idosos

A expectativa de vida na maioria dos países europeus está acima dos 77 anos (no Brasil, para comparar, era de 74 anos em 2012). Em consequência disso, é grande o número de idosos na composição etária da população.

PARA COMPREENDER Tabela e gráfico

Analise a tabela e a pirâmide etária.

Expectativa de vida em alguns países europeus (2012)	
Países	Anos
Alemanha	80
Espanha	82
República Tcheca	78
Reino Unido	82
Grécia	81
Itália	82
Portugal	80

Fonte: Population Reference Bureau. *World Population Data Sheet*, 2013. Disponível em: <www.prb.org>. Acesso em: 15 jan. 2014.

Projeção da população por faixa etária e sexo

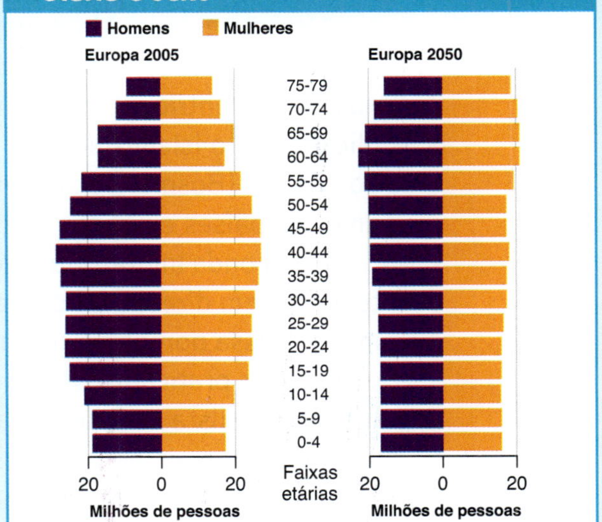

Fonte: Population Reference Bureau/ONU, 2006.

■ Observe as informações apresentadas nesta tabela e na anterior e responda às questões a seguir.

1. O que podemos deduzir quanto à configuração da pirâmide etária da Europa?
2. Como ficará a pirâmide etária do continente em 2050?

Idosos praticam atividade física em Londres, Inglaterra (2010).

As pirâmides etárias dos países europeus apresentam um estreitamento em suas bases. Assim, se essa situação de baixo índice de natalidade com elevação da expectativa de vida continuar, os topos das pirâmides ficarão cada vez mais largos.

- Responda: Por que o comportamento demográfico europeu gera séria preocupação no continente?

A composição étnica

Os europeus podem ser divididos em três grandes ramos étnicos, cada um com uma diversidade de grupos de povos ou etnias. Esses ramos são: atlanto-mediterrâneos, germanos e eslavos.

No continente europeu, predominam os idiomas indo-europeus, subdivididos em três grupos principais: o latino (povos atlanto-mediterrâneos, exceto os gregos), o germânico (povos da Europa Nórdica, exceto a Finlândia) e o eslavo (povos da Europa Oriental, exceto a Romênia e a Hungria).

A religião

Apesar da diversidade étnica e linguística existente na Europa, a maior parte da população pratica o catolicismo, dividido em dois grupos: o romano (Espanha, Portugal, França, Itália, Polônia etc.) e o ortodoxo (Grécia, Bulgária, Rússia, Ucrânia, Sérvia, Montenegro etc.).

Além do catolicismo, praticam-se também: o protestantismo, que predomina na parte setentrional do continente e divide-se em luteranismo, calvinismo e anglicanismo; o islamismo, que possui muitos adeptos na Turquia e na península dos Bálcãs (Bósnia-Herzegovina, Bulgária e Albânia); e o judaísmo, adotado em diversos países europeus, mas por um pequeno número de adeptos.

Com a onda migratória recente de turcos, norte-africanos e árabes do Oriente Médio em direção à Europa Ocidental, cresceu o número de adeptos do islamismo nessa porção do continente europeu.

Entre os praticantes dessa religião, há uma facção minoritária conhecida por fundamentalista ou integrista, da qual fazem parte alguns grupos que promovem atos terroristas para desestabilizar governos ocidentais. Em vista disso, alguns governos de países europeus vêm se preocupando com a expansão da religião islâmica no continente.

Na França, de acordo com uma lei de 2004, é proibida a entrada de alunos com sinais religiosos ostensivos nas instituições de ensino públicas. Com isso, alunas que professam o islamismo não podem usar nas escolas o véu islâmico (chador). Também na França, em 2011, os véus islâmicos integrais passaram a ser proibidos em locais públicos.

A imigração e o racismo

Observe o mapa a seguir.

Europa – População natural de outros países (2012)

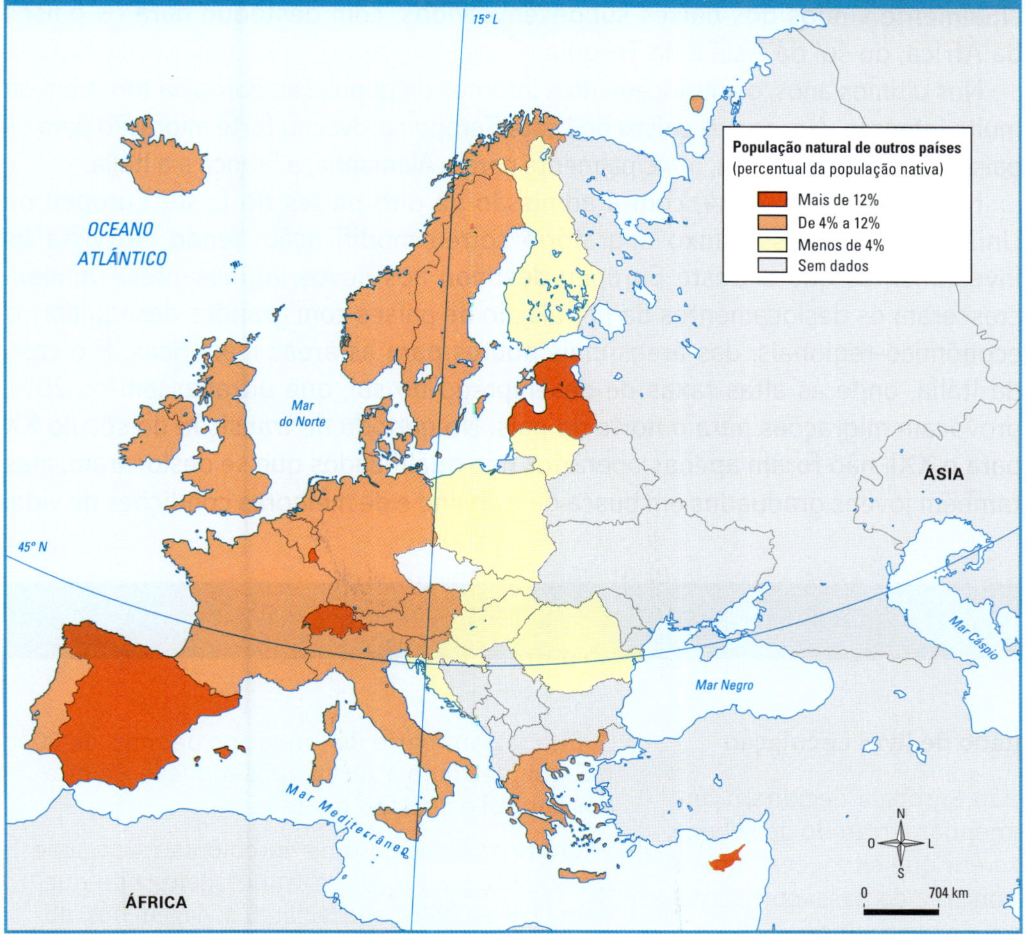

Fonte: Eurostat. *European Social Statistics*, 2013.

- Responda às questões a seguir.

1. Qual é o tema tratado no mapa?
2. A partir desse mapa e do mapa "Europa – Divisão política", que está na página 58, cite quatro países que apresentavam percentuais superiores a 12% de população natural nascida em outros países.

São bastante conhecidos os deslocamentos da população europeia para colonizar outros continentes, como a América e a Oceania. Durante séculos, os europeus deixaram seu continente à procura de novas perspectivas de emprego e de melhoria das condições de vida ou para fugir de guerras religiosas e imperialistas.

Com o fim da Segunda Guerra Mundial, porém, essa situação se inverteu: a Europa tornou-se um continente atraente a imigrantes do norte da África, Turquia e Oriente Médio, e a população europeia, de forma geral, não tem se deslocado em busca de outras regiões (relembre as discussões realizadas na seção **Para contextualizar**).

Nesse período, muitos países europeus procuraram atrair imigrantes, que, sendo mão de obra barata e sem qualificação, foram essenciais para o processo de reconstrução do continente. O crescimento econômico e o alto padrão de vida alcançado pelos países da União Europeia, Suíça e Noruega, na segunda metade do século XX, os transformaram em polo de atração de migrantes, principalmente vindos dos países subdesenvolvidos, com destaque para os países da África, do sul da Ásia e da Turquia.

Nos últimos anos, os deslocamentos internos da população europeia tornaram-se muito intensos. A crise nos países do Leste Europeu provocou forte migração para os países da União Europeia, principalmente para a Alemanha, a França e a Itália.

No entanto, em 2004, com a admissão de oito países do Leste Europeu na União Europeia, esse fluxo migratório sofreu modificação, tendo em vista os investimentos que o Oeste Europeu destinou aos novos ingressantes. Também cresceram os deslocamentos da população de países com grandes desequilíbrios econômico-regionais, das áreas mais pobres para as áreas mais ricas. É o caso da Itália, onde as altas taxas de desemprego no sul, que ultrapassam os 20%, provocam migrações para o norte do país. No período de transição do século XX para o XXI, não foram apenas operários não qualificados que se deslocaram, mas também jovens graduados em busca de trabalho e de melhores condições de vida.

PARA COMPREENDER Texto

Leia a notícia.

Europa revisa tratado de livre circulação

"Os líderes da União Europeia decidiram ontem [24 jun. 2011] emendar o tratado de Schengen para deixar claro em que situações poderá ser reintroduzido o controle de passaportes nas fronteiras de 25 países do continente.

É uma resposta à nova onda de imigração que ocorre desde o início do ano [2011], após as revoltas em países do norte da África.

O tratado de Schengen começou a ser discutido em 1985 e entrou em vigor dez anos depois. Ele aboliu na prática as fronteiras internas entre os 25 países signatários.

Qualquer um viaja sem necessidade de passaporte ou visto por todos os membros da União Europeia, menos Reino Unido, Irlanda, Bulgária, Romênia e Chipre. Também estão no tratado Suíça, Noruega e Islândia, que não fazem parte da UE.

Mas essa livre circulação de pessoas tem sido ameaçada nos últimos tempos.

Em abril [2011], a França fechou temporariamente a fronteira com a Itália para impedir a entrada de um trem com tunisianos.

Eles faziam parte de um grupo de mais de 20 mil que deixou a Tunísia após a queda do ditador Ben Ali e aportou na Itália.

Como a Tunísia é uma ex-colônia francesa e muitos tunisianos falam francês, eles não queriam ficar na Itália, que facilitou a viagem dos imigrantes em situação ilegal para a nação vizinha.

Depois foi a vez de a Dinamarca anunciar que retomaria o controle fronteiriço.

Líderes europeus insistem que as mudanças não irão significar o fim do tratado. 'Não é um passo atrás no princípio da livre circulação, que é um dos maiores feitos da UE', afirmou José Manuel Durão Barroso, presidente da Comissão Europeia, o braço executivo da UE.

Após reunião de dois dias entre presidentes e primeiros ministros do bloco, eles divulgaram um documento em que afirmam que a volta do controle das fronteiras deve ser visto como 'último recurso', adotado apenas em situações 'realmente críticas' e por tempo limitado. [...]

O acordo de Schengen já permite hoje o fechamento das fronteiras para garantir a ordem pública.

Mas a crise econômica e a pressão de eleitores xenófobos fazem os governantes quererem mais."

MARINHEIRO, Vaguinaldo. *Folha de S.Paulo*, 25 jun. 2011.

Europa – Tratado de Schengen

Fonte: *Folha de S.Paulo*, 25 jun. 2011.

■ Sobre as "revoltas em países do norte da África", mencionadas na notícia, responda.

1. Identifique os principais países envolvidos nos conflitos delas decorrentes.
2. De maneira geral, quais são as aspirações da população dos países onde se observa essa onda de revoltas populares?

A continuidade desses movimentos populacionais e o fato de o crescimento demográfico da população imigrante ser superior ao da população europeia geraram uma crescente diversidade étnica e cultural nas sociedades dos países europeus. Diante desse fenômeno, têm crescido os movimentos xenófobos e o sentimento de nacionalismo em alguns povos da Europa, que, conforme discutido na seção **Para contextualizar**, atribuem aos imigrantes a culpa pelo aumento do desemprego e da criminalidade. O fato de a população imigrante se concentrar nos grandes centros urbanos dá maior visibilidade aos problemas de desemprego e de formação de periferias miseráveis.

O aumento da aversão aos imigrantes por parte de alguns membros da população, entre outros fatores, explica o crescimento da participação dos partidos de extrema direita nas eleições que vêm sendo realizadas neste início de século. Esses partidos têm como pontos principais de seus programas o estabelecimento de políticas de combate à imigração e aos imigrantes que vivem na Europa. Em vários países da União Europeia, os partidos de extrema direita chegaram a participar de coalizões governistas.

Os membros do grupo de extrema direita English Defence League (EDL) lutam contra o que chamam de "crescimento descontrolado do islamismo extremista" na Inglaterra. Na fotografia, polícia escolta manifestação desse grupo em Leicester, Inglaterra (2012).

MAIS INFORMAÇÃO

Nação e Estado-nação

Nação é um conjunto de pessoas que têm em comum o passado histórico, a língua, os costumes e valores e, quase sempre, a religião. Tudo isso confere à nação uma identidade cultural e forma uma consciência nacional.

País é o Estado-nação, uma entidade político-territorial soberana, personificada pelo aparato jurídico-político-administrativo, representado pelo Estado (Forças Armadas, poderes Executivo, Legislativo e Judiciário), e pela sociedade, e que está sob o governo desse Estado.

Como um país normalmente é constituído por diversas culturas e pelo fato de o conceito de cultura estar muito próximo ao de nação, há também um grande número de países constituídos por diversas nações.

As diversas nações dentro de um país, aliadas à questão da não aceitação das diferenças, têm dado margem ao desenvolvimento das lutas nacionalistas. Esses nacionalismos reivindicam para suas nações que elas se constituam num Estado-nação.

Outra concepção de nacionalismo é a ideia de que uma nação tem o direito de praticar ações para atingir certos objetivos sem que nada limite essa liberdade. Foi isso que Hitler colocou em prática na Alemanha.

Atualmente, o sentimento racista na Europa é voltado sobretudo aos muçulmanos, que constituem a maioria dos que chegam do norte da África, mas também atinge povos pobres de outras partes do mundo e da própria Europa, como os eslavos do Leste e os ciganos. O preconceito aparece também dentro de fronteiras nacionais, como o dos alemães do Oeste contra seus compatriotas do Leste e o dos italianos do Norte contra os italianos do Sul. Os conflitos decorrentes muitas vezes são violentos e levam a mortes, principalmente na Alemanha, onde grupos neonazistas praticam atentados graves contra estrangeiros, principalmente turcos.

A partir de 2007, com a entrada da Romênia e da Bulgária na União Europeia, entre outros fatores, em razão dos elevados índices de desemprego nesses países, muitos búlgaros e romenos começaram a sair em busca de oportunidades de trabalho nos países mais ricos do continente. Em reação a isso, Alemanha, França, Espanha, Portugal, Itália, entre outros, implementaram ações de restrição ao ingresso de pessoas originárias desses países.

Para conter o fluxo de imigrantes africanos que se dirigem à Europa Ocidental, especialmente através da Espanha, os europeus decidiram levantar, em 1998, um muro semelhante ao existente entre o México e os Estados Unidos. A maior parte da obra foi financiada pela União Europeia.

Esses fatos demonstram que, nos tempos de globalização, se a circulação de capitais nas redes financeiras globais e de mercadorias no comércio praticamente não enfrenta obstáculos, quando se trata do deslocamento da força de trabalho ainda há muitos empecilhos.

Fronteiras vigiadas, crise e impactos na imigração

Após os atentados terroristas aos Estados Unidos, em 11 de setembro de 2001, a maioria dos países desenvolvidos intensificou a vigilância de suas fronteiras e acelerou a adoção de medidas restritivas à entrada de imigrantes. E com a crise econômica que esse conjunto de países vem enfrentando, sobretudo desde 2008, e que se intensificou no caso da Europa, particularmente, a partir de 2011, houve uma redução no fluxo migratório para esses países.

A pobreza na Europa desenvolvida

Apesar do bom nível de desenvolvimento socioeconômico da Europa, têm aumentado os índices de pobreza em alguns países do continente. Uma das principais causas dessa realidade é o aumento das taxas de desemprego.

Os países da União Europeia vêm organizando estratégias para conter o desemprego, que atinge cerca de 10% de seus habitantes, de acordo com dados do *site* oficial da UE (2013), com destaque para as elevadas taxas da Espanha (26,7%), França (10,8%), Itália (12,7%), Polônia (10,2%) e Eslováquia (14,0%).

O desemprego é um dos graves problemas que atinge grande parte do mundo. Na fotografia, desempregados em fila, em frente a uma agência de empregos em Madri, Espanha (2011).

Dentre as medidas que estão sendo propostas para criar empregos, destaca-se a adoção de políticas flexíveis de contratação e dispensa de trabalhadores. Na Itália e no Reino Unido, o trabalho autônomo vem crescendo em virtude da terceirização e da subcontratação na indústria e nos serviços.

Na década de 1980, houve a instituição de uma proposta de redução da jornada de trabalho semanal na Alemanha, na França e em outros países, com o objetivo de criar oportunidades de emprego. Entretanto, isso acabou acarretando justamente o aumento no índice de desemprego em alguns países, como na Alemanha, pois, com salários elevados e jornada de trabalho reduzida, muitas empresas europeias optaram por investir em outros países e continentes, entre eles a China.

Paulatinamente, por pressão das empresas, os trabalhadores vêm aceitando definir acordos de ampliação da jornada de trabalho sem aumento de salário ou acordos de redução da jornada com diminuição de salário, a fim de garantir seus empregos.

Todo esse processo de alteração na estrutura de empregos está sendo acompanhado pela deterioração das condições de trabalho e de vida dos trabalhadores, mesmo nos países desenvolvidos, o que se traduz em queda dos salários reais, instabilidade no emprego e desemprego dos menos qualificados.

É claro que os critérios de classificação da pobreza nos países desenvolvidos da Europa são bastante diferentes dos padrões dos países subdesenvolvidos, como o Brasil, por exemplo. Pela definição da União Europeia, as pessoas consideradas "ameaçadas de pobreza" recebem menos de 60% do salário médio líquido pago em seu país. Na Alemanha, por exemplo, cujo salário médio é de 1.427 euros mensais, é considerado pobre quem recebe menos de 856 euros.

Alguns conflitos no continente europeu

Diversos conflitos na Europa relacionam-se a processos de incorporação de minorias étnicas e de territórios por alguns Estados-nação. Alguns desses conflitos têm origem há séculos.

Na primeira metade do século XX, a desintegração de impérios, como o Austro-Húngaro e o Turco-Otomano, além das duas Grandes Guerras, ocasionou instabilidades nos limites políticos entre os países. Na segunda metade desse século, o processo de derrocada do socialismo trouxe também alteração nos limites entre os Estados-nação. Em decorrência disso, houve uma sucessão de conflitos, sobretudo nas duas últimas décadas, em que a região mais instável nessa perspectiva foi a dos Bálcãs — península situada entre a Europa e a Ásia, o Ocidente e o Oriente, e que alternou situações de domínios de diferentes impérios e/ou Estados-nação, com culturas, línguas e religiões diferentes.

Bálcãs
Região peninsular localizada no sudeste da Europa. Em razão dos diversos conflitos e instabilidades nas fronteiras que se sucederam ao longo da história na região, criou-se o termo balcanização — utilizado ainda para se referir a situações nas quais, em determinadas regiões, os movimentos separatistas ocorrem também de modo intenso.

A desintegração da Iugoslávia

Até 1991, a Iugoslávia era um país federativo formado por seis repúblicas (Sérvia, Croácia, Eslovênia, Bósnia-Herzegovina, Macedônia e Montenegro) e duas regiões autônomas (Kosovo e Voivodina, pertencentes à Sérvia).

Sua população era composta de várias nacionalidades (sérvia, croata, eslovena, macedônia, albanesa, húngara), das quais algumas estavam espalhadas em praticamente todas as repúblicas. Além disso, havia três religiões (muçulmana, cristã ortodoxa e católica romana) e falavam-se cinco idiomas (sérvio-croata, esloveno, albanês, húngaro e macedônio).

Essa complexa colcha de retalhos permaneceu unida enquanto foi governada por dirigentes autoritários, como o marechal Tito, que se manteve no poder desde o fim da Segunda Guerra Mundial, quando o regime comunista foi instaurado, até sua morte (1980).

Após a declaração de independência de quatro repúblicas — Croácia e Eslovênia (junho de 1991), Macedônia (setembro de 1991) e Bósnia-Herzegovina (março de 1992) —, a Iugoslávia passou a ser constituída pela Sérvia e por Montenegro.

O poderio militar da federação iugoslava, controlado na maior parte pelos sérvios, tentou impedir a independência das repúblicas, contando com o apoio dos sérvios que nelas viviam.

Após a guerra, a única república que permaneceu unida à Sérvia e, portanto, ao poder central de Belgrado, foi Montenegro, que conquistou sua independência em 2006.

Na Eslovênia, com número reduzido de sérvios, o conflito durou dez dias e terminou com a retirada das forças federais.

Já na Croácia, onde 12% dos habitantes são sérvios, o conflito transformou-se em guerra: de um lado, as forças croatas; do outro, a força federal, com o apoio dos sérvios da Croácia. Essa guerra estendeu-se até janeiro de 1992, quando foi acertado um cessar-fogo.

Na Bósnia-Herzegovina, etnicamente mais heterogênea, o conflito se deu entre 39,5% de muçulmanos, 32% de sérvios e 18,4% de croatas.

Croatas, muçulmanos e sérvios passaram a disputar fatias do território bósnio, embora a ONU já tivesse reconhecido oficialmente a Bósnia-Herzegovina como país independente.

Refugiados de guerra na Bósnia, em 1995.

Limpeza étnica
Genocídio; eliminação física de um grupo humano motivada por diferenças étnicas, nacionais, religiosas ou políticas.

Apenas em 1995, sob pressão dos Estados Unidos e da Otan, os sérvios e os muçulmanos chegaram a um acordo na Bósnia, intermediado pela ONU. Colocaram um ponto final na guerra, que teve um saldo de mais de 200 mil mortos e 2 milhões de refugiados muçulmanos e foi marcada pela ação sérvia sobre os muçulmanos, conhecida como "limpeza étnica". Por trás dessa luta, de acordo com alguns analistas militares, estaria o sonho dos sérvios de unir todos os territórios dos Bálcãs por eles habitados, formando assim a Grande Sérvia.

O acordo de paz dividiu a Bósnia em duas partes: Federação muçulmano-croata, que controla 51% do país, e República Sérvia da Bósnia, que controla 49%. A permanência de povos com disputas históricas e ambições territoriais e nacionalistas — como sérvios, croatas e muçulmanos — no mesmo país e as dificuldades de ter uma administração conjunta tornam a região instável e o futuro do país, de algum modo, incerto.

A independência de Montenegro

Em menos de dois anos, o que restou da Iugoslávia, que havia sido reduzida a Sérvia e Montenegro e que assumiu esse nome (junção das duas repúblicas) em 2003, vivenciou duas declarações de independência: de Montenegro e de Kosovo.

No primeiro caso, a declaração foi aceita pela Sérvia, que também afirmou sua independência e a sucessão do outrora Estado-nação "Sérvia e Montenegro", no que se refere aos acordos diplomáticos.

O caso de Kosovo é bem mais complexo, uma vez que se trata de uma região autônoma da Sérvia, e não de uma ex-república da Iugoslávia.

Montenegro, no entanto, tinha um papel estratégico muito importante para a Sérvia, pois era a única saída para o mar de que os sérvios dispunham.

Já no início do século XXI, Montenegro vinha demonstrando ideais de independência. Somente por pressão da União Europeia e por meio de um acordo que previa a elaboração de uma nova Constituição e a mudança, já efetivada, do nome da república para Sérvia e Montenegro, Montenegro concordou em adiar por três anos, a partir de 2002, a convocação de um plebiscito sobre a independência em relação à Sérvia.

A independência de Montenegro foi conquistada em 2006, após a realização de referendo em ambas as repúblicas. Bastava que em uma delas os votos pela separação e pela independência atingissem mais de 55%. Com efeito, os eleitores montenegrinos aprovaram a independência (55,4% dos votos a favor).

Celebração da independência de Montenegro em praça pública (2006).

Iugoslávia — Formação e desintegração (1815-2007)

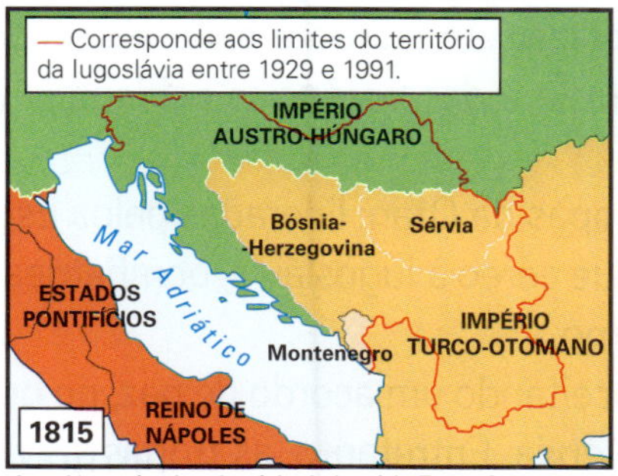

A região está sob o domínio do Império Turco-Otomano e do Austro-Húngaro.

Sérvia, Montenegro e Macedônia obtêm a independência plena. A Bósnia é dominada pelo Império Austro-Húngaro.

Com as Guerras Balcânicas, o Império Turco-Otomano é dissolvido. A Sérvia se expande.

A I Guerra Mundial põe fim ao Império Austro-Húngaro. Surge o Reino dos Sérvios, Croatas e Eslovenos.*

Após a II Guerra Mundial, forma-se a Iugoslávia comunista, composta de seis repúblicas: Sérvia, Croácia, Eslovênia, Bósnia-Herzegovina, Montenegro e Macedônia.**

A dissolução tem início em 1991. Hoje são seis países independentes.***

* Em 1929 passa a chamar-se Iugoslávia.
** Em 1974, Kosovo e Voivodina, que pertecem à Sérvia, ganham *status* de regiões autônomas.
*** Em 2003, o nome do país passa a ser Sérvia e Montenegro. Em 2006, Montenegro decide separar-se da Sérvia.

Fonte: *Le Monde Diplomatique e Enciclopédia Britânica*. Em: *Almanaque Abril 2008*. São Paulo: Abril. 2008. p. 596 (adaptado).

Observe que Kosovo aparece como país. Até 2010, porém, nem todas as nações reconheciam sua independência. Kosovo aparece nos mapas franceses, mas não nos ingleses e brasileiros.

Os conflitos em Kosovo e sua declaração de independência

A região autônoma de Kosovo, habitada em sua maioria por muçulmanos albaneses — cerca de 90% dos 2 milhões de habitantes —, vinha alimentando há tempos uma separação do poder central sérvio. A retirada de parte da autonomia dessa região em 1989.

Para os sérvios, Kosovo é considerada berço de sua identidade nacional, onde estão seus mosteiros ortodoxos mais antigos e a área da histórica batalha perdida para os turco-otomanos, no século XIV, que controlaram os Bálcãs por mais de 500 anos.

Em 1998, diante do crescimento do movimento separatista armado, liderado pelo Exército de Libertação de Kosovo (ELK), o então presidente iugoslavo, Slobodan Milosevic, contra-atacou com violência, alegando combater os separatistas e defender a integridade do país. Acusado no Ocidente de ter retomado sobre os civis albaneses a prática da "limpeza étnica" e de ter expulsado milhares deles de Kosovo (cerca de 750 mil), o presidente iugoslavo foi indiciado pela ONU por crimes de guerra.

O fracasso das negociações de paz entre separatistas e sérvios preocupou os Estados Unidos, que temiam que a guerra se espalhasse por toda a região balcânica e envolvesse a Grécia e a Turquia, que são aliados na Otan.

Por sua vez, os estadunidenses queriam aproveitar mais uma oportunidade para demonstrar seu poderio bélico, manter uma base militar nessa região e reforçar seu papel de superpotência militar, além de desestabilizar um antigo e forte aliado dos russos — os sérvios —, mantendo sob seu controle e das potências ocidentais da Europa uma região estrategicamente importante.

Mesmo sem a aprovação oficial da ONU, as tropas da Otan, lideradas pelos Estados Unidos, iniciaram em março de 1999 um ataque aéreo à Iugoslávia, bombardeando-a por 78 dias com armamento pesado e moderno.

O poder central sérvio acabou se rendendo e aceitando um acordo de paz, no qual Kosovo foi mantida como território da república sérvia. Entretanto, as tropas sérvias tiveram de se retirar da região, que foi ocupada por tropas internacionais, inclusive da Otan, para a manutenção da paz. Além disso, o acordo estabeleceu também o desarmamento da guerrilha albanesa e a volta dos refugiados.

Mesmo com o acordo de paz e o controle da ONU, pouco foi feito para melhorar as condições de vida dos kosovares, que enfrentavam, por ocasião da declaração de independência, em fevereiro de 2008, um quadro bastante desolador do ponto de vista socioeconômico, com 60% de índice de desemprego e importação de 90% dos bens consumidos internamente.

Também na situação de Kosovo, alguns analistas internacionais apontavam a incoerência dos Estados Unidos em sua política externa, pois em 1997 os rebeldes albaneses, que lutavam pela independência da região autônoma, eram considerados terroristas pelos estadunidenses.

Além disso, enquanto o processo para trazer paz à Palestina, particularmente o reconhecimento para que os palestinos pudessem ter um Estado soberano, arrastava-se por mais de meio século, em poucos anos, menos de uma década, os Estados Unidos e as demais potências ocidentais europeias apresentaram uma solução para a questão do separatismo de Kosovo, ainda que seja inquestionável o fato de um povo conquistar sua independência.

A independência de Kosovo, para ser reconhecida pela ONU, precisaria ser aprovada pelos cinco membros permanentes do Conselho de Segurança da ONU e por, pelo menos, mais quatro membros rotativos. A Rússia e a China, que têm poder de veto no Conselho, recusavam-se a aprová-la. Além disso, até o início de 2014, cerca de 80 Estados-membros da ONU não reconheciam a independência de Kosovo, inclusive o Brasil.

Partidários radicais de etnia albanesa pertencentes ao movimento de autodeterminação Vetvendosje protestam, em Pristina, no início de 2012, contra um acordo com a Sérvia. Esse acordo permite que Kosovo participe de reuniões regionais sob o título de "Kosovo*". O asterisco se refere a uma nota de rodapé delineando distintas decisões internacionais sobre seu *status*, e as negociações mostram o interesse da Sérvia em se preparar para conseguir entrar na União Europeia.

MAIS INFORMAÇÃO

Movimentos separatistas buscam inspiração em Kosovo

Nos textos a seguir, são analisados dois casos envolvendo situações de minorias étnicas.

Espanha: os bascos e os catalães

"No início de 2008, a organização terrorista basca ETA anunciou que planejaria suas futuras ações de acordo com a situação em Kosovo. A meta do ETA é libertar a região do País Basco do que chama de 'ocupação' espanhola e estabelecer um país basco socialista. Ele surgiu em 1959 como um grupo militar de resistência contra o ditador espanhol Francisco Franco, que proibiu o uso da língua basca e fez tudo o que estava a seu poder para reprimir a minoria basca. Atualmente há 3 milhões de bascos, 2,5 milhões deles vivendo na região basca do norte da Espanha e o restante na ponta sudoeste da França. Mas o conflito transcorre principalmente em solo espanhol.

Em 1979, após o fim da ditadura de Franco, os bascos receberam uma autonomia substancial. Mas isso não bastou para o ETA, que continua lutando por independência plena usando atentados à bomba e campanhas de intimidação como suas ferramentas preferidas. A luta do grupo já custou mais de 800 vidas.

Outra minoria na Espanha, os catalães também querem mais do que a autonomia que receberam em 1978. Cerca de 7,2 milhões de pessoas vivem na região catalã no nordeste da Espanha, que conta com a economia mais forte do país. A Catalunha conta com *status* autônomo desde o século XVIII. Não faz muito tempo que Josep-Lluís Carod-Rovira, chefe do partido Esquerda Republicana e o vice do presidente regional Jose Montilla, exigiu um referendo para a independência em 2014.

Mas a diferença entre o País Basco e a Catalunha, de um lado, e Kosovo, do outro, é que estas regiões, apesar de seus esforços contínuos para conquistar a independência, já desfrutam de direitos substanciais de autonomia."

Romênia: os magiares em Székely

"'A independência de Kosovo é um precedente que todos os países da UE com minorias étnicas deveriam buscar', disse Béla Markó, o presidente da União Democrática dos Húngaros na Romênia (UDMR).

Suas palavras apenas confirmaram os temores do governo romeno de que a minoria húngara de seu país poderia ver os desdobramentos em Kosovo como um modelo para seus próprios esforços pela independência. Em uma sessão especial, o Parlamento romeno votou por 357 votos contra 27 pelo não reconhecimento da independência de Kosovo. O presidente da Romênia, Traian Basescu, até mesmo caracterizou a declaração de independência de Kosovo como sendo ilegal.

A Romênia, um país de 22 milhões, possui minorias de 1,4 milhão de húngaros, ou magiares, e centenas de milhares de ciganos. A minoria húngara é grande o bastante para assegurar que ultrapasse regularmente a barreira de 5% necessária para garantir cadeiras nas eleições parlamentares. Nas primeiras eleições desde que a Romênia ingressou na UE, em janeiro de 2007, a UDMR conquistou 6,2% dos votos, assegurando cadeiras no Parlamento Europeu.

A UDMR exigiu a remoção do termo 'país unificado' da Constituição romena, faz campanhas para melhores escolas para os cidadãos de etnia húngara e exige que o governo devolva os tesouros religiosos húngaros que foram confiscados em 1918.

Um braço mais radical da UDMR, a União dos Cidadãos Húngaros, formada em 2004, está pressionando por relações mais estreitas com a Hungria e por uma autonomia de Székely, uma região no leste da Transilvânia e que é lar de cerca de 700 mil húngaros. O território é o coração cultural dos magiares da Romênia; em algumas cidades, mais de 90% dos moradores falam húngaro. Székely já foi uma região autônoma, entre 1952 e 1968, e partes da Transilvânia pertenceram à Hungria até 1920."

ORTH, Stephan; MICHEL, Nadine; MAIKE, Jansen. Tradução: George El Khouri Andolfato. Der Spiegel, 23 fev. 2008. Disponível em: <http://tkgeo.blogspot.com/2008_02_01_archive.html>. Acesso em: 15 mai. 2014.

O conflito entre católicos e protestantes na Irlanda do Norte

O conflito entre católicos e protestantes na Irlanda do Norte é uma questão grave que havia muito tempo pedia solução no Reino Unido. Na verdade, não se trata de uma questão apenas religiosa, mas também política e econômica.

O Reino Unido da Grã-Bretanha e da Irlanda do Norte constitui um Estado formado por Inglaterra, Escócia, País de Gales e Irlanda do Norte.

Na ilha da Grã-Bretanha, a maior do arquipélago britânico, situam-se a Inglaterra, a Escócia e o País de Gales. Na ilha da Irlanda, no mesmo arquipélago, localizam-se a Irlanda do Norte (Ulster) e a República da Irlanda (Eire), que se tornou Estado livre em 1921 e República em 1949, onde cerca de 93% da população é católica.

Ilhas Britânicas

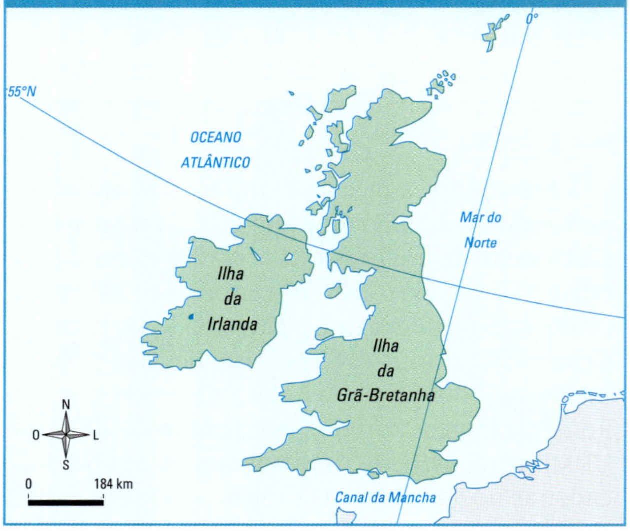

Reino Unido e Irlanda

Fonte: P. Joint e outros. *La géographie de l'Europe des 15*. Paris: Nathan, 1998. p. 61; IBGE. *Atlas geográfico escolar*. Rio de Janeiro: IBGE, 2007. p. 43 (adaptados).

Na Irlanda do Norte, os católicos (cerca de 38% da população), que são republicanos e em geral pertencem às camadas não privilegiadas da população, querem a independência em relação ao Reino Unido. Os protestantes (cerca de 51%), que em sua maioria pertencem às camadas abastadas, querem permanecer ligados ao Reino Unido, e por isso são chamados de unionistas.

A situação agravou-se de fato em 1969, quando o exército inglês passou a intervir no conflito. Desde então, milhares de pessoas já morreram, entre soldados ingleses, católicos e protestantes. Diversos atentados à bomba foram executados pelo Exército Republicano Irlandês (IRA), que empreende a luta armada pela independência da Irlanda do Norte.

Os atentados promovidos pelo IRA eram praticados tanto na ilha da Irlanda como na ilha da Grã-Bretanha, tendo como alvo, principalmente, militares e autoridades do governo britânico. Em 1991, o IRA intensificou seus ataques na Grã-Bretanha, sobretudo em Londres. Em contrapartida, paramilitares protestantes também promoviam ataques contra os católicos.

Em 1º de setembro de 1994, entrou em vigor o cessar-fogo do IRA, e em outubro os protestantes também anunciaram o fim da luta armada.

Os conflitos voltaram a ocorrer em fevereiro de 1996, quando o IRA acabou com o cessar-fogo por meio de um atentado terrorista no qual foi detonado um carro-bomba, em protesto à insistência dos protestantes em condicionar os acordos de paz ao seu desarmamento total.

Um segundo cessar-fogo foi realizado em 1997, recomeçando as negociações entre os líderes protestantes unionistas e o partido Sinn Féin, braço político do IRA. Foi selado um acordo de paz em 1998, que propôs a formação de um governo autônomo para o país, com participação das duas comunidades no estabelecimento de uma Assembleia — 55% de protestantes e 45% de católicos. Essa Assembleia da Irlanda do Norte passou a funcionar em dezembro de 2000. O acordo incluiu também a deposição de armas pelo IRA (que, segundo a Comissão Internacional de Desarmamento, foi concluída em 2005) e pelos grupos paramilitares protestantes, além da libertação de presos políticos.

Em 2007, formou-se um governo de coalizão, que reuniu o Partido Unionista Democrático (DUP) e o Sinn Féin, garantindo à Irlanda do Norte o retorno a uma autonomia regional. Nesse mesmo ano, o exército britânico encerrou uma intervenção militar na Irlanda do Norte que já durava 38 anos. O país continua a fazer parte do Reino Unido, mas há a possibilidade de separação, desde que a maioria da população decida por isso.

O IRA, por meio do Sinn Féin, mantém o desejo de que se encerre o domínio britânico na ilha da Irlanda, mas fará isso apenas pela via política. Resta saber se a violência e o ódio entre os dois grupos serão, de fato, um triste capítulo da história do país.

Ciganos, um povo perseguido na Europa

Estima-se que haja cerca de 20 milhões de ciganos espalhados pelo mundo, dos quais grande parte vive na Europa (aproximadamente 8 milhões). A origem desse povo é incerta, mas alguns pesquisadores acreditam que eles tenham vindo da Índia, cerca de mil anos atrás, migrando para a parte oriental da Europa no século XIV e para a parte ocidental após a Segunda Guerra Mundial.

Uma característica importante dos ciganos é o nomadismo, apesar de, nos últimos anos, muitos deles terem procurado se fixar em algum lugar. Continuam a se dedicar a atividades milenares, como o comércio, o artesanato e a música, e, em consequência, muitos estão desempregados.

É grande o número de analfabetos entre os ciganos. Calcula-se que cerca de 70% não sabem ler nem escrever. Além disso, ao contrário do que ocorre com a população europeia, as taxas de natalidade do povo cigano são bastante altas.

Pessoas de comunidade cigana deixam um assentamento ilegal em Lyon, França, em uma operação controlada pela polícia (2010).

Em 2005, oito países do antigo bloco socialista apresentaram em Sófia (capital da Bulgária) uma proposta de integração dos ciganos, prevendo que até 2015 eles sejam tirados da situação marginal em que vivem na Europa. No entanto, considerando os episódios de expulsão de ciganos em cidades italianas e francesas, verificados no final da década de 2000, e de acampamentos improvisados na França, em 2013 (onde viviam cerca de 10 mil ciganos), a solução para essa questão parece difícil.

Assim como fazem com os turcos e os norte-africanos, os jovens neonazistas têm promovido atentados a moradias ciganas na Alemanha, na Espanha, na Polônia, na Hungria e na Romênia. Na República Tcheca, a entrada de ciganos em alguns bares e restaurantes é proibida.

PARA COMPREENDER Texto

Imigração – entre a necessidade e o medo

"Por toda a Europa, desde o inicio da década de 1990 que se assiste a crescentes reações contra os imigrantes. O fenômeno não é novo na Europa. Certas regiões, como os Bálcãs, desde há séculos estão mergulhadas em contínuos conflitos devido a problemas com migrações locais.

Quais as razões que são apontadas para justificar o medo perante a imigração na Europa?

Analisando as declarações dos principais movimentos contra os imigrantes, ou daqueles que apelam à sua imediata contenção, descobrem-se alguns temas recorrentes:

1. Medo da desnacionalização. O medo da perda da identidade nacional devido a um possível predomínio dos estrangeiros sobre os nacionais está hoje bem patente em países, como a França. Em Portugal, *sites* na internet fazem cálculos sobre o ano em que o número de naturais será ultrapassado por estrangeiros.

2. Medo do abaixamento do nível de vida. Os trabalhadores imigrantes concorrem com os trabalhadores locais, não raro oferecem-se aos patrões para realizar todo o tipo de trabalhos em condições mais precárias e recebendo vencimentos mais reduzidos. Face ao espectro de um hipotético abaixamento no nível de vida, trabalhadores e até imigrantes já instalados reclamam pelo controle da imigração.

3. Medo das máfias. Estas máfias proliferam por toda a Europa dedicando-se ao tráfico de mão de obra clandestina, prostituição, comércio de droga etc.

4. Medo dos muçulmanos. Trata-se de um fenômeno que não é novo, mas que se acentuou depois dos acontecimentos do 11 de setembro de 2001. O 'árabe' (marroquino, argelino etc.) é, por toda a Europa, olhado muitas vezes como uma ameaça profunda aos valores da cultura ocidental. Proliferam também pela internet os *sites* sobre a 'impossibilidade' de assimilação deste tipo de imigração.

5. Medo da imigração clandestina. Este tipo de imigração levanta todos os receios: aumento da criminalidade ligada ao crime organizado, roubos, tráfico de droga etc., mas também a proliferação da mendicância.

Estamos perante um vasto leque de problemas que ultrapassa a questão do medo do Outro (o Diferente). O problema da imigração envolve hoje a questão do modelo de sociedade globalizada que está em gestação. Todos a sentem como inevitável, mas desconhecem-lhe os contornos, por isso a receiam."

FONTES, Carlos. *Imigração* – entre a necessidade e o medo.
Disponível em: <http://imigrantes.no.sapo.pt/page3medo.html>. Acesso em: 16 mai. 2014.

Imagine que você seja um imigrante recém-chegado a um país europeu. Para cada argumento contrário citado no texto, elabore um argumento favorável, defendendo a imigração.

Atividades

RETOME SEUS CONHECIMENTOS

1. A população europeia apresenta uma tendência geral para a redução do crescimento natural ou vegetativo. Responda às questões a seguir.
   a) Quais fatores determinam a redução em relação ao crescimento natural da Europa?
   b) Também no Brasil observa-se uma redução em relação ao crescimento vegetativo. Os fatores que determinam essa redução no Brasil são os mesmos da Europa?
2. A desintegração política e econômica do Leste Europeu provocou profundas mudanças no mapa da Europa.
   a) Cite exemplos da desintegração política nesse contexto.
   b) Qual fator de ordem política e social foi responsável pela desintegração das fronteiras políticas de alguns países do Leste Europeu?
3. O desmembramento da Iugoslávia ocorreu em meio a conflitos dramáticos. O mapa destaca as repúblicas que dela faziam parte.

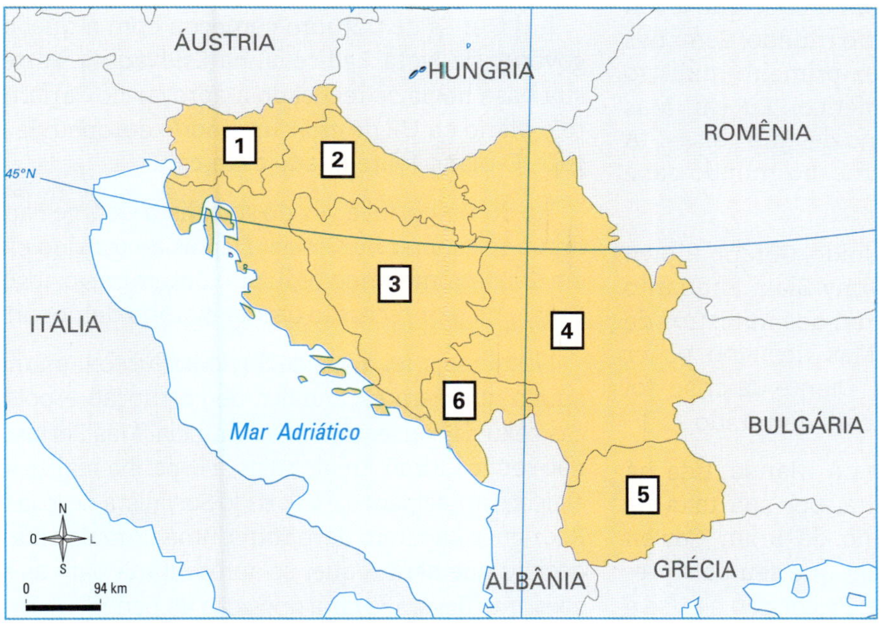

Fonte: *World atlas*. Londres: Dorling Kindersley, 1999. p. 132 (adaptado)

Responda às questões a seguir.
   a) Identifique cada república, a partir da numeração.
   b) Quais os principais fatores responsáveis pelos conflitos que envolvem a região?
   c) O que aconteceu com a região autônoma de Kosovo?

EXERCITE SEUS CONHECIMENTOS

4. Num domingo de janeiro de 1972, soldados de tropas britânicas atiraram contra uma manifestação católica, em Londonderry, maior cidade católica da Irlanda do Norte, assassinando 14 jovens. Entrava para a história o Domingo Sangrento. Pesquise e responda às questões a seguir no caderno.
   a) O que foi o Domingo Sangrento? Que grupos se envolveram nos conflitos? O que queria cada uma das partes envolvidas?
   b) Uma banda irlandesa de *rock* compôs uma música sobre o "Domingo sangrento" que fez muito sucesso. Você sabe qual o nome dessa banda e da música? Faça uma pesquisa para saber. Depois, em sala, você e seus colegas podem escutar a música.
5. Em sua opinião, que medidas deveriam ser tomadas para eliminar ou pelo menos reduzir os movimentos xenófobos na Europa?

6 Europa – realidade socioeconômica

5 **Crise na Europa**
Para o assunto ***Crise de 2008***, acesse e explore este OED.

PARA CONTEXTUALIZAR

Leia a notícia.

Crise derruba os líderes europeus

"Socialistas, conservadores, populistas ou intelectuais. A pior crise econômica na Europa desde a Segunda Guerra Mundial não fez distinção de partidos ou orientação ideológica. Em três anos, sete governos já caíram no continente europeu por causa da crise. [...].

A primeira vítima foi o governo da Islândia, país que derreteu ainda em 2008 com a crise que levou o país à falência e surpreendeu o mundo. Semanas depois de sua queda, [...] o ex-primeiro-ministro Geir Haarde se mostraria profético. 'Eu caí. Mas muitos outros seguirão o mesmo destino', disse. 'A realidade é que nenhum governo no mundo sabe como lidar com a crise.'

E ele tinha razão. No Reino Unido, Gordon Brown esperou anos para substituir Tony Blair. Enquanto esperava, ganhou fama de ser um dos ministros de Finanças mais competentes. Mas ficou no poder muito menos do que esperava. Diante da crise, foi obrigado a convocar eleições e saiu derrotado. [...]

O mesmo terremoto chegaria à Irlanda, tida há poucos anos como o Tigre Celta, por sua taxa de crescimento elevada. O governo de Brian Cowen evitou o quanto pôde reconhecer que seu país precisaria de um pacote de resgate. Prolongou a crise e acabou cedendo. Recorreu ao FMI e à UE e poucas semanas depois caiu.

Outro que também não conseguiu se manter no poder foi José Sócrates, em Portugal, também obrigado a recorrer a um resgate internacional. Mas a oposição rejeitou apoiar as medidas de austeridade e conseguiu derrubá-lo.

[...] O mês de outubro começou com a queda do governo de Iveta Radicova, na Eslováquia. Parte de sua base havia se recusado a aprovar no Parlamento o plano da UE de criar um fundo europeu de resgate. O plano foi rejeitado e ela caiu.

No domingo, foi a vez do socialista George Papandreou renunciar na Grécia. Depois de ter sido eleito em 2009 prometendo reduzir o desemprego, jogou a Grécia na pior recessão de sua história democrática.

Nesta terça foi a vez de Silvio Berlusconi anunciar aquilo que nem escândalos de corrupção e polêmicas sexuais conseguiram: a renúncia. Mas Berlusconi não será o último. Em dez dias, a Espanha realiza suas eleições antecipadas e o Partido Socialista de José Luis Rodrigues Zapatero deve sofrer uma dura derrota. Ele decidiu que nem sequer se apresentaria para as eleições, que devem levar a oposição ao poder."

CHADE, Jamil. Crise derruba os líderes europeus. *O Estado de S. Paulo*, 8 nov. 2011. Disponível em: <http://economia.estadao.com.br/noticias/economia,crisederrubaoslidereseuropeus,91496,0.htm>. Acesso em: 15 mai. 2014.

ATIVIDADES

Converse com seus colegas e com seu professor.

1. A Europa, uma das regiões mais desenvolvidas do planeta, vem passando nos últimos anos por grave crise financeira. Por que vários países do continente passam por essa crise?
2. Além da queda de inúmeros líderes europeus, quais as consequências dessa crise?
3. Essa crise teve um impacto direto na União Europeia (UE) e no euro. O que você sabe sobre a União Europeia e sobre o euro? Você sabe quando surgiu a UE?

O elevado nível de desenvolvimento da Europa Ocidental

O continente europeu, berço da Revolução Industrial, é formado por alguns dos países mais desenvolvidos do mundo. Segundo o relatório de 2013 do Programa das Nações Unidas para o Desenvolvimento (Pnud), que mede a qualidade de vida dos países do mundo, entre os 20 de mais alto IDH, 11 eram europeus, destacando-se a Noruega (1º), Países Baixos (4º), a Alemanha (5º), a Irlanda (7º), a Suécia (7º) e a Suíça (9º).

O Brasil ocupava o 85º lugar, entre os países considerados de alto desenvolvimento humano. Se considerarmos apenas aspectos econômicos — como, por exemplo, o valor do PIB / PPP —, dos dez países mais ricos do mundo (Estados Unidos, China, Japão, Alemanha, Índia, Reino Unido, França, Rússia, Itália e Brasil), quatro são europeus, além da Rússia, que se localiza nos continentes europeu e asiático.

Nos países de elevado nível de desenvolvimento da Europa Ocidental, estão localizadas várias empresas multinacionais, como a British Petroleum e a British American Tobacco (da qual a Souza Cruz é subsidiária), sediadas no Reino Unido; a Volkswagen, a Bayer e a Basf, com sedes na Alemanha; a Fiat e a Olivetti, sediadas na Itália; a Peugeot e a Renault, com sedes na França; a Shell e a Unilever (empresas de capital inglês e holandês); a Philips, com sede na Holanda; a Ericsson, sediada na Suécia; a Nestlé, sediada na Suíça.

Os grandes grupos industriais europeus e mundiais fazem investimentos elevados em pesquisa e tecnologia, criando e desenvolvendo mercadorias, modernizando e automatizando suas fábricas para alcançar um menor custo de produção e melhorar sua competitividade global.

Os parques industriais da maioria dos países da Europa Ocidental são bastante diversificados, com destaque para os ramos de produtos eletroeletrônicos, telecomunicações, produtos químicos, aviões, produtos farmacêuticos, construção naval, energia nuclear, siderurgia e automobilístico.

MAIS INFORMAÇÃO

Divisão do espaço europeu

Em nosso estudo do espaço europeu, adotamos a divisão do continente em Europa Ocidental e Europa Oriental, considerando o critério socioeconômico. A Europa Ocidental engloba os países de elevado nível de desenvolvimento e economia diversificada: Reino Unido, Alemanha, Itália, França, Holanda, Bélgica, Luxemburgo, Suécia, Suíça, Dinamarca, Espanha, Finlândia, Irlanda, Áustria, Noruega, Islândia, Grécia e Portugal. A Europa Oriental compreende os países que já foram considerados "economias em transição', que deixaram o socialismo no final do século XX, e que apresentam diversidade em termos de nível de desenvolvimento socioeconômico, mas, comparativamente aos países da Europa Ocidental, têm indicadores sociais, de modo geral, inferiores. Entre eles, há alguns que se enquadram no grupo dos emergentes, como Rússia e Polônia. São eles: Polônia, Hungria, República Tcheca, Eslováquia, Rússia, Romênia, Sérvia, Montenegro, Macedônia, Bulgária, Albânia, Estônia, Letônia, Lituânia, Croácia, Ucrânia, Moldova, Belarus, Bósnia-Herzegovina, Eslovênia, Geórgia, Armênia e Azerbaijão.

O setor terciário desses países também é bastante diversificado, formado por grandes grupos de empresas multinacionais que atuam nas áreas: comercial, como redes de hipermercados (o francês Carrefour); financeira, como bancos (os espanhóis Santander e BBV, os britânicos Lloyd's Bank e HSBC, o holandês ABNAmro Bank); de telefonia (a espanhola Telefonica, a italiana Tim); entre outras.

Para alguns países da Europa Ocidental, como França, Itália e Espanha, a atividade turística é uma importante fonte de divisas.

PARA COMPREENDER Texto

Crescimento do turismo atenua crise na Europa

"O crescimento do turismo na Europa está contribuindo para atenuar os efeitos da crise econômica no continente, principalmente nos países mais afetados, como Grécia, Espanha, Portugal e Itália.

'Em vários países europeus, é o consumo externo, dos turistas, que ajuda a compensar a falta de demanda interna, provocada pela crise', disse à BBC Brasil Sandra Carvão, diretora de comunicação da Organização Mundial do Turismo (OMT).

[...]

'O turismo internacional funciona como uma atividade de exportação, permitindo a entrada rápida de divisas, e ajuda a atenuar os déficits da balança de pagamentos', afirma a porta-voz.

Visitantes no Museu do Louvre, em Paris, França (2014).

Peso do turismo

O turismo tem um peso importante na economia de vários países europeus. Na França, país mais visitado do mundo, segundo a OMT, a atividade representa entre 6% e 7% do PIB, o 'equivalente da indústria automobilística', segundo o governo.

Em Portugal, o turismo totaliza cerca de 11% do PIB. Na Grécia, ele representa 16% do PIB e é um setor estratégico para uma economia em agonia. Por este motivo, o governo grego declarou que aposta nesta atividade neste ano para tentar tirar o país da recessão. [...]

Chegada de turistas internacionais em 2011 e 2012 – principais países

Ranking	Milhões		Variação (em %)	
	2011	2012	2010-2011	2011-2012
1. França	81,6	83,0	5,0	1,8
2. Estados Unidos	62,7	67,0	4,9	6,8
3. China	57,6	57,7	3,4	0,3
4. Espanha	56,2	57,7	6,6	2,7
5. Itália	46,1	46,4	5,7	0,5
6. Turquia	34,7	35,7	10,5	3,0
7. Alemanha	28,4	30,4	5,5	7,3
8. Reino Unido	29,3	29,3	3,6	- 0,1
9. Rússia	22,7	25,7	11,9	13,4
10. Malásia	24,7	25,0	0,6	1,3

Fonte: Organização Mundial do Turismo. *Faits saillants OMT du tourisme, édition 2013*. p. 6. Disponível em: <http://mkt.unwto.org/fr/publication/faits-saillants-omt-du-tourisme-edition-2013>. Acesso em: 14 mai. 2014.

Gastos dos BRICS

Há diferentes fatores que explicam o crescimento das viagens na Europa. O primeiro é o fato de que turistas de países europeus como a Alemanha passaram a viajar mais em 2011 na comparação com 2010. [...]

O segundo fator são os protestos em países árabes como a Tunísia e o Egito, que atraem tradicionalmente os turistas europeus, além de temores em relação ao Marrocos, onde ocorreu um atentado a bomba em abril passado.

De acordo com a OMT, 80% dos turistas que visitam países europeus são originários do próprio continente. Os emergentes têm uma participação no crescimento do turismo na Europa, mas a proporção desses visitantes no fluxo de entradas é bem mais limitada do que a dos europeus.

Os turistas de países emergentes, no entanto, não medem gastos nas viagens e se tornaram uma clientela alvo do setor em países como a França. [...]

'A clientela de países como o Brasil, Rússia, China e Índia é muito importante para o turismo francês. Os gastos individuais desses turistas são bem superiores e a estada no país é mais longa do que a dos europeus', disse à BBC Brasil uma fonte do ministério do Turismo da França.

Estímulo ao turismo

Para estimular o turismo, o governo francês começou a implantar neste ano [2011] um sistema para melhorar as informações para os estrangeiros nos aeroportos e transportes e também para agilizar a passagem nas fronteiras.

Segundo a porta-voz da OMT, as limitações em termos de orçamento público na Europa podem levar os governos a rever estratégias de promoção do turismo no exterior.

'Se há menos recursos para campanhas, os ministérios vão apostar nos países onde as pessoas viajam mais ao exterior', diz ela, incluindo os emergentes na lista de prioridades."

FERNANDES, Daniela. Crescimento do turismo atenua crise na Europa. Texto publicado em 25 out. 2011. Disponível em: <http://www.bbc.co.uk/portuguese/noticias/2011/10/111025_turismo_df_is.shtml>. Acesso em: 14 mai. 2014.

Na Grécia, o turismo representa 16% do PIB. Na fotografia, turistas no Partenon, uma das edificações mais famosas do mundo antigo (2011).

Responda às questões a seguir.

1. Que região da Europa recebeu maior quantidade de turistas estrangeiros em 2011?
2. Em sua opinião, por que o Brasil, mesmo sendo um dos países que apresentam as mais belas paisagens naturais do mundo, não figura entre os principais destinos dos turistas estrangeiros?
3. Por que os chamados BRICS têm despertado a atenção de países com o setor do turismo bastante desenvolvido?

Modelos desfilam na semana de moda de Paris, França (2012).

O mercado internacional da moda também movimenta um grande volume de capitais, sendo França e Itália os principais exportadores de produtos de alta-costura, além de abrigarem empresas que detêm as patentes das grifes. Esses países são os grandes centros europeus de eventos de divulgação do mundo da moda.

Merecem destaque ainda os grandes centros universitários, sobretudo no Reino Unido, na França, na Itália, na Alemanha e na Espanha, que atraem pesquisadores e estudantes do mundo inteiro.

A União Europeia (UE)

Na seção inicial deste capítulo, você conversou sobre a União Europeia. A União Europeia é o maior projeto de integração entre países realizado no mundo.

A primeira experiência de integração comercial entre países já havia sido elaborada um pouco antes do fim da Segunda Guerra. Bélgica, Holanda e Luxemburgo formaram, em 1944, o Benelux, que previa a criação de uma zona de livre-comércio entre seus membros. Entrou em funcionamento em 1948 e, dez anos depois, completaria o processo de unificação econômica. A experiência pioneira está sendo seguida na atualidade por várias nações e é um dos elementos que caracterizam a ordem mundial dos dias atuais.

Em 1952, foi criada a Comunidade Europeia do Carvão e do Aço (Ceca), reunindo os países do Benelux e Alemanha, França e Itália. Estabelecia um mercado comum para produtos e matéria-primas ligados à indústria siderúrgica, como carvão, ferro e aço.

A experiência do mercado siderúrgico comum e o êxito alcançado pela Ceca inspiraram uma integração econômica mais ampla. Em 1957, os membros dessa comunidade criaram, pelo Tratado de Roma, a Comunidade Econômica Europeia (CEE), também chamada de Mercado Comum Europeu (MCE), que deu origem ao processo de unificação da Europa. Mais tarde, no decorrer dos anos 1970 e 1980, uma série de países foi incorporada à CEE.

Os objetivos da CEE apontavam para a formação de um bloco que pudesse assegurar aos seus integrantes a livre circulação de mercadorias, pessoas, capitais e serviços, configurando-se, assim, um mercado comum pleno. A realização desses objetivos só seria conquistada plenamente em 1993, com a unificação europeia, quando as fronteiras nacionais deixaram de ser um obstáculo à expansão capitalista e ao aumento das vendas e dos lucros das grandes empresas transnacionais.

Sede da União Europeia em Bruxelas, Bélgica (2011).

No início da década de 1990, os países da CEE resolveram ampliar a abrangência desse organismo, por causa da delineação de uma nova etapa das relações internacionais, marcada pela queda do muro de Berlim, pelo fim da União Soviética, pela unificação alemã e também pelo aumento da concorrência no âmbito comercial.

Banco Central Europeu. Frankfurt, Alemanha (2011).

Reunidos em dezembro de 1991, na cidade de Maastricht, na Holanda, os países da CEE decidiram eliminar, num curto espaço de tempo, todas as barreiras que impediam uma definitiva integração socioeconômica, implantando o mercado único. Uma das principais decisões foi definir o uso de uma nova e única moeda na Europa unificada, com a criação de um Banco Central Europeu.

O Tratado de Maastricht, que entrou em vigor em 1º de janeiro de 1993, substituiu o Tratado de Roma e transformou a CEE em UE (União Europeia).

O projeto de integração da União Europeia delineado pelo Tratado de Maastricht foi além dos limites de um mercado único ou comum, pois passou a ter como objetivo a união econômica e monetária, além do estabelecimento de uma política externa comum.

Assim, gradativamente, vem ocorrendo entre os países integrantes maior cooperação em questões como o combate ao crime organizado e ao narcotráfico, além de decisões comuns relacionadas ao meio ambiente, à imigração, à educação, à proteção do consumidor, à saúde pública, à defesa do território e a outras áreas.

A ambição desse tratado é clara: transformar a Europa unificada em um grande bloco econômico, ampliando a capacidade de competição das mercadorias e das empresas da UE em nível global.

Dessa forma, um passo importante foi dado em 1º de janeiro de 2002, quando entrou em circulação o euro, a moeda única (união monetária), em 12 países que pertencem à UE: Alemanha, Áustria, Bélgica, Espanha, Finlândia, França, Grécia, Irlanda, Itália, Luxemburgo, Holanda e Portugal.

Após consulta popular (plebiscito), os demais integrantes do bloco na época, Reino Unido, Dinamarca e Suécia, optaram por não adotar a moeda única. Nesses países, o euro, apesar de não circular como moeda corrente, serve de referência em negócios privados, como transações entre empresas, e pode ser utilizado também na abertura de contas.

A adoção do euro representou a criação de uma moeda forte, que facilita o comércio e os investimentos dentro do próprio continente. Os negócios antes feitos em dólar passaram a ser realizados em euro, reduzindo a supremacia da moeda estadunidense. Um dos setores beneficiados com a adoção do euro foi o turismo, uma vez que o visitante, ao chegar à Europa, faz apenas uma conversão de sua moeda.

No entanto, a crise econômica iniciada em 2008 (ver também textos complementares a seguir), e intensificada em 2011, demonstrou como a existência da moeda única vinha sendo um problema para a solução da crise. Isso porque as decisões tomadas por um país, que adota a moeda, para solucionar a sua crise, afeta os demais integrantes da união monetária, pois afeta a própria moeda, que é única. Por exemplo, se a Grécia declarasse que não tinha condições de pagar toda a dívida pública que se formou, a suspensão do pagamento implicaria problemas para o euro.

Moradores de rua e pessoas pobres fazem fila em frente a um centro de caridade que lhes oferece almoço gratuito, em Madri, Espanha (2009).

As soluções encontradas pelos líderes políticos da União Europeia passavam por cortes significativos dos gastos do governo, a fim de liberar recursos para pagar as dívidas, em boa parte, com bancos privados. Isso estava determinando aumento do desemprego e corte nos benefícios sociais, ocasionando, por sua vez, aumento da pobreza.

É preciso ressaltar que uma das causas da crise está diretamente relacionada à enorme expansão da especulação financeira em nível global, neste início de século, com uma escalada de empréstimos e comercialização de títulos sem garantias, que, por sua vez, ocasionou uma quebradeira de bancos e empresas. Muitos desses bancos e empresas foram socorridos, com ajudas financeiras, por governos dos países desenvolvidos. Isso provocou uma ampliação expressiva das dívidas públicas em muitos países.

MAIS INFORMAÇÃO

Brasil pode ficar isolado com acordo entre EUA e UE

"'O Brasil será a única grande economia do mundo sem um acordo de livre comércio com alguma outra grande economia', observou Michael Emerson, economista do Centro para Estudos de Política Europeia (CEPS) [...].

No entanto, tanto Emerson como Ulrich Schoof, analista da Fundação Bertelsmann, [...] acreditam que a iniciativa será prejudicada pelas negociações entre as autoridades europeias e americanas.

'A UE precisa concluir rapidamente acordos comerciais com sócios suficientemente grandes e bem conectados com o resto do mundo para incentivar seu crescimento e sustentar suas políticas macroeconômica e fiscal', analisou Schoof em entrevista à BBC Brasil.

'Nesse contexto, sua energia é absorvida pelas negociações com Japão, Taiwan e Estados Unidos, que têm mais probabilidades de dar certo, e se reduz o entusiasmo com respeito ao Mercosul', afirmou, recordando as reticências de Argentina em abrir seus mercados para os europeus. [...]

Um acordo entre a UE e os Estados Unidos — que juntas respondem por 49 por cento do PIB global e 31% dos intercâmbios comerciais — criaria a maior área de livre comércio do mundo e teria um impacto inevitável sobre todos os demais países.

Mais que eliminar as tarifas sobre exportações, as duas maiores potências econômicas internacionais buscam a harmonização ou o reconhecimento mútuo de normas e padrões técnicos e sanitários para todos os produtos que comercializam. [...]

Com a harmonização, os países terceiros passariam a ter que adaptar seus produtos a um único conjunto de normas e padrões ao exportar tanto para o bloco europeu como para os americanos, o que reduziria burocracia e custos."

BIZZOTTO, Márcia. Brasil pode ficar isolado com acordo entre EUA e UE. *BBC Brasil*, 18 nov. 2014. Disponível em: <www.bbc.co.uk/portuguese/noticias/2013/11/131118_brasil_ue_mercosul_mb_dg.shtml>. Acesso em: 14 mai. 2014.

Conforme entendimentos iniciados nos anos 1990, a União Europeia, principal compradora das mercadorias brasileiras, e o Mercosul estão buscando um caminho para se integrarem, por meio da criação de uma zona de livre-comércio.

Em 2013, a União Europeia e os Estados Unidos iniciaram negociações para a criação de um acordo comercial – o Tratado Comercial e de Investimento (TTIP, nas iniciais em inglês). Um dos objetivos é fazer frente à ascensão econômica da China e da Índia.

Expressiva ampliação do bloco

No dia 1º de maio de 2004, a União Europeia ganhou dez novos países, sendo oito oriundos do antigo bloco socialista. Dessa forma, o novo mapa da UE colocou fim à tradicional divisão do continente em Ocidental e Oriental. Entre os novos países-membros, a Estônia, a Letônia e a Lituânia pertenciam à URSS, a Eslovênia integrava a Iugoslávia, e a República Tcheca e a Eslováquia surgiram do desmembramento da Tchecoslováquia. Junto com a Polônia e a Hungria, eles compõem o grupo de países que adotavam o socialismo e já se encontram em um estágio relativamente avançado da economia de mercado.

Chipre e Malta também foram admitidos na organização nessa data.

Em 2007, ingressaram Romênia e Bulgária e, em 2013, a Croácia, quando a UE passou a ser formada por 28 países. Em 2007, a Eslovênia tornou-se o 13º país a adotar o euro.

Posteriormente, outros países entraram para a zona do euro: Malta (14º), Chipre (15º), Eslováquia (16º), Estônia (17º) e, em 2014, a Letônia.

Os novos países-membros apresentam um nível de desenvolvimento inferior aos demais, infraestrutura bastante defasada e atraso tecnológico. Comparativamente, sua contribuição ao bloco será menor do que os investimentos que deverão receber.

Assim, equilibrar interesses e possibilidades dos antigos e dos novos membros será um desafio para a União Europeia. Esses países, no entanto, receberão menos benefícios do que os oferecidos aos que entraram anteriormente, como subsídios agrícolas e ajuda econômica ao desenvolvimento. Somente em 2014 os países que ingressaram em 2004 tiveram acesso a todos os benefícios.

União Europeia (2014)

Fonte: União Europeia. Disponível em: <http://europa.eu/about-eu/countries/member-countries/index_pt.htm>. Acesso em: 14 mai. 2014.

Em meados da primeira década do século XXI, os governos dos países da União Europeia passaram a discutir mais intensamente a elaboração de uma constituição. No entanto, em 2005, esse projeto sofreu um duro golpe em plebiscitos na França e na Holanda. Os eleitores desses países rejeitaram tal proposta, que significaria um avanço expressivo na criação de uma estrutura confederativa no interior do bloco, no qual os países teriam menos poder. Em seu lugar, foi elaborado o Tratado de Lisboa, que complementa os tratados de Maastricht e de Nice, definindo uma série de linhas de ação e de funcionamento da União Europeia.

Os países da Europa Oriental

Os países da Europa Oriental apresentam um nível de desenvolvimento socioeconômico diferente dos países da Europa Ocidental. Esse conjunto é ainda marcado por uma diversidade socioeconômica e espacial que remonta ao período da Guerra Fria, quando fazia parte da zona de influência do bloco soviético.

Nessa região, após a Segunda Guerra, a atividade da indústria desenvolveu-se com base no planejamento estatal, destacando-se a República Tcheca na indústria metalúrgica e a Polônia, também na metalurgia e na construção naval. Com o surgimento do modelo industrial baseado nas novas tecnologias, o parque industrial dos antigos países socialistas ficou em grande defasagem tecnológica.

A transição para a economia capitalista, a partir do início dos anos 1990, promoveu uma reestruturação industrial com a abertura dos mercados, os cortes de subsídios às empresas estatais e a liberalização dos preços, o que acarretou um surto inflacionário. Muitas dessas empresas faliram, e os países sofreram queda de produção e dos níveis de emprego.

Nos últimos anos, os países de maior tradição industrial, como a República Tcheca, a Polônia e a Hungria, iniciaram uma recuperação econômica, marcada pelo aumento dos investimentos estrangeiros e pela instalação de várias empresas multinacionais. Esses três países apresentaram maior nível de industrialização e uma economia mais diversificada e, em 2013, contavam com indicadores sociais próximos aos dos países da Europa Ocidental: República Tcheca, IDH 0,873 (28ª posição); Hungria, IDH 0,831 (37ª posição); Polônia, IDH 0,821 (39ª posição). A Eslovênia (IDH 0,892 – 21ª posição), a Eslováquia (IDH 0,840 – 35ª posição) e a Croácia (IDH 0,805 – 47ª posição), apesar de não apresentarem os mesmos níveis de industrialização e de diversificação econômica dos outros três países, contam com bons indicadores sociais.

Todos esses países enquadram-se nas classificações "Desenvolvimento Humano Muito Elevado e Elevado", com IDH superior a 0,800, assim como Estônia (IDH 0,846 – 33ª posição), Lituânia (IDH 0,818 – 41ª posição) e Letônia (IDH 0,814 – 44ª posição), que faziam parte da extinta União Soviética e são denominados países bálticos.

Os demais países da Europa Oriental, como Bulgária, Romênia, Bósnia-Herzegovina, Albânia e Macedônia, apresentam níveis de industrialização e de diversificação econômica inferiores aos da Polônia, da República Tcheca e da Hungria.

Com o avanço do capitalismo, os países da Europa Oriental, de modo geral, tornaram-se área de influência da União Europeia, principalmente por meio das relações comerciais e dos investimentos que a Alemanha passou a fazer na região.

Do conjunto de países que, a partir dos anos 1990, passaram por um período de transição da economia socialista para a capitalista, em maio de 2004 ingressaram na União Europeia: Eslovênia, República Tcheca, Hungria, Estônia, Polônia, Letônia, Lituânia e Eslováquia. Em 2007, ingressaram a Romênia e a Bulgária, e, em 2013, a Croácia.

Montadora recém-instalada em Kecskemét, Hungria (2012).

No entanto, apesar do otimismo que cercou a expansão da União Europeia para o leste do continente, sobretudo por parte dos governos dos novos membros, existem diversos desafios a serem enfrentados em relação à integração econômica, social e política entre os países que apresentam desníveis significativos quanto aos indicadores socioeconômicos. Os novos integrantes apresentam indicadores bem inferiores aos dos 15 países que já pertenciam à UE.

Embora a passagem do sistema socialista para o capitalista tenha trazido crescimento econômico expressivo para alguns países da Europa Oriental, a concentração de renda, as desigualdades sociais e, em alguns casos, o aumento do desemprego e da pobreza também passaram a fazer parte de sua realidade, o que vem ocasionando descontentamento da população na primeira década do século XXI.

Rússia

Embora uma porção do território da Rússia faça parte da Europa, esse país será analisado no capítulo seguinte, em razão de sua importância no contexto político-militar e econômico, das características de seu espaço natural e de sua história. Abordaremos também Ucrânia, Moldova e Belarus, que fazem parte da CEI (Comunidade dos Estados Independentes), junto com as demais ex-repúblicas soviéticas, excetuando-se os países bálticos.

Atividade extrativa e agropecuária na Europa

Uma importante característica da **agropecuária** do espaço europeu são os subsídios concedidos pelos governos aos agricultores, como empréstimos a juros baixos e pagamento a longo prazo, principalmente nos países que fazem parte da União Europeia.

A criação, em 1962, da **Política Agrícola Comum** (PAC) foi uma forma de os governos europeus protegerem seus agricultores da concorrência externa, visando à manutenção da renda e do emprego nas áreas agrícolas e à estabilidade nos preços dos alimentos. Esse apoio dado à agropecuária levou a Europa a tornar-se praticamente autossuficiente nos principais produtos alimentares, mas não resolveu problemas como as disparidades entre regiões e países europeus.

A PAC foi criada visando: à formação de um mercado comunitário único; à proteção agrícola por meio de tarifação aos produtos importados e de incentivos à produção comunitária; e ao fornecimento de subsídios à exportação para garantir a venda dos excedentes.

A partir de 1980, a CEE, atual União Europeia, implementou um sistema tarifário que eliminou qualquer possibilidade de os produtos agropecuários importados competirem com os produzidos internamente. O mecanismo era relativamente simples: se o preço de importação de determinada mercadoria agrícola fosse 10 e o preço da mesma mercadoria produzida internamente fosse 15, seria cobrado então sobre a mercadoria importada um imposto de 5, que igualava os preços. Esse imposto era empregado para subsidiar a produção doméstica.

Por intermédio desse sistema, cada importação agrícola era taxada de forma diferenciada para igualar o preço do produto importado ao do produto cultivado internamente. Esse tipo de tarifação recebia o nome de "Tarifa Variável de Importação".

Porém, a partir dos anos 1990, esse programa começou a ser questionado no interior da União Europeia por aqueles que consideravam seus custos muito elevados (cerca de US$ 45 bilhões anuais).

Essa política agrícola também é alvo de críticas internacionais, principalmente de instituições como a Organização Mundial do Comércio (OMC), dos Estados Unidos e de diversos países emergentes, subdesenvolvidos, entre eles o Brasil, que exercem forte pressão para que se reduza o protecionismo agrícola, pois ele bloqueia a entrada de produtos estrangeiros no mercado europeu.

A perspectiva da diminuição dos subsídios agrícolas tem sido objeto de protestos em vários países europeus, especialmente na França — maior produtor agrícola da Europa Ocidental e onde existe o maior número de agricultores beneficiados com os subsídios.

Manifestação de agricultores contra a redução de subsídios na União Europeia, em Paris, França (2010).

Observe o mapa.

Europa – Agropecuária (início do século XXI)

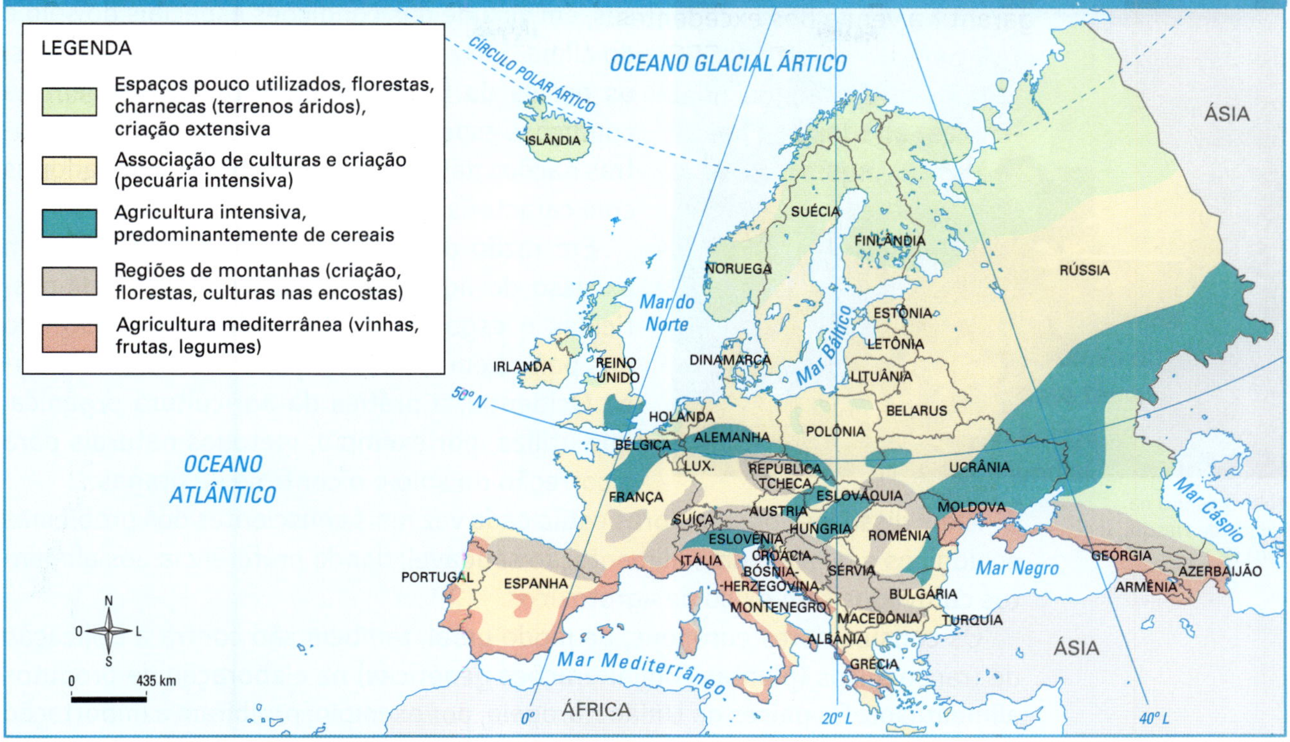

Fonte: *World atlas*. Londres: Dorling Kindersley, 1999. p. 135; ÍSOLA, Leda; CALDINI, Vera. *Atlas geográfico Saraiva*. São Paulo: Saraiva, 2004. p. 94 e 110 (adaptado).

- Responda às questões a seguir.

1. O que podemos concluir em relação ao aproveitamento do espaço europeu para a atividade agropecuária, considerando também a diversidade de métodos e culturas/criações?
2. Compare o mapa acima com o de climas da Europa (p. 67). O que pode dificultar a prática da atividade agropecuária nos "espaços pouco utilizados"?

A produção agrícola

A Europa apresenta importante e diversificada produção agrícola, com grande aproveitamento de seus solos, geralmente férteis, com técnicas adequadas e modernas, que proporcionam elevada produtividade.

A cultura de cereais é predominante, destacando-se o trigo, produto mais importante. Sua principal área produtora é a região de solos negros da Ucrânia (*tchernoziom*). Os outros países que se destacam na produção de trigo são Itália, França, Alemanha e Rússia. Outros cereais cultivados são centeio, aveia e cevada — produtos agrícolas das áreas temperadas.

A batata é outro importante produto da agricultura europeia. Seus principais produtores são: Alemanha, França, Holanda, Polônia, Reino Unido e Rússia.

Nas regiões europeias de clima mediterrâneo, destaca-se o cultivo da oliveira, destinada à produção de azeitonas e de azeite. Portugal, Espanha, França e Itália são seus maiores produtores mundiais, cujos produtos são reconhecidos como os de melhor qualidade internacional.

Cultivo de uva na cidade de Frascati, Itália (2011).

O cultivo da videira, destinada à produção de vinhos, também se destaca. Alguns tipos de vinho e de azeite só podem ser produzidos nesses países, em virtude das condições especiais do solo e do clima. Em razão desses aspectos geográficos, os países da Europa Mediterrânea dispõem de condições especiais de mercado, uma vez que outras nações não conseguem produzir mercadorias com características similares.

Em razão de problemas como verduras com excesso de agrotóxicos, rios poluídos por pesticidas e esgotamento do solo, vem crescendo nos países europeus, em particular nos da Europa Ocidental, a prática da agricultura orgânica, que utiliza, por exemplo, métodos naturais para a correção do solo e o controle de pragas.

Além disso, os consumidores estão cada vez mais conscientes dos problemas ecológicos e buscam uma alimentação saudável, dando preferência aos alimentos cultivados sem o uso de agrotóxicos.

Os consumidores europeus, de modo geral, também são contra a utilização de transgênicos (plantas com alterações genéticas) na elaboração de produtos alimentícios. Os países da União Europeia, por exemplo, proibiram a importação de alimentos geneticamente modificados.

A pecuária

A pecuária europeia é responsável por uma grande variedade de produtos, desde a carne até o queijo e a manteiga.

Por conta de problemas como carne bovina infectada e doença da vaca louca, na pecuária vem ocorrendo modificação nos padrões alimentares das criações. Um método totalmente eliminado na União Europeia foi a alimentação de gado com rações feitas de carcaças (restos) de animais, já que essas rações são apontadas como um dos principais focos de disseminação da doença da vaca louca.

A pecuária é praticada principalmente de forma intensiva, na qual os rebanhos recebem um acompanhamento veterinário rigoroso, proporcionando mais rendimentos.

O rebanho mais numeroso é o de bovinos, criado principalmente na parte europeia da Rússia, na Ucrânia, na Alemanha, na França, no Reino Unido e na Polônia.

Atividade extrativa

Na atividade extrativa, os produtos mais importantes do continente europeu são petróleo, carvão, ferro e manganês.

O petróleo é explorado no continente e no oceano. Além da Rússia (parte europeia) e do Azerbaijão, outra região rica em petróleo é o mar do Norte, onde a exploração é controlada pelo Reino Unido e pela Noruega. No entanto, em razão do elevado consumo, a maior parte dos países europeus também importa o produto.

Os países da Europa dependem muito do gás natural retirado dos países da Ásia Central (Usbequistão e Casaquistão), que mantêm fortes relações políticas e econômicas com a Rússia, uma vez que esse gás chega ao continente europeu através de gasodutos que passam por território russo.

O carvão é extraído em maior quantidade na Ucrânia, no Reino Unido, na Alemanha e na Polônia. A descoberta de sua utilidade como fonte energética e como componente para a produção de aço permitiu, no século XVIII, o desenvolvimento da atividade industrial.

O ferro é explorado principalmente na parte europeia da Rússia (grande produtor mundial), na França e na Suécia.

O manganês tem como principais produtores a Rússia e a Ucrânia, além da Romênia e da Hungria.

Na Estônia há importantes reservas de xisto betuminoso, bastante aproveitado para a geração de energia depois de ser transformado em óleo de xisto.

Em virtude do elevado grau de industrialização e das características geológicas do território, os países europeus são dependentes de uma série de minerais essenciais à atividade industrial. A maior parte importa minerais metálicos (ferro, manganês, bauxita e estanho), necessários às atividades metalúrgicas e siderúrgicas e, consequentemente, a uma série de mercadorias de bens de consumo duráveis, máquinas e equipamentos industriais.

Plataforma para extração de petróleo localizada no mar do Norte, na Escócia (2010).

MAIS INFORMAÇÃO

Transportes

A Europa é o continente que conta com a melhor rede de transportes do mundo. Suas ferrovias têm bitola padronizada, o que possibilita o tráfego dos trens (Eurotrem) por todos os países, que investem maciçamente nesse setor.

Bitola
Largura de via férrea.

O transporte hidroviário é altamente utilizado, movimentando grande quantidade de cargas anualmente.

Os portos fluviais europeus estão entre os mais importantes do mundo. Quanto aos portos marítimos, o mais importante é o de Roterdã, que se destaca mundialmente. Outros também de intenso movimento são o de Londres, na Inglaterra; o de Antuérpia, na Bélgica; o de São Petersburgo, na Rússia; e o de Hamburgo, na Alemanha.

As rodovias europeias, como as dos Estados Unidos, são consideradas as mais modernas do mundo, com destaque para as autoestradas, que contam com inúmeros viadutos e túneis.

Os países industrializados

Dentre os países europeus de elevado nível de desenvolvimento e economia diversificada, destacamos grandes exportadores de produtos industrializados, especialmente de bens de alta tecnologia, como Reino Unido, Alemanha, Itália, França, Holanda (Países Baixos), Bélgica, Luxemburgo, Suécia, Suíça, Dinamarca, Espanha e Finlândia.

Reino Unido – onde a atividade industrial teve início

O Reino Unido é o mais antigo país industrializado do mundo. Com a Revolução Industrial, passou por transformações que o elevaram à condição de mais importante potência mundial no século XIX, detentora de vasto império colonial.

No entanto, principalmente a partir do início do século XX, a economia britânica passou a enfrentar a concorrência de outros países que se industrializaram, como Estados Unidos, Alemanha, França, Itália e Japão.

MAIS INFORMAÇÃO

Políticas neoliberais

As políticas neoliberais adotadas no Reino Unido nos anos 1980 pela primeira-ministra Margareth Thatcher trouxeram consequências negativas para as camadas mais pobres da população, pois o Estado passou a investir menos em políticas sociais, como as de auxílio aos desempregados. De modo geral, a situação dos pobres piorou, e a distribuição de renda no país é uma das menos equitativas na Europa Ocidental.

Desde os anos 1980/1990, para tentar se manter entre as principais potências do mundo, o Reino Unido vem procurando modernizar seu parque industrial. Para isso, tem se associado a outros países, buscando novos ramos industriais, principalmente de tecnologia de ponta, a fim de criar condições de competir com grandes potências, como Estados Unidos, Japão e Alemanha.

Londres, capital da Inglaterra e do Reino Unido, é considerada a cidade mais importante da Europa e a terceira do mundo, superada apenas por Nova York e Tóquio — sedes de grandes empresas multinacionais e de grandes instituições financeiras.

Essa cidade reúne à sua volta o mais importante parque industrial do país, como também o principal centro comercial, financeiro e portuário do Reino Unido.

O país vem se especializando em atividades ligadas ao setor terciário, em particular nos setores financeiro, de turismo e de entretenimento, com destaque para a música *pop* (um dos principais itens da pauta de exportações britânicas), o cinema e os jogos de computador.

No centro de Londres há uma região que congrega as principais instituições financeiras do país — a City. Também chamado de Square Mile, comparável a Wall Street (Nova York), esse centro financeiro reúne o Banco da Inglaterra, importantes bancos comerciais e as principais casas de câmbio e de comércio internacional. (2011).

De suas exportações, 56% são de máquinas, equipamentos e produtos manufaturados, tendo como principais clientes e fornecedores os países da União Europeia.

No setor dos transportes, a rede rodoviária atinge cerca de 394 mil quilômetros de extensão e há cerca de 17 mil quilômetros de malha ferroviária.

O porto de Londres, de grande atividade, é um dos mais movimentados da Europa. Outro porto bastante movimentado é o de Liverpool, situado na costa oeste da ilha da Grã-Bretanha.

Reino Unido – Recursos energéticos e regiões industriais (início da década de 2000)

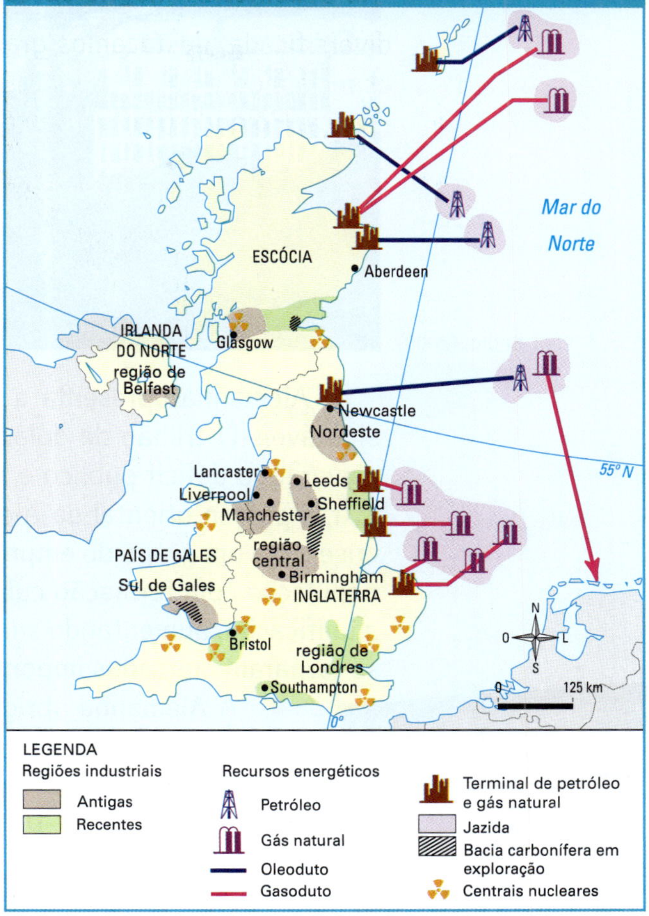

Fonte: *World atlas*. Londres: Dorling Kindersley, 1999. p. 134-135; *Tellus: L'encyclopédie du monde*. Londres/Paris: Dorling Kindersley/Nathan, 2002. p. 509.

Alemanha – a grande potência econômica da Europa

Junto aos Estados Unidos, a Alemanha liderou a segunda etapa da Revolução Industrial. Dessa etapa surgiram, no fim do século XIX e nas primeiras décadas do século XX, o automóvel, o avião, a moderna indústria química e farmacêutica e os inúmeros aparelhos elétricos utilizados atualmente.

No fim da Segunda Guerra Mundial, a Alemanha estava dividida e com seu parque industrial destruído, mas sua força de trabalho conseguiu manter o elevado grau de qualificação tecnológica e capacidade administrativa.

Isso explica o chamado "milagre alemão", que permitiu a rápida reconstrução econômica da ex-Alemanha Ocidental nas décadas de 1950 e 1960. Contando com financiamento americano, por meio do Plano Marshall (lembre-se do que você estudou na Unidade I deste livro), a indústria alemã pôde se reerguer, tornando-se, já nos anos 1960, a mais poderosa do continente.

A antiga Alemanha Oriental percorreu outro caminho. Ocupada pelos russos, teve sua economia centralmente planejada nos moldes da economia soviética. Sem os benefícios de financiamento externo, sua reconstrução foi bem mais lenta. Entretanto, 30 anos depois do fim da guerra, ela também emergiu, tornando-se a economia industrial mais adiantada da Europa Oriental.

Nos anos 1980, com as modificações ocorridas na antiga União Soviética, as quais trouxeram mais liberdade política, entre outras mudanças, a Europa Oriental assistiu à queda dos governos totalitários e iniciou um acelerado processo de democratização. Na ex-Alemanha Oriental, esse processo culminou com a queda do muro de Berlim, em 1989, e abriu caminho para a reunificação da Alemanha, em 1990.

Berlim (2009).

A Alemanha apresenta a maior economia da Europa, mas os gastos consideráveis (1 trilhão de dólares no decorrer dos anos 1990) com a unificação elevaram o déficit público e as taxas de juros. No entanto, no início do século XXI, a porção oriental da Alemanha já dava sinais de que começava a sair da crise, com um grupo de empresas "sobreviventes" bastante competitivas e uma população com formação cultural sólida. Aos poucos, o país se fortaleceu com a unificação, aumentando sua influência sobre os países do Leste Europeu, que se tornaram mercados importantes para os produtos alemães.

A Alemanha abriga hoje um dos maiores complexos industriais do mundo. É na região do Ruhr e do Reno, também chamada de região renana, em que estão situados importantes centros industriais, como Dortmund, Essen, Düsseldorf e Duisburg.

- Observe o cartaz, divulgado em 1994 na imprensa francesa a fim de atrair investimentos para a região do vale do rio Ruhr e ao mesmo tempo apagar a imagem de "velha região industrial", caracterizada por ter se industrializado no século XIX e por apresentar muitas indústrias tradicionais — siderúrgicas e metalúrgicas.

  Mesmo não compreendendo a língua francesa, é possível entender qual aspecto do Ruhr o cartaz quer destacar? Explique.

A região do vale do Ruhr vem passando também por importantes transformações espaciais, porque muitos prédios industriais foram reestruturados com a alteração de sua função e de seus usos: abrigam, agora, locais para lazer e atividades culturais, o que vem contribuindo para a ampliação da atividade turística na região.

Lazer em antigo prédio industrial no vale do Ruhr. (2009)

Atualmente, grandes grupos alemães vêm se associando a outras empresas e a grandes grupos estrangeiros. Como exemplos, citamos a aquisição pela Volkswagen de 23% da fábrica de veículos Skoda, da República Tcheca; e a aquisição, em 1998, da estadunidense Chrysler pela Daimler-Benz, que se tornou uma das maiores montadoras da Europa.

Observe o mapa.

Alemanha – Regiões industriais (início da década de 2000)

Fonte: *La Géographie de l'Europe des* 15. Paris: Nathan, 1998. p. 23; *Tellus:* L'encyclopédie du monde. Londres/Paris: Dorling Kindersley/Nathan, 2002. p. 93.

- Responda às questões a seguir.

1. Como estão distribuídas as regiões industriais no território alemão?
2. Observe a rede de autoestradas. Do ponto de vista da cobertura do território, ela tem capacidade para atender às necessidades de transporte da indústria?

Dentre os recursos naturais que serviram de base para o desenvolvimento industrial alemão, destacam-se as jazidas de carvão mineral (regiões do Ruhr e do Sarre) e de gás natural (regiões de Munique e Hannover).

A Alemanha é uma das maiores potências comerciais do globo. Exporta mais do que importa, e a maior parte do comércio é feita com os demais países da União Europeia.

No setor dos transportes, a Alemanha conta com uma das melhores redes ferroviárias da Europa, com 41.722 quilômetros de extensão. Também apresenta a melhor rede de autoestradas do mundo, com 12.800 quilômetros de extensão.

São excelentes ainda as hidrovias, interligadas por inúmeros canais. Dentre elas destaca-se a do rio Reno, onde se localiza o porto fluvial de Duisburg, o mais movimentado do mundo.

Linhas ferroviárias da estação central de Stuttgart, Alemanha (2011).

PARA COMPREENDER

Texto

Leia a notícia.

Alemanha abandonará energia nuclear. Governo quer desativar usinas do país até 2022; algumas, porém, podem ficar em *stand by* para evitar desabastecimento

"A Alemanha anunciou ontem [30 de maio de 2011] um plano para pôr fim definitivo ao uso de energia nuclear até 2022, no que está sendo chamado no país de uma 'virada energética'.

Cerca de 22% da energia produzida na Alemanha hoje é de origem nuclear. Com a mudança, fontes renováveis passarão a responder por 35% da produção — o dobro do percentual atual. O restante virá principalmente de fontes como carvão e gás.

O plano foi anunciado pelo ministro do Meio Ambiente, Norbert Röttgen, após reunião entre os partidos que integram a coalizão da chanceler (premiê) Angela Merkel. A ideia é que a proposta seja formalizada pelo gabinete na semana que vem e submetida ao Parlamento.

'Não é nada mais, nada menos que uma revolução. Temos a chance de ser a primeira nação industrial a fazer a transição para a energia renovável', disse Merkel.

Pelo plano, as 17 usinas nucleares do país serão desativadas até 2021. Há, porém, possibilidade de extensão por um ano para três delas.

Além disso, as sete usinas cujas atividades haviam sido congeladas por três meses em março, após o acidente nuclear em Fukushima (Japão), já não voltam a operar. Uma usina que estava parada desde o acidente em 2009 também será desativada.

Trata-se das instalações mais antigas no país. Porém ao menos uma delas ficará em *stand by*, para um eventual desabastecimento. As demais nove usinas serão desligadas ao longo dos próximos dez anos.

O plano representa uma reversão da posição tradicional da chanceler sobre energia nuclear. Em 2010, seu governo decidira prolongar em 12 anos, em média, a vida útil das usinas mais antigas.

O acidente de Fukushima — somado ao temor de novas derrotas nas eleições estaduais deste ano [2011], como a que ocorreu em Baden Württemberg em março — provocou a guinada. Cerca de 80% dos alemães são contrários à utilização de energia nuclear [...]."

VILA-NOVA, Carolina. Alemanha abandonará energia nuclear. *Folha de S. Paulo*, 31 maio 2011.

Ativista no alto do portão de Brandemburgo, em Berlim, durante ato contra a política nuclear do governo, no dia 29 de maio de 2011.

■ De acordo com a notícia, qual o principal fator que fez com que a gestão de Angela Merkel mudasse de posição em relação à energia nuclear? Explique.

Itália

A partir de 1983, a Itália passou a viver o seu segundo milagre econômico (o primeiro ocorreu nas décadas de 1950 e 1960). Hoje sua economia situa-se entre as seis maiores do mundo.

Na década de 1970, dizia-se que um italiano precisava levar um carrinho cheio de liras para ir à feira comprar um pé de alface. Em 1990, a inflação do país caiu para cerca de 5% ao ano.

No fim de 1992, prosseguindo com as medidas para o crescimento econômico, o governo italiano iniciou um programa de privatização, isto é, a venda de empresas estatais para a iniciativa privada, a fim de reduzir a elevada dívida interna.

Além dessa medida, outra de grande impacto foi a fiscalização da economia informal, que, segundo pesquisas não oficiais, respondia por 15% a 33% da produção nacional.

A Itália é marcada por diferenças regionais sensíveis. Os contrastes socioeconômicos e culturais entre as regiões norte e sul são tão marcantes que se costuma dizer que o território é dividido em duas regiões:

- Itália do Norte, região correspondente à planície do rio Pó, que tem cidades industriais e elevado nível de vida;
- Itália do Sul ("Il Mezzogiorno"), formada pela Sicília, pela Sardenha e pela parte meridional da península, que é menos industrializada, onde as atividades agropastoris têm importância significativa.

Na Itália do Norte, localiza-se a maior área industrial do país, o triângulo formado pelas cidades de Milão, Turim e Gênova, onde estão as indústrias metalúrgica, siderúrgica, química, de equipamentos para escritório, mecânica e automobilística, destacando-se a Fiat (Turim), além da moderna indústria têxtil e da alimentícia.

A principal concentração industrial do país encontra-se no vale do rio Pó, região que apresenta grande diversidade de atividades industriais e abriga os setores mais dinâmicos, como o automobilístico, de máquinas, de equipamentos industriais e o siderúrgico.

Na região do porto de Nápoles, centro industrial do Sul, desenvolvem-se a indústria têxtil e a de construção naval.

No setor dos transportes destaca-se a parte norte do país, onde há uma boa rede ferroviária e rodoviária, especialmente as autoestradas.

A rede rodoviária italiana conta com 487 mil quilômetros de estradas pavimentadas, e a rede ferroviária possui 20 mil quilômetros de extensão.

Os portos italianos mais importantes são os de Gênova, Veneza, Nápoles e Trieste.

Nápoles, Itália (2011).

França

Um dos países pioneiros na atividade industrial, a França é uma das mais importantes nações da Europa Ocidental e uma das maiores economias mundiais.

Para atender às suas necessidades e competir com os demais países do continente e do mundo, a França tem passado por grandes modificações no setor industrial. Desde a década de 1960, vem sendo adotada uma política de descentralização econômica no território francês, visando diminuir a elevada concentração do poder econômico de Paris.

Além disso, o país tem intensificado a produção de energia hidrelétrica, obtida principalmente dos rios que descem das áreas mais elevadas dos Alpes, bem como de energia nuclear, solar e da força das marés. A França obtém mais de 50% de sua energia elétrica de centrais ou usinas termonucleares. Somado a isso, há maciços investimentos em tecnologia de ponta.

Dentre os setores industriais mais importantes do país destacam-se:

- o automobilístico, concentrado na região de Paris;
- o siderúrgico, cujo principal centro é a região de Lorena — onde se encontra a cidade de Metz —, em razão da presença de minério de ferro;
- o têxtil, localizado na parte norte do país, em Lille, importante produtora de fibras sintéticas.

No setor têxtil também merece destaque a cidade de Lyon, que durante muitos anos foi a capital mundial das indústrias de seda natural. Apesar de sua decadência, em virtude da introdução das fibras sintéticas, como o náilon e o raiom, ainda é uma notável área industrial. Em Lyon desenvolvem-se também outras atividades, como as indústrias química, metalúrgica e eletrônica.

França – Regiões industriais (início da década de 2000)

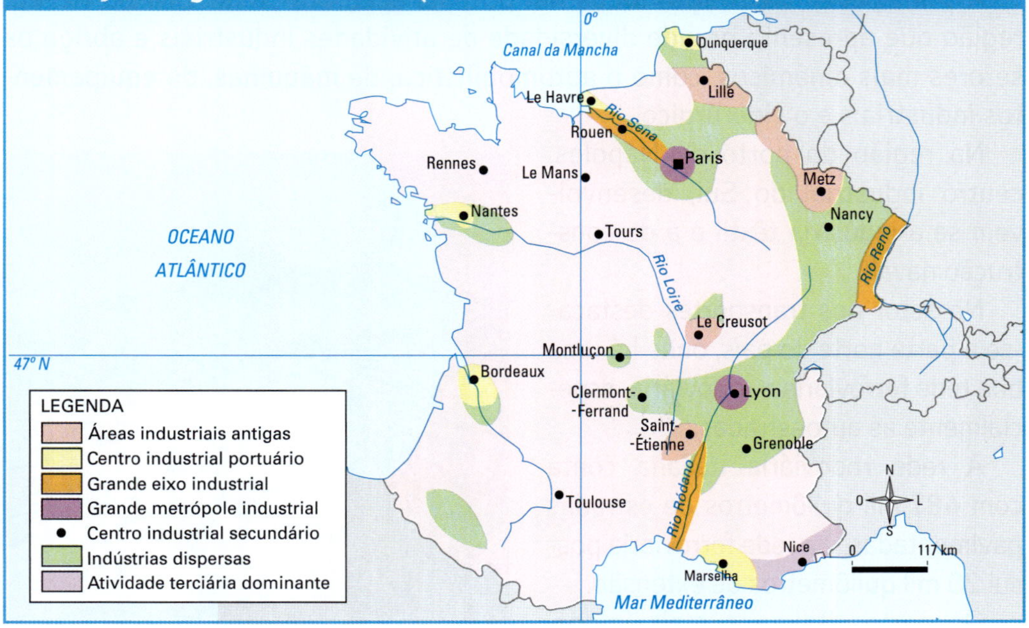

Fonte: *La Géographie de l'Europe des 15*. Paris: Nathan, 1998. p. 41; *Tellus*: L'encyclopédie du monde. Londres/Paris: Dorling Kindersley/Nathan, 2002. p. 279.

No setor dos transportes, o país conta com uma excelente rede de rodovias (1.028.000 km de extensão), que ligam Paris aos principais portos e aos países vizinhos.

Sistema ferroviário em Paris, França (2010).

O setor ferroviário, um dos melhores do mundo, dispõe de cerca de 30 mil quilômetros de ferrovias. Um dos trens mais velozes do mundo é o TGV francês, que atinge uma velocidade de cerca de 300 km/h e cujas linhas estão se estendendo para todas as direções do país.

A presença de numerosos rios favoreceu o desenvolvimento de uma boa rede de hidrovias, importante para o comércio com os países vizinhos. Essa rede chega a atingir uma extensão de quase 9 mil quilômetros, dos quais cerca de 4 mil são de canais artificiais.

Outros países fortemente industrializados da Europa

Holanda (Países Baixos)

Atualmente, o porto mais movimentado do mundo é o de Roterdã, na Holanda, considerado, por seu volume de tráfego, a porta de entrada e saída comercial do continente europeu.

A Holanda tem grandes grupos de empresas multinacionais, como:

- a Royal Dutch Shell, que atua no setor petrolífero, possui capital misto (holandês e britânico) e é uma das dez maiores empresas do mundo;
- a Unilever, também de capital misto (holandês e britânico), que é uma das maiores empresas no ramo de alimentos e produtos de higiene e limpeza do mundo;
- a Philips, que atua no ramo de eletrônicos e eletrodomésticos.

A agricultura holandesa é bastante mecanizada, o que lhe garante os mais altos índices de produtividade da Europa.

Bélgica

A capital da Bélgica (Bruxelas) é sede dos seguintes organismos internacionais:

- UE — União Europeia;
- Euratom — Comunidade Europeia de Energia Atômica;
- Otan — Organização do Tratado do Atlântico Norte.

Os principais setores industriais da Bélgica são o siderúrgico, o têxtil, o químico e o de lapidação de diamantes. As indústrias siderúrgicas estão localizadas na bacia carbonífera do rio Mosa. A indústria têxtil belga situa-se na região de Flandres, no noroeste do país.

Luxemburgo

Esse pequeno país em área territorial (2.586 km^2), independente desde 1867, está localizado entre a Alemanha, a Bélgica e a França.

A siderurgia, sua principal atividade industrial, já teve maior destaque na economia do país. A partir da década de 1980, outros setores industriais vêm alcançando maior projeção, como é o caso da indústria química.

Estocolmo, a capital da Suécia, é a cidade mais populosa do país. O padrão de vida dos suecos é um dos mais elevados do mundo. (2011)

Suécia

A Suécia é um país da Europa Nórdica, com população de quase 9 milhões de habitantes.

Conta com um parque industrial altamente evoluído e diversificado. Suas indústrias são conhecidas mundialmente, pois possuem filiais em vários países. Alguns exemplos são: a Volvo, fabricante de veículos; a Ericsson, um dos maiores fabricantes de centrais telefônicas e artigos elétricos do mundo; a SKF, de produtos metálicos (rolamentos); e a Saab-Scania, que fabrica automóveis, caminhões, aviões e instalações petrolíferas.

Uma das maiores reservas de minério de ferro do mundo, a de Kiruna, está localizada no norte da Suécia (região da Lapônia).

Suíça

A indústria suíça tem por base os setores químico, farmacêutico, relojoeiro, de laticínios e de aparelhos de precisão. Lá se situam as sedes de grandes empresas multinacionais, das quais a mais importante é a Nestlé, conhecida em todo o mundo.

Sua capital é Berna, mas Zurique — importante centro financeiro europeu e global — é a cidade mais populosa. Genebra é sede de vários organismos internacionais, como a Organização Internacional do Trabalho (OIT), a Organização Mundial da Saúde (OMS), a Cruz Vermelha e a Organização Mundial do Comércio (OMC).

Sede da Organização Mundial da Saúde, na Suíça (2009).

Dinamarca

Situa-se na península da Jutlândia, ao norte da Alemanha, mas também fazem parte de seu território algumas ilhas localizadas na península Escandinava.

As indústrias de alimentos, maquinaria, equipamentos de escritórios e produtos químicos são as mais importantes da Dinamarca.

A exportação de produtos industrializados é a principal fonte de divisas do país, que possui escassos recursos minerais e de matérias-primas.

A capital dinamarquesa é Copenhague, que abriga aproximadamente 20% da população do país.

Espanha

A partir de seu ingresso no Mercado Comum Europeu, atual União Europeia, com a injeção de capitais e a ajuda econômica visando à melhoria do padrão socioeconômico de sua população, em um curto espaço de tempo a Espanha teve um processo de crescimento econômico, que modernizou a agricultura e diversificou suas atividades industriais.

O país está entre os 15 maiores produtores mundiais de aço. A partir de 1983, sua indústria automobilística ultrapassou a do Reino Unido, ficando entre as oito maiores do mundo. A produção energética espanhola vem aumentando consideravelmente, sobretudo a nuclear — a terceira maior produtora de urânio da Europa.

Nos anos 1990, em decorrência dos processos de privatização e abertura econômica na América Latina, especialmente no Brasil e na Argentina, houve uma expressiva participação de capitais de empresas espanholas — como Telefonica, Santander e BBV —, que passaram a atuar nesses países.

O país foi um dos mais fortemente afetados pela crise econômica e, em 2013, o desemprego atingia praticamente 1/4 da população economicamente ativa.

Oliveiras na região de Andaluzia, Espanha (2010).

Finlândia

O território da Finlândia, país da Europa Nórdica, é pontuado por lagos — cerca de 187 mil. A presença da floresta de coníferas possibilita o desenvolvimento da atividade extrativa madeireira e da fabricação de celulose e papel.

Nos tempos da antiga União Soviética, o país era grande parceiro comercial da Rússia. Com o colapso da economia soviética, no fim dos anos 1980 e início dos anos 1990, a economia finlandesa enfrentou sérias dificuldades.

Desde então, os investimentos na economia passaram a priorizar os setores de tecnologia de ponta, particularmente o de telefonia celular. A finlandesa Nokia é uma das maiores empresas fabricantes de telefones celulares do mundo.

Helsinki, capital da Finlândia (2012).

Atividades

RETOME SEUS CONHECIMENTOS

1. O apoio do governo ao setor agropecuário tem despertado discussões na Europa e na Organização Mundial do Comércio e críticas de países de outros continentes.

   Responda: Por que a questão de subsídios para o setor primário é tão polêmica?

2. Analise as características do Tratado de Maastricht.

3. Comente os fatores que contribuíram para a recuperação da Alemanha após a Segunda Guerra Mundial.

EXERCITE SEUS CONHECIMENTOS

4. A Europa foi o primeiro continente a industrializar-se. Em razão disso, a aceleração de seu processo de urbanização se deu há mais de um século. Cerca de 75% da população europeia vive nas cidades, o que reflete a importância das atividades industriais, comerciais e financeiras nesse continente. O elevado índice da população urbana indica que vários países europeus (Reino Unido e Alemanha, com cerca de 85% de população urbana) já completaram seu processo de urbanização.

   Observe o mapa.

Europa – População urbana (início da década de 2000)

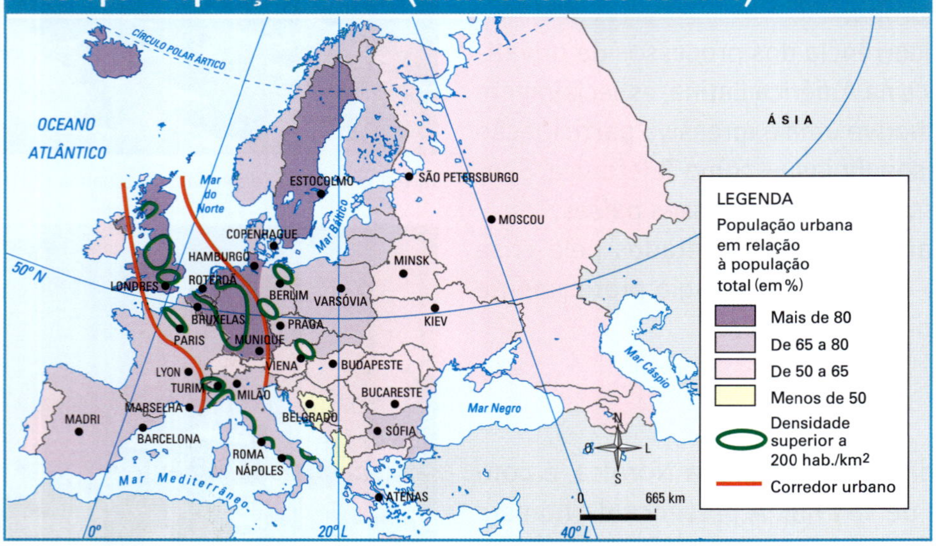

Fonte: Banco Mundial. Disponível em: <http://data.worldbank.org/topic/urban-development>. Acesso em: 19 mai. 2014 (adaptado).

Responda às questões.

a) De modo geral, como podemos caracterizar a relação entre a população rural e a urbana na Europa?

b) Quais países apresentam índices mais elevados de população urbana?

c) A que se refere a expressão "corredor urbano"?

5. Em abril de 2011 passou a vigorar, na França, a lei que proíbe às mulheres o uso dos véus islâmicos integrais (a burca, que cobre todo o corpo e o rosto, e o niqab, que deixa apenas os olhos à mostra). Essa lei provocou críticas em vários países. Para o governo dos EUA, por exemplo, a vestimenta também é um elemento das liberdades de religião e de expressão. O governo do presidente Nicolas Sarkozy alega que os véus aprisionam as mulheres e ferem o princípio da igualdade.

   Em grupo, discuta com colegas sobre essa lei e realize um debate sobre os possíveis aspectos positivos e negativos dela.

7 A Rússia e a CEI

PARA CONTEXTUALIZAR

Leia a reportagem a seguir.

Cidadãos provenientes das ex-repúblicas soviéticas na Ásia Central devem ter situação legalizada mais facilmente no país.

"O Serviço de Imigração Federal (SIF) estima que cerca de 1,7 milhão de estrangeiros entrarão na Rússia para trabalhar legalmente em 2011, e que pelo menos outros três ou quatro milhões já estão trabalhando no país sem documentos oficiais. Não é difícil achar esses novos imigrantes. Eles são jovens que tiram a neve das ruas ou recolhem o lixo, constroem os novos e modernos arranha-céus ou vendem produtos no mercado, limpam banheiros públicos e calçadas e empurram carrinhos de comida nos parques das cidades.

[...] O *boom* da emigração nas ex-repúblicas soviéticas, especialmente na Ásia Central, começa com a pobreza que assola essas regiões, mas ganha força com a enorme atratividade do crescente mercado russo, que demanda cada vez mais trabalho, especialmente nos grandes centros urbanos como Moscou.

Os imigrantes vindos das ex-repúblicas não precisam de visto para trabalhar na Rússia, mas disputam com milhões um trabalho no país, seja legal ou ilegal. Mesmo assim, a necessidade de mão de obra não deve acabar tão cedo e até as grandes empresas russas correram para garantir parte desses trabalhadores. 'Todos os anos, a Rússia perde um milhão de cidadãos economicamente ativos', ressalta Lidia Gráfova, defensora de direitos humanos e conselheira de uma comissão do governo que trata de assuntos ligados à imigração.

Segundo Viatcheslav Postavnin, ex-vice-diretor do SIF e atual presidente do Fundo de Imigração Século 21, um grupo de defesa dos imigrantes, a economia russa vai precisar de mais 30 milhões de imigrantes até 2030. [...]

Gráfova ressalta ainda que a atual pressão do governo por uma política de imigração mais liberal aparece em um contexto de graves conflitos étnicos e diante de um desejo de conter a crescente onda de xenofobia no país."

MASTEROVA, Galina. Nova classe trabalhadora do país é estrangeira. Texto publicado em 30 jun. 2011. Disponível em: <http://gazetarussa.com.br/articles/2011/06/30/nova_classe_trabalhadora_do_pais_e_estrangeira_12423.html>. Acesso em: 15 mai. 2014.

ATIVIDADES

Converse com seus colegas e com seu professor.

1. Considerando as características históricas da Rússia, explique por que cidadãos provenientes das ex-repúblicas soviéticas na Ásia Central têm situação legalizada mais facilmente no país.
2. Por que a Rússia vem perdendo cidadãos economicamente ativos?
3. Por que, para a personalidade citada na reportagem, a economia russa vai precisar de mais de 30 milhões de imigrantes até 2030?
4. A Rússia, junto com o Brasil, a Índia, a China e a África do Sul, forma os chamados BRICS. Relembre estudos realizados no 8º ano e cite a principal característica desse grupo de países.
5. Exemplifique os conflitos étnicos existentes na Rússia (mencionados na reportagem) ou outros envolvendo este país.

Rússia - potência geopolítica

A Federação Russa, nome oficial da Rússia, é uma colcha de retalhos herdada do império czarista e da antiga União Soviética. Em seu território convivem cerca de 80 grupos étnicos distintos, dos quais o russo é o mais numeroso.

A federação é formada por 21 repúblicas, uma região autônoma, 49 regiões administrativas, seis províncias, dez distritos autônomos e duas cidades com *status* administrativo especial — Moscou e São Petersburgo.

A Rússia detém o segundo maior arsenal nuclear mundial.

Dispõe de uma enorme área territorial, que concentra grande quantidade de recursos minerais, inclusive energéticos, como petróleo e gás natural. A Rússia detém cerca de 6% das reservas mundiais de petróleo, mas, em 2012, era o segundo maior produtor mundial, posição atingida em boa parte pelos investimentos recebidos quando foi privatizado o setor de exploração petrolífera no país (o maior produtor era a Arábia Saudita).

No caso do gás natural, os russos concentram aproximadamente 30% das reservas mundiais. A exploração e a comercialização são monopólio da Gazprom, empresa estatal russa.

Seu importante peso geopolítico e histórico é reforçado pela expansão econômica, verificada a partir do início do século XXI, que tem como um dos fatores fundamentais as enormes receitas obtidas com as exportações de petróleo. Essa expansão econômica, associada a questões demográficas do país (como a reduzida taxa de natalidade), conforme discutido na seção **Para contextualizar**, é um dos fatores responsáveis pelo crescente aumento da demanda de mão de obra. Diversas potências europeias e mesmo os Estados Unidos dependem do petróleo e do gás natural russos. Aproximadamente 40% do gás consumido na Europa é proveniente do território russo. Veja na tabela a dependência de alguns países europeus em relação à importação do gás russo.

País	% de importação do gás russo (em relação ao total importado)
Alemanha	35,5
Áustria	68,2
Bulgária	100
Eslováquia	100
Finlândia	100
Grécia	62,3
Hungria	88,9
Polônia	78,1
República Tcheca	68,1
Romênia	100
Ucrânia	100
Turquia	52

Fonte dos dados: British Petroleum, 2009.

Outros fornecedores de petróleo e, sobretudo, de gás natural para a Europa são o Azerbaijão, o Casaquistão e o Turcomenistão, que estão na esfera de influência política e econômica da Rússia.

Os gasodutos que escoam o gás natural desses países para a Europa percorrem longos trechos em território russo. Vale destacar que em países onde os invernos são rigorosos, como os da Europa do Norte, Central e Oriental, por exemplo, o gás natural tem um papel fundamental no aquecimento de residências, locais de trabalho, lojas, *shopping centers* etc. Observe o mapa.

As principais rotas de fornecimento de gás natural da Rússia e do Casaquistão para a Europa (meados da década de 2000)

Fonte: *Folha de S.Paulo*, 3 jan. 2006. p. A9.

- Responda: Qual país tem importância estratégica no escoamento de gás natural da Rússia e do Casaquistão para a Europa?

MAIS INFORMAÇÃO

Ucrânia e Rússia

A dependência que a Ucrânia tem em relação ao gás natural russo é utilizada como "arma geopolítica", ou seja, o governo da Rússia pressiona o governo ucraniano a não ingressar na Otan e não pleitear o ingresso na União Europeia. Justamente por esse peso político-militar e pela influência que exerce na geopolítica mundial, desde meados de 2002 a Rússia passou a integrar, como membro pleno, o grupo dos países mais ricos do mundo, o G8.

A Rússia forma o G8 juntamente com Estados Unidos, Japão, Alemanha, França, Reino Unido, Itália e Canadá.

A forte expansão econômica, o poderoso arsenal nuclear, o controle de recursos minerais estratégicos, a influência na Ásia, a aliança com o Irã — importante Estado-nação do Oriente Médio e grande detentor de reservas petrolíferas — são fatores que contribuem para a Rússia buscar uma reinserção como potência mais expressiva no cenário internacional. No entanto, é a única potência que não fazia parte da OMC até final de 2008.

Os problemas da transição e a integração da Rússia

A transição da economia planejada (socialista) para a economia de mercado (capitalista) proporcionou uma série de mudanças na Rússia, como a gradual liberação de preços de mercadorias e serviços, a privatização das empresas estatais e a abertura para o capital estrangeiro, fundamentais para a reconstrução da economia dos novos Estados nos padrões do sistema capitalista.

Esse caminho rumo ao capitalismo ocasionou na Rússia, nos anos 1990, queda na produção industrial e aumento da inflação, que atingiu o índice de 36,5% em 1999.

O crescimento econômico, nos anos de intensas transformações nas estruturas políticas, sociais e econômicas do país, foi muito baixo — entre 1992 e 2002, a média anual de crescimento do PIB foi negativa (– 0,9%). Tal situação, associada à concentração de riquezas nas mãos de poucas pessoas, contribuiu para piorar as condições de vida da maior parte da população.

Mendigos na cidade de Moscou, na Rússia, no final da década de 1990.

A privatização realizada pelo governo russo, principalmente no período de 1992 a 1995, foi ampla, sobretudo no setor industrial — 85,6% das empresas eram privadas em 2001. No conjunto das atividades econômicas, 75,8% das empresas pertenciam ao setor privado em 2002. Em termos de valor de produção, porém, as indústrias privadas eram responsáveis, nos primeiros anos da década de 2000, por 43% do total da produção industrial.

O processo de privatização foi muito atraente para o capital estrangeiro, pois o preço das ações das antigas empresas estatais estava bem abaixo do valor real. No entanto, esses investimentos limitaram-se a setores considerados rentáveis, como os de petróleo e gás, de eletrônicos, de telecomunicações, de lazer e hotelaria, de equipamentos de transportes e alguns outros, não se difundindo pela economia como um todo. A maioria das empresas não tinha competitividade para funcionar em uma economia de mercado.

No setor agropecuário, em 1992, a Rússia iniciou a instauração da propriedade privada para extinguir as fazendas coletivas, que anteriormente entravavam a produção agrícola. Em meados da década de 1990, já havia mais de 200 mil propriedades particulares de 50 hectares ou mais (em 1990, eram apenas 200).

Em junho de 2002, foi aprovado um projeto de lei que criou um sistema de comercialização de terras, acabando com a proibição que vigorava desde a Revolução de 1917. Essa comercialização, no entanto, ficou restrita apenas aos russos, vetada aos estrangeiros.

Os anos 1990 foram marcados pelo prolongamento da crise econômica na Rússia, que culminou com a declaração da suspensão momentânea do pagamento da dívida externa do país em 1998. Uma série de fatores acentuou a crise nesse período: o crescente déficit público e a incapacidade de aumentar a arrecadação de impostos, a queda do preço do petróleo no mercado internacional durante a maior parte da década de 1990, a grande corrupção da administração pública e o crescimento dos negócios controlados pelo crime organizado (máfias). No início deste século, estima-se que esses negócios atinjam cerca de 15% do PIB russo.

A transição para o capitalismo transformou a Rússia em uma nova fronteira para a expansão do capital financeiro e em um mercado emergente, com toda a dependência de capitais externos provocada por essa situação.

O país é bastante dependente das exportações de alguns metais, de madeira e, sobretudo, de petróleo e de gás natural. Cerca de 80% das exportações russas referem-se a esses quatro itens. Dessa forma, como os preços do petróleo e também do gás natural subiram significativamente em boa parte dos anos da primeira década do século XXI, a economia russa apresentou expressiva recuperação — entre 2001 e 2007, o crescimento do PIB superou a marca dos 6,5%, em média, por ano.

Exploração de gás natural na Ilha Sacalina, Rússia (2009).

Os saldos amplamente favoráveis na balança comercial fizeram com que as reservas internacionais da Rússia atingissem em 2007 a marca dos 410 bilhões de dólares, superada apenas pela China e pelo Japão.

Com a crise econômica internacional, o ritmo de crescimento da economia russa diminuiu. Em 2012, o crescimento do PIB foi de 3,4% e, em 2013, era esperada uma taxa de apenas 1,4%.

MAIS INFORMAÇÃO

Riscos da dependência do petróleo

Alguns analistas alertam sobre o perigo em ter uma economia muito dependente em relação ao petróleo, ao gás natural e a outros recursos minerais, considerando o risco, talvez muito baixo, da oscilação dos preços do petróleo e do gás e o esgotamento futuro das reservas. Além disso, destacam a necessidade de modernização do parque industrial e de investimentos em tecnologias de ponta, não apenas em armamentos de indústrias aeroespaciais, mas também nos setores de informática, telecomunicações, químico, entre outros.

A sociedade russa também passou por grande transformação com o aumento das desigualdades econômicas. Houve bastante acumulação de riqueza por uma pequena elite, composta de líderes do antigo Estado Soviético e de novos e ousados empreendedores (empresários capitalistas), particularmente os que atuam nos setores petrolífero e da construção civil. Em 2012, 12,7% da população russa vivia abaixo da linha oficial de pobreza (menos de 38 dólares mensais *per capita*).

Shopping center de luxo, em Moscou (2009).

A Comunidade dos Estados Independentes – CEI

Observe o mapa a seguir.

CEI – Divisão política (2010)

Fonte: GAMBLIN, André (dir.). *Images economiques du monde*. Paris: Armand Colin, 2004; *Atlas geográfico escolar*. Rio de Janeiro: IBGE, 2007. p. 43 e 47; *O Estado de S. Paulo*. Disponível em: <http://www.estadao.com.br/internacional/not_in257728,0.htm.> Acesso em: 19 mai. 2014 (adaptados).

* Membro associado desde 2005.

- Compare a área territorial da Rússia com as áreas dos demais países que integram a Comunidade. A que conclusões podemos chegar?

A estrutura da CEI tem se revelado frágil, o que pode ser comprovado pela análise de seus problemas econômicos e sociais, dos conflitos nacionalistas e das disputas étnicas, além do receio causado pela supremacia russa.

A questão dos nacionalismos (disputas étnicas) tem causado violentos combates no interior das ex-repúblicas. A migração forçada promovida por Stalin nas décadas de 1930 e 1940, que levou as repúblicas a receber pessoas de diversas nacionalidades, especialmente russos, é em parte a causa desses problemas étnicos.

Conforme você conversou na seção inicial, as rivalidades étnicas nos países da CEI constituem um grande foco de instabilidade política e social, sobretudo na Rússia, que conta com dezenas de grupos étnicos em seu território. Além desses fatores, há outros sérios empecilhos à concretização da cooperação entre os países:

- o baixo nível de desenvolvimento econômico e social, principalmente nos países da Ásia Central (sobretudo no Quirguistão, no Usbequistão e no Tadjiquistão). Nessa região, apenas o Casaquistão sobressai em termos econômicos, em boa parte graças à produção e às exportações de petróleo (do qual tem enormes reservas) e de gás natural e à existência de um parque industrial relativamente diversificado — era a região mais industrializada da Ásia Central no período soviético. O Turcomenistão também apresenta riquezas naturais, principalmente gás natural e petróleo — é a quinta maior reserva de gás do mundo. De modo geral, esses países são bastante dependentes da exportação de produtos primários. Vale ressaltar também que a situação socioeconômica do Tadjiquistão é particularmente grave, pois se trata de um dos países mais pobres do mundo;

- o número reduzido de regimes democráticos de governo, particularmente na Ásia Central;
- as fortes disparidades entre o nível de desenvolvimento econômico e o volume de comércio exterior de cada um desses países. As exportações da Rússia representam mais que o dobro das de todos os outros membros e incluem grandes quantidades de bens industrializados, enquanto na maior parte dos outros países as exportações restringem-se praticamente a matérias-primas agrícolas ou minerais;
- a preocupação da Rússia em conter o avanço do fundamentalismo islâmico na região da Ásia Central — onde a religião muçulmana é a mais praticada — e a aproximação político-militar e econômica dos países dessa região em relação a Estados-nação muçulmanos vizinhos, onde os grupos fundamentalistas têm forte presença, como no Irã, no Paquistão e no Afeganistão.

A grande extensão territorial da Rússia

O espaço geográfico ocupado pela Rússia é de aproximadamente 17 milhões de km^2, que corresponde a mais de 10% das terras emersas. É o país mais extenso do mundo, cortado por 11 fusos horários.

A maior parte desse imenso território localiza-se ao norte do paralelo de 45° N, o que lhe proporciona um clima bastante rigoroso, com médias térmicas sempre abaixo de 0° C no inverno.

Cerca de um terço do espaço geográfico da Rússia faz parte do continente europeu; o restante estende-se pela Ásia. A linha divisória entre os dois continentes é representada pelos montes Urais, que contêm importantes jazidas minerais, principalmente de petróleo.

Rússia – Divisão política

Fonte: *Atlas geográfico escolar*. Rio de Janeiro: IBGE, 2009. p. 47; ÍSOLA, Leda; CALDINI, Vera. *Atlas geográfico Saraiva*. São Paulo: Saraiva, 2009. p. 122 e 130; *Atualidades Vestibular*. São Paulo: Abril, 2009 p. 83 (adaptados).

A Estrada de Ferro Transiberiana, construída em 1903, é formada por um eixo principal, ao qual estão conectados diversos ramais que interligam outros trechos do país e territórios das ex-repúblicas socialistas soviéticas. O trem transiberiano que parte de Moscou para Vladivostok, no extremo leste, leva sete dias para percorrer esse trajeto, que é de 9.330 km.

Entre o mar de Barents e o mar Cáspio, a oeste dos montes Urais, encontra-se uma imensa planície — a planície Russa — atravessada por rios utilizados para o transporte de cargas: Volga, Don, Dvina do Norte, Kama, entre outros. A leste dos Urais, estende-se outra imensa planície — a da Sibéria — por onde correm importantes rios: Ienissei, Ob e Irtysh. A leste dessa planície, localiza-se o planalto Central Siberiano e, ao sul desse planalto, o lago Baikal. No extremo leste desse país, distribuem-se diversas cadeias montanhosas, como: montes Verkoiansk, cadeia Cherski, montes Kolima e montes Koryak.

Rússia – Físico

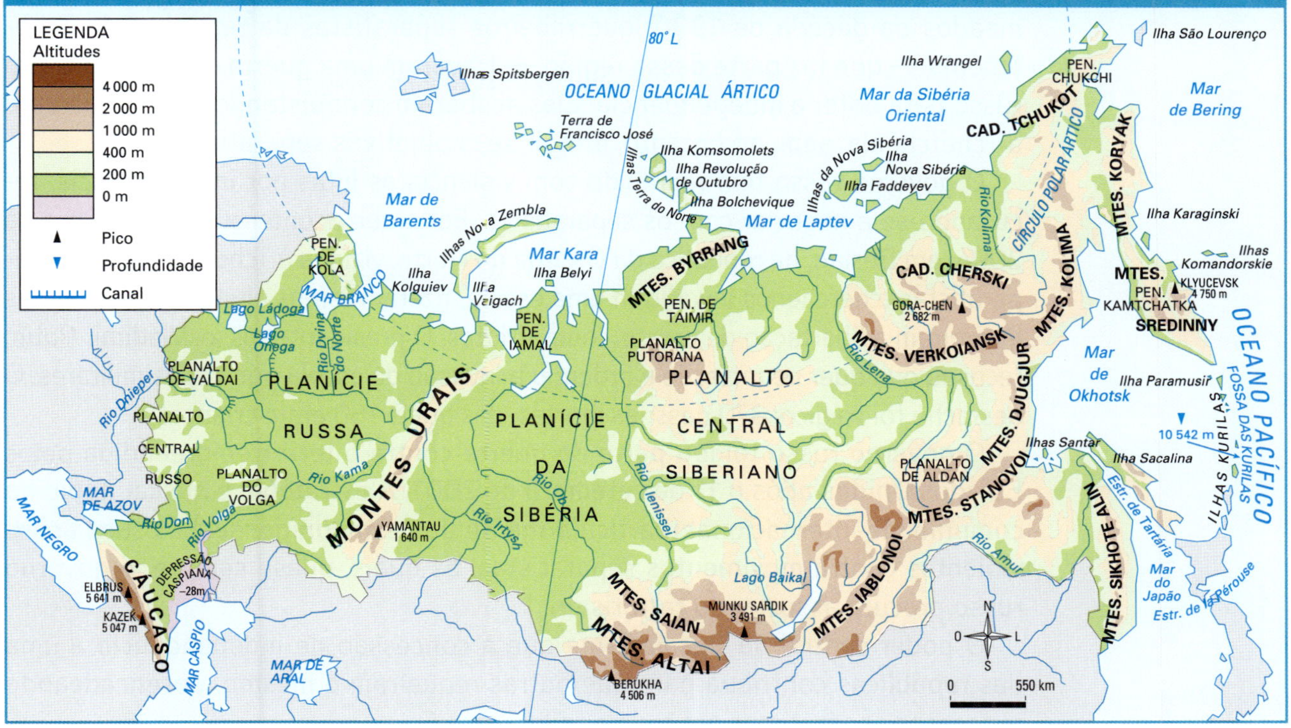

Fonte: *World atlas*. Londres: Dorling Kindersley, 1999. p. 175 (adaptado).

Do norte ao sul da Rússia, é encontrada uma variedade de coberturas vegetais. Na região ártica, no extremo norte, no verão floresce a tundra, cobertura vegetal descontínua e rasteira, representada por algumas gramíneas e liquens. Ainda na região ártica, a tundra vai sendo gradualmente substituída por árvores de grande porte, que constituem a taiga, cuja espécie principal é o pinheiro. A floresta de taiga cobre a maior parte da Sibéria e grande extensão da parte europeia ocupada pela Rússia. Muitos de seus trechos são intensamente explorados pela indústria madeireira.

As florestas que cobrem grande parte da Rússia também são utilizadas como fonte de energia (lenha), principalmente no período do inverno, nos locais onde há dificuldade para o abastecimento de gás.

Na faixa onde o clima se apresenta um pouco mais quente — na Rússia europeia, ao sul do paralelo de 53° N —, surgem as pradarias, caracterizadas por vegetação rasteira. Nelas é encontrado o solo *tchernoziom*.

Na porção oeste do território, entre a taiga e as pradarias, localiza-se a floresta temperada, que já foi bastante devastada.

A população russa e as questões étnicas

O grupo étnico mais representativo da Rússia é o dos russos, que correspondem a 82% da população. Há 3,8% de tártaros, 3% de ucranianos, 0,8% de bielo-russos, 0,6% de alemães e outros grupos em menor número.

A grande diversidade étnica e os desejos de independência de algumas repúblicas, sobretudo no norte do Cáucaso (entre o mar Negro e o mar Cáspio), têm provocado conflitos internos na Federação Russa.

A região do Cáucaso, atravessada por diversos oleodutos, é rica em petróleo e, portanto, de importância estratégica para o poder central em Moscou. Em meados da década de 1990, guerrilheiros separatistas da república da Tchetchênia — que faz parte dessa região — travaram uma guerra contra o exército russo para obter a independência. Eles acabaram conquistando autonomia para a Tchetchênia, sem, no entanto, atingir seus objetivos separatistas.

O governo russo tem reprimido com violência as lutas por independência, recusando-se a negociar com os separatistas. Foi o que aconteceu em setembro de 2004, em Beslan, na república da Ossétia do Norte, vizinha à Tchetchênia, onde separatistas tchetchenos invadiram uma escola, fizeram reféns alunos e funcionários e exigiram a libertação de presos compatriotas. O presidente russo, Vladimir Putin, recusou qualquer negociação e ordenou a invasão da escola por tropas militares. O desfecho foi trágico: 370 pessoas mortas, das quais 160 eram crianças.

O governo russo tomou parte da guerra contra o terror empreendida pelos Estados Unidos após o 11 de setembro de 2001. A estratégia é buscar apoio na comunidade internacional (particularmente dos estadunidenses) às suas ações violentas contra movimentos separatistas, os quais, quase sempre, o governo russo procura associar ao terrorismo.

O poder central da Rússia teme que a concessão de independência a uma das repúblicas contribua para que outras requeiram o mesmo, desencadeando processos separatistas em toda a federação.

Em razão disso, sobretudo a partir do fim dos anos 1990, tem havido uma interferência maior do governo central russo na vida política das repúblicas. Essa interferência é representada frequentemente por casos de irregularidades em eleições e referendos, como no plebiscito que aconteceu na Tchetchênia em 2003, no qual, convocada para votar pela separação ou não, a população majoritariamente (96% dos eleitores) decidiu que a república deveria permanecer unida à Federação Russa.

Na visão dos estrategistas do governo, a manutenção da Rússia como potência no cenário político-militar internacional depende também da integridade de seu território atual, com repúblicas que representam recursos naturais — sobretudo petróleo — e espaços estratégicos, como a região do Cáucaso.

Grozni, capital da Tchetchênia, república da Federação Russa, localizada na região do Cáucaso, onde já ocorreram movimentos independentistas por parte de algumas repúblicas. Em primeiro plano, vê-se uma mesquita, templo religioso dos muçulmanos (2012).

Com relação ao número de habitantes, a Rússia apresentava, em 2013, uma população de 142,5 milhões de habitantes (menor que a do Brasil). Nesse mesmo ano, a densidade demográfica do país era de aproximadamente 8 hab./km².

Em 2012, o país apresentou expectativa de vida de 69,8 anos. Desde os anos 1980, a expectativa de vida encontrava-se em declínio, por causa da deterioração das condições de vida da maior parte da população (em 1985 era de 70 anos; em 1991, de 69 anos). Há ainda grande disparidade entre a expectativa de vida masculina (64,0 anos) e feminina (76,0 anos), em razão do elevado consumo de álcool e do tabagismo maior entre homens.

Observe o mapa.

Rússia – Distribuição da população e principais cidades (2009)

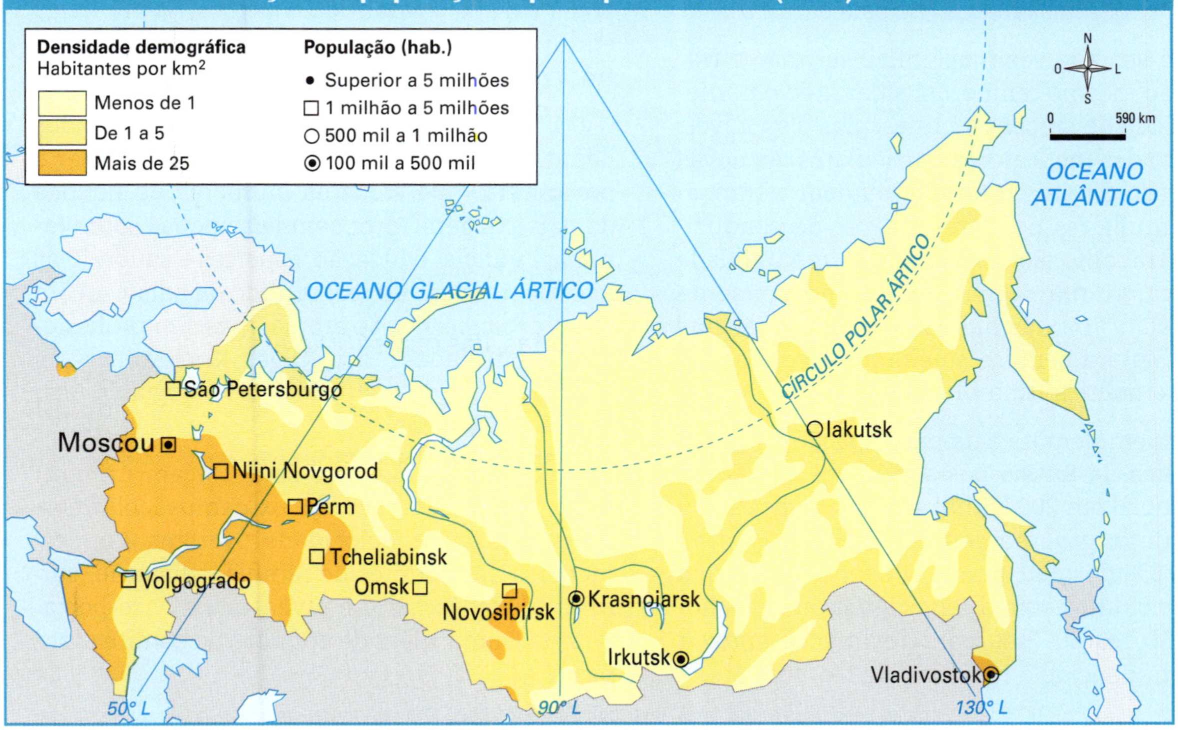

Fonte: *Atlante Geografico Metodico*. Novara: Instituto Geografico De Agostini, 2009. p. 98.

• Responda às questões a seguir.

1. Em que porção do território russo são observadas as mais altas concentrações populacionais?
2. Que característica natural explica os vazios demográficos no extremo norte?
3. Como se distribuem as áreas de concentração populacional moderada (de 1 a 25 hab./km²)?

Cerca de 74% dos habitantes vivem em áreas urbanas. Várias cidades russas têm mais de 1 milhão de habitantes.

A cidade mais importante — que concentra aproximadamente 20% do PIB russo — é Moscou, capital do país, com mais de 10 milhões de habitantes. Depois dela destaca-se São Petersburgo, importante centro industrial (indústrias têxteis e metalúrgicas), com uma população de quase 5 milhões de habitantes. Além delas, são importantes Nijni Novgorod (ex-Gorki) e Novosibirsk.

MAIS INFORMAÇÃO

Poder para as mulheres

"Com papel reduzido desde a era soviética, mulheres buscam espaço na política e criaram até uma ONG com o intuito de eleger a primeira presidenta do país em 2018. [...]

Hoje, o sistema sociopolítico está, de um modo geral, baseado na tradicional visão das relações de gênero. O fenômeno é intensificado pela crescente preocupação, em nível federal, de um desastre demográfico, e pela urgente necessidade de ter mais crianças no país para evitá-lo.

Torna-se cada vez mais difícil ser mãe e trabalhar ao mesmo tempo, considerando o número reduzido de creches e pré-escolas disponíveis e o custo das instituições particulares. As novas normas do direito de família tendem a trancafiar as mulheres nos lares em vez de conduzi-las ao trabalho. Somado a isso, a mentalidade machista triunfa. 'Uma mulher, independente de seu *status* ou das qualidades e aptidões que possua, estará sempre sujeita à desconfiança', explica a política Irina Khakamada.

Figura emblemática da participação feminina na política da Rússia pós-soviética e candidata presidencial em 2004, Khakamada se aposentou dos assuntos governamentais. 'Durante 13 anos, gastei 70% do meu tempo e energia provando ser uma política com direitos iguais aos dos homens. Só restou 30% para realmente aprovar leis', confidenciou à rádio Eco de Moscou.

Khakamada se opõe ferozmente às cotas, que, segundo ela, são humilhantes e discriminatórias para as mulheres e não representam um progresso real. 'O que precisamos alterar é a mentalidade e o ambiente', acredita.

Em um sistema mais baseado em camaradagem que em princípios democráticos, até mesmo o carisma e o talento de um homem são menos importantes do que sua aliança com o poder e o apoio garantido em troca. As mulheres então têm que se esforçar em dobro quando se trata de causar impressão.

Os 12% de deputadas na Duma (câmara dos deputados na Rússia) não ajudam a desfazer o preconceito que cerca as mulheres na política do país. No geral, propõem leis apenas sobre família, infância, educação, esportes e saúde. 'Elas não são políticas no real sentido da palavra, com uma ideologia e visão ampla, mas sim profissionais contratadas', diz [Olga] Krichtanóvskaia [pesquisadora do Instituto de Sociologia da Academia de Ciências].

Ainda assim, algumas se destacam na multidão, como é o caso da ex-campeã olímpica de patinação de velocidade Svetlana Jourova, membro dos comitês de família, educação, cultura, educação física e juventude e vice-porta-voz da Duma, além de membro do comitê olímpico. [...]"

DORMAN, Veronika. Poder para as mulheres. Texto publicado em 26 set. 2011. Disponível em: <http://gazetarussa.com.br/articles/2011/09/26/poder_para_as_mulheres_12634.html>. Acesso em: 15 mai. 2014.

Principais atividades econômicas da Rússia

Os **produtos agrícolas** mais importantes da Rússia são: a beterraba branca, com a qual é produzido o açúcar, e o trigo, cultivado principalmente nas terras negras (solo *tchernoziom*) do sudoeste da parte europeia.

A Rússia é também um dos primeiros produtores mundiais de cevada. Merecem destaque ainda as produções de batata e de linho, do qual se extraem excelentes fibras têxteis.

Na **pecuária russa**, destacam-se os rebanhos de bovinos e de ovinos, criados nas regiões de índices pluviométricos mais baixos (estepes).

O país é produtor de grande volume de **pescado** de água doce e destaca-se também na pesca em alto-mar, onde atuam os "navios-fábricas", nos quais o pescado passa por um processo de industrialização.

No **extrativismo mineral**, sobressaem o minério de ferro, o carvão e o petróleo, além do urânio, do níquel e do diamante.

A produção de carvão concentra-se em Kuzbass, na Sibéria.

Cerca de três quartos da produção de petróleo são extraídos dos poços existentes na Sibéria. O restante provém da região caucasiana.

Rússia – Regiões industriais (início do século XXI)

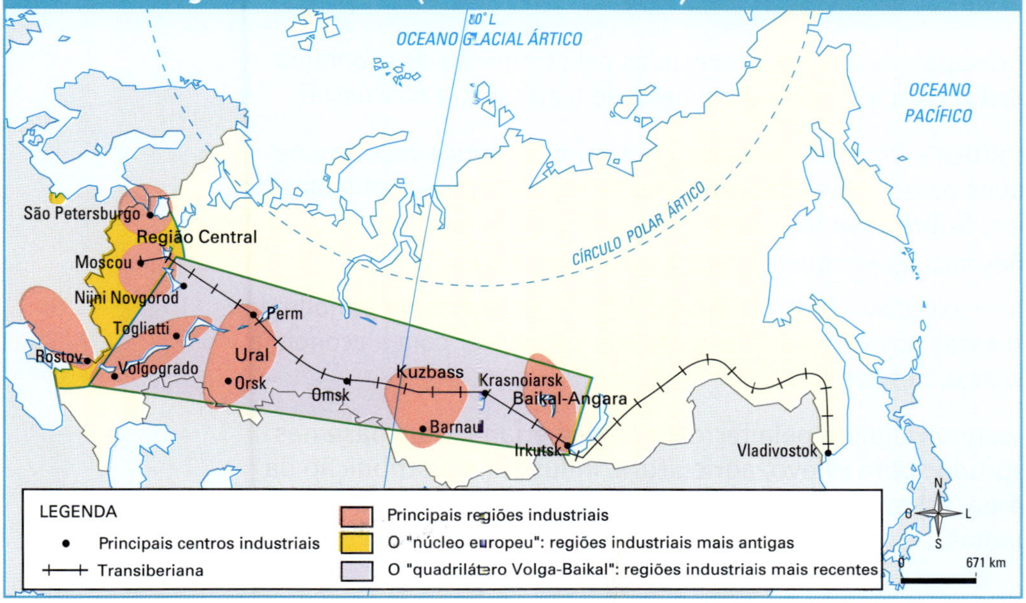

Fonte: BOUVET, Christian (Org.). *Géographie*. Paris: Hachette Éducation, 1998. p. 299; ÍSOLA, Leda; CALDINI, Vera. *Atlas geográfico Saraiva*. São Paulo: Saraiva, 2004. p. 73 (adaptados).

Duas das maiores usinas hidrelétricas do mundo, Krasnoiarsk (no rio Ienissei) e Bratsk (no rio Angara, afluente do Ienissei), localizam-se na Rússia, o que reflete seu alto potencial energético.

No **setor industrial**, apesar das mudanças no rumo dos investimentos, aplicados principalmente nas indústrias de bens de consumo, predominam ainda as indústrias de base.

Dentre as **principais áreas industriais**, destacam-se:

- São Petersburgo, cujo desenvolvimento industrial foi iniciado no governo imperial, antes de 1917. Nessa cidade são importantes as indústrias metalúrgica, química, petroquímica, têxtil e alimentícia;
- Moscou, que sobressai muito mais pela disponibilidade de mão de obra, pelos recursos técnicos e pelo mercado consumidor do que por seus recursos naturais, que provêm de áreas mais distantes para serem transformados industrialmente.

Outros centros industriais que merecem destaque são:

- o de Kuzbass, que se desenvolveu sobretudo a partir da Segunda Guerra Mundial;
- o siderúrgico, em estruturação ao redor do lago Baikal;
- o automobilístico, de Togliatti (cidade às margens do rio Volga, 977 km a leste de Moscou), que abriga as instalações da empresa Autovaz.

Em razão de problemas de ordem natural, como litorais pouco recortados e baixos e mares com águas congeladas a maior parte do ano, a Rússia não dispõe de grandes portos marítimos. Entre os portos de maior expressão, podemos citar: o de Vladivostok, no mar do Japão, e o de São Petersburgo, no mar Báltico.

Atividades

RETOME SEUS CONHECIMENTOS

1. Responda às questões a seguir.
   a) Há vários conflitos dispersos na Rússia. Quais são os principais motivos desses conflitos?
   b) Quais foram as principais mudanças provocadas pela transição da economia planejada (socialista) para a economia de mercado (capitalista) na Rússia?

2. A desintegração política e econômica da antiga União Soviética resultou na formação de 15 novos países, que acabaram herdando os velhos problemas do socialismo soviético. Sobre esse fato, responda.
   a) Quais as condições sociais e econômicas dos novos países?
   b) Se considerarmos o excessivo controle estatal sobre a economia no período do socialismo, como essas novas repúblicas poderiam sobreviver com a economia independente, ou seja, descentralizada?

3. Imagine que você esteja viajando pela ferrovia Transiberiana. Com base nas informações do capítulo sobre relevo, agricultura, indústria e distribuição da população dessa área, escreva um relato de viagem, lembrando-se de que o percurso dura sete dias.

EXERCITE SEUS CONHECIMENTOS

4. Observe o cartum.

Cartum de Santiago.

Na sua opinião, o que o cartunista quis expressar?

5. Pesquise em jornais e revistas notícias sobre a situação socioeconômica e a questão das minorias étnicas na Rússia.

DIVERSIFICANDO

LIVROS

Uma breve história da Europa

Jacques Le Goff.
Petrópolis: Vozes, 2008.

O autor descreve a história da Europa, utilizando-se de uma riqueza da memória histórica, abordando desde aspectos geográficos, políticos, culturais e sociais até as heranças das civilizações grega e romana, e da Idade Média, com suas respectivas características religiosas, científicas e artísticas. Diante dessas informações, a obra objetiva discutir a atual União Europeia, incluindo suas implicações profundas de ordem histórica, econômica e política.

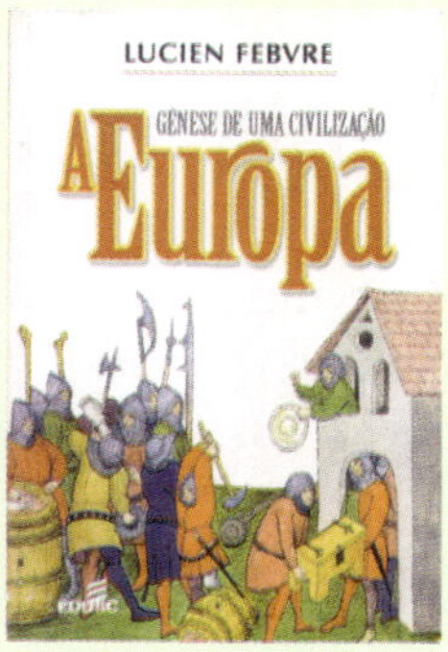

Europa, a gênese de uma civilização

Lucien Febvre.
Bauru: Edusc, 2004.

A obra traz reflexões do autor acerca das origens e projetos de construção da "nação europeia", abordando-os de maneira penetrante. O autor a escreveu no final da Segunda Guerra Mundial, momento em que a Europa saía de uma de suas mais graves crises e seu futuro era incerto.

SITES

Site oficial da União Europeia

Disponível em: <http://europa.eu/index_pt.htm>.

O *site* permite o acesso a informações publicadas pelas instituições, agências e órgãos da UE. Para isso, ele oferece dados a respeito das finanças da UE, as suas bases jurídicas, as suas políticas e atividades.

Sua Pesquisa

Disponível em: <http://www.suapesquisa.com/geografia/europa.htm>.

O *site* proporciona, de maneira simples e completa, informações e dados sobre a Europa, tais como economia, relevo, geografia, países, moeda, mapa, rios e vegetação.

FILMES

Cinema Paradiso

Direção: Giuseppe Tornatore.
Itália / França, 1988.

Salvatore, cineasta muito renomado e de sucesso, mergulha em suas lembranças de infância quando recebe a notícia da morte de Alfredo, projecionista do Cinema Paradiso, em uma pequena cidade da Sicília. Salvatore relembra suas travessas aventuras e a grande amizade que tinha com Alfredo, que o fez amar o cinema.

Ladrões de Bicicleta

Direção: Vittorio de Sica.
Itália, 1948.

Tendo acabado a Segunda Guerra Mundial, a Itália encontra-se num cenário triste, marcado pelas dificuldades do povo em se recuperar da drástica destruição causada pela Grande Guerra. Diante do contexto de pobreza e desemprego, o filme retrata a relação entre filho e pai, na busca pela bicicleta roubada do pai, que é indispensável para o trabalho.

A arte imita a vida

Os textos a seguir apresentam uma resenha e uma crítica sobre o filme *Terra de ninguém*, cuja temática é o conflito ocorrido na Bósnia-Herzegovina, entre 1992 e 1995, e que teve um saldo de mais de 200 mil mortos e 2 milhões de refugiados muçulmanos.

Terra de Ninguém

Resenha

"O filme *Terra de Ninguém* foi realizado com o conhecimento de quem viu de perto o conflito entre sérvios e bósnios representado na história.

O filme sobre a Guerra da Bósnia, permeado de um certo humor negro, conta com um número muito reduzido de personagens, que representam as principais partes do conflito: os sérvios, bósnios, a ONU e a imprensa.

A escolha pelo caminho do humor ao retratar tamanha tragédia foi muito bem-sucedida. Tanto que o diretor Danis Tanovic chegou a receber mais de 40 prêmios internacionais, entre eles o Oscar e o Globo de Ouro.

A história é simples, mas mostra os absurdos cometidos durante o conflito ocorrido nos Bálcãs na década de 90.

Após uma batalha, dois soldados, um sérvio e um bósnio, ficam presos em uma trincheira ilhada, a 'terra de ninguém'.

Entre eles, um outro soldado ferido permanece parado sobre uma mina. Se ele se mover, tudo pode ir pelos ares.

Um sargento da ONU fica a par do problema e resolve tentar ajudá-los, apesar de a instituição ter dado ordens aos seus representantes de não intervir nos conflitos locais.

Uma jornalista descobre o que está acontecendo e o impasse local transforma-se em um problema com repercussão mundial, sendo transmitido em reportagens pela televisão. No meio de tudo isso, os dois soldados só querem saber de salvar as suas vidas.

E todo o mundo, acompanhando o 'espetáculo' proporcionado pela mídia, espera o desenlace do episódio tragicômico."

MELLO, Marina. Guerra é explorada com humor. Disponível em: <http://dvdteca.folha.com.br/filmes/terradeninguem/sobre.html>. Acesso em: 15 mai. 2014.

Cena do filme *Terra de Ninguém* (2001).

Terra de ninguém

Crítica

"Um filão cinematográfico foi criado com a intensa reformulação geográfica verificada no globo desde o final dos anos [19]80: o dos dramas (muitas vezes neo-realistas) de países renascidos das cinzas, por antes terem integrado a ex-União Soviética ou por estarem engatinhando na Sétima Arte na tentativa de mostrar ao mundo facetas não exibidas em telejornais.

São expoentes deste grupo filmes como o macedônio *Antes da Chuva*, de Milko Manchevski, e o afegão *Osama*, de Siddiq Barmak, assim como este bósnio-esloveno *Terra de Ninguém*, escrito e dirigido pelo estreante Danis Tanovic, que também assina e produz a boa trilha sonora.

O sangrento conflito entre bósnios e sérvios é sintetizado de forma quase teatral neste drama salpicado por curioso senso de humor: tendo como cenário quase único uma trincheira no limite entre os territórios inimigos, um bósnio e um sérvio veem-se forçados à convivência conflituosa, com intercalados focos de poder; a eles se junta um outro bósnio, imobilizado ao se posicionar sobre uma mina.

Neste circo de absurdos, Tanovic ainda introduz a Europa 'civilizada', representada, entre outros, pela repórter da TV inglesa Jane Livingstone (a saudosa Katrin Cartlidge) e pelo sargento francês Marchand (Georges Siatidis).

Os oponentes se espezinham em tempo integral, o que rende pequenas pérolas de diálogo. Tanovic é um ótimo observador do ser humano e denota sua crítica em relação a ele através da acidez do texto. Seu roteiro, não à toa, foi premiado em Cannes e pelo European Film Award. *Terra de Ninguém*, aliás, por sua importância histórica e sua bem-sucedida concepção artística, foi um dos filmes mais premiados de 2001, em inúmeros festivais e com troféus como o Oscar, o Globo de Ouro e o César, além do prêmio de público na Mostra BR de Cinema.

É o reconhecimento, em todas as frentes, de um dos mais relevantes manifestos geopolíticos que o cinema gerou nos últimos anos."

PETERMANN, Christian. Drama na guerra da Bósnia traz curioso senso de humor.
Disponível em: <http://dvdteca.folha.com.br/filmes/terradeninguem/critica.html>. Acesso em: 15 mai. 2014.

ATIVIDADES

Converse com seus colegas e com seu professor.

1. Quais diferenças você percebeu entre a resenha e a crítica?
2. Agora, vocês vão elaborar uma resenha e uma crítica de outro filme indicado na seção **Diversificando** da Unidade I: *Adeus, Lênin!* Para isso, a classe pode ser dividida em grupos. Cada grupo deve escrever uma resenha e uma crítica para esse filme.

   Depois, os grupos leem os textos produzidos para a classe. Se necessário, façam ajustes nos textos de acordo com a opinião dos colegas.

   Façam uma votação para eleger a melhor resenha e a melhor crítica, passem o texto a limpo e deixem-nos expostos no mural da sala de aula.

Cena do filme *Adeus, Lênin!* (2003).

Ásia: diversidade, desenvolvimento e conflitos

Seul, Coreia do Sul (2012).

UNIDADE III

Capadócia, na Turquia (2011).

Taj Mahal, na cidade de Agra, Índia, é classificado pela UNESCO como patrimônio da humanidade. Fotografia de 2011.

A Ásia é o continente mais extenso e mais populoso do planeta e corresponde à quase terça parte das terras emersas. Abriga cerca de 60% da população mundial. O extenso território — do Mediterrâneo ao Pacífico e do Índico ao mar Glacial Ártico — e a grande população explicam os profundos contrastes encontrados no continente.

Ao lado da diversidade histórica e étnica, as disputas territoriais e a abundância de recursos naturais estratégicos produzem no continente focos de tensão e frequentes conflitos. Essas questões, entre outras, serão discutidas nesta unidade.

- A Ásia é um continente bastante rico em termos de variedade de paisagens humanizadas e elementos da natureza. O que você conhece em relação a esses aspectos?
- Você observou uma fotografia de Seul, na Coreia do Sul, país que teve nos últimos 40 anos um acelerado crescimento econômico e que vem apresentando melhorias em relação às condições sociais. Quais contrastes sociais e econômicos você conhece do continente asiático?
- Você gostaria de conhecer algum dos lugares apresentados nas fotografias? E outros lugares da Ásia? Quais?

8 Ásia – diversidade natural e questões ambientais

PARA CONTEXTUALIZAR

Observe as fotografias.

Província de Krabi, litoral da Tailândia (2011).

Cidade de Irkutsk, Rússia (2010).

As ruínas de Petra são um rico patrimônio arqueológico, situado na Jordânia, tendo sido escolhido como uma das Sete Novas Maravilhas do mundo. É também Patrimônio Cultural da Humanidade, de acordo com a UNESCO. Fotografia de 2011.

Cultivo de arroz no sul da Índia, região onde predomina um tipo de clima com verões chuvosos (2011).

ATIVIDADES

Converse com seus colegas e com seu professor.

1. Quais contrastes naturais da Ásia estão representados nas imagens?
2. Quais os principais fatores que justificam esses contrastes naturais?
3. Indique as duas paisagens onde provavelmente o turismo é mais intenso e justifique a sua escolha.

Localização e algumas características

A Ásia tem uma superfície de aproximadamente 44 milhões de km², sendo o mais extenso dos continentes. Constitui com a Europa um único bloco continental, denominado Eurásia. Observe o mapa.

Ásia - Divisão política

Fonte: *Atlas geográfico escolar*. Rio de Janeiro: IBGE, 2009. p. 46-7.

- Descreva os limites do território asiático com a Europa e com a África.

O contineste asiático apresenta 11 fusos horários. O continente é banhado pelos oceanos Glacial Ártico, Índico e Pacífico. Há diversos mares e golfos no interior e na costa asiática. Dentre eles destacam-se o mar Vermelho — que se comunica com o mar Mediterrâneo através do canal de Suez —, o mar Cáspio, o mar Negro, o mar da China e o do Japão.

No Oriente Médio existem dois golfos de intensa navegação comercial: o golfo Pérsico e o golfo de Omã. O limite entre eles é o estreito de Ormuz. Através de suas águas, a produção de petróleo dessa região é escoada para o resto do mundo. A região do golfo Pérsico é alvo de constantes conflitos e constitui uma área estratégica mundial.

Os golfos do petróleo

Fonte: *Atlas 2000. La France et le monde*. Paris: Nathan, 1999. p. 132; ÍSOLA, Leda; CALDINI, Vera. *Atlas geográfico Saraiva*. São Paulo: Saraiva, 2009. p. 134.

Outra região de importância estratégica é o estreito de Taiwan. Situado entre a China e Taiwan, tem intensa navegação comercial e constitui uma zona de tensão entre os dois países. Outras zonas de tensão estão presentes no Mar da China Oriental e no Mar da China Meridional, envolvendo Japão, Indonésia, China, Malásia, Filipinas, Vietnã e Coreia do Sul.

MAIS INFORMAÇÃO

Um duelo nacionalista

"O nacionalismo pode ter origens opostas. Cresce quando um país enriquece e almeja mais poder regional. Esse é o caso da China. O mesmo sentimento também se fortalece quando uma nação enfrenta uma crise duradoura e o governo precisa de evasivas para amansar o descontentamento da população. Isso está acontecendo no Japão, atualmente. Os anseios desses dois gigantes econômicos, um em ascensão e outro lutando contra o declínio, materializaram-se em um conjunto de ilhotas a 170 quilômetros de distância do território japonês e a 330 quilômetros do chinês. No sábado 23 [de novembro de 2013], a China anunciou unilateralmente a criação de uma nova zona de defesa que se sobrepõe, em parte, ao espaço aéreo japonês. Com a ordem, aviões de outras nacionalidades seriam obrigados a apresentar suas credenciais quando passassem por ali. Dois dias depois, os Estados Unidos mostraram sua reprovação e enviaram dois aviões bombardeiros B-52 para a área. Seus pilotos não deram nenhuma satisfação pelo rádio aos controladores aéreos chineses. Em seguida, a Coreia do Sul e o Japão também mandaram aeronaves para o local, sem prestar contas. Na quinta 28 [de novembro de 2013], a China comunicou que despachou aviões militares para a região.

As ilhas, chamadas de Senkaku pelos nipônicos e Diaoyu pelos chineses, são controladas pelo Japão e ganharam relevância na década de [1970], quando foi confirmada a existência de gás e petróleo nas proximidades. A disputa coleciona picos de tensão. O último começou há um ano, quando Tóquio comprou as ilhas de seu antigo proprietário, um cidadão japonês.

O presidente chinês Xi Jinping, que assumiu o cargo neste ano, colhe os frutos de uma década de crescimento. Obrigado pelas circunstâncias a tomar medidas que liberalizam a economia, não quer ser tachado de entreguista. Entre suas metas está reforçar o papel do Estado na política. Já o primeiro-ministro do Japão, Shinzo Abe, busca manter a população unida em torno de seu programa para reverter a deflação, que consiste em injetar dinheiro do Estado na economia. 'China e Japão explicitaram suas posições, mas não devem passar disso', diz Luiz Augusto Castro Neves, ex-embaixador do Brasil nos dois países. O risco de ocorrer um embate militar direto é pequeno, mas, em situações tensas como essa, algo sempre pode fugir do controle."

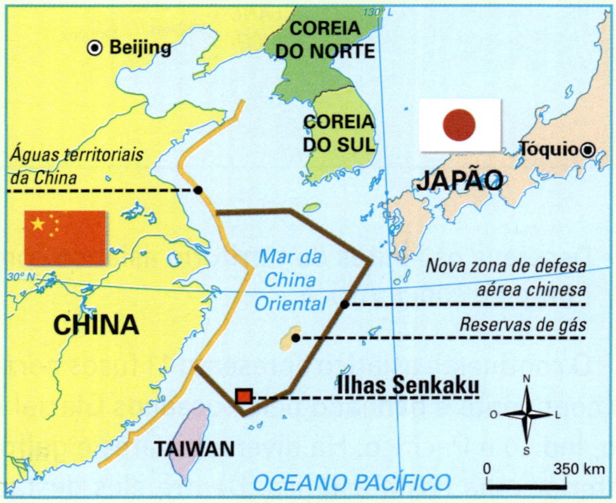

WATKINS, Nathalia. Um duelo nacionalista. *Veja*, p. 86, 4 dez. 2013.

O canal de Suez, situado no Egito, foi inaugurado em 1869. Trata-se de um canal artificial com 163 quilômetros que liga o mar Vermelho (porto da cidade de Suez) ao mar Mediterrâneo (cidade portuária de Port-Said). Apesar das reformas realizadas posteriormente, a profundidade do canal não permite a passagem de grandes petroleiros. Apenas aqueles com capacidade de até 250 mil toneladas conseguem trafegar pelo canal.

O contorno irregular da Ásia forma penínsulas de grande importância: as penínsulas Arábica, do Decã, Malaia, Indochinesa, da Coreia, Kamtchatka e da Anatólia.

No litoral oriental situam-se vários arquipélagos de origem vulcânica: o arquipélago da Indonésia (ilhas Java, de Bornéu, de Sumatra), o das Filipinas e o do Japão. Esses arquipélagos fazem parte do Círculo de Fogo do Pacífico, zona de intensa atividade vulcânica e sujeita a abalos sísmicos frequentes, que você conheceu no livro do 6º ano.

PARA COMPREENDER Mapa

Observe o mapa.

Ásia - Penínsulas, mares, golfos e ilhas (áreas sísmicas e vulcanismo)

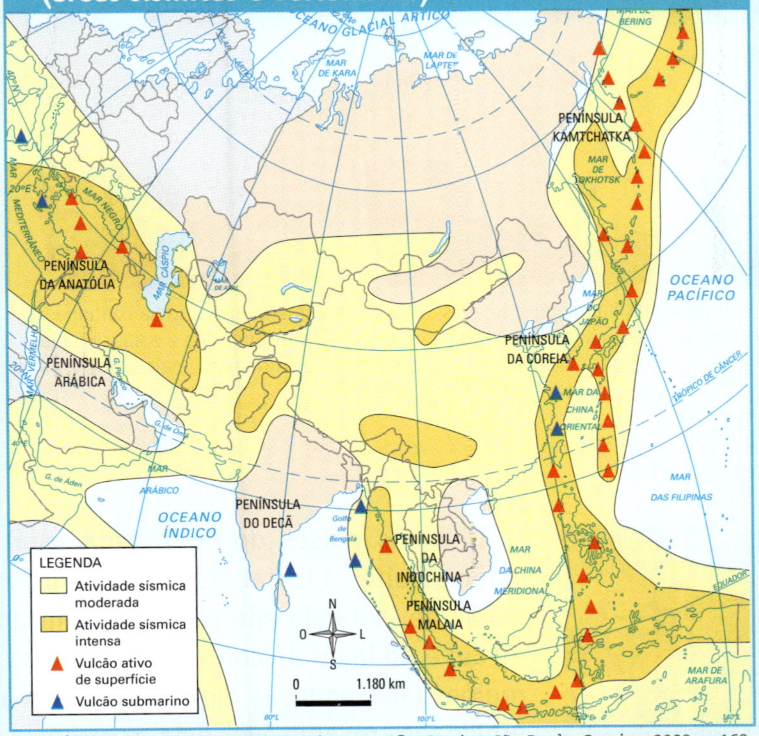

Fonte: ÍSOLA, Leda; CALDINI, Vera. *Atlas geográfico Saraiva*. São Paulo: Saraiva, 2009. p. 169.

■ Responda às questões a seguir.

1. Observe com atenção a localização das penínsulas no mapa. Consulte o mapa político do início deste capítulo e indique os principais países situados em cada uma delas.
2. Quais penínsulas estão sujeitas a terremotos e atividades vulcânicas?

Relevo e geologia

Na Ásia são encontradas as mais elevadas montanhas e as depressões mais profundas da Terra. Entre Israel e Jordânia, na região do Oriente Médio, situa-se o mar Morto, cujas águas estão a 412 metros abaixo do nível do mar Mediterrâneo.

Na cordilheira do Himalaia localiza-se o ponto culminante do relevo terrestre, o monte Everest, com 8.848 metros de altitude, na fronteira entre o Nepal e a China.

Essa cordilheira é uma cadeia montanhosa de formação recente na história geológica da Terra (começou a se formar há cerca de 4.050 milhões de anos, enquanto a história do planeta iniciou-se há cerca de 4,6 bilhões de anos).

A cordilheira do Himalaia descreve um arco de 2.800 quilômetros de extensão, constituindo uma "muralha" entre a China e a porção meridional do continente. Os picos mais altos da Terra estão localizados no Himalaia, como o K2, o Nanda-Devi, o Kanchenjunga e outros, além do Everest. Dezenas de outros picos, mais de 70, ultrapassam a altitude de 7.300 metros.

MAIS INFORMAÇÃO

Formação do Himalaia

"Na eterna dança dos continentes, o Himalaia é fruto de um encontro. Há 60 milhões de anos, a Índia era uma ilha separada da Ásia pelo mar de Tétis. O Tibete, uma vasta terra com vista para o oceano. Com a Índia movendo-se lentamente em direção ao norte, aconteceu o inevitável: há 40 milhões de anos, os dois se chocaram. A placa tectônica indo-australiana penetrou sob a placa euro-asiática e levantou o Tibete. Ocorreram dobramentos e surgiu uma cadeia de montanhas: o Himalaia. O mar de Tétis desapareceu, mas seu leito foi elevado. Hoje há conchas até no cume do Everest.

Vinte quilômetros sob a superfície, a placa indo-australiana continua se movendo por baixo da placa euro-asiática num ritmo de 2 centímetros por ano. Ainda há elevação na cadeia montanhosa. Descontando a erosão que continuamente desgasta as montanhas, o Himalaia cresce 5 milímetros por ano. Ou seja, o Everest está cada vez mais alto."

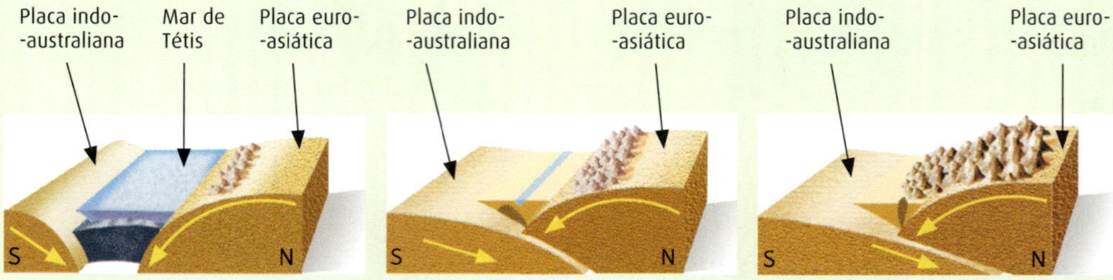

Há 60 milhões de anos, o mar de Tétis separava as placas tectônicas da Índia e da Ásia.

Há 40 milhões de anos, Índia e Ásia chocam-se e o mar de Tétis começa a ser preenchido pelos sedimentos.

Atualmente, a Índia continua avançando sob a Ásia, cuja placa levanta ainda mais as montanhas.

BARTABURU, Xavier. *Os caminhos da Terra*. São Paulo: Peixes. n. 154. Ano 13. fev. 2005. p. 55.

Quando o *tsunami* se aproxima da costa, a velocidade das águas diminui, mas as ondas se elevam e podem atingir dezenas de metros de altura. Fotografia de consequências do *tsunami* na Indonésia (2005).

Diversos países do continente asiático estão sujeitos à instabilidade geológica. As zonas de instabilidade estão concentradas no sul e no leste do continente, próximo às regiões montanhosas e no litoral. Essa instabilidade, responsável pela ocorrência de terremotos, vulcanismo e maremotos, deve-se à colisão das placas tectônicas no continente ou no oceano.

Em dezembro de 2004, um abalo sísmico de magnitude 9,15 na escala Richter (o segundo maior da História), originado no fundo do oceano Índico, provocou um *tsunami* (onda gigante) que acarretou a morte de aproximadamente 250 mil pessoas e deixou cerca de 1,8 milhão de desabrigados, a maior parte deles na Índia e no Sri Lanka. Esse fenômeno ocorreu em razão do choque das placas indo-australiana e euro-asiática. Nesse choque entre as duas placas, uma delas é projetada para o alto e desloca a massa de água do oceano que está sobre ela, formando as ondas gigantescas.

No relevo asiático, localizam-se vários **planaltos**, que são predominantemente elevados e extensos. Destacam-se os planaltos:

- do Tibete, ao norte do Himalaia;
- da Mongólia, a nordeste do Tibete;
- da Arábia, situado na porção oeste da península Arábica;
- do Irã, localizado totalmente em território iraniano;
- do Decã, na Índia, correspondente à porção central da península do Decã;
- Central Siberiano, na Rússia;
- de Aldan, no extremo leste da Rússia;
- de Anatólia, na Turquia;
- do Pamir, a noroeste do planalto do Tibete, no Tadjiquistão.

> **6 Tsumani**
> Para o assunto ***Formação de tsumani***, acesse e explore este OED.

Entre esses planaltos e as cadeias montanhosas, situam-se extensas planícies aluviais, formadas pela acumulação de sedimentos transportados pelos rios.

A planície Siberiana, na Rússia, entre os montes Urais e o planalto Central Siberiano, é a mais extensa do continente (7 milhões de km^2).

No norte da Índia, ao sul do Himalaia, localiza-se a planície Indo-Gangética, que é atravessada pelos rios Indo e Ganges e tem grande importância econômica. Essa planície originou-se da acumulação de sedimentos provenientes da erosão das montanhas, trabalho realizado pelas águas dos rios Indo, Ganges e Bramaputra. Os deltas e os vales desses rios são muito importantes para a atividade agrícola, pois são muito férteis.

> **Delta**
> Tipo de foz ou desembocadura de um rio de formato mais ou menos triangular, formado por diversos canais e ilhas, as quais se originaram da deposição de sedimentos transportados pelo rio.

Ásia – Físico

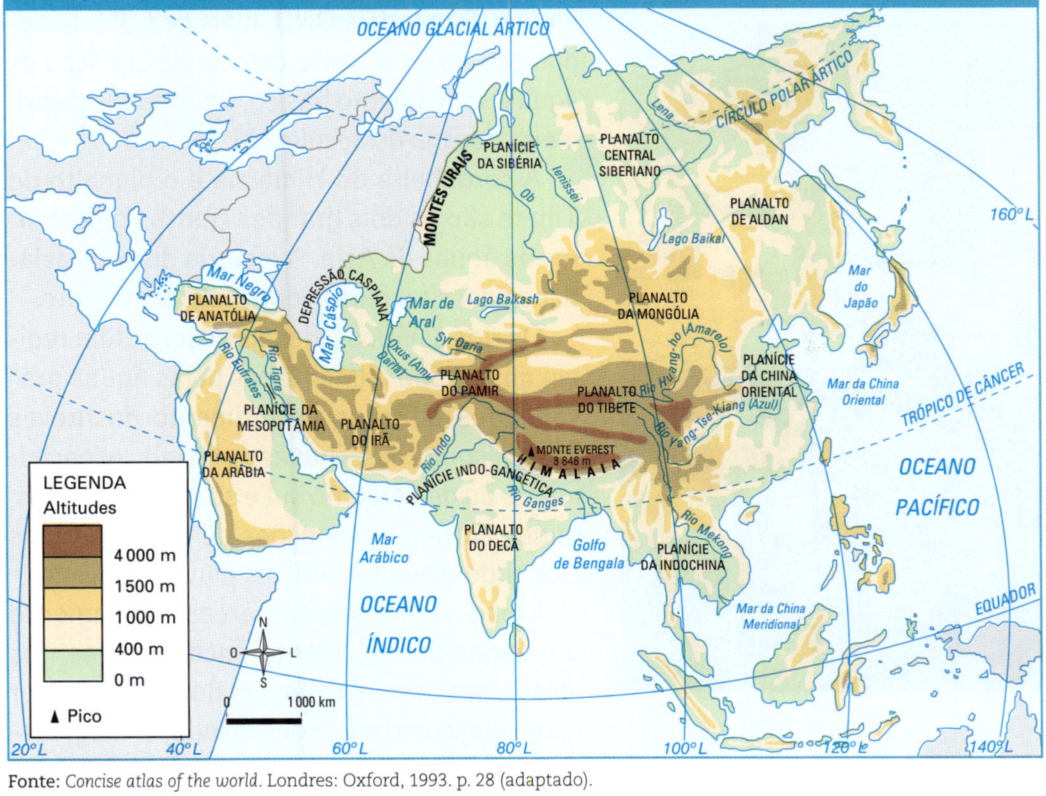

Fonte: *Concise atlas of the world*. Londres: Oxford, 1993. p. 28 (adaptado).

Loess
Solo de cor amarelada, extremamente fértil, formado por sedimentos transportados pelo vento.

No leste da Ásia, destacam-se a planície Chinesa e a da Manchúria. Em parte da planície Chinesa, aparece o solo *loess*, de grande fertilidade, o que permite desenvolver atividade agrícola em larga escala, onde são cultivados o trigo, a soja, o milho e a batata. Excetuando-se a planície Siberiana, todas as demais do continente concentram bastante população em função da grande fertilidade dos solos.

No sudeste da Ásia, localiza-se a planície da Indochina, que também apresenta grande importância econômica em razão da fertilidade de seus solos.

Entre os rios Tigre e Eufrates, em território iraquiano, localiza-se a planície da Mesopotâmia, que constitui parte da região denominada Crescente Fértil, onde se desenvolve intensa atividade agrícola. Acredita-se que foi nessa região que pela primeira vez se estruturou a prática da agricultura, há aproximadamente 10 mil anos.

Outra forma de relevo do continente asiático é a depressão. Além da maior depressão absoluta do mundo, o mar Morto, várias outras estão espalhadas ao redor de outros mares e lagos asiáticos, como o mar Cáspio, ao norte do Irã, e o mar de Aral, entre o Usbequistão e o Casaquistão.

A hidrografia

Apesar de haver rios e lagos de grande dimensão no continente, a escassez de água já é um problema para alguns países e deverá afetar outros no futuro. A Ásia abriga cerca de 60% da população mundial e apenas 36% dos recursos hídricos. O crescimento industrial tem aumentado o consumo e, ao mesmo tempo, a poluição das águas. Mais do que isso, a necessidade de ampliação de áreas irrigadas para agricultura e pecuária deverá comprometer outras fontes preciosas de abastecimento.

O sul da Ásia concentra o maior despejo de água de esgoto não tratada do mundo. Segundo a ONU, mais de 60% da população do continente carecia de serviços de água e saneamento básico, em meados da primeira década do século XXI.

Ritual de banho no rio Ganges, na cidade de Varanasi (2011).

A cordilheira do Himalaia e o planalto do Tibete são os dois grandes centros dispersores de águas da Ásia. A maioria dos rios asiáticos nasce na parte central do continente.

Os rios asiáticos, de modo geral, têm regime misto. São alimentados pelas águas provenientes tanto do derretimento das neves (nival) como das chuvas (pluvial), especialmente as de verão no sul e sudeste asiáticos, onde ocorrem as monções de verão, proporcionando elevados índices pluviométricos.

Como vimos, muitas áreas densamente povoadas do continente encontram-se nos vales e nas desembocaduras dos rios de maior extensão, como o Ganges, o Indo, o Yang-Tse-Kiang (rio Azul), o Huang-Ho (rio Amarelo) e o Mekong.

O rio Ganges nasce no Himalaia e deságua no golfo de Bengala, onde forma o maior delta do mundo. Ele representa grande importância econômica, pois, na época das cheias, suas águas fertilizam as terras por onde passa. Além disso, é bastante conhecido pelo seu significado religioso; os praticantes do hinduísmo, por exemplo, banham-se em suas águas para se purificar.

O rio Indo nasce no planalto do Tibete e deságua no mar Arábico. Com a construção de uma rede de canais, as áreas secas atravessadas por seu curso médio foram transformadas em regiões tipicamente agrícolas.

Dois importantes rios que banham a planície da China são o Yang-Tse-Kiang e o Huang-Ho. O rio Huang-Ho (com 5.200 km) atravessa extensa área de solo *loess* e deságua no mar da China Oriental. O Yang-Tse-Kiang nasce no planalto do Tibete e também deságua no mar da China Oriental. Com 5.500 km de extensão, é o mais extenso rio asiático. A hidrelétrica de Três Gargantas está instalada nesse rio e é a maior do mundo.

Na planície da Indochina, o principal rio é o Mekong (4.180 km de extensão). Ele nasce na China, na região do Tibete, corta a península de norte a sul e deságua no mar da China Meridional. Em suas margens cultiva-se principalmente arroz.

No norte da Ásia, os rios mais importantes são os que atravessam a planície da Sibéria. Entre eles destacam-se o Ienissei e o Ob. Esses rios, que têm as águas congeladas no inverno, causam grandes inundações na época do degelo.

Na parte ocidental da Ásia, correm os rios Tigre e Eufrates, que cortam a planície da Mesopotâmia, no Iraque.

> 7 **Mar de Aral**
> Para o assunto ***Mar de Aral e agressões ambientais***, acesse e explore este OED.

No continente asiático, observa-se também um grande número de lagos e mares interiores. Dentre eles destacam-se: o mar Cáspio, entre o Irã, o Turcomenistão, o Casaquistão, a Rússia e o Azerbaijão; o mar de Aral, entre o Casaquistão e o Usbequistão; o lago Baikal, na Rússia; e o lago Balkash, no Casaquistão.

No fim da década de 1960, os técnicos da ex-URSS decidiram utilizar as águas dos rios Sirdaria e Amudaria e do mar de Aral para irrigar as plantações de algodão, vegetais oleaginosos, frutas e outras culturas, nas áreas secas do Casaquistão e Usbequistão. O desastre ambiental decorrente desse projeto foi alarmante e amplamente divulgado nos anos 1990, depois do fim da URSS.

Em 2001, foi implantado, com ajuda financeira do Banco Mundial, um programa de recuperação do mar de Aral (em sua porção norte) que vem dando certo.

Mar de Aral, na cidade de Moynak, Usbequistão (2009).

O clima e a vegetação

Ásia - Climas

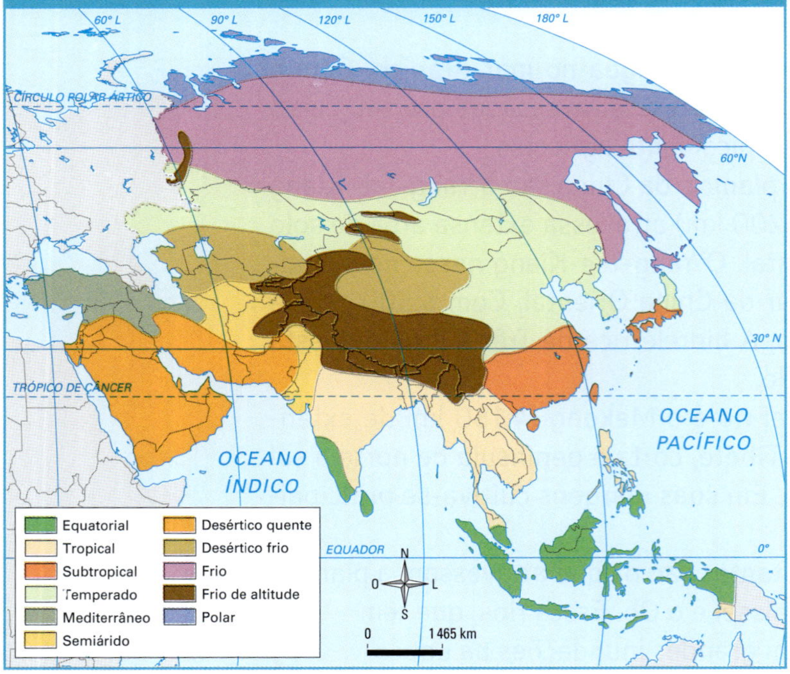

CALDINI, Vera; ÍSOLA, Leda. *Atlas Geográfico Saraiva*. São Paulo: Saraiva: 2009. p. 140.

Conforme discutido na seção **Para contextualizar**, a Ásia é um continente de grandes contrastes climáticos. Nela estão localizadas tanto regiões bastante chuvosas como secas.

Para compreender seus vários tipos de clima, devem-se considerar os seguintes fatores:

- latitude, uma vez que as terras asiáticas estendem-se desde a linha do Equador (baixa latitude) até a região polar Ártica (alta latitude);
- a grande extensão territorial, que permite a influência dominante de massas de ar continentais (secas) em seu interior e proporciona a maior atuação da continentalidade, tornando os invernos mais rigorosos no interior da Ásia;
- a altitude, pois é o continente que apresenta as altitudes médias mais elevadas (sem considerarmos a Antártida);
- as formas de relevo, cujas montanhas muitas vezes formam barreiras que impedem a passagem das massas de ar úmido;
- os ventos monçônicos na porção meridional do continente sopram ora do continente para o oceano (secos), ora do oceano para o continente (úmidos).

De acordo com a influência desses fatores, a Ásia apresenta cinco tipos de clima.

Próximo ao oceano Glacial Ártico (altas latitudes) e nos planaltos e nas montanhas (altitudes elevadas) predomina o **clima frio**.

No norte da Ásia, o clima frio, subdividido em **frio ártico (polar)** e **frio continental**, apresenta temperaturas acima de 10 °C apenas durante quatro meses do ano. Nos outros meses, as temperaturas são bem inferiores. A cidade de Verkoiansk, na Sibéria, já registrou as temperaturas mais frias do globo, próximas dos 70 graus abaixo de zero.

A vegetação correspondente a esse tipo de clima é a tundra (frio ártico) e a floresta de taiga (frio continental), cuja espécie predominante é o pinheiro, que se desenvolve até mesmo nos solos mais secos.

Na Mongólia, na China e no Oriente Médio, existem extensas áreas de **clima desértico**.

Os desertos do Oriente Médio são considerados prolongamentos dos desertos africanos. São quentes, como o deserto da Arábia e do Irã.

Nos desertos, em locais onde há alguma umidade em virtude da presença de um pequeno lençol de água, formam-se os oásis, com diversas espécies vegetais, dentre as quais se sobressai a tamareira.

Os desertos da parte central são frios. É o caso do deserto de Gobi (Mongólia e China) e do Takla Makan (China).

Deserto de Gobi, Mongólia (2010).

Em razão da aridez desse clima, nessas porções ocorrem as vegetações de estepes e desértica.

No sul e no sudeste da Ásia, ocorre o **clima de monções**, que é influenciado pelos ventos monçônicos.

A principal característica do clima de monções (tropical) é a variação das precipitações pluviométricas, marcando duas estações, uma seca (inverno) e outra chuvosa (verão), considerando a dinâmica das estações no hemisfério Norte.

Observe os mapas.

Monção de verão (chuvosa)

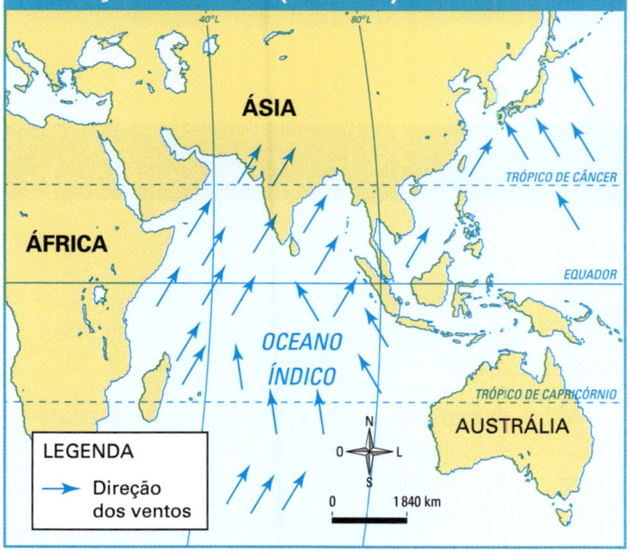

Monção de inverno (seca)

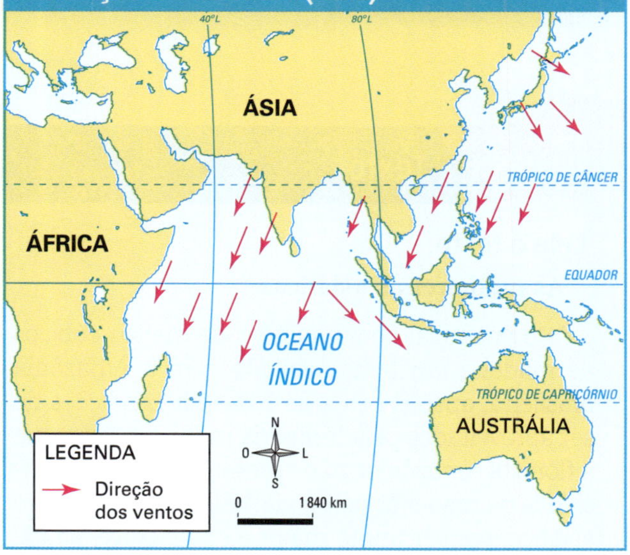

Fonte: Elaborado pelos autores com base em: *Previsão do tempo e clima*. São Paulo: Edusp, 1969. p. 113; MENDONÇA, Francisco; DANNI-OLIVEIRA, Inês M. *Climatologia*: Noções básicas. São Paulo: Oficina de Textos, 2007. p. 97.

- No capítulo 4 (Unidade 2), você estudou a dinâmica de circulação das massas de ar. Considerando o que foi estudado, identifique as zonas de alta e de baixa pressão, no verão e no inverno.

No verão, os ventos monçônicos sopram do oceano para o continente, carregando grande umidade, o que ocasiona chuvas prolongadas, indispensáveis para a irrigação da cultura do arroz e de outros produtos. Nesse período, ocorrem fortes enchentes nas planícies litorâneas do Índico e em parte do Pacífico.

No inverno, os ventos monçônicos sopram do continente para o oceano. Nesse período, as temperaturas no interior do continente são mais baixas do que as do oceano, o que provoca correntes de ventos continentais secos e frios.

Floresta equatorial na Indonésia (2010).

O **clima equatorial** aparece em quase todas as ilhas que compõem a Indonésia, no extremo sudeste do continente.

Em razão da umidade e das altas temperaturas, a vegetação em alguns trechos da região abrangida pelo clima de monções e da porção equatorial é formada pelas florestas tropical e equatorial.

Essas florestas se estendiam, por uma área contínua, do sul da Índia até os arquipélagos das Filipinas e da Indonésia. A extração madeireira destruiu parcialmente a floresta Equatorial, reduzindo-a a bosques úmidos, denominados jângales.

PARA COMPREENDER Textos

Leia o texto.

As madeireiras asiáticas

"Do potencial de 60 milhões de metros cúbicos de madeira em toras avaliada para a Amazônia brasileira, apenas cerca de 10% têm condições de ser aproveitados pela indústria madeireira, porque a floresta Amazônica não apresenta a mesma densidade de madeiras comercializáveis que o sudeste asiático, por ser muito maior a sua biodiversidade — que representa extraordinário leque de utilização em benefício de seus habitantes e do Brasil.

Com a grande demanda de madeiras duras tropicais pelos países desenvolvidos, as florestas da Malásia e da Indonésia estão próximas da exaustão, enquanto as do Brasil, onde predomina a floresta Amazônica [...], ainda permanecerão por muitos anos, mesmo mantido o ritmo de desflorestamento atual.

Além da exploração por empresários do sul e sudeste do país, vêm penetrando na Amazônia, mais fortemente, as chamadas 'madeireiras asiáticas', que, no entanto, não são apenas dessa região da Terra, mas, primordialmente, dos Estados Unidos, Europa e Japão, principais mercados consumidores. Os empresários do setor vêm entrando na Amazônia, adquirindo imensas extensões de terra, notadamente no estado do Amazonas — a maior e menos explorada unidade federada quanto à atividade madeireira. A entrada de multinacionais madeireiras começou na década de 1970 [...]."

GARRIDO FILHA, Irene. *Manejo florestal*: questões econômico-financeiras e ambientais. Disponível em: <http://www.scielo.br/scielo.php?pid=S0103-40142002000200007&script=sci_arttext>. Acesso em: 15 mai. 2014.

■ Responda.

Quais semelhanças existem entre as florestas brasileiras e as da Malásia e da Indonésia?

Na Ásia Menor (próximo ao mar Mediterrâneo), na planície da China, no Japão e em outras ilhas do Pacífico, ocorre o **clima subtropical**. Nessas regiões podemos encontrar a floresta subtropical, enquanto na península da Coreia do Sul e no Japão situa-se a floresta temperada.

Além das florestas, das estepes e da vegetação desértica, verifica-se a ocorrência de coberturas arbustivas, abrangendo áreas restritas da Índia e da península da Indochina.

Floresta temperada no Japão. Nesta fotografia também se vê o Monte Fuji e o lago Ashi.

Situação ambiental na Ásia

O crescimento econômico da Ásia — em especial da China, Índia e diversos países do Sudeste Asiático — tem colocado o continente no centro do debate ambiental internacional. De fato, esse crescimento exigiu maior consumo de energia, mais queima de combustíveis fósseis para a produção industrial e elevação do consumo de água, especialmente para irrigação de lavouras. No mesmo compasso, milhões de pessoas passaram a se alimentar melhor e ingressaram na sociedade de consumo com a elevação do padrão de vida. Esses indicadores sem dúvida tiveram impactos ambientais em diversos países da Ásia.

Mas nem sempre a poluição está associada ao crescimento econômico e à melhoria social. Diversas localidades degradadas do continente são produto da pobreza, da ausência de investimento em saneamento básico, da poluição do solo causada por rejeitos industriais, pela intensa utilização de lenha como combustível doméstico, entre outros.

A organização ambientalista Blacksmith Institute publicou, na segunda metade da década de 2000, a lista dos lugares mais poluídos do mundo. Entre as dez cidades listadas, seis eram asiáticas. Sumqayit, no Azerbaijão, lidera o grupo (poluição causada por metais pesados, petróleo e produtos químicos). A segunda cidade mais poluída da Ásia é Linfen, na China (poeira de carvão mineral). Em seguida está Sukinda, na Índia (poluição da água por cromita, metal utilizado para a produção de aço inoxidável). A quarta cidade asiática mais poluída é Tianying, na China (ar poluído por chumbo). A quinta é Vapi, na Índia, que concentra mais de mil fábricas (indústrias petroquímicas, químicas, de pesticida e farmacêutica). A Rússia tem duas cidades na lista: Norilsk, que não tem mais vegetação em um raio de 30 quilômetros a partir do centro da cidade, e Dzerzinsk, na parte europeia do país.

Atividades

RETOME SEUS CONHECIMENTOS

1. Responda às questões a seguir.
   a) Por que a maior ocorrência de terremotos e vulcanismo se dá na parte sul do continente asiático e na borda do continente voltada para o oceano Pacífico?
   b) O que explica a formação dos *tsunami*?

2. Observe a fotografia com atenção.

   Com base na imagem e no que você aprendeu, responda às questões a seguir no caderno.
   a) As monções atingem qual região da Ásia?
   b) A situação mostrada na fotografia ocorre em qual época do ano?
   c) Explique o mecanismo das monções.

Enchente na cidade de Kaohsiung, Taiwan (2010).

EXERCITE SEUS CONHECIMENTOS

3. Observe o mapa e responda às questões.

Ásia – sub-região

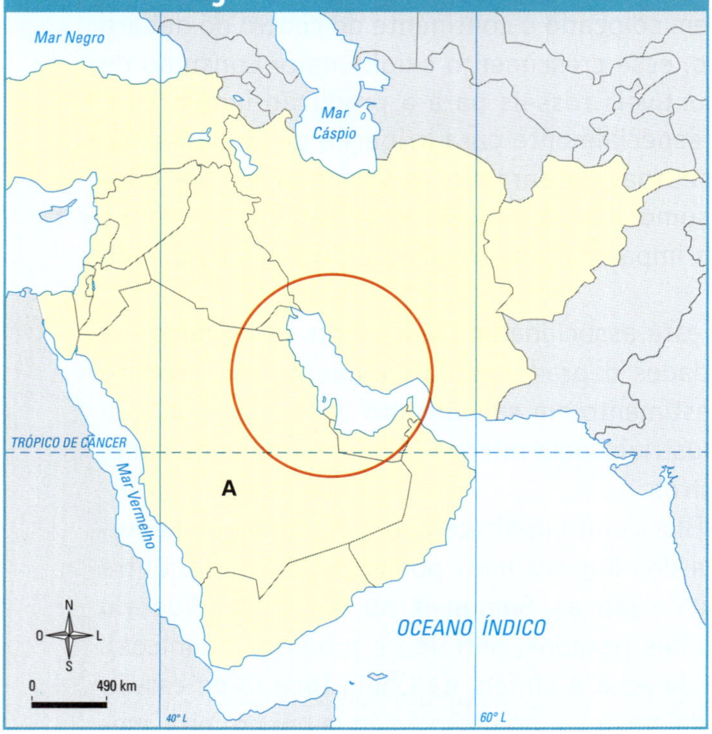

Fonte: ÍSOLA, Leda; CALDINI, Vera. *Atlas geográfico Saraiva*. São Paulo: Saraiva, 2009. p. 134 (adaptado).

   a) Qual o nome da região asiática destacada no mapa?
   b) Cite o nome e a importância estratégica da área delimitada pelo círculo.
   c) Indique o nome da península assinalada pela letra A.

4. Faça uma pesquisa sobre o *tsunami* que atingiu o Japão no dia 11 de março de 2011, descrevendo suas consequências para a sociedade e para a economia do país.

9 Oriente Médio

PARA CONTEXTUALIZAR

Observe as fotografias.

Carro-bomba em Jabália, Faixa de Gaza (2008).

Campo de petróleo na Arábia Saudita (2010).

Curdos da Síria com bandeiras curda e síria durante marcha de protesto contra o regime sírio, na cidade de Qamishli, em março de 2012.

Muçulmanos em oração em Bagdá, Iraque (2011).

ATIVIDADES

Converse com seus colegas e com seu professor.

1. Que problema comum a diversos países do Oriente Médio está retratado na fotografia 1?
2. Qual atividade econômica (mostrada na fotografia 2) é relevante e comum na maior parte dos países dessa região? Qual a sua importância no contexto mundial?
3. Que problema comum a diversos países do Oriente Médio é retratado na fotografia 3?
4. A fotografia 4 mostra que característica comum à maior parte dos países do Oriente Médio? O que você sabe sobre essa característica?

Posição estratégica

Oriente Médio – Divisão política

Fonte: *Atlas geográfico escolar.* Rio de Janeiro: IBGE, 2009. p. 47 e 49.

O Oriente Médio está localizado em uma região estratégica, situada entre a Europa, a África e o restante do continente asiático. Nela se desenvolveram várias civilizações, como a Mesopotâmica, que abrigavam diversos povos e grande fluxo de mercadores e viajantes.

Foi uma das regiões mais ricas e desenvolvidas, e a partir dali os muçulmanos difundiram para o resto do mundo notáveis saberes científicos, artísticos e filosóficos. No século XV, a região foi dominada pelo império Turco-Otomano, permanecendo assim até os últimos dias de sua existência, no fim da Primeira Guerra Mundial.

No final da Primeira Guerra, franceses e britânicos obtiveram o apoio dos povos árabes contra os turco-otomanos. Entretanto, Reino Unido e França já haviam acertado a partilha dessa região em um acordo secreto — o acordo Sykes-Pikot, pelo qual Síria e Líbano foram ocupados pelos franceses; Palestina, Iraque e Transjordânia (atual Jordânia), pelos ingleses.

Palestina
Área onde se situam atualmente o Estado de Israel, a Faixa de Gaza e a Cisjordânia.

Somente no período entre as guerras mundiais e após a Segunda Guerra se consolidou o processo de independência, e as fronteiras entre os países foram sendo delimitadas.

Esse processo, no entanto, não significou o fim dos conflitos. Pelo contrário, após a Segunda Guerra Mundial, eles continuaram a ocorrer em virtude principalmente da formação do Estado de Israel, dos fortes interesses das grandes potências pela região e das disputas internas pelo poder, que contribuíram para a deposição de governantes e alterações em regimes de governo.

Atividades econômicas

No Oriente Médio, com exceção de Israel, a atividade industrial é pouco expressiva. Destacam-se na Turquia a indústria siderúrgica e, nos países produtores de petróleo, refinarias e algumas indústrias petroquímicas. Acrescentam-se ainda os setores tradicionais, como o têxtil e o alimentício, que estão instalados próximo às grandes cidades.

O turismo é também uma atividade com grande potencial. A região apresenta um rico e milenar patrimônio histórico, mas não é o único atrativo encontrado no Oriente Médio. O litoral do golfo Pérsico, os corais e a vida submarina do mar Vermelho e de toda a costa Mediterrânea ainda preservam suas riquezas naturais com raro potencial turístico.

Apesar das condições favoráveis ao turismo, os conflitos e a imagem difundida pela mídia sobre o fanatismo religioso e os valores culturais opostos aos do mundo ocidental constituem barreiras a essa atividade econômica.

Abu Dhabi e Dubai, nos Emirados Árabes Unidos, são hoje importantes polos turísticos mundiais. Detentores de grandes reservas de petróleo, os Emirados diversificaram sua economia em aplicações financeiras no exterior e na aquisição de empresas. Mas o principal investimento foi a alteração de sua paisagem natural. A construção de hotéis luxuosos, praias e ilhas artificiais e a modernização dos aeroportos têm atraído turistas de todas as partes do mundo. O petróleo deixou de ser sua atividade econômica exclusiva. No Emirado de Dubai, a renda do turismo já supera a renda do petróleo.

A Turquia, com sua arquitetura herdada de dois grandes impérios — o Otomano e o Bizantino — e seu extenso litoral nos mares Egeu e Mediterrâneo, é também outro importante destino dos turistas que se dirigem ao Oriente Médio.

Arranha-céus e metrô em Dubai, Emirados Árabes (2011).

Jerusalém, em Israel, é um importante destino turístico no Oriente Médio (2011).

A agricultura, predominantemente de subsistência, está restrita a algumas áreas, uma vez que existem extensos desertos no Oriente Médio. Ela se desenvolve principalmente nas planícies fluviais, nas áreas irrigadas e nas margens dos mares Mediterrâneo, Negro e Cáspio.

Na agricultura de subsistência, destacam-se arroz, milhete, trigo e algumas frutas.

Dentre as culturas destinadas à exportação, sobressaem: oliveira, chá, fumo, algodão e tâmara.

Na criação de animais, ovinos e caprinos constituem os principais rebanhos.

Observe o mapa.

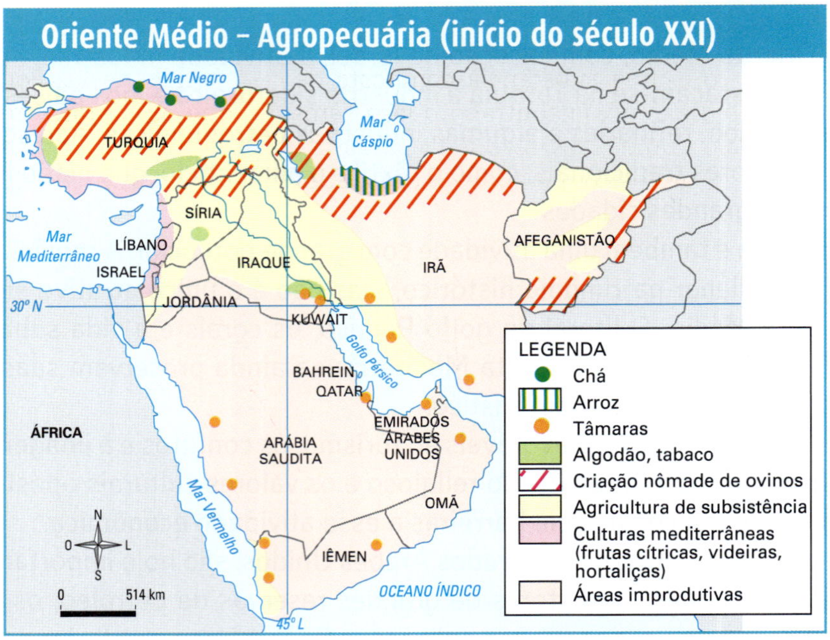

Fonte: ÍSOLA, Leda; CALDINI, Vera. *Atlas geográfico Saraiva*. São Paulo: Saraiva, 2004. p. 131.

- Responda às questões a seguir.

1. Quais países têm trechos improdutivos em seus territórios?
2. Quais são as atividades agropecuárias predominantes?

O petróleo

O petróleo é a principal fonte de energia e matéria-prima do mundo atual. Grande parte das maiores reservas e principais centros de produção, conforme visto na seção **Para contextualizar**, estão no Oriente Médio.

A concentração de 48% das reservas mundiais de petróleo no Oriente Médio e a exploração associada às grandes empresas multinacionais do setor transformaram a região em proprietária da principal fonte de riqueza natural do último século, mas também em um foco de tensão, de disputa e de intensos conflitos.

O interesse pelo controle de áreas produtoras de petróleo é uma das causas de guerras e revoluções no Oriente Médio, uma vez que este é o principal combustível da sociedade industrial e fonte de matéria-prima para mais de 6 mil produtos.

Apesar da enorme riqueza gerada pela exportação de petróleo e de gás natural, parcela considerável da população não desfruta boas condições de vida. A riqueza flui para as mãos de uma minoria, que detém o poder político e econômico.

Observe no gráfico os países que apresentam as maiores reservas mundiais.

- Quais estão situados no Oriente Médio?

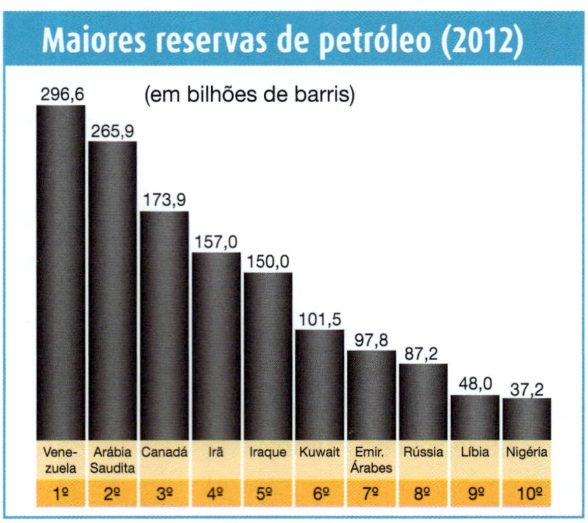

Fonte: Opep, 2014; BP. *World Energy Outlook*, 2013.

MAIS INFORMAÇÃO

A formação do petróleo

"O petróleo é uma substância composta de carbono e hidrogênio. Encontrado quase sempre no estado líquido, sua formação se dá em ambientes marinhos com grandes quantidades de fitoplâncton. Esse fitoplâncton deve ficar enterrado sob espessas camadas de rochas sedimentares sob a ação de muito calor, por um longo tempo, para permitir a transformação da matéria orgânica em óleo. Assim, o petróleo é encontrado nos subsolos oceânicos ou em locais que estiveram cobertos por mares.

Além dessas condições, os geólogos apontam que as maiores reservas estão em estruturas geológicas conhecidas como anticlinais, que se formam nas áreas onde ocorrem choques entre as placas tectônicas, cujos efeitos mais visíveis são os grandes terremotos, os vulcões e a formação das cordilheiras montanhosas. As grandes reservas do Oriente Médio encontram-se próximas à zona de colisão das placas árabe e eurasiana."

A formação do petróleo

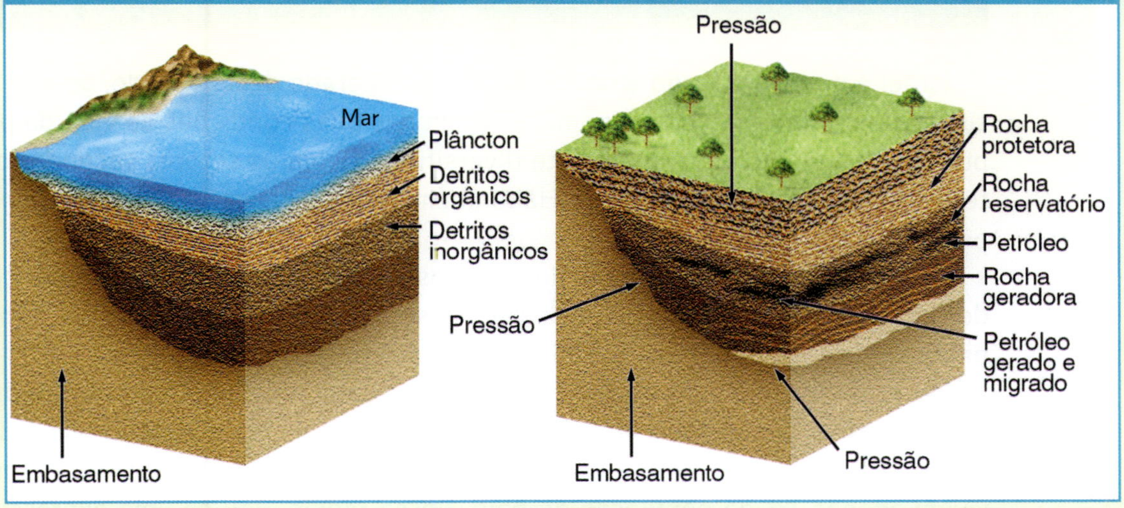

Fonte: LEINZ, Viktor; AMARAL, Sérgio E. *Geologia geral*. São Paulo: Nacional, 1989 (adaptado).

Interesses externos

Na atual política de "guerra contra o terrorismo", os Estados Unidos e outros países europeus (particularmente o Reino Unido) acentuaram sua presença no Oriente Médio e na Ásia Central e promoveram o apoio a governos pró-ocidentais. Dessa forma, garante-se certo controle sobre reservas de petróleo e gás natural, oleodutos e gasodutos existentes ou que estão em projeto e em construção nos países da região.

As relações do Ocidente com os governos do Oriente Médio e os interesses econômicos das grandes potências ficam claros quando consideramos que os Estados Unidos, apesar de se declararem defensores da democracia e da liberdade de expressão, apoiam governos que não prezam esses valores, como os da Arábia Saudita e do Kuwait. Para contar com as reservas petrolíferas desses países, é fundamental aos estadunidenses preservar esses governos não democráticos.

Nos últimos anos, a Rússia e a China também têm assegurado influência nos países do Oriente Médio e da Ásia Central. Países como Irã, Casaquistão, Quirquistão, Tadjiquistão e Usbequistão estreitaram os laços comerciais e de cooperação tecnológica e militar com esses países.

Israel – desenvolvimento e conflitos permanentes

O *kibutz* é uma fazenda agrícola comunitária, cujos integrantes compartilham toda a propriedade e, de comum acordo, distribuem as tarefas. Fotografia de 2010.

Israel é o único país do Oriente Médio considerado desenvolvido, devido às suas características socioeconômicas. Além das boas condições de vida da população, a economia é amplamente diversificada, com os setores secundário e terciário bastante desenvolvidos. Há também nesse país importantes centros de pesquisa tecnológica.

Israel conta com duas fontes de recursos fundamentais para a manutenção de seu crescimento econômico e de seus gastos militares: as doações da comunidade judaica mundial e a ajuda financeira dos Estados Unidos.

No atual território de Israel, uma faixa litorânea, de clima mediterrâneo, é densamente povoada (quase 300 hab./km^2). No sul de Israel estende-se o deserto de Neguev, que ocupa praticamente a metade de seu território e onde vivem apenas 7% da população do país. Nessa região, deu-se uma expressiva modificação no espaço. Com a construção de um eficaz sistema de irrigação, o deserto transformou-se em área fértil ao cultivo agrícola. Vale ressaltar que Israel, para tanto, passou a controlar os suprimentos de água da bacia do rio Jordão (inclusive suas nascentes nas colinas de Golã, território sírio) e os sistemas de aquíferos, que deveriam ser partilhados com os palestinos.

A prosperidade agrícola deve-se, também, ao tipo de organização produtiva, representada pelo *kibutz* e pelo *moshav*. Cerca de 3% da população do país vive nos *kibutzin* (plural de *kibutz*).

O *moshav* é uma vila agrícola onde cada família é proprietária de sua terra. Com uma administração central, nos moldes de uma cooperativa, as famílias dividem os equipamentos, compram sementes e outros implementos agrícolas e realizam a comercialização de sua produção.

Apesar da carência de petróleo e de outros recursos energéticos característicos de grande parte do Oriente Médio, Israel tem os setores industrial e agrícola muito bem estruturados. Os principais setores industriais de alta tecnologia são bastante diversificados e destinam-se à produção de equipamentos militares, produtos químicos e farmacêuticos, *softwares*, aviação, telecomunicações etc. A renda *per capita* é alta e apresenta um padrão de distribuição próximo ao dos países desenvolvidos.

O islamismo e o fundamentalismo islâmico

No Oriente Médio, a população é predominantemente árabe, contando também com turcos (na Turquia), persas (no Irã) e judeus (em Israel). Além desses povos, vivem na região curdos, armênios, entre outros.

A maior parte dos habitantes dessa região, conforme visto na seção **Para contextualizar**, professa a religião islâmica ou muçulmana.

Os judeus formam o segundo maior grupo religioso.

A palavra árabe *islam* quer dizer resignação ou total submissão à vontade de Deus. Os termos islâmico, muçulmano e maometano têm o mesmo significado, ou seja, pessoa sujeita aos desígnios de Deus, ou Alá.

A religião islâmica é a que mais cresce no mundo, contando com mais de 1 bilhão de adeptos.

Observe o mapa.

Islamismo no mundo (2011)

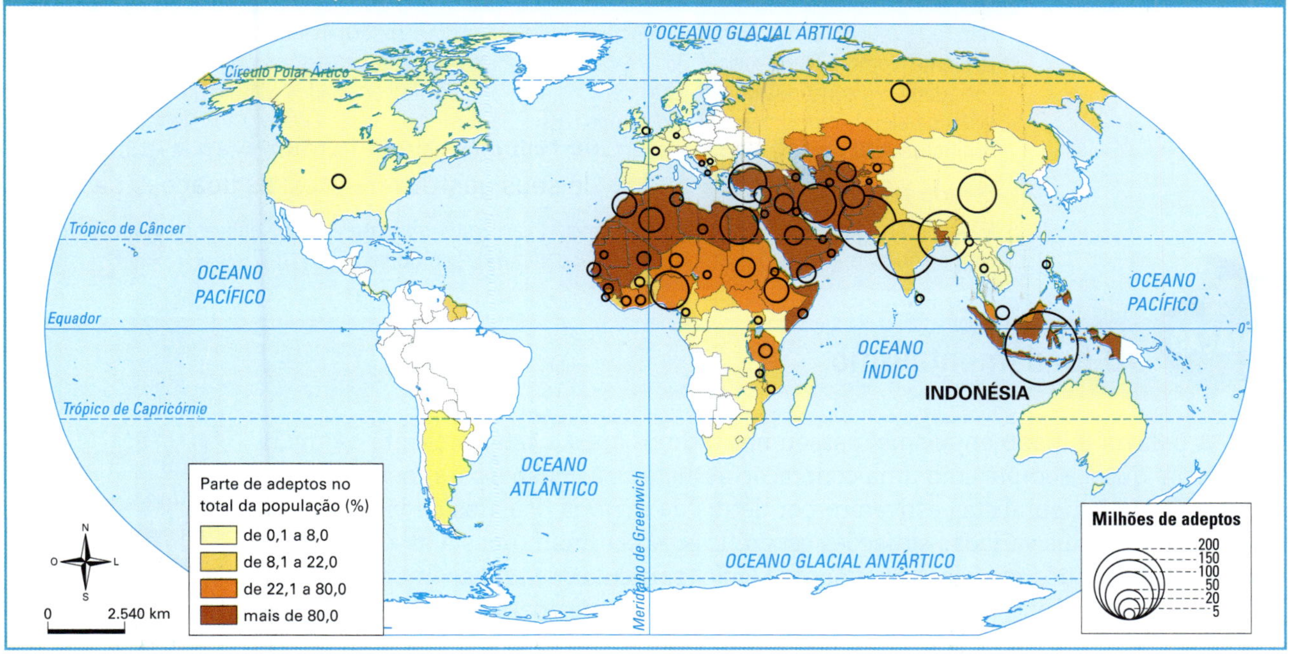

Fonte: FERREIRA, Graça Maria Lemos. *Atlas Geográfico*: espaço mundial. São Paulo: Moderna, 2013. p. 35.

- Responda:

  Por quais continentes se distribuem os países com maiores contingentes de população islâmica?

Apesar de o islamismo ser a religião de quase 90% da população do Oriente Médio, existe uma diversidade de seitas dentro dessa religião, das quais os xiitas e os sunitas são as mais conhecidas.

Em ambas as seitas pode estar presente o fundamentalismo islâmico (ler a seguir o boxe **Mais informação**).

Atualmente, os grupos fundamentalistas, que atuam em vários países da região, no sul e no sudeste asiáticos e no norte da África, têm como objetivos principais, de modo geral, a necessidade de romper com o Ocidente — considerado o "Grande Satã" —, desestabilizar governos pró-ocidentais nos países de maioria muçulmana e substituir a lei dos homens pela Lei Divina, expressa no Corão (livro sagrado transmitido por Deus ao profeta Maomé).

Os movimentos fundamentalistas defendem um conjunto rígido de regras para o vestuário, rituais de casamento e alimentação, princípios de justiça social, normas de educação das crianças e condutas de vida para as mulheres (que não têm os mesmos direitos dos homens).

No entanto, ressalva-se que em vários países de maioria muçulmana tem havido maior participação da mulher na sociedade. No próprio Irã, um Estado teocrático, vem aumentando o número de mulheres que frequentam centros universitários — onde cerca de 40% dos estudantes são do sexo feminino —, participam do mercado de trabalho e da política. O fato é que não há no Corão restrições à atuação da mulher na vida social.

Ocidente

Esse termo é utilizado como referência à parte do mundo cuja história, valores culturais e religiosos têm forte relação com a cultura europeia e norte-americana. Determinados costumes e valores do Ocidente, como a liberdade religiosa e de expressão, o modo de se vestir, o papel da mulher na sociedade e o consumismo, são considerados uma ameaça às sociedades islâmicas de acordo com a visão de alguns muçulmanos. Nem sempre esses costumes e valores citados são rejeitados em seu conjunto. Muitas vezes, alguns deles não são bem vistos pelos que professam essa religião.

Estado teocrático

É aquele em que o poder político está associado ao poder religioso e a constituição está em sintonia com as normas e tradições de uma religião, como é o caso do Irã.

MAIS INFORMAÇÃO

O fundamentalismo

"A palavra 'fundamentalismo' passou nos últimos anos a estar presente na mídia mundial quase sempre com uma conotação assustadora. E não é para menos. Os militantes fundamentalistas estiveram por detrás da maioria dos atos de violência cometidos nas mais variadas situações geográficas. Acostumamo-nos a associar o fundamentalismo aos religiosos do Oriente Médio, particularmente aos imãs islâmicos, aos chefes espirituais de países daquela região que sempre aparecem com seus trajes tradicionais, encimados por turbantes, lançando ameaças ao mundo moderno e aos americanos em geral.

Na verdade, o fundamentalismo é um movimento sociorreligioso e político muito diversificado e bem mais extenso do que as fronteiras do Islã. Paradoxalmente é nos Estados Unidos de hoje que encontramos o maior contingente de fundamentalistas, só que cristãos. [...]

No que cabe aos costumes, os fundamentalistas (islâmicos) advogam o radical e urgente rompimento com tudo o que lhes pareça 'ocidental'. As mulheres devem voltar a usar o chador ou a burca, não devem receber instrução, nem serem atendidas por médicos homens. O ensino em qualquer nível deve priorizar o religioso, e as leis comuns devem acolher as regras corânicas (açoite ou lapidação para os adúlteros, execuções públicas acompanhadas de chibatadas etc.)."

SCHILLING, Voltaire. *Ocidente X Islã*: uma história do conflito milenar entre dois mundos. Porto Alegre: L&PM, 2003. p. 126 e 131.

Imã

Autoridade religiosa de uma comunidade islâmica xiita.

Regras corânicas

Normas baseadas no Corão, livro sagrado do islamismo.

A questão Palestina e o Estado de Israel

Com a criação do movimento sionista no século XIX, milhares de judeus, de todas as partes do mundo, começaram a migrar para a Palestina, transformando a região em palco de permanentes conflitos com os árabes. Em 1917, a Palestina foi ocupada pelos ingleses.

Durante a Segunda Guerra Mundial (1939-1945), milhões de judeus foram mortos. Outros tiveram de abandonar seus países de origem. Essa situação foi determinante para a criação de um Estado judaico e a aprovação da ONU para a criação, em 1947, de um plano de partilha da Palestina, que previa a formação de dois Estados: um árabe e outro judeu.

Em 1948, os ingleses retiraram-se da Palestina, e Israel constituiu-se em Estado.

A partilha da Palestina entre árabes e judeus causou grande insatisfação aos povos árabes. Logo após a criação do Estado de Israel, os exércitos dos países árabes vizinhos (Egito, Síria, Líbano, Iraque e Transjordânia) atacaram o país, dando início a uma guerra violenta.

Em janeiro de 1949, terminavam os combates, que conferiam a Israel novas áreas, ampliando em 50% a área original de seu território.

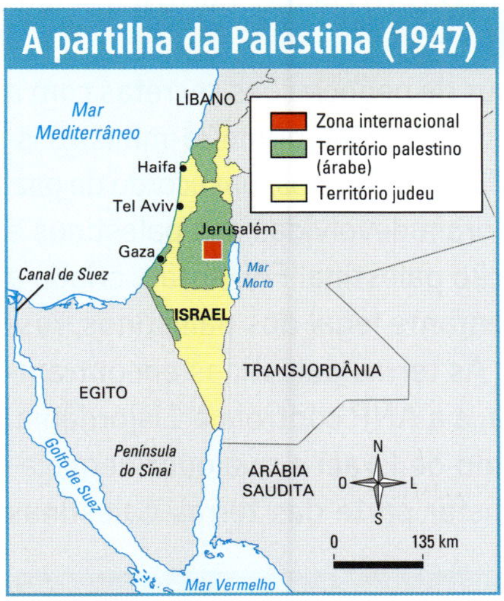

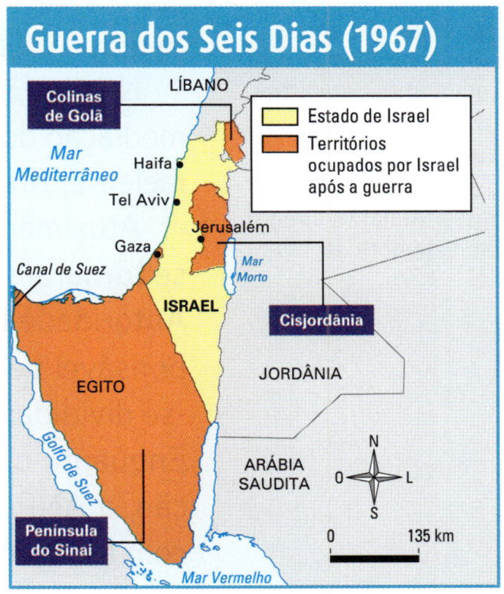

Fonte: *Le Monde Diplomatique*. Paris: Armand Colin, 2005.

Ainda em 1949, foram assinados acordos de armistício, segundo os quais o Estado Árabe da Palestina seria dividido entre: Israel, que conquistara a Galileia e o deserto de Neguev; Transjordânia, que ficaria com a Cisjordânia (a oeste do rio Jordão), passando a se chamar Reino Hachemita da Jordânia; e Egito, que ficaria com a Faixa de Gaza.

Em 1967, eclodiu outro conflito armado, a Guerra dos Seis Dias. No fim da guerra, Israel obteve: a península do Sinai e a Faixa de Gaza, do Egito; Golã, da Síria; e a Cisjordânia (margem ocidental do rio Jordão), da Jordânia.

Em 1973, o Egito, a Síria e a Jordânia envolveram-se em nova guerra com Israel para a retomada dos territórios perdidos na Guerra dos Seis Dias, porém sem sucesso.

Em 1979, por meio de um acordo intermediado pelos Estados Unidos, o Acordo de Camp David, Israel concordou em devolver ao Egito a península do Sinai.

Armistício
Convenção pela qual os que estão em guerra suspendem as hostilidades sem pôr fim ao estado de guerra.

Presidente dos EUA, Bill Clinton (centro) dirige acordo de paz entre palestinos e israelenses, com primeiro-ministro israelense, Yitzhak Rabin (à esquerda), e o presidente da OLP, Yasser Arafat (à direita), em setembro de 1993.

Entre judeus e palestinos o conflito teve outros desdobramentos. Em 1964, foi criada a Organização para a Libertação da Palestina (OLP), que reunia diversos grupos extremistas palestinos com um alvo comum: lutar pela criação de um Estado palestino e pela destruição do Estado de Israel.

Em 1969, Yasser Arafat (líder da Al Fatah — atualmente um partido, mas que foi fundada, em 1964, como uma organização política e militar) assumiu a presidência da OLP. Até 1987, a organização utilizava métodos terroristas para alcançar seus objetivos. Em 1988, o líder da OLP apresentou um "plano de paz" na Assembleia Geral da ONU, no qual reconhecia o Estado de Israel. Esse acontecimento marcou o início de uma nova fase para a OLP, que conquistou mais espaço no campo diplomático, passando a negociar com os Estados Unidos e, posteriormente, com Israel. Foi nesse mesmo período que surgiu em Gaza o Hamas, outro importante grupo de combate palestino.

No dia 13 de setembro de 1993, após dois meses de negociações secretas com a mediação do governo da Noruega, Arafat, pela OLP, e o então primeiro-ministro israelense, Yitzhak Rabin, assinaram na Casa Branca (Estados Unidos) um acordo de paz.

Atualmente, partes da Cisjordânia e de Gaza foram devolvidas aos palestinos e se tornaram regiões autônomas e de administração palestina. Foi, então, criada a Autoridade Nacional Palestina (ANP) — representante legal dos palestinos, responsável pela administração de seus territórios. As terras palestinas encontram-se divididas. O Hamas detém o controle de Gaza, e a ANP controla a Cisjordânia. Enquanto o Hamas se nega a reconhecer o Estado de Israel e qualquer negociação, a ANP ainda acredita que consiga reconquistar parte das terras palestinas com a negociação.

São várias as questões pendentes para um acordo de paz mais duradouro entre os dois povos: a questão do "muro de proteção" que contorna boa parte da Cisjordânia; a definição dos limites entre Israel e o futuro Estado palestino; a disputa por Jerusalém; e a existência de assentamentos judaicos em territórios da Autoridade Nacional Palestina. Além dessas e de outras questões, há sempre a preocupação de como grupos extremistas judeus e palestinos enfrentarão um processo de negociação que de fato encaminhe a região para a paz.

Atualmente — Israel e território da ANP

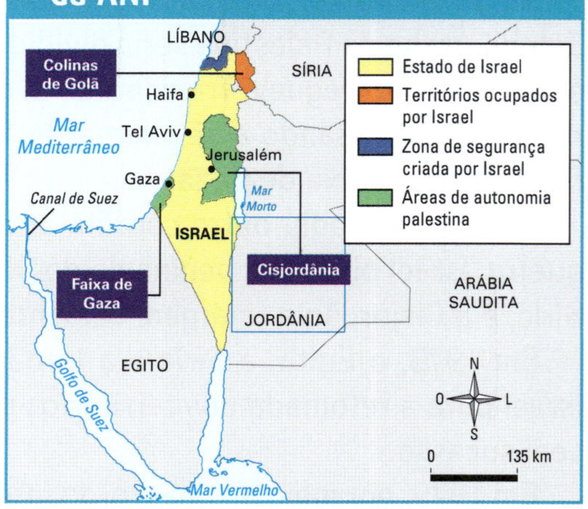

Le Monde Diplomatique. Paris: Armand Colin, 2005.

Irã – Revolução Islâmica, oposição ao Ocidente e transformações recentes

Até 1979, o Irã foi um dos principais aliados dos Estados Unidos entre os países do Oriente Médio. O país havia apoiado em 1953 o golpe de Estado promovido pelo xá Reza Pahlevi. Com Reza Pahlevi, o Irã constituiu uma política econômica e social apoiada no modelo ocidental. Ocorreu nesse período um profundo questionamento das correntes mais radicais do islamismo. Líderes religiosos foram perseguidos e alguns foram expulsos do país. Do ponto de vista econômico, foi um período de desenvolvimento industrial e de crescimento.

Xá
Título dado aos soberanos do Irã.

Aiatolá
Autoridade máxima na hierarquia religiosa xiita.

Em 1979, uma onda de manifestações populares depôs o governo do xá e empossou o líder xiita aiatolá Khomeini. Surgiu a República Islâmica do Irã, que se caracterizou pela busca de um caminho próprio, não alinhado a nenhuma das grandes potências (Estados Unidos e ex-União Soviética).

A partir de 1980, o Irã rompeu relações com os Estados Unidos. É controlado pelos chefes religiosos (aiatolás), que estabeleceram normas sociais rígidas, de acordo com os princípios do islamismo, formalizando um Estado teocrático (o atual governo do Irã, apesar de civil, está submetido ao poder dos aiatolás).

Revolução Islâmica no Irã, em 1979.

Atualmente, o Irã é, entre os países islâmicos, aquele que exerce maior influência no Oriente Médio e tem mantido relações estáveis com praticamente todos os países vizinhos. É o maior opositor à existência do Estado de Israel.

O atual governo mantém fortes relações com a China e a Rússia. Essas relações incluem cooperação técnica, associação para a exploração de petróleo em subsolo iraniano, venda de armas e de combustível para as usinas termonucleares.

Outro motivo de enfrentamento entre o Irã e o Ocidente é o desenvolvimento de um programa nuclear. Os Estados Unidos sempre alertaram que o governo iraniano teria a ambição de produzir armas de destruição em massa e que o país estaria próximo de conquistar a tecnologia necessária para alcançar tal objetivo.

Alemanha, França e Reino Unido apoiavam os argumentos estadunidenses sobre a ameaça que o programa nuclear representaria para o Oriente Médio e outras regiões do mundo. Em 2013, o Irã, que sempre defendeu que seu programa nuclear teria objetivo exclusivamente pacífico e energético, firmou um acordo visando a uma redução de seu programa nuclear, em troca da diminuição de sanções econômicas que sofria por parte da comunidade internacional.

No mesmo ano, com a eleição de Hassan Rohani, um governante moderado, o então presidente dos Estados Unidos, Barack Obama, teve, por telefone, uma conversa histórica com o presidente iraniano, sinalizando uma reaproximação diplomática.

Apesar do controle do governo do Irã, no sentido de manter as tradições culturais-religiosas do islamismo, vêm ocorrendo mudanças de comportamento por parte de alguns iranianos, especialmente dos jovens, que buscam acesso à informação e à cultura ocidental, como filmes, música, internet.

Iraque e Afeganistão – guerras e ocupação

Golfo Pérsico
Além de ser a principal área de extração de petróleo do Oriente Médio, é o ponto de partida da principal rota de escoamento desse produto para o mercado internacional.

Parte dos conflitos atuais no Iraque nasceu em 1979, com a instauração da ditadura do governo de Saddam Hussein. O novo governo, apoiado pelos Estados Unidos, envolveu-se em uma longa guerra contra o Irã pela disputa por uma faixa de terra ao sul da fronteira entre os dois países, delimitada pelo canal Chat al-Arab, junto ao golfo Pérsico. Esse fato deflagrou a guerra Irã-Iraque (1980-1988). No fim da década de 1980, os dois países assinaram um acordo de paz, em que o Chat al-Arab permaneceu sob o domínio do Irã.

Guerra do Golfo

Em 1990, endividado pela guerra contra o Irã, o Iraque invadiu o Kuwait — um pequeno país da península Arábica pontuado de poços de petróleo. A ocupação do Kuwait pelas tropas iraquianas provocou a reação imediata dos Estados Unidos, da França, do Reino Unido, da Arábia Saudita e de outros países, dando origem, em 1991, à Guerra do Golfo. Em pouco mais de um mês, as forças armadas iraquianas renderam-se sem impor condições.

Após essa guerra, foi imposto ao Iraque um embargo econômico pela ONU e a inspeção sobre o controle de armas no país. Em 1998, Saddam Hussein expulsou os funcionários da ONU e expôs novamente o país à possibilidade de um novo confronto internacional.

Guerra e ocupação do Afeganistão

No dia 11 de setembro de 2001, os Estados Unidos foram atingidos pela maior ação terrorista de toda a História. O atentado foi atribuído pelo governo norte-americano à rede terrorista internacional Al Qaeda, liderada pelo saudita Osama Bin Laden.

A Al Qaeda mantinha naquele momento sua base no Afeganistão, que era praticamente dominado pelo grupo fundamentalista Taleban.

Após o atentado de 11 de setembro, o Conselho de Segurança da ONU exigiu que o grupo entregasse Osama Bin Laden.

Em 2002, diante da negativa do Taleban em entregar o terrorista, os Estados Unidos invadiram o Afeganistão, depuseram o governo Taleban, estabeleceram um novo governo e instalaram novas bases militares norte-americanas no Oriente Médio.

Em 2011, os EUA iniciaram a retirada parcial das tropas do país, comprometendo-se a fazer a retirada total até 2014.

Bombardeio norte-americano no Afeganistão (2001).

MAIS INFORMAÇÃO

O Taleban

"O grupo foi formado por fundamentalistas e bancado, financeira e belicamente, pelo Paquistão. Em setembro de 1996, o Taleban conquistou Cabul e assumiu o controle de 70% do território do Afeganistão.

Essa milícia impôs regras duras de convivência e comportamento, e o cumprimento à risca da 'sharia', o código legal muçulmano, que prevê, entre outras medidas, a amputação de pés e mãos de quem roubar. Apesar do rígido código moral, o governo dos Estados Unidos acusou o Taleban de sustentar-se com um imposto cobrado dos traficantes de drogas.

De acordo com a ONU, sob o comando do Taleban o Afeganistão aumentou, em 1999, a produção de ópio, que é a matéria-prima para a fabricação da heroína."

Qual é o assunto? São Paulo: Escala, 2001. p. 45.

Guerra e ocupação do Iraque

Depois da ocupação do Afeganistão, os estadunidenses miraram um novo alvo: o Iraque.

Os governos dos Estados Unidos e do Reino Unido argumentavam que o Iraque constituía um risco à segurança mundial, pois o governo iraquiano desenvolvia programas de armas de destruição em massa, mantinha armas químicas e bacteriológicas estocadas e estabelecia ligações com grupos terroristas.

Em 2002, os Estados Unidos, no governo de George W. Bush, pressionaram para que o Conselho de Segurança da ONU revisse a questão iraquiana. A relação do Iraque com o resto do mundo ainda estava em impasse, desde a expulsão dos inspetores da ONU, em 1998. O Conselho de Segurança obrigou o Iraque a aceitar a volta dos inspetores ao país.

Enquanto ocorria o trabalho dos inspetores da ONU, os Estados Unidos e o Reino Unido deslocaram milhares de soldados e equipamentos de combate para o Oriente Médio. Em 2003, deslocadas as tropas e já em condição de combate, tomaram a decisão unilateral de atacar o Iraque.

Essa decisão foi tomada independentemente da posição da ONU e contra a posição de três dos cinco membros permanentes do Conselho de Segurança: Rússia, China e França. A guerra contra o Iraque, nesse contexto, atropelou o órgão máximo para julgar essas questões. A ofensiva militar resultou na derrubada do regime ditatorial de Saddam Hussein e na sua posterior prisão. Em 2006, foi julgado sob o governo interino iraquiano e condenado à pena de morte por enforcamento. Saddam foi considerado culpado pelo massacre, em 1982, de 148 xiitas no sul do Iraque.

Tropa estadunidense na cidade de Bagdá, Iraque (2003).

A ocupação militar que sucedeu a ofensiva, apesar de ter possibilitado a realização de eleições parlamentares em janeiro de 2005, não conseguiu estabilizar o país. Uma sucessão de atentados contra militares e civis (tanto estrangeiros como iraquianos), promovidos por grupos insurgentes contrários à presença estadunidense, passou a fazer parte do cotidiano.

Com o pretexto de combater o terrorismo, a ocupação do Iraque estimulou esse tipo de luta. Além disso, ficou comprovado que o Iraque não produzia armas de destruição em massa, principal alegação que justificou a ação militar das tropas ocidentais. Em dezembro de 2011, os EUA retiraram oficialmente suas tropas do país.

MAIS INFORMAÇÃO

Curdos

Outro exemplo de povo sem pátria no Oriente Médio são os curdos (reveja a fotografia 3 da seção **Para contextualizar**). A população curda soma cerca de 25 milhões de habitantes, espalhados como minorias na Turquia, no Iraque, no Irã, na Síria, na Armênia e no Azerbaijão. Perseguidos e discriminados, os curdos são conhecidos como o "povo sem amigos".

Esse tratamento dado aos curdos pelos países asiáticos tem uma explicação: o território em que pretendem construir seu país é rico em recursos naturais, como o petróleo, e em recursos hídricos, como as nascentes dos rios Tigre e Eufrates.

Na década de 1980, os curdos foram massacrados pelo exército iraquiano de Saddam Hussein, que utilizou inclusive armas químicas. Acredita-se que tenham morrido mais de 800 mil curdos nesse período.

A presença dos Estados Unidos no Iraque, a partir de 1992, beneficiou o povo curdo. Os curdos iraquianos fizeram alianças com os norte-americanos e ganharam uma rede de proteção aérea; em troca, apoiaram a intervenção no Iraque. Os curdos pretendem manter ou mesmo ampliar a autonomia que conquistaram nessa região rica em petróleo, na qual são maioria e têm hegemonia cultural. Eles acreditam na criação de uma república federativa que garanta sua autonomia.

Em 2005, com a volta das eleições para a escolha de novos governantes no Iraque, depois da queda de Saddam Hussein, a Aliança Curda conquistou 25% das cadeiras da Assembleia Legislativa. Um sistema democrático poderia garantir maior estabilidade para o povo curdo nesse país.

Curdos no Oriente Médio

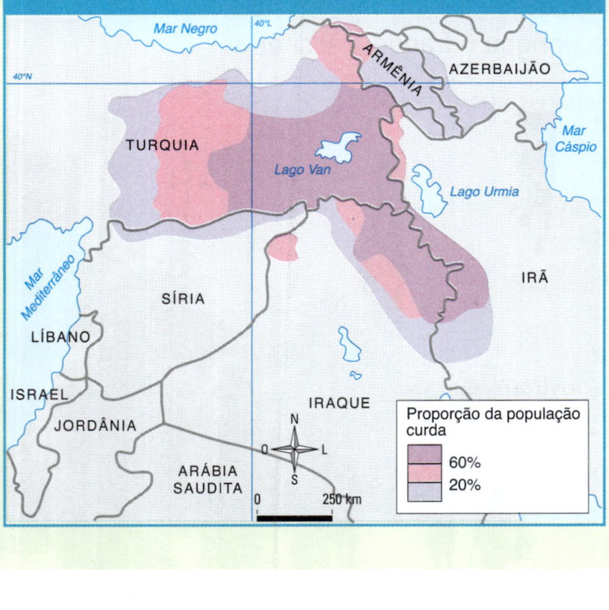

Fonte: SMITH, Dan. *Atlas dos conflitos mundiais*. São Paulo: Nacional, 2007. p. 62.

Síria

No Oriente Médio, as atenções dos Estados Unidos também estão focadas na Síria. Segundo autoridades governamentais estaduninenses, o governo sírio financia e facilita a atuação de grupos terroristas, principalmente no Iraque e em Israel.

Em 2011, a Síria foi um dos países envolvidos na onda de movimentos pró-democracia, desencadeados em vários países árabes contra seus regimes ditatoriais, conhecida como Primavera árabe. Desde então, o país vem passando por uma guerra civil que adquiriu contornos de conflito étnico-religioso, ao opor os principais grupos que habitam o país. O presidente da Síria, ditador Bashar al-Assad, pertence ao grupo alauita (uma das vertentes do grupo islâmico xiita) e é apoiado por seus integrantes que representam apenas 10% da população. Outros grupos também minoritários apoiam o regime: os cristãos ortodoxos (10%) e os drusos (3%). Essas minorias foram privilegiadas durante a ditadura da dinastia Assad. Formaram o grupo social mais rico e preencheram os principais postos de comando do Estado sírio e do Partido Baath (partido único do regime). Em contraste, a maioria da população, formada por muçulmanos sunitas e curdos, representa mais de 70% da população do país e é socialmente discriminada.

MAIS INFORMAÇÃO

Entenda a guerra civil da Síria

"A República Árabe da Síria enfrenta, desde março de 2011, uma guerra civil que já deixou pelo menos 130 mil mortos, destruiu a infraestrutura do país e gerou uma crise humanitária regional. [...] Mais de 2 milhões deixaram o país em busca de refúgio em nações vizinhas, aumentando as tensões entre os países vizinhos. Outros 4,25 milhões de sírios tiveram que se deslocar dentro do país devido aos combates.

A situação sanitária se agrava, as organizações de ajuda não conseguem acesso a regiões inteiras do país, e a economia encolhe em meio aos combates.

[...] No início, a rebelião, localizada na cidade de Daraa, tinha um caráter pacífico, com a maioria sunita [...] e a população em geral reivindicando mais democracia e liberdades individuais [...]. Em um episódio na cidade, crianças que pichavam muros teriam sido presas e torturadas, o que gerou revolta popular.

Aos poucos, com a repressão violenta das forças de segurança, os protestos foram se espalhando pelo país e se transformando em uma revolta armada, apoiada por militares desertores e por grupos islamitas como a Irmandade Muçulmana, do Egito e radicais com o grupo Al-Nursa, uma 'franquia' da rede terrorista da Al-Qaeda, com o objetivo de derrubar o regime.

Assad se recusou a renunciar, mas fez concessões para tentar aplacar os manifestantes. Ele encerrou o estado de emergência, que durava 48 anos, fez uma nova Constituição e realizou eleições multipartidárias. Mas as medidas não convenceram a oposição, que continuou combatendo e exigindo sua queda.

A mediação de paz feita pela ONU [...] também vem fracassando. O regime argumenta que a rebelião é insuflada por terroristas internacionais, com elos com a rede Al-Qaeda, cujo objetivo é criar o caos, e que está apenas se defendendo para manter a integridade nacional.

Entre o fim de 2013 e o início de 2014, confrontos entre rebeldes islamitas e jihadistas do Estado Islâmico do Iraque e Levante (EIIL, ligado à Al-Qaeda) deixaram milhares de mortos.

Há a percepção, dentro e fora do país, de que os grupos jihadistas tentam 'tomar conta' da revolta, o que dificulta a tomada de posição do Ocidente. O conflito se generalizou pelo país e tem sido marcado por derrotas e vitórias militares dos dois lados, e pelo grande número de mortes.

A fragmentada oposição síria tenta se organizar para uma possível tomada de poder, mas queixa-se de falta de apoio das potências ocidentais, que se mostram reticentes em entrar no campo de batalha.

A guerra civil síria reviveu as tensões da Guerra Fria entre Ocidente e Oriente, por conta do apoio da Rússia ao regime sírio. Desde o início do conflito em março de 2011, os EUA se limitam, oficialmente, a oferecer apoio não letal aos rebeldes e a fornecer ajuda humanitária. [...] A Rússia, que tem interesses econômicos e estratégicos na região, é a principal aliada do governo sírio. China e Irã também são importantes aliados do presidente sírio Assad. Ele também tem apoio do movimento xiita libanês Hezbollah."

Entenda a guerra civil da Síria. *G1*, 21 ago. 2013. Disponível em: <http://g1.globo.com/revolta-arabe/noticia/2013/08/entenda-guerra-civil-da-siria.html>. Acesso em: 15 mai. 2014

Arábia Saudita e Turquia: aliados ocidentais

Antes da descoberta do petróleo, a Arábia Saudita vivia da agricultura de subsistência e da renda obtida com as peregrinações às cidades de Meca e Medina, principais centros religiosos do islamismo.

No ano de 1922, os ingleses iniciaram pesquisas geológicas em território saudita para encontrar petróleo. Em 1926, a família Saud (monarquia que governa o país) deu a concessão para a exploração do petróleo à empresa estadunidense Gulf Oil. Essa empresa vendeu a concessão à Aramco, cartel petrolífero que ainda hoje opera no país, mas apenas para o trabalho técnico, pois a maior parte da exploração pertence à própria Arábia Saudita.

A fortuna obtida com o petróleo é utilizada, entre outras coisas, para "comprar" a tranquilidade do país. Seu apoio à causa palestina custou alguns milhões de dólares. Durante a década de 1980, emprestou mais alguns milhões de dólares ao Iraque e enviou outros milhões de dólares à Jordânia para ajudá-la a amenizar sua crise econômica.

A Arábia Saudita procura, portanto, ter um bom relacionamento com o mundo árabe, uma vez que os mais radicais, como a maioria dos jordanianos, palestinos e parte dos iraquianos, acusam-na de adotar uma linha política pró-Ocidente.

Essas acusações aumentaram em 1991, com o apoio dado pelo governo da Arábia Saudita aos Estados Unidos contra o Iraque, durante a Guerra do Golfo.

Os Estados Unidos, por exemplo, importam mais de 1 milhão de barris de petróleo saudita por dia, e a Arábia Saudita é o principal mercado dos produtos estadunidenses no Oriente Médio. No entanto, a participação de vários cidadãos sauditas em atentados terroristas gerou uma situação delicada nas relações entre esses dois países.

Com 97% de seu território na Ásia (península da Anatólia) e 3% na Europa, a Turquia representa o encontro do Oriente com o Ocidente. Os estreitos de Bósforo e de Dardanelos e o mar de Mármara, que separam a porção europeia da asiática, são estrategicamente importantes, pois ligam o mar Negro, que banha vários países da Europa Oriental, inclusive a Rússia, ao mar Mediterrâneo.

Cerca de um terço da população economicamente ativa (PEA) ainda se dedica a atividades primárias. A partir dos anos 1980 e, sobretudo, 1990, a atividade industrial vem se desenvolvendo, especialmente o setor de bens de consumo e siderurgia. O turismo é outra atividade significativa.

A capital da Turquia é Ancara (parte asiática), mas a cidade mais populosa é Istambul (parte europeia). Na fotografia, mesquita Azul em Istambul (2011).

Em razão das más condições de vida e da ausência de melhores perspectivas, milhares de turcos emigraram para a Europa Ocidental após a Segunda Guerra Mundial. Atualmente, eles contribuem para o aumento dos recursos da economia turca, remetendo anualmente grandes quantidades de divisas para suas famílias.

A Turquia entrou na Otan em 1952 e vem tentando ingressar na UE. Entretanto, os países que compõem a organização veem alguns obstáculos para esse ingresso: o relacionamento da Turquia com seus vizinhos, especialmente com a Síria; o tratamento dado aos curdos, entre outros.

Atividades

RETOME SEUS CONHECIMENTOS

1. O fim do império Turco-Otomano representou total independência do Oriente Médio? Explique.
2. Que ameaça o Irã representa para as potências ocidentais?
3. Para aliviar a disputa de terras no Oriente Médio, a ONU criou em 1947 um plano de partilha, estabelecendo a criação de territórios para dois povos. Responda às questões a seguir sobre esse fato no caderno.
   a) Quais povos e respectivas religiões estão relacionados com a proposta de partilha criada pela ONU em 1947?
   b) Como ficou a situação desses povos após 1949?
   c) Que novas mudanças ocorreram nas fronteiras da região em 1967?
   d) Qual mudança ocorreu em 1979?
   e) Qual a situação da população palestina do ponto de vista territorial?
4. Qual o motivo alegado pelos Estados Unidos para a invasão e a ocupação do Afeganistão após o 11 de setembro de 2001?

EXERCITE SEUS CONHECIMENTOS

5. Neste capítulo, você aprendeu que em Dubai, nos Emirados Árabes Unidos, o turismo já superou a renda do petróleo. Faça uma pesquisa sobre esse emirado e cite algumas de suas principais atrações turísticas.
6. A fotografia a seguir é do Muro das Lamentações, local mais sagrado para os judeus.

Fiéis (judeus) diante do Muro das Lamentações, em Jerusalém (2011).

Com base em pesquisa, explique por que esse local é tão importante para os judeus.

10 Japão e Tigres Asiáticos

PARA CONTEXTUALIZAR

Leia o trecho da reportagem a seguir.

Tsunami, inundação e o iPhone

"Boa parte da Tailândia está submersa. Em março [2011], a costa japonesa foi atingida pelo mais devastador *tsunami* em mil anos. Estamos falando de tragédias acima de tudo humanas. Mas, além da fragilidade da vida humana, esses desastres revelaram algo bem mais prosaico: a vulnerabilidade e a espantosa complexidade da cadeia mundial de suprimentos. [...]

A linha de montagem da Honda na Tailândia, onde a montadora fabrica quase 250 mil carros por ano, está fechada desde o dia 4 deste mês [outubro de 2011]. As perturbações vão bem além da simples montagem. A cadeia de suprimentos extraordinariamente complexa que existe na Ásia significa que materiais cruzam múltiplas fronteiras a caminho das lojas.

Os aparelhos da Apple, como o iPad e o iPhone, são produzidos no sul da China em uma fábrica controlada pela Hon Upai, de Taiwan. Mas dentro de cada um desses reluzentes aparelhos existem dezenas de componentes fabricados no Japão, em Taiwan, na Coreia do Sul, nos Estados Unidos e na Europa. [...]"

PILLING, David. *Folha de S.Paulo*, 30 out. 2011, p. B7.

ATIVIDADES

Converse com seus colegas e com seu professor.

1. De acordo com a reportagem, "a cadeia de suprimentos extraordinariamente complexa que existe na Ásia significa que materiais cruzam múltiplas fronteiras a caminho das lojas". Entre essas fronteiras, podemos mencionar as dos chamados Tigres Asiáticos — Cingapura, Coreia do Sul, Taiwan e Hong Kong —, países que alcançaram nas últimas décadas grande desenvolvimento industrial e crescimento econômico. Quais características desse conjunto de países você conhece?
2. O Japão tem feito muitos investimentos nos Tigres Asiáticos, bem como em outros países da região, que também vêm apresentando crescimento expressivo. Levante hipótese para justificar o interesse do Japão em relação a esses países.
3. A Tailândia, mencionada na reportagem, é considerada um "novo Tigre Asiático", assim como a Malásia, a Indonésia, as Filipinas e o Vietnã. Quais produtos do uso cotidiano de muitos brasileiros vêm desses países?

Aspectos socioeconômicos do Japão e dos Tigres Asiáticos

O Japão, a partir do fim da Segunda Guerra Mundial, transformou-se em exemplo de crescimento econômico, aumentando sua participação no comércio internacional de mercadorias. A partir dos anos 1960, essa situação de crescimento econômico e comercial expressivo passou a ocorrer também nos Tigres Asiáticos (países citados na seção **Para contextualizar**), como veremos adiante, guardadas as proporções e os papéis desses países na Divisão Internacional do Trabalho e na economia globalizada.

Observe a tabela.

IDH e outros indicadores do Japão, dos Tigres (exceto Taiwan*) e de outros países da Ásia-Pacífico

Países	IDH/Posição (2013)	Esperança de vida (anos) (2012)	Média de anos de escolaridade (2011)	RNB *per capita* (2012), (em dólares)[1]	População total (milhões) (estimativa em 2013)[2]
Japão	0,912 (10ª)	83,6	11,6	32.545	127,3
Cingapura	0,895 (18ª)	81,2	8,8	52.613	5,4
Hong Kong	0,906 (13ª)	83,0	10,0	45.598	7,2
Coreia do Sul	0,909 (12ª)	80,7	11,6	28.231	50,2
Malásia	0,769 (64ª)	74,5	9,5	13.676	29,8
Tailândia	0,690 (103ª)	74,3	6,6	7.722	66,2
Filipinas	0,654 (114ª)	69,0	8,9	3.752	96,2
Indonésia	0,629 (121ª)	69,8	5,8	4.154	248,5
Vietnã	0,617 (127ª)	75,4	5,5	2.970	89,7

[1] RNB = Renda Nacional Bruta
[2] Population Reference Bureau. *World Population Data Sheet, 2013.*
*Não há dados de IDH disponíveis para Taiwan, que apresentava em 2013 cerca de 23,4 milhões de habitantes e expectativa de vida de 79,0 anos. Apesar de haver ingressado na OMC em novembro de 2001, esse país ainda luta pelo seu reconhecimento internacional como Estado-nação, uma vez que foi obrigado a se retirar da ONU em 1971, com a entrada da República Popular da China na Organização.

Fonte: Relatório de Desenvolvimento Humano 2013

- Com base na tabela, responda às questões a seguir.

1. Em quais países o número de habitantes é superior a 90 milhões? Esses países apresentam níveis semelhantes de IDH?
2. Quais países apresentam os piores indicadores?

Há evidentemente diferenças significativas entre esses países, como se pôde perceber pela análise da tabela. O Japão é um país desenvolvido e forma, com os Estados Unidos, com a União Europeia e com a China, o principal centro de poder econômico do mundo. Ele é uma grande potência econômica, exportadora de mercadorias de alta tecnologia, sede de várias empresas multinacionais com filiais espalhadas pelo mundo inteiro, além de diversos centros de desenvolvimento de tecnologia avançada. Constitui também um dos principais centros das finanças globais.

Indústria de produtos eletrônicos na Coreia do Sul (2011).

Comparativamente ao Japão e também aos quatro Tigres, a Malásia, a Tailândia, a Indonésia, as Filipinas e o Vietnã — novos Tigres Asiáticos, conforme vimos na seção **Para contextualizar** — apresentam indicadores sociais bem inferiores. Esses cinco países vêm se industrializando recentemente, a partir dos anos 1980, e oferecem mão de obra extremamente barata, se comparada aos Tigres Asiáticos. Suas economias passam por um processo de diversificação, com aumento significativo nas exportações de bens industrializados. Mas ainda é grande a porcentagem de mão de obra empregada em atividades primárias, principalmente no setor agrário. São economias dependentes dos investimentos estrangeiros, sobretudo de capitais japoneses e dos Tigres.

Os Tigres apresentam indicadores sociais próximos aos dos países desenvolvidos, economia bastante diversificada e exportam grandes quantidades de bens industrializados, inclusive equipamentos de alta tecnologia. A Coreia do Sul conta com alguns importantes grupos empresariais multinacionais (LG, Samsung, Hyundai), que competem com grandes empresas multinacionais nos setores de eletroeletrônicos e de automóveis. No entanto, são economias dependentes de investimentos dos países centrais do sistema capitalista, especialmente do Japão. As crises econômicas que esses países enfrentaram na segunda metade dos anos 1990 foram uma amostra dessa dependência em relação ao centro do sistema financeiro internacional.

Apesar da diversidade, esses países apresentam uma característica comum: a economia está bastante orientada para o mercado externo, com grande capacidade de competição no mercado mundial. Isso se evidencia no grande volume de exportações. Esse dinamismo no comércio exterior fica ainda mais evidente se for levado em conta que, dos 25 portos mais movimentados do mundo em volume de carga no início do século XXI, 18 eram da região Ásia-Pacífico, sendo sete do Japão, quatro da Coreia do Sul, quatro da China, um de Cingapura, um de Hong Kong e um de Taiwan.

Outra característica comum importante no caso do Japão e dos Tigres é a forte presença do Estado na economia, que intervém para direcionar investimentos para setores empresariais que considera prioritários e que podem competir com vantagens no mercado internacional. Além de se preocupar com investimentos, o Estado desenvolve pesquisas e análises sobre o mercado internacional, elabora sistemas de organização empresarial, cria linhas de produtos e promove o desenvolvimento tecnológico, com o objetivo de apoiar as empresas privadas.

Porto na Coreia do Sul (2010).

Os sistemas de organização das empresas desses países, sobretudo do Japão, passaram a servir de modelo para programas de reestruturação de empresas do mundo inteiro.

Embora os investimentos japoneses estejam distribuídos por todo o mundo, boa parte deles está concentrada no Sudeste e no Leste da Ásia.

O capital japonês foi fundamental para o crescimento econômico desses países asiáticos. Coreia do Sul, Taiwan, Cingapura e Hong Kong recebem investimentos japoneses há mais de 30 anos. Desde a década de 1980, as grandes empresas do Japão têm investido em países da região que se encontram em processo de industrialização, como Malásia, Indonésia, China, Tailândia e até mesmo Vietnã.

A expansão dos investimentos das empresas japonesas para outros países da Ásia faz parte do contexto da globalização, caracterizado por um aumento da concorrência internacional. Essas empresas buscam diminuir o custo de produção, utilizando uma mão de obra mais barata oferecida por diversos países do Leste e Sudeste asiático.

Japão: grande potência industrial

Até 1868 o Japão era um país feudal (xogunato) e agrícola. A partir desse ano (início da era Meiji), foi restaurado o poder imperial, e teve início um rápido processo de desenvolvimento econômico e de transformações na sociedade japonesa. A industrialização, o combate ao analfabetismo e os investimentos em infraestrutura foram a base da modernização do país. Esse período durou até 1912.

Na era Meiji efetuou-se o processo de ruptura com o passado feudal, estabelecendo-se uma estrutura de produção e relações sociais capitalistas.

A partir dessas mudanças, o Japão deu início a um período de expansionismo imperialista, que se estendeu até a Segunda Guerra Mundial.

O militarismo e o nacionalismo foram características importantes dessa fase do capitalismo japonês, adotados pela necessidade de defender a identidade nacional, de conquistar mercados externos e de garantir fornecimento de matérias-primas, ampliando sua influência no Extremo Oriente.

No fim da Segunda Guerra, os japoneses haviam sido derrotados e o país estava com sua infraestrutura e capacidade produtiva em boa parte desestruturadas.

No entanto, graças a um conjunto de fatores, o Japão atingiu uma vigorosa recuperação econômica, que o elevou ao posto de segunda potência econômica mundial. Dentre esses fatores, podemos destacar:

- a mão de obra barata e abundante, que se submetia a longas jornadas de trabalho;
- o grande valor que se tem pelo trabalho em grupo (o coletivo é valorizado; o individual, desprezado);
- os fortes investimentos em educação, inclusive qualificação de mão de obra;
- o amparo do Estado à economia, com forte apoio às empresas privadas;
- a adoção de uma política econômica protecionista, que mantinha (e, de certa forma, ainda mantém) impostos de importação elevados, com o objetivo de proteger a indústria nacional (essa proteção também é grande no setor agrícola, especialmente no caso da produção de arroz);
- a enorme capacidade de poupança interna, que fez do país um dos maiores investidores nacionais;
- o auxílio financeiro-econômico dos Estados Unidos, que estavam preocupados com a possibilidade de um avanço do socialismo no Extremo Oriente.

Fonte: ÍSOLA, Leda; CALDINI, Vera. *Atlas geográfico Saraiva*. São Paulo: Saraiva: 2009. p. 143.

O aproveitamento do espaço

O Japão é constituído por um arquipélago vulcânico, situado no oceano Pacífico (Extremo Oriente).

Esse arquipélago compreende cerca de 3,4 mil ilhas de vários tamanhos, que se estendem paralelamente ao litoral oriental da Ásia na forma de um grande arco.

Quatro ilhas do arquipélago japonês apresentam grandes dimensões, correspondendo a 97% do território do país:

- Honshu, a maior delas (230.822 km^2), abriga a capital do país, Tóquio;
- Hokkaido (83.519 km^2) é a mais setentrional;
- Kiushu (42.030 km^2) situa-se ao sul de Honshu;
- Shikoku, a menor destas ilhas (18.780 km^2), situa-se entre Honshu e Kiushu.

Estas imagens mostram uma área da cidade japonesa de Myiako em dois momentos: à esquerda, sendo devastada pelo *tsunami* em 11 de março de 2011, e à direita, quase um ano depois, em 16 de janeiro de 2012.

De modo geral, suas ilhas são resultantes do vulcanismo ocorrido no fundo do Pacífico em tempos geológicos recentes (há menos de 200 milhões de anos). O vulcanismo e o tectonismo continuam ativos no Japão, provocando, em algumas ocasiões, terremotos de grande intensidade e de graves consequências materiais e humanas, como o ocorrido em Kobe, em janeiro de 1995, que causou a morte de mais de 5 mil pessoas e atingiu 7,2 pontos na escala Richter, além do trágico terremoto, seguido de *tsunami*, ocorrido no dia 11 de março de 2011.

A questão demográfica

O Japão é um dos países mais populosos do mundo. Em 2013, tinha cerca de 127,3 milhões de habitantes.

Com uma pequena extensão territorial, sua densidade demográfica é, consequentemente, bastante elevada (337 hab./km²).

A população japonesa concentra-se principalmente nas planícies de Tóquio, Nagoya e Osaka, chegando a atingir mais de mil habitantes por quilômetro quadrado em alguns trechos.

Na faixa compreendida entre Tóquio e Kobe (no centro-sul da ilha de Honshu), ocorre a maior aglomeração urbana do mundo, com mais de 70 milhões de habitantes. Nessa região estão as três principais áreas conurbadas do território japonês: Tóquio, com 31 milhões de habitantes (inclusive Yokohama); Nagoya, com 8 milhões; e Osaka, com 16 milhões (inclusive Kyoto e Kobe).

Japão – Distribuição populacional (2000)

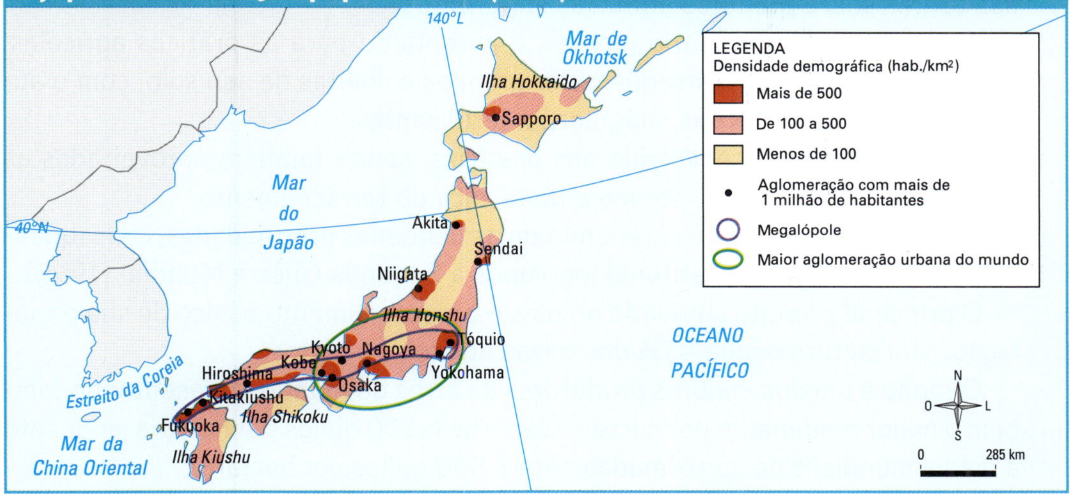

Fonte: ÍSOLA, Leda; CALDINI, Vera. *Atlas geográfico Saraiva*. São Paulo: Saraiva, 2004. p. 97; MATHIEU, Jean Louis (dir.). *Geographie* 3ʳᵉ S. Paris: Nathan, 2004. p. 202 e 219.

A redução da natalidade e o envelhecimento populacional

Há décadas o Japão vem apresentando taxas de crescimento demográfico muito baixas e em declínio: 1,2% no período de 1965 a 1975; 0,8% no de 1975 a 1985; e 0,4% entre 1985 e 1995. Atualmente essa taxa está próxima de zero.

Com uma taxa de fecundidade de apenas 1,39 filho por mulher, o governo japonês chegou a desenvolver campanhas de incentivo à natalidade, sem obter resultados satisfatórios.

Hotel cápsula no Japão (2008).

Para os casais jovens, os custos de moradia e educação dos filhos representam um peso econômico. A escassez de terras no Japão ocasionou uma grande elevação dos preços de imóveis, obrigando as famílias jovens a alugar ou comprar apartamentos minúsculos.

Por causa da falta de espaço, existem hotéis em Tóquio que, em vez de quartos, oferecem cubículos aos seus hóspedes. Levando em conta o aspecto econômico, muitos executivos optam pelos cubículos, que dispõem de cama, espelho, televisão e despertador.

O envelhecimento da população japonesa é outro aspecto que preocupa as autoridades. Em 2013, a expectativa de vida no Japão era de aproximadamente 84,2 anos. Nesse mesmo ano, cerca de 25% da população tinha mais de 65 anos de idade. Em decorrência, há uma elevação dos gastos sociais (previdência e saúde).

Se a situação de baixa fecundidade persistir, o governo japonês estima que haverá uma redução de 14% no número de habitantes do país até 2050. No entanto, como a esperança de vida é alta, cerca de um terço dos japoneses terá, nesse mesmo ano, mais de 65 anos.

Atividades econômicas

A agropecuária e a pesca

A política agrícola japonesa, apesar das pressões internacionais, é marcada pelos subsídios aos agricultores, por limitação das importações e pelas elevadas tarifas sobre produtos agrícolas importados.

Apenas 16% do território japonês é apropriado para as práticas agrícolas. Apesar disso, o Japão consegue obter grandes colheitas de seu solo, com o auxílio de técnicas modernas, máquinas e fertilizantes.

A agricultura é desenvolvida nas planícies, sendo também aproveitadas as encostas das montanhas, por meio da técnica do terraceamento.

No espaço rural japonês predominam as pequenas propriedades, consequência da reforma agrária instituída logo após a Segunda Guerra Mundial (1946).

O principal produto cultivado no país é o arroz, alimento básico de sua população. Sua cultura ocupa 45% das terras agrícolas.

O Japão é um dos maiores produtores de arroz do mundo, apresentando também o maior rendimento por hectare (cerca de 6.500 quilos por hectare, enquanto a média mundial é de aproximadamente 3.800 quilos por hectare).

Japão — Agropecuária e pesca (início do século XXI)

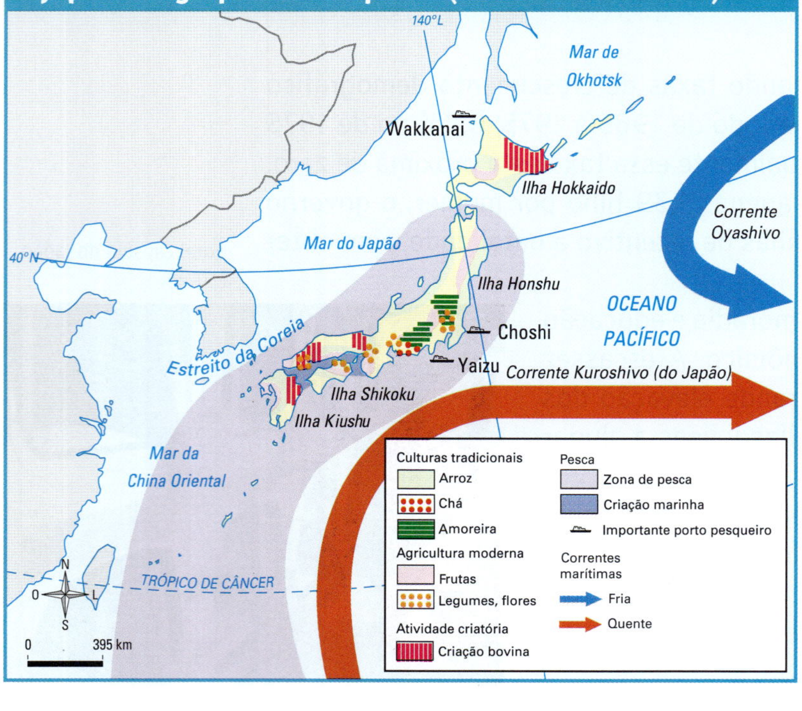

Fonte: ÍSOLA, Leda; CALDINI, Vera. *Atlas geográfico Saraiva*. São Paulo: Saraiva, 2005. p. 102.

Além do arroz, cultivam-se o chá, o algodão, a soja, a cana-de-açúcar e o trigo.

Apesar da elevada produtividade, o Japão não é autossuficiente, dependendo da importação de diversos produtos como trigo, açúcar, milho e soja.

O Japão é o primeiro produtor mundial de pescado, sendo considerado o país mais desenvolvido tecnologicamente no setor. Navios-fábricas percorrem milhares de quilômetros de mares em busca de pescado.

As correntes marinhas Oyashivo e Kuroshivo beneficiam a produção pesqueira japonesa, que gira em torno de 10 milhões de toneladas de pescado ao ano. Para o progresso da atividade e a reprodução de espécies em via de extinção, o Japão vem desenvolvendo a criação de peixes em viveiros e a cultura de algas e ostras.

Barco pesqueiro japonês (2011).

Extrativismo

Parte da cobertura vegetal do Japão é aproveitada para exploração da madeira (construção, fabricação de papel) e geração de energia. A exploração é controlada pelo governo, que incentiva o reflorestamento.

Em virtude da grande demanda interna, o Japão importa madeira de vários países do globo, especialmente da Indonésia e do Brasil, sendo um dos maiores importadores de madeira tropical do mundo.

Quanto ao **extrativismo mineral**, seus recursos são escassos, necessitando importar praticamente todas as matérias-primas essenciais ao desenvolvimento de sua atividade industrial, tais como: petróleo, carvão, minério de ferro, cobre, níquel e bauxita.

Indústria

Em 1868, o país começou a se modernizar, construindo os alicerces de seu processo de industrialização. Nessa ocasião, o governo estimulou a formação dos **zaibatsus**, grandes conglomerados industriais (familiares), verdadeiros impérios com alto poder de competição (Mitsubishi, Sumitomo, Matsushita etc.).

Logo após a Segunda Guerra Mundial, os *zaibatsus*, que haviam contribuído também para a grande concentração de riquezas nas mãos de poucas pessoas, tiveram seu poder drasticamente reduzido; membros das famílias desses impérios e seus principais executivos perderam vez na vida pública, e a maior parte de suas propriedades passou para o domínio do governo. Entretanto, muitas das grandes companhias que compunham os *zaibatsus* continuaram a existir e tiveram um papel importante na reconstrução do país no pós-guerra.

As inovações produzidas no processo de fabricação também foram de grande importância para a transformação do Japão em uma potência industrial. Com o objetivo de reduzir custos, ciclos de produção e prazos, priorizando a qualidade dos produtos, desenvolveu-se uma nova organização da produção: o toyotismo.

Esse sistema, que você já conheceu no 8º ano, teve origem em meados do século XX na indústria automobilística Toyota. Nas relações de trabalho, os empregos vitalícios, característicos desse sistema, foram responsáveis por uma mão de obra comprometida e dedicada ao sucesso da companhia, capaz de sacrifícios como longas jornadas de trabalho e poucos dias de férias ao ano.

O toyotismo despertou grande interesse no plano internacional pela sua gestão de estoque baseada no método *just-in-time* (tempo justo, real). Por meio dele, elimina-se a necessidade de estoques de matérias-primas (peças) e de mercadorias acabadas pelas companhias, em geral montadoras.

Nesse sistema, boa parte da produção de peças e equipamentos é feita por empresas situadas no entorno da montadora — os fornecedores ou empresas subcontratadas. A matéria-prima que entra na montadora corresponde à quantidade de produtos que serão fabricados, de acordo com o pedido dos compradores, o que exige grande cooperação e integração entre a empresa e seus fornecedores. Outro aspecto do toyotismo é a forte automação do processo de produção, ocorrida, sobretudo, a partir dos anos 1970 e 1980, com a introdução de diversos tipos de robôs.

No entanto, é preciso ressaltar os aspectos negativos, particularmente para os trabalhadores, nesse sistema, como o fato de as empresas subcontratadas pagarem salários mais baixos e exigirem mais horas de trabalho.

Montadora de veículos no Japão, com uso de robôs (2010).

As novas estratégias produtivas do Japão levaram esse país a se tornar uma potência industrial, disputando com os Estados Unidos a liderança na fabricação de produtos como automóveis, eletrônicos, máquinas industriais e robôs. O país obteve, principalmente nos anos 1980, um período de grande acúmulo de capitais, graças aos superávits (saldos positivos) de sua balança comercial e à poupança expressiva de sua população, que transformou o país em uma poderosa fonte de investimento, uma potência financeira.

No fim dos anos 1990, a economia japonesa entrou em recessão, isto é, diminuiu seu ritmo por causa do colapso de alguns bancos (que emprestaram dinheiro de retorno duvidoso para muitas empresas), da elevação do déficit (saldo negativo) do orçamento do governo e da queda na rentabilidade das empresas mais fracas, que contribuiu para o aumento do desemprego no país.

Ainda no início do século XXI, com a migração de fábricas globais para países que ofereciam mão de obra mais barata, a estagnação do consumo interno, o elevado déficit público e as dificuldades para dinamizar setores ligados ao terciário mais moderno (consultoria, produção de *software*, publicidade, atividades ligadas à internet), entre outros, o Japão passou por um período de recessão em sua economia, com baixo crescimento e nível de desemprego próximo de 5%.

Mesmo assim, o Japão continua a ser um dos maiores investidores do mundo, com patrimônio no exterior de aproximadamente 1 trilhão de dólares.

Diversificação e distribuição espacial da indústria

No Japão, onde o parque industrial é amplamente diversificado, destacam-se as seguintes indústrias:

- siderúrgica e metalúrgica, com grandes estabelecimentos localizados próximo da zona carbonífera de Kiushu; embora importem matérias-primas, superam a produção de aço de vários países europeus;
- de construção naval (primeiro produtor mundial), com grandes e modernos estaleiros situados em Nagasaki e ao redor do porto de Kobe;
- têxtil, cujo principal produto é a seda (primeiro produtor mundial), seguida pelas fibras artificiais e sintéticas;
- eletroeletrônica, que é competitiva e das mais modernas do mundo, respondendo por cerca da metade das exportações de produtos eletrônicos e eletrodomésticos do mundo (fornos de micro-ondas, televisores etc.);
- automobilística, cujos veículos, produzidos a baixo custo, são modernos e conquistaram parte dos mercados norte-americano e europeu, além de diversos países da própria Ásia e da América Latina.

A robotização da atividade industrial atinge no Japão o índice mais elevado do mundo.

Observe o mapa.

Japão - Recursos minerais e atividade industrial (início do século XXI)

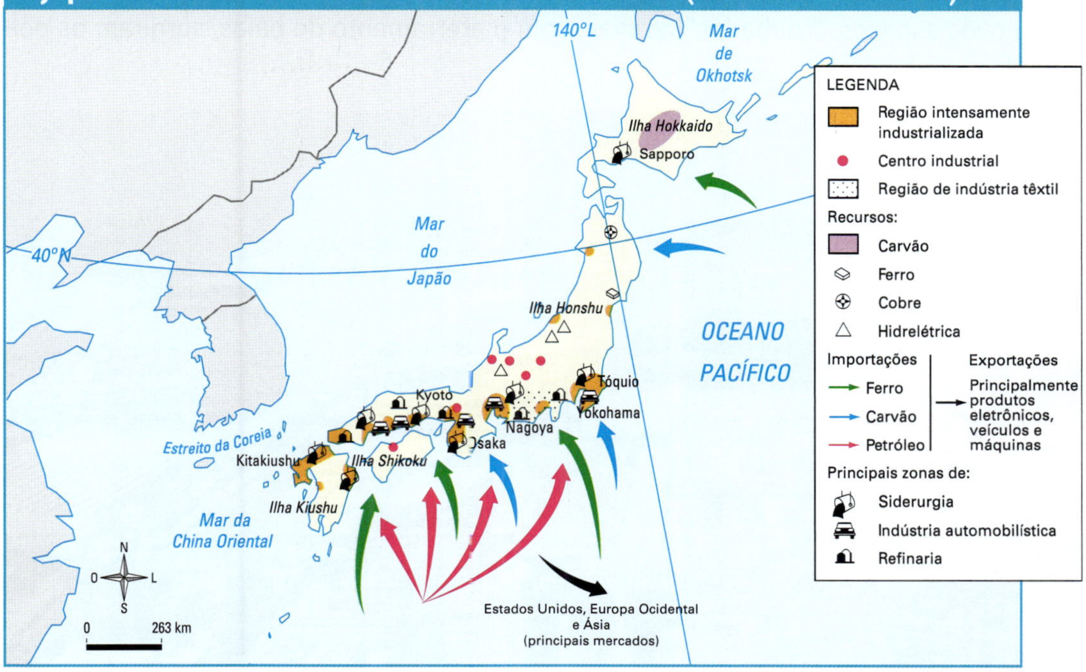

Fonte: *Histoire/ Géographie (initiation économique)*. Paris: Bordas, 1987. p. 281; BOUVE, Christian. *Géographe Tales*. Paris: Hachette Éducation, 1998, p. 146 e 159; ÍSOLA, Leda; CALDINI, Vera. *Atlas geográfico Saraiva*. São Paulo: Saraiva, 2005. p. 97.

- Com base nas informações do mapa e no que você aprendeu, responda às questões a seguir.

1. Em quais regiões do território japonês está localizada a maioria das indústrias?
2. O país é autossuficiente na produção de matérias-primas minerais e fontes energéticas?

O parque industrial mais importante do país situa-se entre Tóquio e Yokohama, onde se concentram aproximadamente 33% da produção de manufaturados do país e quase 60% da produção de automóveis e materiais elétricos.

MAIS INFORMAÇÃO

Protocolo de Kyoto

Em junho de 2002, o Japão havia ratificado o Protocolo de Kyoto, acordo entre países para diminuir a emissão de gases na atmosfera. O país é responsável pelo lançamento de 7,5% dos gases do efeito estufa do planeta. Entretanto, na prorrogação do protocolo até 2020, o Japão decidiu não participar, alegando que os países emergentes, grandes poluidores, também deveriam fazê-lo.

Outra área industrial importante é a situada na cidade de Osaka, onde se destacam principalmente as indústrias têxteis.

As indústrias modernas instalaram-se no litoral, desfrutando uma situação territorial privilegiada, pois podem se utilizar dos portos, já que o Japão é grande importador de matérias-primas minerais e exportador de bens industrializados.

Em razão do contínuo crescimento das cidades, das indústrias e dos portos, as regiões litorâneas foram totalmente ocupadas, uma vez que as montanhas dificultam a expansão para o interior. Para solucionar o problema, os japoneses criaram novos espaços, "roubados" do mar. Com o aterramento de baías, surgiram os pôlderes industriais.

Pôlder industrial em Osaka, Japão (2009).

Tigres Asiáticos

Entre os anos 1960 e meados da década de 1990, nenhum local do mundo teve crescimento econômico tão expressivo como o apresentado por alguns países do Leste e Sudeste da Ásia. Na liderança desse crescimento estão Taiwan, Cingapura, Coreia do Sul e Hong Kong — os quatro Tigres Asiáticos.

As exportações dos quatro Tigres passaram de 2 bilhões de dólares, em 1960, para mais de 240 bilhões, em 1990. Em 2012, o valor de suas exportações atingiu 1,72 trilhão de dólares.

Em suas pautas de exportações predominam os produtos eletroeletrônicos (televisores, videocassetes, DVDs, aparelhos de som, fornos de micro-ondas), equipamentos para computadores e para telecomunicações, tecidos sintéticos, roupas, plásticos e veículos.

O crescimento econômico dos Tigres Asiáticos foi alicerçado no estreito relacionamento entre as empresas privadas e o governo, que oferecia proteção ao mercado interno, por meio de impostos elevadíssimos para os produtos importados. Além disso, o governo ofereceu grandes incentivos às exportações, adotou estratégias para atrair investimentos externos, investiu maciçamente na educação e na qualificação da mão de obra.

A mão de obra barata, se comparada à dos países desenvolvidos, foi um grande atrativo para que empresas multinacionais, principalmente japonesas, se instalassem nesses países.

O processo de desenvolvimento dos Tigres Asiáticos se deu sob regimes políticos ditatoriais, com exceção de Hong Kong. Assim, liberdade de imprensa e de expressão e eleições para governantes não faziam parte do dia a dia dos habitantes desses países.

Crise e retomada do crescimento

Observe o gráfico.

Variações anuais do PIB (em %) — 1995-2012

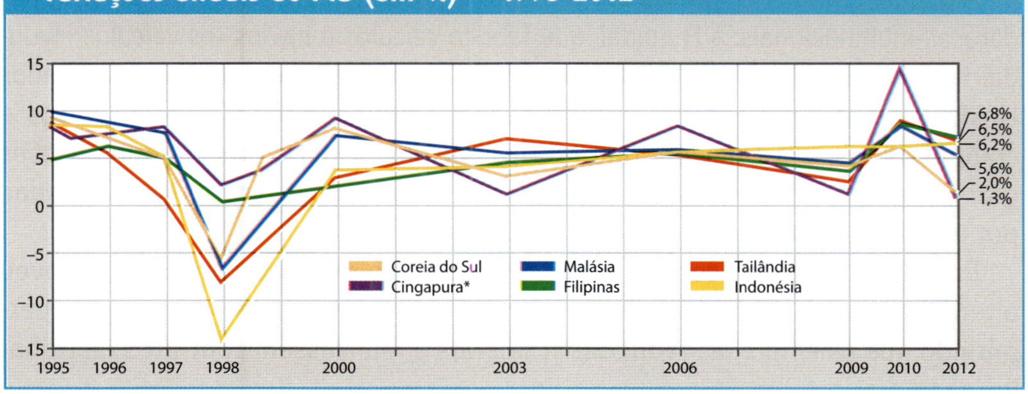

*Em 2003, o ritmo de crescimento em Cingapura foi fortemente abalado pela ocorrência de centenas de casos da Síndrome Respiratória Aguda Grave (*Sars*, iniciais em inglês). A atividade turística foi a mais afetada, pois os turistas temiam o risco de contágio.

Fonte: *The Economist*. Em: *Época*. 30 ago. 1999. p. 107; *L'État du monde*, 2009; *The World Factbook*, 2013.

- Com base nas informações do gráfico e no que você aprendeu, responda.

1. Quais grupos de países são apresentados no gráfico?
2. O que deve ter ocorrido entre os anos 1997 e 1998?

Tigres Asiáticos e Novos Tigres

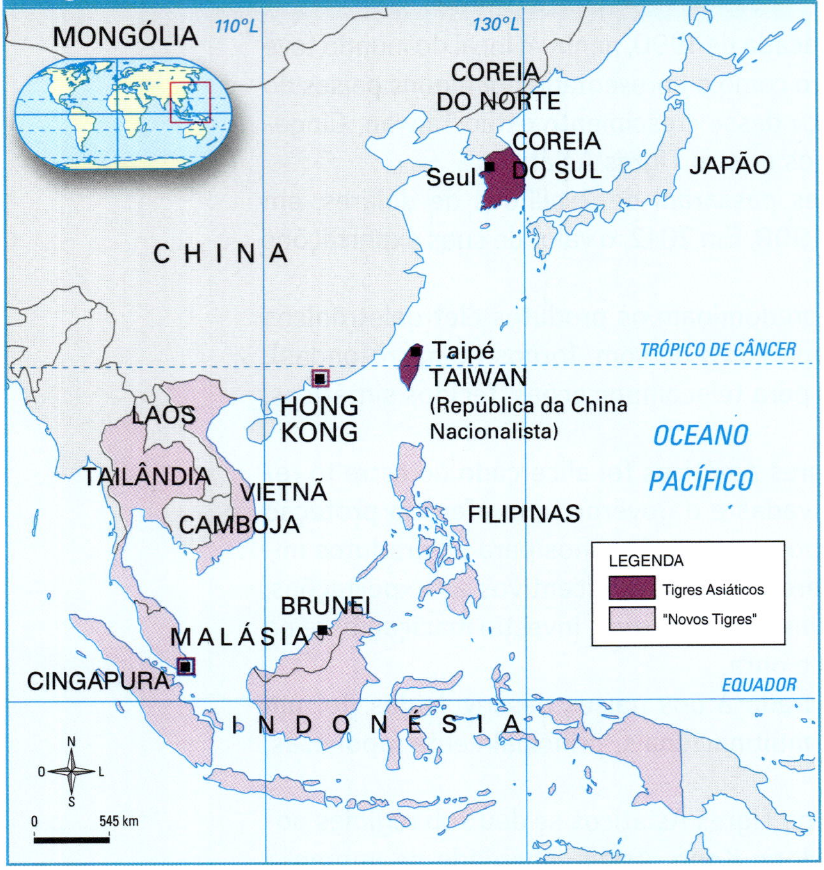

Fonte: ÍSOLA, Leda; CALDINI, Vera. *Atlas geográfico Saraiva*. São Paulo: Saraiva, 2009. p. 130 (adaptado).

Após apresentarem uma relativa desaceleração no crescimento econômico no início dos anos 1990, os Tigres acabaram mergulhando em uma profunda crise na segunda metade da década de 1990.

Apesar disso, não se deve desprezar o espetacular crescimento dessas economias. Foram mais de 30 anos (meados da década de 1960 a 1997) de conquistas de mercados mundiais que promoveram um aumento em torno de 700% do PIB dos Tigres.

A ocorrência da crise é explicada por uma série de fatores, entre eles o crescimento do endividamento de curto prazo dos países e das empresas; o aumento crescente e irreal do preço dos imóveis; a desaceleração da economia global em 1996, que provocou queda nas exportações e levou as indústrias a reduzir bastante sua produção.

No entanto, já no fim do século XX, os Tigres retomaram um ritmo de crescimento mais acelerado.

Coreia do Sul

Os principais produtos exportados pela Coreia do Sul são: veículos, calçados, roupas, tecidos, chapas de aço e produtos eletrônicos.

Algumas grandes empresas sul-coreanas (*chaebols*) constituem atualmente poderosas multinacionais: a Hyundai, que fabrica veículos e navios (os veículos Hyundai tiveram, na década de 1980, suas vendas aumentadas em 400% nos Estados Unidos); a Samsung e a LG, que produzem equipamentos eletroeletrônicos e computadores; e a Daewoo, que fabrica veículos. Com a crise, alguns desses grandes grupos industriais coreanos faliram ou tiveram de se fundir. A Hyundai, por exemplo, comprou a Kia e a Asia Motors.

Em razão da crise econômica de 1997-1998, o governo coreano promoveu alterações na legislação trabalhista, pondo fim à estabilidade no emprego e permitindo que as empresas reduzissem salários e realizassem contratos de trabalho temporário.

Isso ocasionou uma série de protestos e greves pela classe trabalhadora. A maior facilidade para demissões foi uma das imposições do FMI para liberar empréstimo de ajuda ao país, argumentando que tal prática possibilitaria reduzir custos. O organismo também exigiu que fosse permitido ao capital estrangeiro adquirir mais de 50% das ações de qualquer empresa coreana.

MAIS INFORMAÇÃO

Investimento coreano no Brasil sobe 213% em 2011

Foram US$ 608 mi até julho, o que deixa país entre os 10 maiores investidores

"Gigantes como Hyundai e Samsung ampliam produção e entram em setores de estaleiros, *tablets* e máquinas.

Metódico como o empresário japonês e ousado como o chinês. É assim que advogados e consultores do setor corporativo definem o perfil do empreendedor coreano, que tem aumentado a presença no Brasil.

O IED (Investimento Estrangeiro Direto) da Coreia do Sul no Brasil de janeiro a julho de 2011 mais que triplicou em relação ao verificado no mesmo período de 2010. Saltou de US$ 194 milhões para US$ 608 milhões, um aumento de 213,4%.

O Tigre Asiático ficou entre os dez países que mais investiram no país neste ano até julho. Um ano antes, estava na distante 21ª colocação. [...]."

EM ALTA

Cresce investimento da Coreia do Sul no Brasil

Investimento direto coreano em US$ milhões

De jan. a jul.

Investimento direto no Brasil em 2011 em US$ milhões

De jan. a jul.

1º	Holanda	12.702
2º	EUA	5.434
3º	Espanha	5.367
4º	Japão	4.994
5º	Reino Unido	2.040
6º	Coreia do Sul	608

Fonte: *Folha de S.Paulo*, 24 ago. 2011, p. B1.

Taiwan

Em 1949, com a formação da República Popular da China, o líder do partido Kuo-Min-Tang, Chiang Kai-shek, acompanhado de várias divisões do exército nacionalista, atravessou o estreito de Formosa e estabeleceu na ilha de Taiwan a República da China Nacionalista.

Uma das primeiras medidas adotadas por Chiang Kai-shek foi promover a reforma agrária, dividindo as terras em pequenas propriedades. A política posta em prática em Taiwan fundamentou-se nos "Três Princípios Básicos do Povo", de Sun Yatsen (líder da revolução que derrubou a Monarquia na China): distribuição equilibrada da riqueza, melhor utilização da terra e melhores condições para o povo.

A China considera Taiwan uma província rebelde e não a reconhece como Estado-nação (país). As hostilidades entre ambas existem desde a Revolução Socialista na China continental. A entrada de Taiwan na Organização Mundial do Comércio, em novembro de 2001, deu-se como território, não como país.

Apesar de haver ingressado na OMC, esse país ainda luta pelo seu reconhecimento internacional como Estado-nação, uma vez que foi obrigado a se retirar da ONU em 1971, com a entrada da República Popular da China na organização.

Além da indústria eletroeletrônica, destaca-se a indústria de computadores, de produtos de matéria plástica e o setor petroquímico (terceiro da Ásia). Taiwan dispõe também de três usinas nucleares.

Cingapura

Situado entre o estreito de Málaca (oeste) e o estreito de Cingapura (sudeste), que ligam os oceanos Índico e Pacífico, o país situa-se em uma área geográfica estratégica, pois está no percurso de rotas marítimas que ligam a Europa ao Extremo Oriente, à Indonésia e à Austrália. Sua localização tornou-se ainda mais importante a partir do fim do século XIX, com a abertura do canal de Suez.

Vista da cidade de Cingapura, importante centro financeiro do país (2010).

Atualmente Cingapura é uma república parlamentarista, mas há apenas um partido político no país. Seu sistema político é extremamente fechado. Há uma censura bastante rigorosa à imprensa, bem como severos regulamentos para manter a disciplina, e, se alguém os viola, recebe punição. Quem joga sujeira na rua ou não dá descarga ao utilizar banheiros públicos recebe multa. Quem danifica propriedades alheias ou públicas é punido com chibatadas.

O comércio exterior de Cingapura é muito expressivo. Seus produtos de exportação são basicamente derivados de petróleo (conta com um dos maiores centros de refinação do mundo), borracha natural e maquinaria elétrica. Seu porto é o maior da Ásia e um dos mais movimentados do mundo.

Hong Kong

Hong Kong, território chinês que permaneceu entre 1842 e 1997 sob a administração colonial do Reino Unido, tem o *status* de Região Administrativa Especial da China. Suas características socioeconômicas atuais são resultado de um processo histórico marcado pelo desenvolvimento da economia de mercado, com uma integração muito forte ao sistema capitalista internacional e ao Leste e Sudeste da Ásia. O sistema socioeconômico capitalista de Hong Kong será mantido até 2047, conforme acordo de devolução firmado entre Reino Unido e China.

Atualmente, Hong Kong é um dos maiores centros financeiros do mundo, contando com cerca de 140 grandes bancos e sedes de várias empresas multinacionais. Esse setor é responsável por 80% de toda a renda gerada no país. O porto de Hong Kong é um dos maiores do mundo.

MAIS INFORMAÇÃO

1997: Hong Kong é reincorporado à China

"O grande problema que a China enfrenta é a forma de administrar o território, incorporado em 1º de julho de 1997 com o nome de Região Administrativa Especial de Hong Kong. A China comprometeu-se a respeitar a economia de mercado sob o mesmo lema que propõe para Taiwan: 'um país, dois sistemas', garantindo a permanência de várias instituições políticas por 50 anos, mas reservando-se o controle da defesa externa e da diplomacia. Apesar disso, a incorporação não é algo fácil: Hong Kong é uma das mais importantes praças financeiras do mundo e agora está sob a soberania do Partido Comunista Chinês. [...] O fato é que Hong Kong manteve seu dinamismo econômico e sua 'liberdade' de mercado, mas passou a responder politicamente ao governo de Pequim."

MAO JR., José; SECCO, Lincoln. *A revolução chinesa: até onde vai a força do dragão*. São Paulo: Scipione, 1998. p. 82-83.

Os Novos Tigres

Os Novos Tigres, como vêm sendo chamados Malásia, Tailândia, Indonésia, Filipinas e Vietnã, oferecem, além da mão de obra barata, outros atrativos às empresas multinacionais: isenção de impostos, concessão de terrenos, investimento em infraestrutura (energia, meios de transporte, portos, comunicações) e grandes incentivos às exportações.

Muitas empresas que empregam relativa quantidade de mão de obra na montagem de produtos, como televisores, rádios, brinquedos, aparelhos de som, computadores, e também empresas do setor têxtil, consideram altos os salários pagos nos quatro Tigres. Dessa forma, buscam a mão de obra extremamente barata dos Novos Tigres e da China.

No Vietnã, por exemplo, já se instalaram 50 bancos estrangeiros, entre eles o Citibank e o Bank of America; empresas como a Coca-Cola, a Xerox, a Sony e a General Electric, além de outras do setor automobilístico, como BMW, Mitsubishi, Daimler-Benz, Toyota, Ford e a coreana Daewoo.

Outro aspecto interessante nesse processo de transformação dos Novos Tigres é o grande volume de investimentos proveniente dos quatro Tigres. Nos anos 1990, na liderança dos investimentos no Vietnã estavam Taiwan, Hong Kong, Cingapura e Coreia do Sul.

Funcionários em fábrica de bolsas, Vietnã (2008).

Atividades

RETOME SEUS CONHECIMENTOS

1. Observe o mapa.

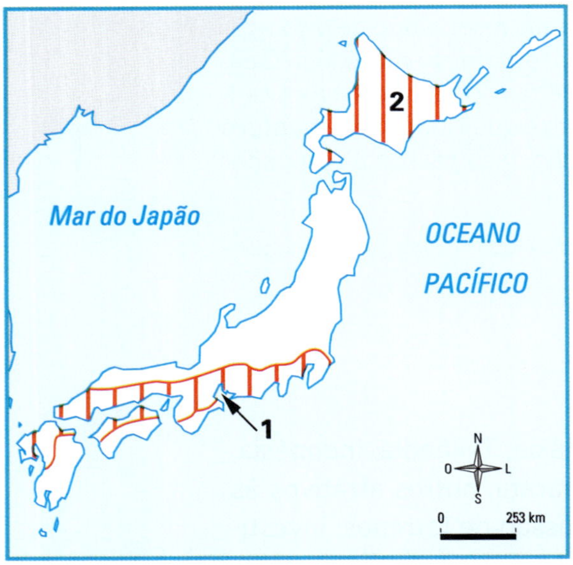

Fonte: *Atlas 2000. La France et le monde*. Paris: Nathan, 1999. p. 86 (adaptado).

Resolva as questões a seguir.

a) Estabeleça uma comparação entre as áreas 1 e 2 destacadas no mapa, considerando os aspectos humanos e econômicos.

b) O número 1 no mapa corresponde a quais ilhas? E o número 2?

2. O Japão é um dos maiores países pesqueiros do mundo.

Cite alguns fatores naturais e econômicos que favorecem essa atividade.

3. O pequeno território japonês se contrapõe a uma enorme população. Isso acarreta um problema: a questão do espaço.

Considerando essas informações, cite no caderno um aspecto da realidade demográfica do Japão.

4. A produção japonesa destaca-se dentre a dos países mais modernos do mundo por apresentar um avanço, uma modernidade, que muitas vezes surpreendeu e serviu de modelo para diversos Estados-nação.

Quais as características da moderna produção japonesa?

5. Quais são os países denominados Tigres Asiáticos? Por que esses países recebem esse nome?

6. Observe a fotografia e responda às questões a seguir.

a) O que explica a instalação de indústrias petroquímicas e siderúrgicas no litoral do Japão?

b) Que outra característica marcante do espaço geográfico japonês a fotografia revela?

Refinaria em pôlderes em Kawasaki, Japão (2010).

7. A mão de obra barata funciona como um elemento de atração temporário, estabelecendo uma orientação para os investimentos de diversos setores da economia, que dependem desse "benefício".

Explique a afirmação considerando o Japão, os Tigres e os Novos Tigres.

EXERCITE SEUS CONHECIMENTOS

8. Tanto os Tigres Asiáticos como o Brasil são países industrializados subdesenvolvidos. Estabeleça um paralelo entre as economias dos Tigres e do Brasil (estudada no 7º ano), ressaltando semelhanças e diferenças.

Troque ideias com os colegas e o professor.

11 China

PARA CONTEXTUALIZAR

Leia as notícias.

Reservas cambiais da China têm maior expansão desde 2011

"As reservas cambiais da China cresceram em setembro na maior expansão em dois anos e chegaram a US$ 3,6 trilhões, mostrando o acerto das medidas tomadas pelo governo nos últimos meses para atrair capital estrangeiro em um momento em que outras grandes economias da Ásia, como Índia e Indonésia testemunharam, no período, evasão de divisas dos investidores. [...]

— Os dados sobre o câmbio refletem o status atual que a China ostenta como porto seguro para investimento estrangeiro, mesmo durante o período de turbulência nos últimos meses, com a sinalização de que o Federal Reserve (Fed, o banco central americano) está próximo de iniciar a retirada dos estímulos monetários que tentam tirar a economia dos EUA da recessão – disse Timothy Condon, chefe de pesquisa em Cingapura do ING Groep NV."

Reservas cambiais da China têm maior expansão desde 2011. *O Globo*, 14 out. 2013. Disponível em: <http://oglobo.globo.com/economia/reservas-cambiais-da-china-tem-maior-expansao-desde-2011-10363639>. Acesso em: 15 mai. 2014

Para manter o yuan desvalorizado, país acumula moeda estrangeira. Maior parte do dinheiro ajuda no financiamento do déficit público dos Estados Unidos, que criticam câmbio chinês.

"Para garantir que o yuan se mantenha desvalorizado, a China compra o excesso de dólares no mercado, vindo do lucro dos exportadores chineses e dos investimentos estrangeiros. Esse dinheiro compõe as reservas em moeda estrangeira do país.

A estratégia cambial chinesa é alvo de críticas internacionais, lideradas pelos Estados Unidos, porque garante que as exportações do gigante asiático sejam mais competitivas.

Por outro lado, a maior parte do dinheiro acumulado pela China em dólares é investido nos títulos da dívida dos Estados Unidos, financiando o déficit público americano. [...]

Autoridades chinesas descartam, porém, uma valorização rápida, sob o argumento de que iria prejudicar as empresas e custar empregos."

Folha de S.Paulo, 15 abr. 2011, p. A17.

ATIVIDADES

Converse com seus colegas e com seu professor.

1. Por que a China tem interesse em manter sua moeda desvalorizada?
2. Como é vista pelos Estados Unidos, além de outros países, a estratégia cambial chinesa?
3. Em que tem sido investida a maior parte do dinheiro acumulado em dólares pela China? Cite uma consequência desse investimento.

O território

A história da China tem cerca de 5 mil anos. Há mais de 2 mil anos, o Império Chinês já apresentava 55 milhões de habitantes. Hoje mais de 1 bilhão e 300 milhões de pessoas vivem na China, e há uma numerosa comunidade chinesa espalhada por todo o mundo.

China – Grandes regiões geográficas

Fonte: OLIC, Nelson Bacic; CANEPA, Beatriz. *Geopolíticas asiáticas*. São Paulo: Moderna, 2007. p. 113 (adaptado).

Com uma superfície de 9.596.960 quilômetros quadrados, a China é o terceiro país mais extenso do globo, superado apenas pela Rússia e pelo Canadá. É formada por cinco grandes regiões geográficas: Sinkiang, Mongólia Interior, Tibete, Manchúria e China do Leste.

O povo chinês construiu duas obras monumentais: o Canal Imperial, ou Grande Canal, e a Grande Muralha.

O canal foi escavado para ligar a região norte aos arrozais do vale do rio Yang-Tse-Kiang. Sua construção, iniciada no século V a.C., só foi concluída no século XIII da era atual.

A Grande Muralha, com mais de 6 mil quilômetros de extensão, começou a ser construída no século III a.C., para impedir a entrada de invasores nômades do norte.

China: da dominação imperialista aos dias atuais

A Grande Muralha, China (2011).

Até a primeira metade do século XIX, as relações da China com o exterior eram restritas. A política de isolamento era uma forma de proteção, preservação de sua autonomia e de sua cultura milenar. Esse comportamento do governo chinês contrariava as expectativas de países europeus interessados em vender seus produtos naquele mercado.

Em 1839 o imperador chinês resolveu pôr fim ao comércio ilegal de ópio realizado pelos ingleses. Essa medida desencadeou conflitos entre os dois países, vencidos pelos ingleses: a Guerra do Ópio (1839-1842) e a Segunda Guerra do Ópio (1858-1860), esta contra ingleses e franceses.

A derrota obrigou a China a promover a abertura de seu mercado ao exterior e a ceder aos ingleses a cidade de Hong Kong por tempo indeterminado. Outros países também participaram da fragmentação do território chinês: a Rússia dominou a Mongólia, e o Japão anexou a Manchúria e Formosa (atual Taiwan).

MAIS INFORMAÇÃO

Hong Kong e Macau

No dia 1º de julho de 1997, Hong Kong foi reincorporada ao território da China, mas manteve elevado grau de autonomia administrativa.

Em 1999, Macau, colônia portuguesa desde o século XV, também voltou ao domínio chinês, mas continuou mantendo sua autonomia administrativa.

Tanto Hong Kong como Macau têm moedas próprias.

No início do século XX (1911-1912), chegou ao fim o império mais antigo do mundo, ao se estabelecer a República da China. O Partido Nacionalista (Kuo-Min-Tang) conquistou o poder com a proposta de eliminar o domínio estrangeiro e modernizar o país. Entretanto, não conseguiu impor a independência da China diante das grandes potências imperialistas nem unificar todas as regiões chinesas.

Na década de 1920, o Partido Comunista da China foi criado em oposição ao Kuo-Min-Tang. Com a ascensão de Chiang Kai-shek ao poder, as relações entre os partidos foi marcada por conflitos entre o exército republicano e as forças revolucionárias comunistas. Os nacionalistas controlavam boa parte das cidades chinesas e dos territórios litorâneos, mas os comunistas tinham hegemonia sobre o interior do país.

No entanto, em 1937 os dois partidos, o Nacionalista, de Chiang Kai-shek, e o Comunista, de Mao Tsé-tung, uniram-se para lutar contra a invasão japonesa.

Em 1945, com a derrota do Japão e o fim da Segunda Guerra Mundial, os dois partidos voltaram a se enfrentar, desencadeando uma guerra civil. Em 1949, o exército camponês do Partido Comunista venceu os nacionalistas e fundou a República Popular da China. As forças lideradas por Chiang Kai-shek procuraram refúgio na ilha de Formosa (Taiwan), onde fundaram a China Nacionalista.

A República Popular da China

No período socialista, de 1949 a 1976, a China foi governada por Mao Tsé-tung. No início, entre 1953 a 1957, contou com a ajuda da URSS e elaborou um plano econômico que deu prioridade ao desenvolvimento da indústria de base. Em 1958, a China rompeu com a URSS. A orientação econômica dos técnicos soviéticos não se adaptou às particularidades da sociedade e da economia chinesas: um país populoso e essencialmente agrário. O estímulo às atividades agropecuárias era essencial à alimentação de milhões de pessoas famintas.

O governo de Mao Tsé-tung criou diversas cooperativas agrícolas e, posteriormente, formou as comunas populares, unidades administrativas praticamente autossuficientes na produção de mercadorias (agrícolas e industriais) e em outras atividades básicas, como educação e saúde, que produziam também determinadas cotas destinadas ao Estado.

A Revolução Cultural

De 1966 até a morte de Mao Tsé-tung, em 1976, com o pretexto de moralizar a administração, acabar com os privilégios e incorporar os verdadeiros ideais comunistas na sociedade, o governo chinês promoveu uma cruel perseguição política e cultural ao povo chinês. Essa fase ficou conhecida como Revolução Cultural. Os artistas só podiam realizar obras que exaltassem a revolução; livros, filmes e músicas ocidentais foram proibidos; intelectuais, professores e estudantes universitários eram obrigados a contribuir com alguns anos de trabalho no campo ou nas indústrias estatais.

Muitos jovens foram engajados nas Guardas Vermelhas, que tinham como meta fiscalizar o comportamento das pessoas diante dos valores da nova sociedade que se formava. As perseguições atingiram até mesmo o Partido Comunista, com a expulsão e a prisão de muitos dos membros que não apoiavam o radicalismo imposto pela Revolução Cultural à sociedade chinesa.

Destruição de livros proibidos pelo governo chinês, em 1966.

A China de Deng Xiaoping

Em 1978, dois anos após a morte de Mao Tsé-tung, Deng Xiaoping assumiu a liderança do Partido Comunista Chinês e deu início a uma série de modificações na economia do país. Visando acelerar o desenvolvimento, o governo implementou um programa denominado Quatro Modernizações.

Quatro Modernizações
Medidas propostas pelo governo de Deng Xiaoping, que englobavam os setores agrícola e industrial e direcionavam investimentos para a ciência e a tecnologia e para a defesa nacional.

Logo no primeiro ano de seu governo, Deng Xiaoping promoveu o processo de descomunalização (extinção das comunas), com o estímulo às pequenas propriedades agrárias (propriedades particulares) e às pequenas cooperativas que se formaram entre elas.

A partir de 1980, a China promoveu uma série de reformas que permitiram a entrada de capital estrangeiro, admitiu o lucro como incentivo ao trabalho e ao desenvolvimento, abriu relações comerciais com praticamente todos os países do mundo e realizou acordos de cooperação técnica e científica.

Observe ao lado a imagem. Ela representa uma transformação significativa na sociedade chinesa.

- Escreva um pequeno texto que evidencie as mudanças representadas pela fotografia.

Garoto chinês tomando refrigerante, na década de 1980.

Mudanças econômicas e espaciais

No início dos anos 1980, foram criadas, em alguns pontos do território chinês, as Zonas Econômicas Especiais (ZEEs), que funcionam pelas leis da economia de mercado, nos moldes capitalistas. Posteriormente (na década de 1990), esse modelo econômico foi introduzido em outras cidades. A Bolsa de Valores de Xangai, fechada desde a Revolução Socialista, foi reaberta em 1984.

Desde 1978, com o programa das Quatro Modernizações, que priorizam a produtividade em detrimento da igualdade social, as taxas de crescimento econômico da China figuram entre as maiores do mundo, cerca de 10% ao ano. A necessidade de aumento de produtividade também está relacionada ao fato de o país ter de alimentar mais de 1 bilhão e 300 milhões de habitantes. Esse crescimento contou com investimentos dos Estados Unidos, de países europeus, do Japão, de Taiwan e de empresários chineses que vivem no exterior. Entre 1980 e 2000, a China recebeu meio trilhão de dólares de investimentos externos diretos.

Observe o mapa.

China – Abertura econômica (início do século XXI)

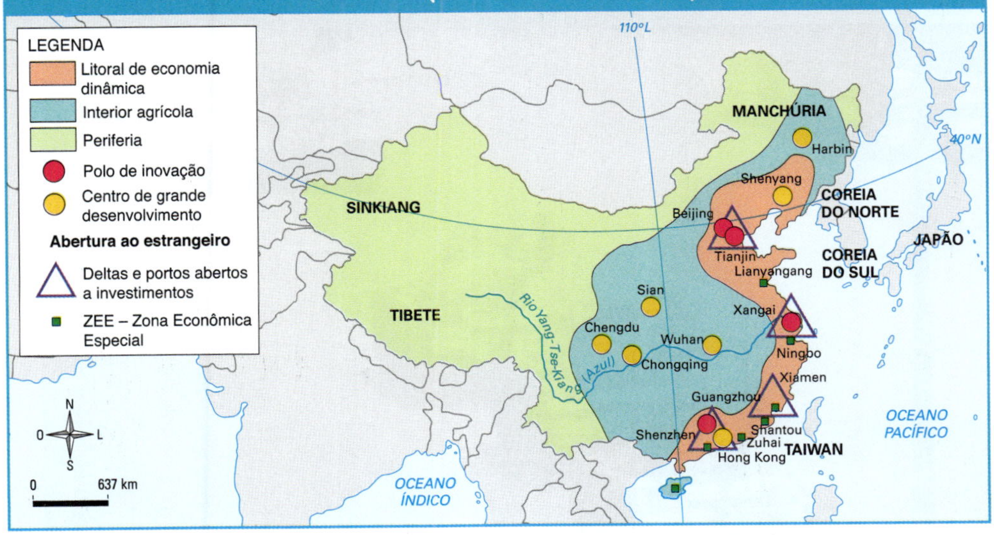

Fonte: ÍSOLA, Leda; CALDINI, Vera. *Atlas geográfico Saraiva*. São Paulo: Saraiva, 2005. p. 97 (adaptado).

- Responda às questões a seguir.

1. Onde estão localizadas as ZEEs?
2. Na sua opinião, qual a justificativa para essa localização?

Reformas capitalistas e controle comunista

A China viveu nas últimas décadas uma aparente contradição. As reformas econômicas não foram acompanhadas pela abertura política. O sistema político continua centralizado no Partido Comunista, e as manifestações populares têm sido severamente reprimidas.

Prova disso foi a dura repressão às manifestações estudantis ocorridas em Beijing, Xangai, Guangzhou e em outras cidades chinesas (1989). Em Beijing, a manifestação da Praça Tiananmen (Paz Celestial), que reuniu mais de 1 milhão de pessoas, comoveu o mundo todo. Os manifestantes exigiam reformas democráticas e participação nas transformações econômicas em curso naquele momento. Deixou um saldo de mais de mil mortos e resultou em perseguições políticas posteriores.

MAIS INFORMAÇÃO

O problema da falta de liberdade

"A China continua a ser um repressivo Estado de partido único. Em seu trabalho de monitoramento de jornais, revistas, produção artística e muito mais, funcionários públicos detêm cidadãos cujas ideias poderiam solapar os valores inscritos na Constituição chinesa, de 'segurança, honra e interesse da pátria'. Todos os dias o Departamento de Publicidade do partido envia diretrizes aos jornalistas sobre a melhor maneira de tratar 'notícias'. Fontes de informações da internet também servem de instrumento de vigilância do partido, que pune os dissidentes com restrições de acesso, desemprego ou prisão. [...] Em levantamento sobre a liberdade de imprensa realizado pela organização Repórteres sem Fronteiras, a China estava na 163ª posição entre 169 países."

National Geographic Brasil, ano 9, n. 98, maio de 2008. p. 110.

As manifestações da Praça da Paz Celestial resultaram no massacre de centenas de manifestantes, em sua maioria estudantes (1989).

Atividades econômicas

Atividade agropecuária

A **atividade agrícola** e a pecuária encontram condições naturais bastante favoráveis nas planícies fluviais situadas no leste (o que corresponde a cerca de 15% do território). Os chineses conseguem produzir safras anuais de mais de 500 milhões de toneladas, usando técnicas intensivas de mão de obra, irrigação e terraceamento em regiões onde as condições naturais são menos adequadas às atividades de cultivo.

Cultivo de arroz em terraço na cidade de Longsheng, China (2010).

A partir de 1978, com o processo de modernização implementado por Deng Xiaoping, o setor rural chinês começou a passar por profundas transformações. Iniciou-se a descomunalização, e a unidade de produção agrícola deixou de ser a comuna e voltou a ser o camponês e sua família.

Atualmente a propriedade rural continua a pertencer ao Estado, mas passou a ser gerenciada pelos próprios agricultores mediante um contrato de uso da terra por 30 anos, que pode ser renovado.

Além das unidades de produção familiar, há as fazendas do Estado, pouco numerosas e, geralmente, em áreas de difícil acesso, que funcionam como frentes pioneiras.

Cereais – maiores produtores mundiais (2013)

País	Milhões de toneladas
China	551,9
Estados Unidos	422,0
União Europeia	301,0
Índia	291,4
Brasil	99,3

Fonte: FAO, 2013.

A China é o maior produtor mundial de cereais. Apesar da grande produção agrícola, o país ainda importa alguns produtos, em razão do alto consumo de sua população. Um deles é a soja, importada do Brasil, destinada em parte para a alimentação do rebanho suíno.

A extensão territorial do país, a diversidade de solos e climas e a antiguidade da atividade agrícola entre os chineses contribuíram para a formação de uma grande variedade de culturas, entre as quais se destacam a de arroz, cultivado principalmente no sul, e a de trigo, cujo cultivo se concentra no norte.

A China é o maior produtor mundial de arroz, cujas principais áreas de cultivo localizam-se no vale do rio Yang-Tse-Kiang e nos vales fluviais do sudeste. O trigo é a principal cultura do vale do Huang-Ho e da Manchúria, onde é cultivado associado à soja. A China também é o maior produtor mundial de trigo e o quarto de soja, apesar de ser importadora desses cereais.

Na parte central das planícies, a cultura do trigo é associada às do algodão e do amendoim.

Outros produtos de destaque são o sorgo, a cevada, a aveia, o milho (segundo maior produtor mundial), o milhete (milho miúdo), o chá e a cana-de-açúcar.

China – Agropecuária (início do século XXI)

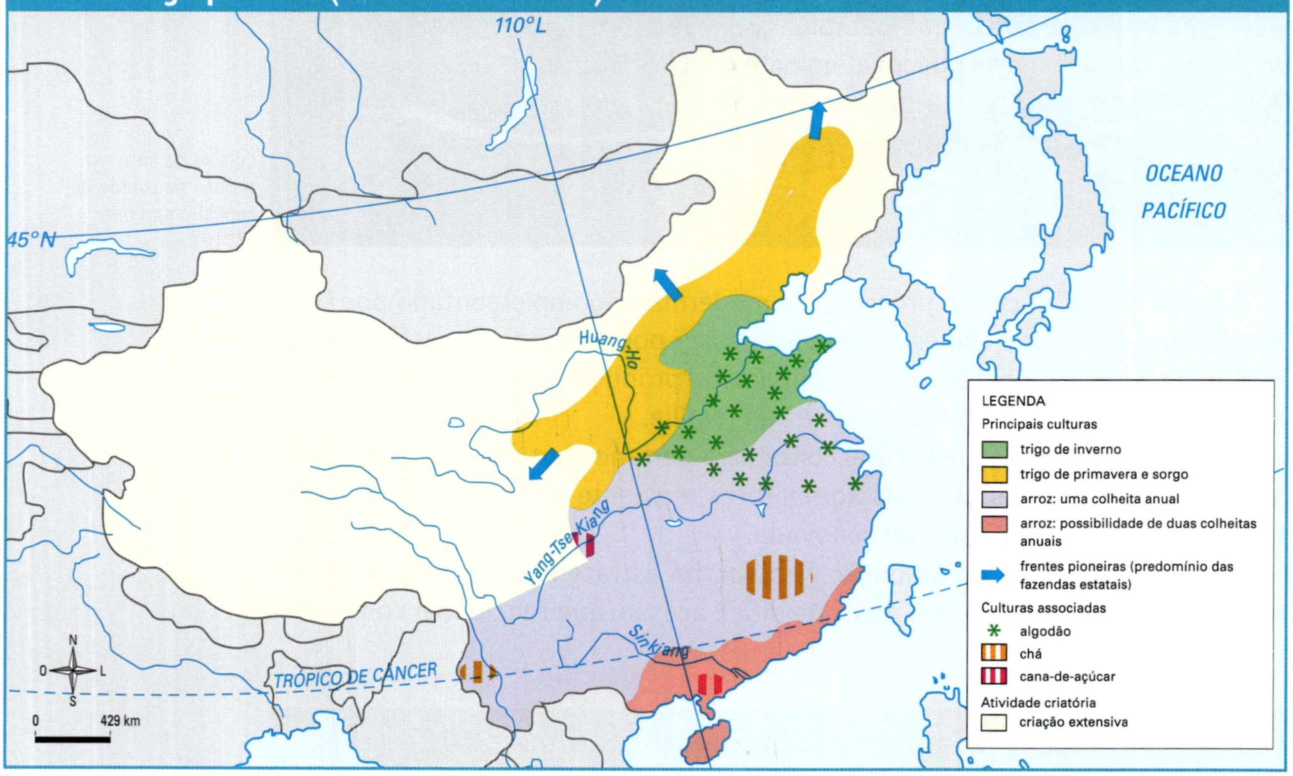

Fonte: Atlas 2000. *La France et le monde*. Paris: Nathan, 1999. p. 84; ÍSOLA, Leda; CALDINI, Vera. *Atlas geográfico Saraiva*. São Paulo: Saraiva, 2009. p. 138 (adaptados).

Na pecuária chinesa, destaca-se a criação de suínos. Com cerca de 450 milhões de cabeças, é o maior rebanho do mundo. Mas os rebanhos de equinos, aves, caprinos, ovinos e bovinos também estão entre os maiores do mundo.

A porção oeste do território é dominada por desertos e montanhas que dificultam o cultivo, predominando a atividade de criação extensiva ou nômade.

Atividade extrativista

No setor **extrativista mineral**, o produto mais importante é o carvão mineral, a principal fonte de energia do país. A China responde por cerca de 25% da produção mundial desse minério. Suas áreas carboníferas mais importantes estão situadas na Mongólia Interior e na Manchúria.

Os principais campos de petróleo estão no mar da China Meridional e no Sinkiang, oeste da China. Até o início da década de 1990, o país mantinha autossuficiência nesse setor e, no fim da primeira década do século XXI, é o quarto maior importador mundial, abaixo apenas da União Europeia, dos Estados Unidos e do Japão.

A China apresenta grande potencial hidrelétrico, mas 70% de sua energia elétrica provém de usinas térmicas movidas a carvão.

A hidrelétrica de Três Gargantas, no rio Yang-Tse-Kiang, é a maior do mundo, e quando estiver funcionando com capacidade total responderá por 10% da produção chinesa de eletricidade. No entanto, o projeto é bastante polêmico. Questiona-se não só o custo elevado, mas principalmente os problemas ambientais causados pelo represamento da água: aumento da poluição do rio, impacto na vida aquática e deslizamentos que já ocorreram no entorno da represa e soterraram casas e pessoas. Questiona-se também o impacto social provocado pela necessidade de remoção das pessoas que vivem próximo às áreas que serão inundadas. Essa remoção poderá atingir até 4 milhões de chineses.

Merece ainda destaque a extração de minerais de ampla aplicação industrial, como estanho, cobre, chumbo, mercúrio, manganês, ferro, antimônio e tungstênio.

Atividade industrial

Apesar de ainda ter 35% da população ocupada em atividades agrárias, o motor da economia chinesa atual é movido principalmente pela atividade industrial. Os produtos industriais predominam na pauta das exportações.

Atualmente, a China detém uma das cinco maiores indústrias siderúrgicas do globo. Produtos químicos, locomotivas, navios e tratores também ampliaram a escala de produção.

As indústrias de bens de consumo conquistaram destaque no mercado internacional, principalmente a têxtil, a alimentícia, a de brinquedos, a de calçados e a de eletroeletrônicos. Esses setores receberam grandes investimentos de empresas estrangeiras, que instalaram filiais nas ZEEs.

Nos últimos anos, a China tem conquistado os setores industriais de maior desenvolvimento tecnológico. O grupo chinês Lenovo é proprietário do setor de computadores pessoais da IBM e um dos maiores fabricantes mundiais desses produtos. O setor automobilístico de capital totalmente chinês, como a Chery, Geely e Brilliance Auto, começa a dominar o mercado externo.

Indústria siderúrgica na cidade de Hefei, China (2010).

A localização industrial, desde o processo de transformações econômicas adotadas por Deng Xiaoping, concentrou-se nas regiões litorâneas. Essas regiões, que abrigam a maior população urbana do país, dirigem sua produção para o mercado externo.

Posteriormente, o governo chinês passou a estimular também a instalação industrial no interior do país. Desde então, diversas cidades situadas ao longo do rio Yang-Tse-Kiang estão se industrializando.

PARA COMPREENDER Texto

Leia a notícia.

Cidades são cinza, mas China investe para se tornar verde

"Nas grandes cidades da China, uma densa camada de poluição ainda esconde o céu, que parece sempre cinza. Os moradores juram que é apenas neblina, mas a quantidade de indústrias e carros não deixa acreditar.

Em cidades como Beijing e Qingdao, que há três anos tinham o céu azul na véspera dos Jogos Olímpicos, é difícil avistar prédios a mais de três quilômetros de distância. Na época, em 2008, o governo paralisou algumas indústrias para deixar o cenário mais agradável para os turistas. Hoje, o país tem duas das dez cidades mais poluídas do mundo e é o maior emissor global de gás carbônico.

No entanto, agora o governo se diz disposto a tentar perder estes títulos e vem anunciando pesados investimentos e apoios às companhias empenhadas em contribuir com suas metas verdes. Em fevereiro deste ano [2011], o primeiro-ministro chinês Wen Jiabao afirmou na Assembleia do Partido Comunista que a China não pretende ter uma alta taxa de crescimento 'à custa de prejuízos ao meio ambiente'.

Na prática, os incentivos para empresas e investimentos em tecnologias limpas, conservação ambiental e a substituição do carvão por outras fontes de energia chegam a R$ 630 bilhões no país, segundo [...] relatórios, discursos de governantes e noticiários da imprensa chinesa.

Apenas em apoio às companhias que atuam em setores de energias renováveis ou tecnologias limpas, o governo chinês criou fundos que até o fim do ano passado [2010] somavam US$ 84 bilhões (R$ 136 bilhões), segundo o estudo 'Economia limpa, planeta habitável — prontos para crescer', da consultoria alemã Roland Berger. [...]

Além dos setores de energia solar e veículos elétricos, outros cinco foram apontados no plano quinquenal do governo chinês (para o período de 2011 a 2015) como prioritários para investimentos: alta tecnologia, novas matérias-primas, biotecnologia, farmacêutico e de tecnologia da informação.

Para acompanhar o desenvolvimento desses setores, a China pretende investir também US$ 222,5 bilhões (R$ 364 bilhões) em conservação ambiental e em reestruturação da produção industrial.

O objetivo do país é diminuir a dependência do carvão como gerador de energia. Atualmente, cerca de 70% do consumo energético chinês vêm dessa fonte fóssil, segundo pesquisadores da Universidade de Tsinghua, e a meta é reduzir em 17% a intensidade do mineral por unidade do Produto Interno Bruto (PIB) do país.

Até 2015, os chineses querem elevar a 11,4% a proporção de combustíveis não fósseis no consumo primário de energia do país, que em 2010 era de 8,3%.

Apesar de os esforços ainda não serem visíveis na qualidade de vida e no meio ambiente na China, já estão sendo considerados bons exemplos por instituições internacionais. O país foi reconhecido por superar os Estados Unidos como maior investidor mundial em energias renováveis, segundo a organização não governamental Pew Charitable Trusts. Com investimentos de US$ 35 bilhões (R$ 56,5 bilhões) em 2009, tornou-se líder global.

A China está também em primeiro lugar no *ranking* da Roland Berger de investimentos em tecnologias limpas, com US$ 45 bilhões (R$ 73 bilhões) em 2010, 25% dos aportes feitos em todo o mundo. Na segunda posição estão os Estados Unidos, com cerca de US$ 35 bilhões (R$ 57 bilhões).

O mesmo documento aponta o país como o que mais acelerou os investimentos nos últimos dois anos, com um crescimento anual de 77% entre 2008 e 2010."

ALONSO, Olivia Costa. As cidades são cinza, mas China investe para se tornar verde. Texto publicado em 6 jul. 2011. Disponível em: <http://www.economia.ig.com.br>. Acesso em: 15 mai. 2014.

■ Responda às questões a seguir.

1. Em sua opinião, os investimentos da China em tecnologias limpas podem mudar a imagem do país de grande poluidor mundial?
2. Explique por que o país emite uma enorme quantidade de poluentes.

Comércio exterior

A China, nos últimos 30 anos, cresceu mais do que qualquer outro país. Os baixos salários e a subvalorização da moeda chinesa (yuan) em relação ao dólar, analisada na seção **Para contextualizar**, atraem capitais de todas as partes do mundo e garantem à China elevada competitividade no mercado mundial. O potencial de consumo, em um país com mais de 1 bilhão de habitantes, é outra importante razão de seus elevados investimentos externos, que alavancaram o surpreendente crescimento econômico chinês.

Evolução do PIB da China (2003-2012) (%)

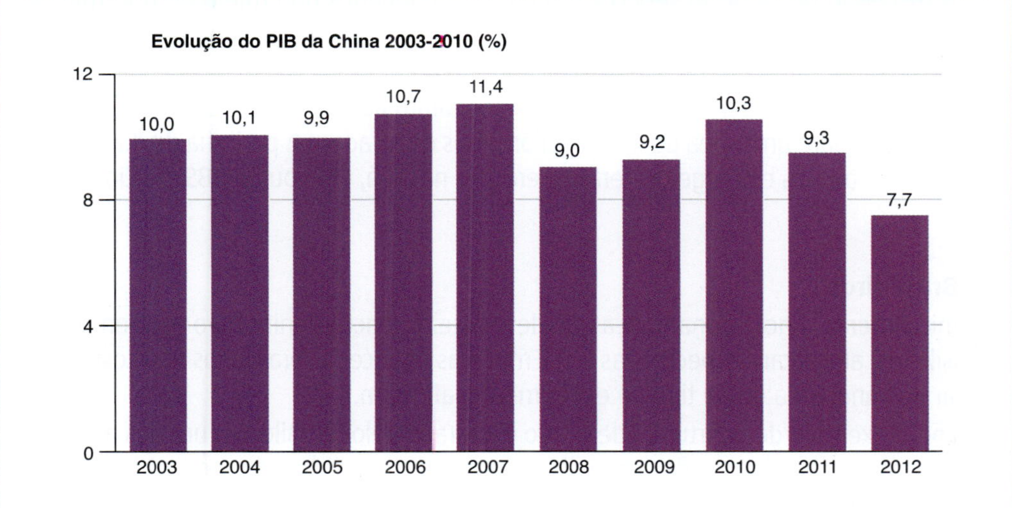

Fontes: *Birô Nacional de Estatísticas chinês; Economist Intelligence Unit, 2007; World Bank; Site de notícias G1*, disponível em <http://www.g1.com.br>; *The World Factbook*, 2013. Disponível em: <www.cia.gov>. Acessos em: 16 jan. 2014.

MAIS INFORMAÇÃO

Portos e aeroportos

Com o processo de abertura da economia chinesa, o transporte marítimo foi modernizado e os portos, ampliados e reaparelhados. Destacam-se os portos de Xangai, o principal do país e um dos três maiores do mundo, o de Guangzhou, o de Tianjin e o de Qingdao.

Os aeroportos mais importantes são os de Beijing, Xangai e Guangzhou.

Quando, em 1978, Deng Xiaoping lançou as bases da abertura da economia chinesa, o volume total do comércio externo do país posicionava-se em 32º lugar. No fim de 1994, havia passado para a décima posição. Atualmente, a China é a segunda maior potência comercial e detentora do maior superávit comercial do planeta.

A admissão da China na OMC, em 2001, foi outro fator que contribuiu para a ampliação do intercâmbio comercial e a geração de superávits recordes nos últimos anos.

MAIS INFORMAÇÃO

China inaugura em Xangai a primeira zona franca do país

"A China inaugurou [em setembro de 2013] em Xangai a primeira zona franca do país, projetada como um laboratório das reformas que o governo promete para reduzir a presença do Estado na economia e torná-la mais atraente aos investidores estrangeiros.

Além da livre conversão do yuan, a moeda chinesa, a zona franca de Xangai vai testar a adoção de taxas de juros determinadas pelo mercado e não pelo Banco do Povo da China (PBOC, o banco central chinês). O plano inclui o relaxamento de restrições ao investimento estrangeiro e ao fluxo de capitais. Será reduzido o controle sobre 18 áreas do setor de serviços, de transações financeiras ao comércio marítimo.

Outros setores até agora sob forte restrição, em que empresas estrangeiras poderão operar na nova zona franca de forma experimental, são educação, saúde, assessoria legal e engenharia.

A expansão do setor de serviços é uma das prioridades do projeto de reformas do governo chinês, que busca aumentar o consumo nos próximos anos para depender menos de investimentos e da indústria exportadora.

Na cerimônia de abertura, 36 empresas ganharam licença para operar na nova zona franca, que cobre uma área de 28,78 quilômetros quadrados na periferia de Xangai. Por ora, só dois bancos estrangeiros terão operações na área, Citigroup e DBS, de Cingapura. [...]

Brasileiros

Inicialmente a nova zona franca não deverá ter impacto significativo para empresas brasileiras, afirmaram especialistas [...]. Empresas financeiras brasileiras não costumam estar na vanguarda desse tipo de experimento, afirmam.

Como exemplo de oportunidade pouco explorada pelos brasileiros, um dos analistas citou a internacionalização do yuan iniciada em 2009, e a criação de serviços financeiros na moeda chinesa, como emissão de títulos. [...]

Entre as informações que circularam no último mês esteve a de que a zona franca de Xangai passaria a centralizar o comércio de alimentos, inclusive tendo papel de formação de preços.

Se confirmado, esse protagonismo poderia ter impacto na exportação de commodities agrícolas do Brasil.

Questionado pela Folha na entrevista de apresentação da zona franca, Yin Zong Hua, chefe de relações internacionais do ministério do Comércio, deu uma resposta vaga: 'A meta é promover o comércio como um todo'."

NINIO, Marcelo. China inaugura em Xangai a primeira zona franca do país. *Folha de S.Paulo*, p. B5, 30 set. 2013.

Transformações sociais e demográficas na China

A China é o país mais populoso da Terra, com cerca de 1 bilhão e 350 milhões de habitantes, abriga mais de um quinto da população mundial. A cada ano, nascem cerca de 20 milhões de habitantes na China. Entretanto, a taxa de crescimento vegetativo vem decaindo. Em médias anuais, no período de 1975 a 1985, era de 1,4%; caiu para 1,3% entre 1985 e 1995; para 0,9% entre 1995 e 2000; e para 0,7% entre 2000 e 2005. Em 2013, a taxa de crescimento vegetativo anual era de 0,46%.

O intenso crescimento da população chinesa vem sendo controlado desde 1979, ano em que foi estabelecida a política de um filho por casal. Os casais com mais de um filho são multados pelo Estado por excesso de contingente familiar. Na China, cerca de 85% das mulheres entre 15 e 49 anos usam métodos contraceptivos. É o maior índice do mundo, seguido pelos do Reino Unido e da Suíça.

A política de controle de natalidade ocasionou sérios problemas a algumas famílias chinesas. Em um país onde predomina a população rural (a maioria vive no campo), o trabalho masculino é bastante valorizado. Para não afrontar a lei de um filho por casal, tornaram-se comuns os casos de infanticídio feminino. Estima-se que aproximadamente 15 milhões de bebês do sexo feminino foram mortos desde 1979. Isso provocou um desequilíbrio na distribuição da população por sexo, tendendo a uma predominância da população masculina.

PARA COMPREENDER Mapa

Observe este mapa e o mapa de climas da Ásia do capítulo 8.

China – Distribuição populacional (início do século XXI)

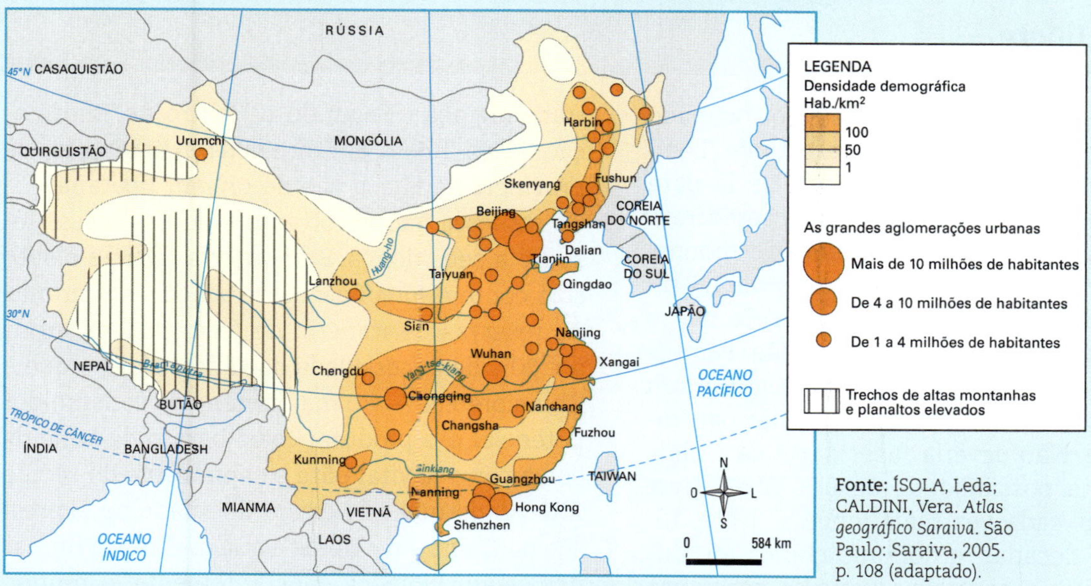

Fonte: ÍSOLA, Leda; CALDINI, Vera. *Atlas geográfico Saraiva*. São Paulo: Saraiva, 2005. p. 108 (adaptado).

■ Discuta com os colegas e com o professor: é possível afirmar que a distribuição da população no território chinês é influenciada, de certo modo, também pelas condições naturais? Justifique sua resposta.

Aproximadamente 90% dos chineses concentram-se na parte oriental do país, ao longo dos vales dos grandes rios, especialmente o Huang-Ho e Yang-Tse-Kiang, e nas planícies costeiras. A fertilidade do solo, a disponibilidade de água e o transporte fluvial favoreceram a ocupação.

As duas cidades mais importantes são Xangai, uma das mais populosas do mundo, e Beijing, a capital. A porção ocidental, contrastando com a oriental, apresenta grandes vazios demográficos. Isso se deve ao maior rigor do clima (desertos de Gobi e Takla Makan) e ao relevo (altitudes elevadíssimas).

Aproximadamente 49% dos chineses vivem no campo, mas o crescimento do país tem acelerado a migração para as áreas urbanas.

Estima-se que o progresso econômico da China tirou da miséria mais de 250 milhões de pessoas nas duas últimas décadas. Entretanto, vêm crescendo também as desigualdades sociais nas áreas urbanas. De acordo com a Pesquisa Financeira Domiciliar da China, divulgada em 2012, 10% dos domicílios mais ricos concentravam 57% da renda e 85% da riqueza do país.

A população chinesa é constituída de 56 etnias, com costumes e estilos de vida próprios: 92% pertencem à etnia han; os demais 8% são compostos de tibetanos, mongóis, manchus, huis, chuans e uigures, entre outras. Alguns desses grupos étnicos minoritários reivindicam independência: os tibetanos do Tibete, os uigures de Sinkiang e os mongóis da Mongólia Interior.

O idioma chinês tem muitos dialetos com tantas diferenças na pronúncia que podem ser considerados línguas distintas. Assim, para melhorar a comunicação, o governo chinês tornou oficial o dialeto mandarim, que é falado por aproximadamente 70% da população e é atualmente ensinado nas escolas de todo o país.

Na China, a maior parte da população segue os sistemas filosófico-religiosos do taoismo, do budismo e do confucionismo (estes dois últimos muito mais sistemas ético-filosóficos).

MAIS INFORMAÇÃO

Tibete

"Em outubro de 1950, o Tibete foi ocupado por militares chineses, sob o pretexto de 'libertar o país do imperialismo inglês'. De lá para cá, mais de 1 milhão de tibetanos pereceram sob as armas chinesas e centenas de monastérios foram destruídos. Hoje, todos os 1,3 bilhão de chineses estão convencidos de que o Tibete sempre fez parte da Pátria Mãe. Para os tibetanos, sua nação possui uma história, um idioma e uma cultura próprios — é um país independente. Não deveria fazer parte da China. Entretanto, a possibilidade de um Tibete livre parece estar cada vez mais longe. [...] Nas últimas duas décadas, o domínio chinês tornou-se mais sutil: o controle alastra-se por causa da imposição de sua cultura e de uma grande transmigração. Segundo o Centro de Informação China-Tibete, 87% dos 400 mil habitantes da província de Lhasa são de origem tibetana. [...] Os chineses não devolverão facilmente esse tesouro a seus donos. É uma terra fértil, e o subsolo contém fortunas: cobre, zinco e até urânio. As reservas de minério de ferro podem suprir até 20% da necessidade da China. Hoje, o que a China oferece — é o maior mercado consumidor potencial e o produtor mais barato de bens de consumo — é vital para o capitalismo do século XXI. Ainda que não exista liberdade de expressão na China e no Tibete e que os direitos humanos sejam violados constantemente, o mundo parece se calar".

Época. São Paulo: Globo, n. 504, 11 jan. 2008.

Atividades

RETOME SEUS CONHECIMENTOS

1. Como a China conquistou o mercado internacional?
2. Em um pronunciamento, Deng Xiaoping afirmou certa vez que "não importa a cor do gato, desde que cace ratos". Foi uma resposta às críticas de que a China estava incorporando características capitalistas à sua economia. Relacione essa frase com a atual economia chinesa.
3. Qual foi o objetivo da implantação das ZEEs?
4. Aponte aspectos positivos e negativos do crescimento econômico chinês.
5. Qual a principal fonte de energia utilizada na China? Justifique o motivo.
6. Observe o mapa e responda às questões a seguir.

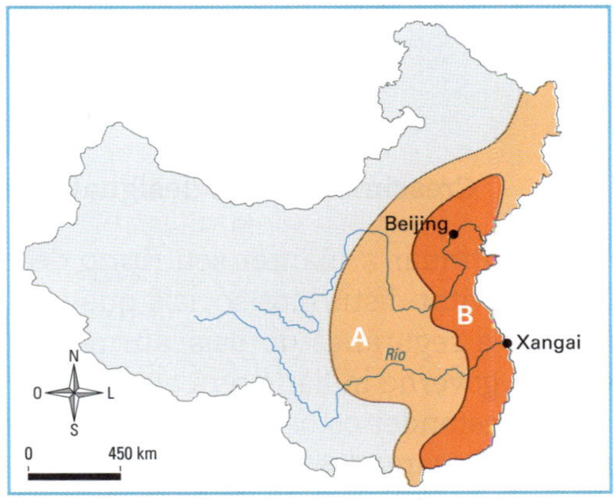

Fonte: *Atlas geográfico escolar*. Rio de Janeiro: IBGE, 2007.

a) O que diferencia as duas áreas em destaque no mapa em relação ao restante do território chinês?

b) Quais são as atividades dominantes em cada uma delas?

c) Destaque uma particularidade importante das cidades assinaladas no mapa.

EXERCITE SEUS CONHECIMENTOS

7. Observe a imagem e elabore um pequeno texto que sirva de legenda explicativa desta paisagem urbana.

Xangai, na China (2010).

12 Índia

PARA CONTEXTUALIZAR

Leia o texto e observe as imagens.

Crescimento com desigualdade pode ameaçar Índia como potência em 2020

"Para continuar a manter seu ritmo de crescimento e evitar distúrbios sociais que venham a ameaçar a segurança do país, afirmam especialistas, o governo indiano terá que enfrentar o desafio de estender os benefícios dessa prosperidade a mais camadas da sociedade.

[...] O modelo de desenvolvimento econômico adotado pela Índia — que resultou num crescimento médio de 8% ao longo dos últimos quatro anos — foi paradoxalmente a mesma causa do aumento da desigualdade. O país apostou em grande parte nos setores de tecnologia da informação, serviços e telecomunicações, o que aumentou a prosperidade da Índia urbana. Mas, em contrapartida, a Índia rural, onde vive cerca de 60% da população do país, foi mantida amplamente à margem dessa prosperidade — limitada a atividades agrícolas de baixa rentabilidade e por uma força de trabalho sem qualificação.

O Banco Mundial afirma que a Índia até conseguiu retirar pessoas de baixo da linha da miséria extrema: o percentual de indianos com renda inferior a US$ 1 por dia caiu de 42% em 1981 para 24% em 2005. No entanto, a camada mais rica da sociedade melhorou seus padrões de consumo de forma muito mais acelerada do que os mais pobres. [...]".

GALLAS, Daniel. *BBC Brasil*, 3 abr. 2009. Disponível em: <http://www.bbc.co.uk/portuguese/noticias/2009/04/090402_indiaeconomia_dg.5html>. Acesso em: 16 mai. 2014.

Nova Délhi, capital da Índia (2010).

Prédios modernos em Mumbai, Índia (2011).

ATIVIDADES

Converse com seus colegas e com seu professor.

1. Por que, de acordo com especialistas, para manter seu ritmo de crescimento econômico elevado, a Índia tem de estender os benefícios da prosperidade a mais camadas da sociedade?
2. A abordagem da reportagem e as fotografias justificam o título de "terra de contrastes" dado à Índia por especialistas?

A formação da República da Índia

O território da Índia foi definido em 1947, após a Segunda Guerra Mundial. A colônia britânica dessa porção asiática compreendia Índia, Paquistão e Bangladesh e era habitada por etnias e grupos religiosos diversos, dois deles majoritários: os muçulmanos e os hindus. Suas fronteiras são resultantes do processo de independência, que deu origem ao Paquistão — que se dividia em Paquistão Ocidental (atual Paquistão) e Paquistão Oriental (atual Bangladesh) e abrigava a maioria muçulmana — e a Índia, de maioria hindu. Bangladesh tornou-se independente em 1971 após a luta pela libertação do Paquistão, apoiada pela Índia.

Desde a independência, Paquistão e Índia não resolveram suas questões de fronteira, responsáveis por três guerras entre os dois países. A raiz dos conflitos é a Caxemira, região de maioria muçulmana, mas sob o domínio da Índia. Na primeira guerra entre Paquistão e Índia pela disputa da Caxemira, a região ficou dividida. Sua maior parte, onde estão os vales férteis e as nascentes de rios importantes, ficou sob o controle do governo indiano.

O grande líder da independência da Índia foi Mahatma Gandhi. Pregava uma revolução sem violência, baseada no conceito de desobediência civil (ler boxe a seguir). Apesar disso, Gandhi não conseguiu controlar a insatisfação de milhões de pessoas com a administração britânica. Atos de violência e atentados terroristas foram intensos durante a luta contra o império.

MAIS INFORMAÇÃO

Desobediência civil — a revolução sem violência

"Em 1906, pai de quatro filhos, Gandhi fez um voto celibatário. O objetivo era aumentar o conhecimento e se aproximar de Deus. No mesmo ano, lançou a doutrina do satyagraha (ou 'força da verdade'). Gandhi dizia que seu método exigia muita ação e coragem — contrariando uma ideia comum, ele não pregava a 'resistência pacífica'. O pilar fundamental é a não violência: protestar sempre, revidar nunca (muitas vezes, isso significava apanhar quieto da polícia). A regra era se recusar a seguir leis injustas, seguindo o princípio de 'desobediência civil'.

[...] Os protestos arrancavam concessões dos ingleses, mas a independência ainda parecia distante. Em 1930, Gandhi inovou. Seguido por milhares de indianos, caminhou quase 400 quilômetros rumo ao mar da Arábia, para fazer sal. Aparentemente banal, o ato era uma violação do monopólio britânico sobre a fabricação do produto. Indianos de todo o país seguiram o exemplo, vendendo sal nas ruas. A repressão prendeu desde políticos até pessoas comuns. Com as cadeias lotadas, o vice-rei lorde Irwin, governante inglês da Índia, se dispôs a negociar. Em 1931, foi quebrado o monopólio sobre o sal. Sinal de que a independência seria uma questão de tempo."

SZKLARZ, Eduardo. *Aventuras na História*. São Paulo: Abril, n. 48, ago. 2007. p. 39-40.

Mahatma Gandhi (1931).

Economia indiana

ZPEs

As Zonas de Processamento de Exportação foram criadas para atrair investimento estrangeiro e estimular as exportações. Os impostos ou taxas são mais baixos do que os aplicados no restante do país. Alguns tipos de impostos podem ser eliminados.

A Índia tem despertado atenção pela prosperidade de sua economia, cada vez mais importante no contexto mundial. Também chama a atenção a originalidade de seu desenvolvimento nas duas últimas décadas. O país fez investimentos bem-sucedidos em tecnologia e formação profissional. Formou milhões de engenheiros e soube criar oportunidades singulares na economia globalizada.

Antes da crise de 2008, a Índia vinha apresentando taxas de crescimento econômico de 6% a 7% ao ano. Entre os países emergentes e os desenvolvidos, esse crescimento só era superado pela China. Em 2010, o país cresceu 10,5%; em 2011, 6,3%; e, em 2012, 3,2%.

A partir dos anos 1990, a Índia promoveu grandes transformações em sua estrutura econômica e integrou-se com sucesso ao mercado internacional. Os mecanismos que apoiaram o crescimento da participação indiana na economia mundial são semelhantes aos aplicados pela China: subvalorização da moeda (rúpia), baixo custo da mão de obra, criação de Zonas de Processamento de Exportação (ZPEs) e incentivos do governo. Grandes investimentos para melhorar a infraestrutura de telecomunicações e de transportes também vêm sendo realizados, sobretudo no setor rodoviário.

Call Center em Mumbai, Índia (2012).

Exportação de serviços

Uma das originalidades de sua economia está relacionada ao setor de serviços. Empresas indianas contam com mão de obra com fluência na língua inglesa, qualificada para prestar serviços de natureza variada para empresas norte-americanas, inglesas e até mesmo brasileiras.

Empresas de qualquer parte do mundo que não desejam criar um setor específico para atividades e processos que não sejam parte de seu negócio principal (como a contabilidade, o recolhimento de impostos, a elaboração da folha de pagamentos) podem repassá-los a empresas instaladas na Índia.

Os *call centers*, por exemplo, prestam serviços de informação ao cliente e suporte técnico ao consumidor, entre outros. A prestação de serviços é um produto de exportação da Índia. Por meio dos *call centers*, produtos ou pessoas não precisam se deslocar. Tudo é feito com a tecnologia da informação.

Outro destaque da nova fase da economia indiana são as empresas de desenvolvimento de *software*. O setor de *software* contou com amplo apoio governamental, por meio de incentivos fiscais e investimentos públicos na formação de profissionais. Bangalore, um dos tecnopolos da Índia, tem mais engenheiros que o Vale do Silício, na Califórnia. São profissionais igualmente qualificados, mas que recebem remuneração bem inferior em comparação aos salários pagos nos Estados Unidos. Outra cidade que se destaca nesse setor é Hyderabab. A Índia é hoje o maior exportador de *software* do mundo.

Na área de entretenimento, o cinema é uma das grandes paixões na Índia. É o país que mais produz filmes no mundo. Bollywood, situado em Mumbai, é a segunda maior indústria cinematográfica, superada apenas pela produção dos Estados Unidos. A Índia, além de contar com amplo público interno, exporta suas produções para diversos países da região e atinge mais de 3 bilhões de espectadores.

Gravação do filme *Quem quer ser um milionário?*, ganhador do Oscar de melhor filme em 2009, em Mumbai, Índia.

Principais setores industriais

A indústria farmacêutica é outro caso de sucesso e também faz parte do desenvolvimento econômico recente da Índia. Inicialmente produzia drogas genéricas, depois começou a desenvolver e produzir drogas de combate à Aids e transformou-se no principal fornecedor desses medicamentos aos países mais pobres. Atualmente os laboratórios indianos têm investido em pesquisa e desenvolvimento e elevaram as empresas desse setor ao patamar de outras do mundo desenvolvido.

A indústria automobilística é também importante e começa a ganhar maior projeção internacional. Além de diversas empresas multinacionais do setor instaladas na Índia, o país tem indústrias nacionais, como a Mahindra e a Tata Motors. Esta, de maior destaque, atende a quinta parte do mercado indiano e exporta para diversos países asiáticos. Em 2008, ela lançou o automóvel mais barato do mundo e comprou a Land Rover e a Jaguar.

A Índia também disputa a liderança mundial na produção de aço. Os dois recursos minerais básicos para a siderurgia, carvão mineral e minério de ferro, são extraídos em quantidade suficiente para atender ao consumo atual das empresas indianas. As maiores jazidas de ferro estão em Goa, que, além de suprir o mercado doméstico, é responsável por 40% das exportações.

Empresa de *software* em Bangalore, na Índia (2009).

A sociedade

A Índia é o segundo país em população do mundo. Apesar de ser o sétimo em extensão territorial, seus cerca de 1,2 bilhão de habitantes vivem em uma superfície de 3.287.263 quilômetros quadrados, equivalente a cerca da terça parte do território chinês. Por essa razão, entre os maiores países em superfície do mundo, é o de maior densidade demográfica: mais de 350 habitantes por quilômetro quadrado.

É o país que mais contribuiu para o crescimento da população mundial nos últimos anos. Em 2030 deverá superar a China e tornar-se o mais populoso do mundo.

A maior parte dos indianos depende do trabalho agrícola, embora cerca de 75% da renda do país seja gerada por atividades urbanas: pela indústria e pelos serviços.

O crescimento econômico acelerado ainda está distante da possibilidade de melhorar a vida de boa parte dos indianos. Cerca de 300 milhões de pessoas vivem abaixo da linha da pobreza e lutam diariamente pela sobrevivência. A desigualdade social é alarmante (relembre as discussões realizadas a partir do texto da seção **Para contextualizar**).

Grupos religiosos

Dentre as religiões praticadas na Índia, destacam-se, pelo número de adeptos, o budismo e o bramanismo (ou hinduísmo).

O budismo corresponde mais a um sistema ético-filosófico do que propriamente a uma religião. Surgiu na Índia, mas acabou se difundindo, com diversas ramificações, entre alguns povos asiáticos. O hinduísmo é praticado predominantemente na Índia, com adeptos também nos países vizinhos.

Devotos indianos andam entre bolos e doces ofertados em ritual brâmane, parte de celebração hindu. Os bolos e doces são distribuídos entre os devotos ao final da celebração (2011).

A religião hindu é resultante de uma combinação de culturas. Essa combinação criou o sistema de castas, que, apesar de ter sido extinto por lei, até hoje é adotado em seus princípios básicos pela sociedade indiana.

As castas são grupos sociais cujos membros pertencem à mesma etnia, profissão ou religião. Nesse sistema são proibidos o casamento entre pessoas de castas diferentes e a mobilidade de uma casta para a outra. Além disso, não há igualdade de direitos, ou seja, algumas castas gozam de privilégios, e todas obedecem a uma hierarquia que as classifica em categorias mais elevadas ou inferiores.

A partir da década de 1990, as castas inferiores vêm obtendo alguns avanços, como a aquisição de propriedades, aumento de renda e melhores empregos no serviço público, além de eleger representantes na política. Essas conquistas têm levado a choques com as castas superiores, que se sentem ameaçadas em um país de recursos limitados.

Vários são os aspectos considerados na classificação das castas. Entre os mais importantes estão: o trabalho, o local de habitação na cidade e a língua.

A sociedade hindu divide-se em quatro castas principais: os brâmanes (monges), os xátrias (guerreiros), os vaixás (comerciantes e artesãos) e, na base da pirâmide, os sudras (camponeses).

Compõem também a sociedade hindu os párias (dalits), que são considerados impuros pelas outras castas e exercem atividades de baixa remuneração, como as funções de coveiro e faxineiro.

Conflitos na Índia

Muitos conflitos têm origem em rivalidades étnicas e diferenças de caráter religioso, mas, fundamentalmente, são disputas territoriais, econômicas e de poder. Diversos líderes políticos manipulam a população, apropriando-se do discurso religioso para respaldar suas ações contra outros países.

As disputas de maior projeção estão concentradas em dois Estados, a Caxemira e o Punjab.

A região da Caxemira, no norte da Índia, ultrapassa as fronteiras do país e estende-se por terras da China e do Paquistão. O Paquistão e a guerrilha muçulmana separatista querem anexá-la ao país. Essa é uma disputa que vem desde 1947 e foi o motivo da primeira guerra entre os dois países. Além da localização estratégica, na fronteira da China, o controle da Caxemira significa dispor de nascentes, das águas do curso médio do rio Indo e de vales férteis apropriados à atividade agrícola.

Na região do Punjab, também no norte da Índia, desenvolve-se outro foco de conflito, entre os *sikhs* — minoria étnica seguidora de uma seita própria que difunde elementos do islamismo e hinduísmo — e os hindus. Os *sikhs* lutam pela independência e pela formação do Estado do Kalistão.

A perseguição aos *sikhs* intensificou-se em 1984, após a morte da primeira-ministra indiana Indira Gandhi, assassinada por membros de sua guarda pessoal e adeptos da seita *sikh*. O provável motivo do assassinato teria sido o fato de Indira Gandhi ter ordenado a invasão do Templo Dourado de Amritsar — local sagrado para os *sikhs*, onde se reunia a cúpula do movimento separatista — resultando na morte de 450 pessoas.

Índia – Caxemira e Punjab

Fonte: BACIC, Nelson; CANEPA, Beatriz. *Geopolíticas asiáticas*. São Paulo: Moderna, 2007. p. 43 (adaptado).

PARA COMPREENDER Texto

Caxemira: uma difícil solução

"A Caxemira fazia parte da antiga Rota da Seda, que ligava o Oriente ao Ocidente, e por isso sempre atraiu a cobiça dos mais poderosos impérios. Foi dominada por mongóis, afegãos, hindus, britânicos e dogras. Durante o processo de independência do subcontinente indiano, em 1947, o Estado de Jammu e Caxemira era governado com mão de ferro pela dinastia hindu-dogra dos Singh. Na época, cada Estado deveria decidir se faria parte da Índia ou do Paquistão com base na maioria religiosa, contiguidade territorial e vontade da população. Porém, o marajá Hari Singh tentou aproveitar o momento para criar um reino independente. Perdeu o governo, e o Estado acabou sendo invadido por todos os lados. A disputa segue até hoje: cerca de um terço do território é ocupado por soldados paquistaneses, dois terços por tropas da Índia e uma pequena parte, contígua ao Tibete, pela China.

A primeira guerra entre Índia e Paquistão pelo controle da Caxemira aconteceu entre 1947 e 1949, quando foi assinado um cessar-fogo sob supervisão da ONU, que instituiu a chamada Linha de Controle. Desde aquela época, o Conselho de Segurança da ONU já baixou diversas resoluções, exigindo que ambas as partes garantissem a segurança necessária para a realização de um plebiscito em que a população decidiria seu futuro. Mas a Índia, apesar de ser o país que levou a questão ao Conselho de Segurança, ignora até hoje essas resoluções e desde 1957 mantém o discurso de que o Estado de Jammu e Caxemira é parte de seu território. Índia e Paquistão se enfrentariam ainda em duas outras guerras, em 1965 e 1971. [...]

Ambos os países realizaram testes nucleares em 1998 e a posse desses armamentos inibiu maiores lances dos dois lados. [...]

Os caxemirianos sonham em fazer o plebiscito, que deveria ter sido realizado em 1947 e que teria decidido o que seria da Caxemira."

SOUZA, Vinicius. *Os caminhos da Terra*. São Paulo: Peixes, ano 12, n. 149, set. 2004. p. 29-30.

■ **Responda: Por que a disputa pela Caxemira pode representar uma ameaça à segurança mundial?**

Atividades

RETOME SEUS CONHECIMENTOS

1. Explique o significado de "desobediência civil" e quem defendeu esse princípio na luta pela independência da Índia.

2. Como ficou dividida a Índia após a independência?

3. Qual o principal motivo da rivalidade entre a Índia e o Paquistão?

4. Entre as diversas atividades econômicas atuais de destaque na Índia, cite quais dependeram exclusivamente dos recursos técnicos e das características da economia globalizada.

5. Cite três setores industriais em evidência na Índia que têm projeção internacional.

6. Quais os dois principais conflitos que desestabilizam a Índia na atualidade?

EXERCITE SEUS CONHECIMENTOS

7. A União Internacional de Telecomunicações (UIT) define os nativos digitais como os jovens entre 15 e 24 anos que tenham cinco ou mais anos de experiência *on-line*. Interprete a tabela abaixo.

Nativos digitais – países selecionados (2012)

Posição	País	Nativos digitais	% de nativos digitais na população jovem (15 a 24 anos)
6ª	Estados Unidos	41.322.288	95,6
26ª	França	6.982.540	90,7
37ª	Brasil	20.081.178	60,2
84ª	Rússia	8.974.678	49,6
89ª	China	75.210.372	34,7
139ª	Índia	22.660.059	9,5

Fonte: União Internacional de Telecomunicações. *Medición de la Sociedad de la Información 2013*.

Com base nas discussões realizadas a partir do texto da seção **Para contextualizar**, e na análise da tabela, avalie a posição da Índia quanto ao acesso de sua população jovem às tecnologias da informação.

DIVERSIFICANDO

LIVROS

Olhares ao leste: o desafio da Ásia nas relações internacionais

Thiago Rodrigues.
São Paulo: Desatino, 2005.

O autor visa mostrar além do conhecido sobre o continente asiático, dando importância às batalhas enfrentadas, ao modo de vida de alguns países deste continente e suas diversas características relevantes para visualizar a complexidade do desafio da Ásia nas relações internacionais.

História da Ásia anterior aos descobrimentos

Mário Curtis Giordani.
Petrópolis: Vozes, 1997.

Com o objetivo de aprofundar a compreensão dos acontecimentos da política internacional relacionados aos países asiáticos, esta obra focaliza aspectos da formação histórica de determinados países deste continente.

SITES

Brasil Escola

<http://www.brasilescola.com/geografia/asia.htm>.

De uma forma clara e didática, o *site* traz ricas informações sobre o continente asiático e artigos relacionados a este e seus respectivos países, explorando assuntos de demasiada importância.

Portal Brasil

<http://www.portalbrasil.net/asia.htm>.

O *site* traz informações tanto do âmbito econômico, quanto a respeito da sociedade e suas características, tudo relacionado ao continente asiático.

FILMES

Às Margens do Rio Sagrado

Direção: Deepa Mehta.
Canadá/Índia, 2005.

O filme, retratado no período em que a Índia almejava sua independência, na década de 1930, retrata a luta e a disposição de um grupo de mulheres viúvas a confrontar-se com uma tradição instituída, vista como uma rígida restrição social imposta a elas. Estas contaram com a ajuda de um homem seguidor dos pensamentos de Mahatma Gandhi.

Flores do Amanhã

Direção: Yang Zhang.
Hong Kong/China/Holanda, 2005.

O filme, contextualizado no período de 1976, quando a morte do líder político Mao Tsé-tung põe fim à tirania na China, aborda a relação entre pai e filho, separados durante a Revolução Cultural, quando o pai, pintor, teve suas mãos deformadas.

Promessas de um novo mundo

Direção: Justine Shapiro, B. Z. Goldberg e Carlos Bolado.
EUA, 2001.

Documentário renomado que oferece uma visão profundamente humanista dos conflitos no Oriente Médio. Aborda a história de sete crianças israelenses e palestinas em Jerusalém que, apesar de morarem no mesmo lugar, vivem em mundos completamente distintos, separados por diferenças religiosas, que apresentam opiniões diferentes, mas uma mesma inocência.

PROJETO ESPECIAL

Patrimônio cultural da Humanidade

No começo do capítulo 8 desta unidade você conheceu Petra, na Jordânia, um dos Patrimônios Culturais Mundiais da Unesco (Organização das Nações Unidas para a Educação, a Ciência e a Cultura). A Unesco é um organismo da ONU e tem como objetivo, entre outros, a promoção do diálogo intercultural, entre os países, considerando a educação, a cultura, a informação. O texto a seguir, retirado do *site* da Unesco, apresenta informações sobre a importância da preservação dos patrimônios da humanidade. Leia com os colegas e o professor.

O patrimônio: legado do passado ao futuro

"O patrimônio é o legado que recebemos do passado, vivemos no presente e transmitimos às futuras gerações. Nosso patrimônio cultural e natural é fonte insubstituível de vida e inspiração, nossa pedra de toque, nosso ponto de referência, nossa identidade.

O que faz com que o conceito de Patrimônio Mundial seja excepcional é sua aplicação universal. Os sítios do Patrimônio Mundial pertencem a todos os povos do mundo, independentemente do território em que estejam localizados.

Os países reconhecem que os sítios localizados em seu território nacional e inscritos na Lista do Patrimônio Mundial, sem prejuízo da soberania ou da propriedade nacionais, constituem um patrimônio universal 'com cuja proteção a comunidade internacional inteira tem o dever de cooperar'.

Todos os países possuem sítios de interesse local ou nacional que constituem verdadeiros motivos de orgulho nacional e a Convenção os estimula a identificar e proteger seu patrimônio, esteja ou não incluído na Lista do Patrimônio Mundial.

História sucinta

Preservação do patrimônio cultural

O evento que suscitou especial preocupação internacional foi a decisão de construir a grande represa da Assuan no Egito, com a qual se inundaria o vale em que se encontravam os templos de Abu Simbel, um tesouro da antiga civilização egípcia. Em 1959, a Unesco decidiu lançar uma campanha internacional a partir de uma solicitação dos governos do Egito e Sudão.

Acelerou-se a pesquisa arqueológica nas áreas que seriam inundadas. Sobretudo os templos de Abu Simbel e Filae foram então completamente desmontados, transportados a um terreno a salvo da inundação e lá montados novamente.

O sucesso dessa campanha conduziu a outras campanhas de salvamento, tais como a de Veneza, na Itália, a de Moenjodaro, no Paquistão, e a de Borobodur, na Indonésia, para citar apenas alguns exemplos.

Em seguida, a Unesco iniciou, com a ajuda do Conselho Internacional de Monumentos e Sítios (Icomos), a elaboração de um projeto de Convenção sobre a proteção do patrimônio cultural.

Associando o patrimônio cultural e o patrimônio natural

A ideia de combinar a conservação dos sítios culturais com a dos sítios naturais foi dos Estados Unidos. Uma conferência na Casa Branca, em Washington, pediu em 1965 que se criasse uma 'Fundação do Patrimônio Mundial' que estimulasse a cooperação internacional para proteger as 'maravilhosas áreas naturais e paisagísticas do mundo e os sítios históricos para o presente e para o futuro de toda a humanidade'. Em 1968, a União Internacional para a Conservação da Natureza e seus Recursos (IUCN) elaborou propostas similares para seus membros, as quais foram apresentadas à Conferência das Nações Unidas sobre o Meio Ambiente Humano organizada pelas Nações Unidas em Estocolmo em 1972.

Por último, todas as partes interessadas se puseram de acordo quanto à adoção de um único texto. Assim, a Conferência Geral da Unesco aprovou, em 16 de novembro de 1972, a Convenção sobre a Proteção do Patrimônio Mundial Cultural e Natural.

Considerando o patrimônio em seu duplo aspecto cultural e natural, a Convenção nos lembra as formas pelas quais o homem interage com a natureza e, ao mesmo tempo, a necessidade fundamental de preservar o equilíbrio entre ambos."

Representação da Unesco no Brasil. Disponível em: <http://www.unesco.org/new/pt/brasilia/culture/world-heritage/heritage-legacy-from-past-to-the-future/#c154835>. Acesso em: 15 mai. 2014.

Ruínas do Vihara Budista de Paharpur, Bangladesh (2008).

Palácio de Potala, em Lhasa, Tibete (2010).

Palácio de Dario, em Persépolis, Irã (2008).

ATIVIDADES

1. Explique a importância da preservação dos patrimônios da humanidade.
2. Em grupos, a classe irá fazer um levantamento dos patrimônios da humanidade do continente asiático. Para isso, vocês devem fazer um agrupamento dos países, de acordo com o número de grupos em que a classe foi dividida. Veja a sugestão de *site* com o professor.
3. Depois, cada grupo irá eleger três patrimônios que considere mais expressivos, de acordo com critérios estabelecidos pelo próprio grupo. Pode ser antiguidade, beleza, representatividade para a cultura e a religião do país, significado histórico para a humanidade ou outros. Para isso, façam uma pesquisa para obter informações e imagens desses patrimônios.
4. Numa outra etapa do projeto, cada grupo apresenta, em forma de seminário, imagens e informações sobre os patrimônios.
5. Ao final, pode ser feita uma votação para eleger os cinco mais representativos patrimônios da humanidade da Ásia.

África

Cidade do Cairo, Egito, às margens do rio Nilo (2010).

Exploração de minério de ferro, África do Sul (2011).

UNIDADE IV

Antílopes pastam em savana do Quênia (2010).

A imagem que muitas pessoas têm do continente africano é a das guerras, dos conflitos étnicos, da pobreza, das paisagens peculiares — florestas, savanas, grandes desertos. Em alguns casos, tratam a África como um conjunto único, esquecendo-se de que o continente é formado por muitos países.

A complexidade das paisagens dos territórios dos países africanos engloba cidades modernas, contrastes naturais e uma grande diversidade de povos. Trata-se de um continente onde a influência externa foi marcante. Esses são os temas que você vai estudar nesta unidade.

- Sobre quais países africanos você tem informações? Quais características da África você conhece?
- A quais filmes ou documentários você já assistiu sobre o continente africano?
- O que você sabe sobre a influência externa na África, ou seja, de países de outros continentes, sobretudo de Estados-nação da Europa e os EUA?

13 África – a influência externa

PARA CONTEXTUALIZAR

Observe o mapa a seguir.

Conflitos e tensões no mundo (final do século XX e início do século XXI)

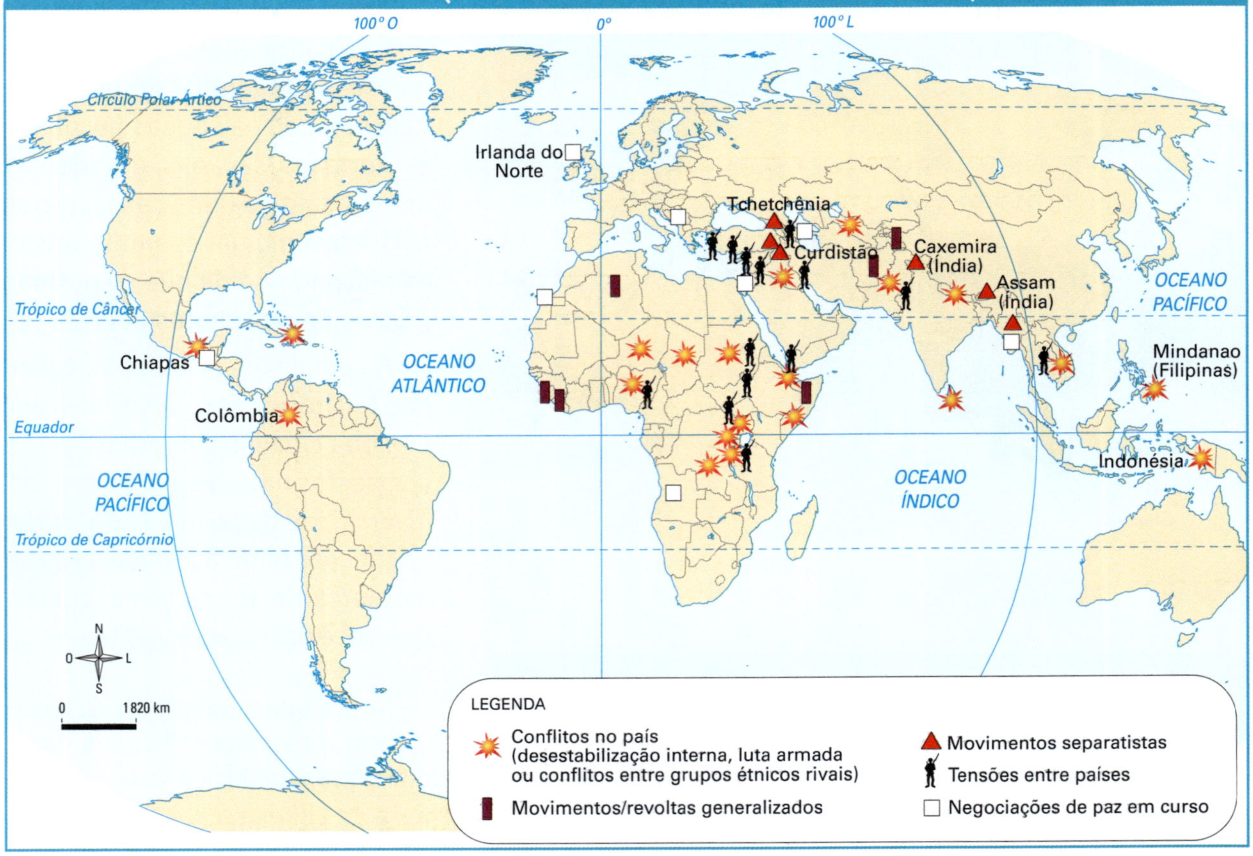

Fonte: ONU, 2001; *L'État du monde*, 2005. Ramses, 2003. Paris: Institut Français de Relations Internationales e Dunod. p. 196-197; BOUVET, Christian; LAMBIN, Jean-Michel. *Histoire/Géographie*. Paris: Hachette, 2003. p. 8.

ATIVIDADES

Converse com seus colegas e com seu professor.

1. O que o mapa nos revela em relação ao continente africano?
2. Refletindo sobre a resposta do item anterior, o que explica a realidade observada?
3. Nos últimos tempos (a partir de 2010), uma onda de revoltas populares atingiu o norte da África. Entre as consequências dessas revoltas, podemos mencionar a queda dos líderes dos países mencionados, que estavam há décadas no poder. Esse movimento tem gerado preocupação em diversas nações do mundo, em especial nas grandes potências econômicas. Levante hipótese(s) para explicar o porquê dessa preocupação.

O neocolonialismo e a descolonização

O fim do século XIX e o início do século XX foram marcados pela disputa imperialista entre os países industrializados, por novas fontes de matérias-primas e pela ampliação do mercado mundial.

As novas necessidades criadas nessa etapa de desenvolvimento capitalista levaram à partilha do território africano e de parte do asiático entre as grandes potências europeias, em um processo conhecido como neocolonialismo.

Observe o mapa.

Impérios neocoloniais (final do século XIX e início do século XX)

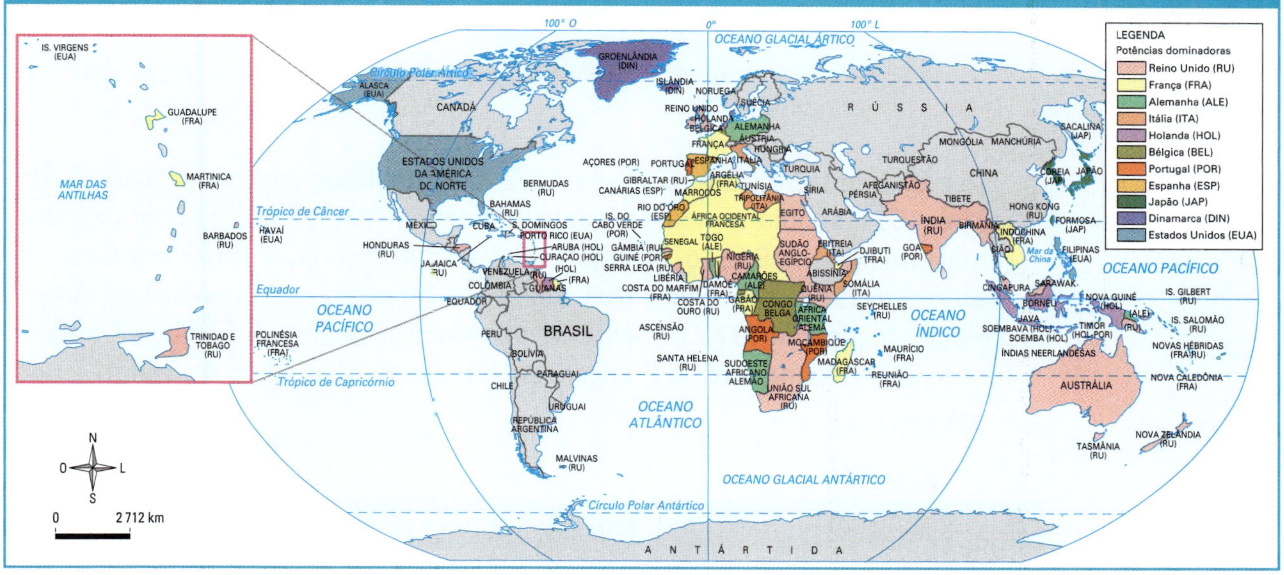

Fonte: ALBUQUERQUE, Manoel Maurício de et al. *Atlas histórico escolar*. Rio de Janeiro: MEC, 1983. p. 138-139 (adaptado).

- Responda:

  Quais potências controlavam o continente africano?

Na África, esse processo de expansão do capitalismo — com a partilha do continente — acarretou, em boa parte, a desestruturação do modo de vida e da organização política e administrativa dos povos autóctones, que, embora fossem reinos ou comunidades com características variadas, formavam unidades culturais e linguísticas.

Em virtude da colonização tardia, no fim da Segunda Guerra Mundial somente quatro países africanos eram independentes: Egito, África do Sul, Etiópia e Libéria. Essa independência, porém, se dava apenas na esfera política, pois esses países se mantinham sob o domínio econômico e militar da Inglaterra (Etiópia, Egito e África do Sul) e dos Estados Unidos (Libéria).

Soldados americanos na Libéria (2003).

MAIS INFORMAÇÃO

Transformações no espaço africano

"Até 1880, em cerca de 80% do seu território, a África era governada por seus próprios reis, rainhas, chefes de clãs e de linhagens, em impérios, reinos, comunidades e unidades políticas de porte e natureza variados.

No entanto, nos 30 anos seguintes, assiste-se a uma transmutação extraordinária, para não dizer radical, dessa situação. Em 1914, com a única exceção da Etiópia e da Libéria, a África inteira vê-se submetida à dominação de potências europeias e dividida em colônias de dimensões diversas, mas, de modo geral, muito mais extensas do que as formações políticas preexistentes e, muitas vezes, com pouca ou nenhuma relação com elas. Nessa época, aliás, a África não é assaltada apenas na sua soberania e na sua independência, mas também em seus valores culturais."

BOAHEN, Albert Adu. In: Unesco. *História geral da África*. São Paulo: Ática/Unesco, 1991, v. VII. p. 24.

A partir de 1950, teve início o grande movimento de descolonização da África. Em 1951, a Líbia tornou-se independente; em 1957, a antiga Costa do Ouro (atual Gana); em 1958, o Senegal; em 1960, a Nigéria, o Níger e a Costa do Marfim; em 1963, a Tanzânia. Nos anos 1970, libertam-se Guiné-Bissau, Angola e Moçambique. Em 1977, o Território dos Afar e Issa (antiga Somália Francesa) tornou-se independente da França, com o nome de República do Djibuti.

Observe o mapa.

Etapas da descolonização da África (século XX)

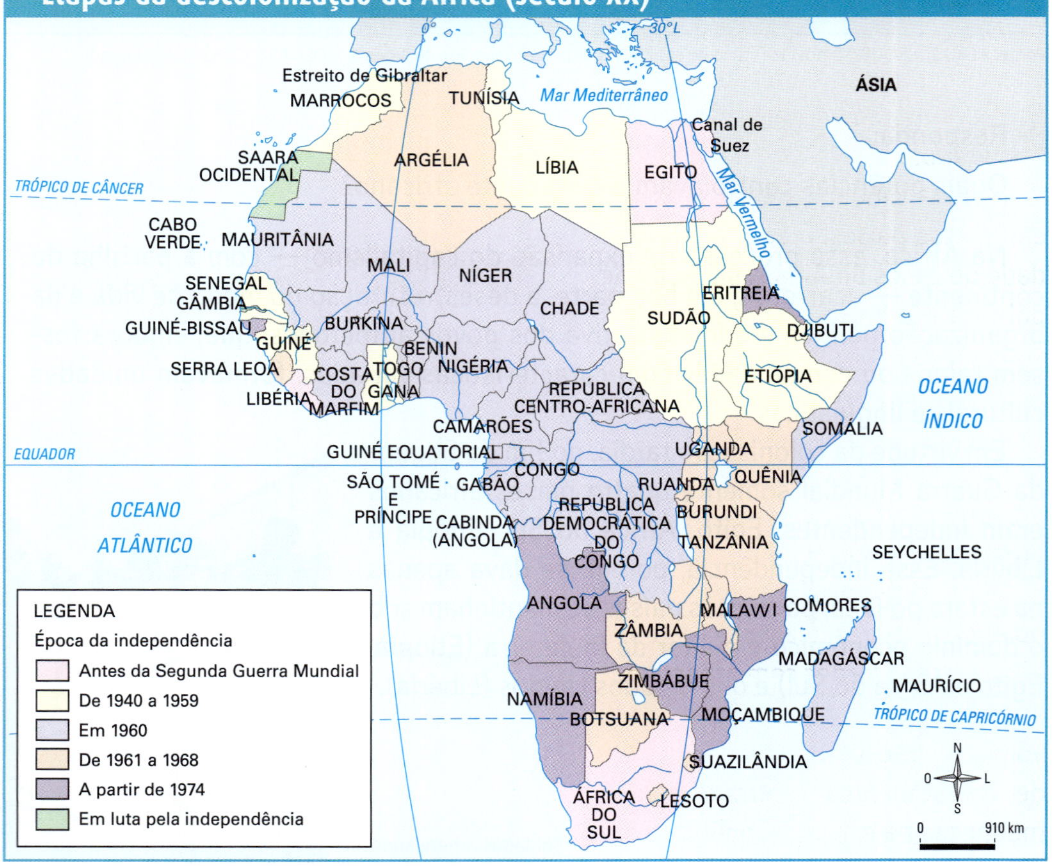

Fonte: *L'Atlas du continent africain*. Paris: Jaguar, 1983. p. 31 (adaptado).

As dificuldades pós-independência

Apesar de terem obtido sua independência, os países africanos ainda hoje enfrentam sérias dificuldades para manter sua autonomia política e promover a independência econômica e social em relação às suas ex-metrópoles ou às grandes potências mundiais.

Na partilha colonial da África, não foi considerada nem respeitada a individualidade dos diversos povos africanos. Em alguns casos, as comunidades foram totalmente separadas. Em outros, agruparam-se comunidades de costumes e línguas completamente diferentes, e até rivais, sob a mesma administração europeia.

Como reflexo do baixo nível de desenvolvimento socioeconômico e da enorme dependência externa, combinados com a desestruturação do sistema político-administrativo das comunidades autóctones, após as independências dos países africanos passou a ocorrer uma série de conflitos entre os diferentes grupos étnicos, conforme visto na seção **Para contextualizar**.

Esses conflitos envolvem, de modo geral, grupos étnicos rivais que competem pelo poder central em um país ou povos separados por limites determinados pelas potências europeias e que lutam contra o poder central dos países que habitam. A busca pelo controle de trechos de território onde há abundância de recursos minerais, como ouro e diamantes, ou de terras cultiváveis ou, ainda, de condições favoráveis para a criação de animais também são elementos que contribuem para a intensificação e a continuidade dos conflitos.

Diante desse quadro, governantes dos países africanos formaram, em julho de 2002, a União Africana (UA), em substituição à Organização da Unidade Africana (OUA). A proposta era criar um Parlamento continental, um tribunal pan-africano, um Banco Central e um Conselho de Paz e Segurança, que abriga uma força de manutenção da paz e já atua em conflitos no continente. Também fazem parte dos termos da proposta a integração econômica e uma possível união monetária.

A instabilidade política presente em muitos países, a enorme quantidade de casos de Aids, a situação de pobreza e o baixo nível educacional e de desenvolvimento tecnológico, além da precária infraestrutura de transportes e telecomunicações da maior parte dos países africanos, são grandes desafios à concretização das propostas estabelecidas pela UA.

Para atingir gradativamente seus objetivos, a organização pretende estabelecer acordos com organismos internacionais e com países desenvolvidos, que vinculam a aplicação de investimentos internacionais a mudanças na estrutura política e socioeconômica dos países.

Tropa de paz da União Africana, Somália (2011).

PARA COMPREENDER Texto

Na África, nasce hoje o Sudão do Sul, país mais pobre do globo

"Sob o olhar preocupado da comunidade internacional, nasce hoje o 193º país do mundo.

Devastado por décadas de guerras civis, o Sudão do Sul partilhará com Somália e Afeganistão os piores indicadores sociais do planeta.

'É um momento histórico, mas os desafios são gigantescos', afirma Erwin van der Borght, diretor para África da Anistia Internacional.

O país é o lugar no mundo onde mais morrem grávidas e recém-nascidos, e 90% das mulheres são analfabetas.

'Levará anos para o Sudão do Sul deixar de depender da assistência', diz Borght.

Falta tudo no novo país: hospitais, escolas, esgoto, iluminação, polícia. Estradas são poucas e precárias. Na capital, Juba, há apenas uma rua asfaltada. No lugar de táxis, garotos levam estrangeiros na garupa de motos, as 'boda-bodas'.

Só não faltam Coca-Cola e esperança. As garrafinhas vermelhas eram vendidas quentes, mesmo no precário posto da alfândega na fronteira com Uganda, que a *Folha* atravessou em janeiro.

'As pessoas estão tão otimistas que é até assustador', conta Jane Some, funcionária da ONU no Quênia.

Fonte: *Folha de S.Paulo*, 9 jul. 2011.

'Os jovens esperam que a vida vá melhorar da noite para o dia, que vão conseguir emprego, estudo. A geração mais velha está radiante em testemunhar a independência depois de duas décadas de guerra', acrescenta.

A cerimônia de independência contará com a presença do secretário-geral da ONU, Ban Ki-moon, representantes de vários países vizinhos e celebridades, como o ator George Clooney.

Segurança

Crucial para a construção da nova nação, porém, é superar a insegurança. Em 2011, 1.800 sul-sudaneses morreram e 150 mil foram deslocados após renovados conflitos na fronteira, segundo a ONU.

Este é o ano [2011] mais inseguro no Sudão desde o fim da guerra civil de duas décadas, em 2005, quando rebeldes do sul (negros) e o norte (árabe) assinaram acordo de paz.

Disputas por terras e reservas de petróleo nas regiões fronteiriças de Abyei e Kordofan do Sul, porém, ainda trazem instabilidade, apesar de o sul ter legitimado sua secessão em referendo em janeiro.

O sul abriga 80% do petróleo sudanês, mas depende das refinarias do norte para exportar. [...]

Os EUA são o principal ator internacional no país e investem em infraestrutura, para fazer frente à presença chinesa no norte. Ontem, a ONU aprovou nova força de paz para o Sudão do Sul, com 7.900 homens."

População: 7,5 a 9,7 milhões
Capital: Juba
Área: 619.745 km² (tamanho de Minas Gerais)
Línguas: inglês, árabe, dinka
Religiões: cristianismo e animismo
111 por 1.000 nascimentos é a taxa de mortalidade infantil; uma das piores do mundo

MONTENEGRO, Carolina. *Folha de S.Paulo*, 9 jul. 2011. Disponível em: <http://www1.folha.uol.com.br>. Acesso em: 15 mai. 2014.

Com base na leitura da notícia e na observação do mapa, explique, no caderno, por que o petróleo é considerado um "forte vetor de instabilidade" no território abordado.

O Brasil e os países africanos

Parcerias que intensifiquem as relações econômicas com países subdesenvolvidos, principalmente com emergentes, também podem trazer resultados para a superação dos diversos problemas que os países africanos enfrentam, sobretudo os situados ao sul do deserto do Saara — África Subsaariana.

Nesse contexto, pelos fortes laços étnico-culturais, o Brasil pode desempenhar papel importante. Neste início de século, o governo brasileiro aumentou de 18 para 30 o número de embaixadas e instalou dois consulados-gerais em países do continente africano.

Experiências bem-sucedidas no Brasil nas áreas de saúde, no combate à fome e com outras formas de assistência social também vêm sendo implementadas em países africanos, como em Angola e Moçambique, por exemplo.

MAIS INFORMAÇÃO

Menos "colonizador", Brasil tem portas abertas na África

Tecnologia agrícola brasileira se adapta ao solo africano com facilidade

"A presença brasileira em países da África vai se intensificar cada vez mais. Grande parte dos países africanos está em um estágio agrícola dos anos 1960 e necessita recuperar rapidamente o tempo perdido nas últimas décadas.

Os governos descobriram que o Brasil é o caminho mais curto. Similaridade de clima, de lavouras, de cultura e o mesmo idioma em vários deles deixam as portas abertas para os brasileiros, que não são vistos como os tradicionais colonizadores europeus.

Se o Brasil quiser fincar pé no continente tem de agir rápido, porque os chineses já têm centros de pesquisas agrícolas em dez países e os indianos também marcam presença em vários deles.

Nesses dois casos, a participação governamental é grande porque eles querem segurança alimentar, diferentemente do Brasil, que se firma como um grande fornecedor mundial de alimentos.

A vantagem do Brasil é que a tecnologia agropecuária do país se adapta ao solo africano.

A condição 'continental' brasileira faz com que as variedades de grãos, a cana e até a pecuária tenham condições similares às africanas.

Com isso, os governos africanos sabem que a entrada de seus países na lista de produtores de alimentos pode ser encurtada através da 'via Brasil'.

Terra mais barata

Essa aproximação Brasil-África traz vários benefícios para os brasileiros, que passam a ser exportadores não apenas de *commodities* (soja, café, álcool etc.), mas também de tecnologia agrícola, incluindo sementes, genética e equipamentos.

Os produtores brasileiros vão encontrar, pelo menos no início, terras com preços mais baixos do que os já atingidos no Brasil, o que reduz os custos de produção.

Além disso, as tradicionais barreiras não tarifárias, que aumentam conforme o Brasil ganha importância no cenário mundial agrícola, são menores para os países africanos, principalmente as impostas pelos europeus.

No campo político, a aproximação brasileira com os africanos pode render frutos para a pretensão do Brasil de ganhar importância em organismos internacionais.

[...]"

ZALAFON, Mauro. *Folha de S.Paulo*, 14 ago. 2011, p. B5.

Os interesses das grandes potências

Muitas vezes, os conflitos étnicos e as guerras civis no continente africano encobrem interesses de grandes potências, sobretudo em relação aos recursos naturais existentes nos países africanos. Exemplo disso é o caso da região de Darfur, localizada no oeste do Sudão, cujas reservas petrolíferas, entre outros recursos minerais, geraram o interesse de países como Estados Unidos e China. O conflito, iniciado em 2003, até o início de 2014 já havia provocado a morte de mais de 300 mil pessoas, deixado cerca de 2 milhões de refugiados e 1,3 milhão de pessoas afetadas pela insegurança alimentar, de acordo com a ONU. Acordos de paz foram estruturados, mas fracassaram. A missão de paz da ONU, enviada no início de 2008, corria o risco de fracassar também.

Muitos dos desabrigados do Sudão fugiram para outros países. Cerca de 280 mil estavam no Chade. A região de Darfur enfrentou secas prolongadas, convive com disputas entre grupos rebeldes locais e milícias, como a Janjaweed, por escassas áreas de terras agricultáveis e fertéis, e com o fracasso das políticas agrícolas implementadas pelo governo central.

Nesse contexto, grupos rebeldes de Darfur estruturaram um movimento separatista, acusando o governo do país, formado pela elite islâmica, de negligenciar a região. A reação do governo veio com o apoio à milícia Janjaweed, que empreendeu uma verdadeira "limpeza étnica", com destruição de aldeias, matança de milhares de agricultores e estupros em massa.

A solução definitiva para o conflito esbarra em vários problemas: quantidade de milícias existentes, grande número de refugiados, crescimento dos grupos rebeldes, proliferação de armamentos na região, desinteresse do governo central — cujo presidente é um general que está no poder desde 1989. Esse governo tem estreita relação com a China, que compra cerca de 60% do petróleo sudanês e vende armamentos para o Sudão.

Situações semelhantes à de Darfur, após os processos de independência nos países do continente, são muitas, como ocorreu em 1966, na Nigéria, um dos países mais populosos da África. Quando os ingleses, em 1960, estabeleceram as fronteiras da recém-independente Nigéria, dentro de seu território conviviam, aproximadamente, 250 etnias, o que dificultava muito a unidade nacional.

Desabrigados do conflito da região de Darfur (2008).

Em 1966, um dos três maiores grupos étnicos, o dos ibos, derrubou o governo nigeriano, instalando-se no poder. Repelidos por um golpe militar em 1967, os ibos, que viviam no território de Biafra, próximo ao delta do rio Níger, decidiram proclamar-se independentes, dando origem à guerra de Biafra. Em razão do envolvimento de interesses europeus nesse conflito, a guerra civil nigeriana durou cerca de três anos e só terminou com a rendição de Biafra.

A separação de Biafra foi estimulada por uma empresa francesa de petróleo (a Elf-Aquitaine), interessada na exploração do produto na região. Enquanto essa empresa estimulou a separação, ficando ao lado dos ibos, outras empresas concorrentes apoiaram o poder central nigeriano, a fim de evitar que a empresa francesa obtivesse a concessão da exploração do petróleo.

Região de Darfur, no Sudão

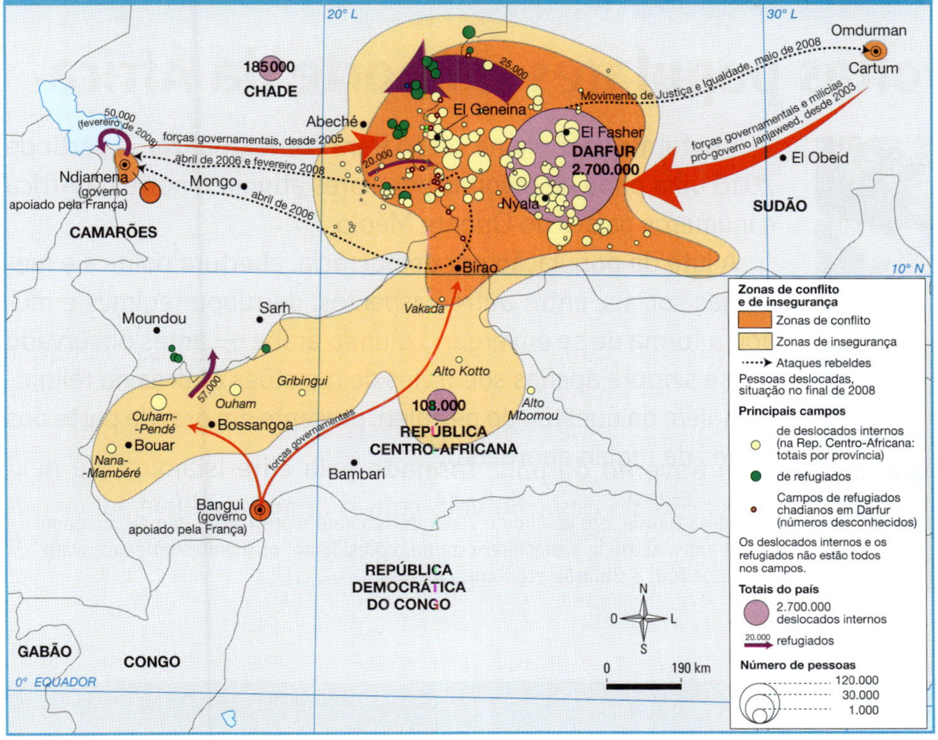

Fonte: DURAND, Marie Françoise et al. *Atlas da mundialização:* compreender o espaço mundial contemporâneo. São Paulo: Saraiva, 2009, p. 89; *Folha de S.Paulo*, 1º ago. 2007. p. 49; *Folha de S.Paulo*, 9 jul. 2011, p. A20.

A África no contexto da economia globalizada

Os governos que se estruturaram após os processos de independência foram, de modo geral, marcados pelo autoritarismo e pela corrupção. Além disso, as disputas pelo poder entre grupos étnicos rivais, a carência de recursos financeiros e a economia fortemente voltada para a exportação, aliadas aos interesses econômicos e político-militares das grandes potências (inclusive Estados Unidos e ex-União Soviética no contexto da Guerra Fria), entre outros fatores, sempre dificultaram reformas nas estruturas política e socioeconômica na maioria dos países africanos.

Todo esse quadro, associado aos longos períodos de seca e à pressão demográfica sobre os recursos naturais, tem ocasionado em vários países situações de fome crônica e disseminação de doenças.

No contexto da economia globalizada — caracterizada por intensos fluxos financeiros, desenvolvimento de tecnologia avançada e busca de mão de obra qualificada e mercados consumidores para produtos de alta tecnologia —, a maioria dos países africanos, sobretudo os que se situam ao sul do deserto do Saara (África Negra), têm o desafio de melhorar e ampliar a infraestrutura energética, de telecomunicações e de transportes, a fim de atrair investimentos.

Esses países dispõem basicamente de matérias-primas minerais e agrícolas, cujos preços apresentaram alta nesta primeira década do século XXI. Isso precisa ser aproveitado pelos países que têm mais capacidade exportadora, de modo a propiciar melhorias nas condições de vida da população e na qualificação de mão de obra, com mais investimentos em saúde e educação. Há países como África do Sul (que faz parte do BRICS), Angola e Nigéria que vêm obtendo progressos nesses setores.

Revoltas populares no norte da África

Conforme você viu na seção **Para contextualizar**, a partir de 2010 uma onda de revoltas populares atingiu o norte da África e inúmeros países do Oriente Médio.

A luta da população por democracia, abertura política e melhorias sociais, entre outros aspectos, derrubou regimes e mudou a forma de se enxergar o mundo árabe — antes observado quase sempre apenas sob o viés de questões étnicas ou religiosas (além da questão do petróleo, presente em grande parte dos países da região abordada).

Protestos na Tunísia, em janeiro de 2011, derrubaram o presidente Ben Ali, no poder havia 23 anos. Além de protestarem contra o presidente, os manifestantes estavam insatisfeitos com a situação econômica do país.

PARA COMPREENDER Texto

Leia a reportagem a seguir e entenda melhor a chamada "primavera árabe".

Primavera árabe e advento

"[...], em sentido figurado primavera é época primeira, tempo primordial, aurora. Aplicada às pessoas, a categoria de primavera quer designar alguém muito jovem, que é ainda promessa de um desabrochar ou de futura plenitude. Alguém que já mostra o que será mas ainda não o visibiliza plenamente. Esta é a razão de a infância e a juventude serem designadas como a primavera da vida.

Entende-se, portanto, por que os protestos que eclodiram no mundo árabe a partir de 2010 e que até hoje permanecem foram batizados de Primavera Árabe. Iniciando-se na Tunísia, em 18 de dezembro de 2010, o movimento rapidamente se espalhou pelo norte da África e também pelo Oriente Médio, encontrando talvez sua manifestação mais forte, além da própria Tunísia, no Egito e na Líbia.

Ali, naqueles dois países, foram derrubados regimes de exceção que pareciam até então muralhas inexpugnáveis. Dentre os três chefes de Estado assim removidos do poder, o tunisino Bem Ali fugiu, o egípcio Mubarak renunciou e o terceiro, Kadafi, foi capturado, torturado por rebeldes, arrastado por carreta em público e executado com um tiro na cabeça.

Os protestos tomaram diversas formas e utilizaram diversas técnicas, como greves, manifestações, passeatas, resistência civil em campanhas reivindicatórias e comícios. As mídias sociais como o Facebook, Twitter, YouTube foram largamente usadas para apoiar a movimentação e convocar a população, informando-a e sensibilizando-a a fim de que não se deixasse enganar ou envolver pelo que os Estados, objeto dos protestos, espalhavam pela mídia: censura e desinformação.

À queda dos três chefes de Estado seguiu-se uma onda de anúncios da queda do poder de outros governantes: no Iêmen, no Sudão, no Iraque, na Jordânia. É, inegavelmente, o fim de uma era e de uma forma de organização política que tem como consequência uma renovação profunda naquela parte do mundo onde proliferavam os regimes fortes e autocráticos.

A Primavera Árabe é a primeira revolução democrática acontecida no mundo árabe no século em que vivemos. Ao fundo, a insatisfação de povos que cansaram de ser oprimidos, manipulados e injustiçados pela pobreza, desemprego, falta de liberdade e alta militarização de suas forças vivas. Revela-se igualmente o cansaço desses povos de verem suas nações dependentes de potências estrangeiras que, com a conivência de seus governantes, ditavam a agenda e as prioridades para seu duro cotidiano.

Esses regimes, nascidos do nacionalismo árabe entre os anos 1950 e 1970, converteram-se em governos repressores que impediam a oposição política sadia e democrática. E igualmente apossavam-se de todo o benefício das economias em crescimento, negando-se a distribuir seus frutos à população. Assim, abriram um vácuo de participação, que foi sendo preenchido pelas lideranças e movimentos sociais que temos visto à frente da Primavera Árabe nos últimos tempos.

Os protagonistas deste primaveril movimento são jovens, e isso chama a atenção. Não em vão os protestos do Egito receberam o nome de Revolução da Juventude. Além disso e por isso, são informados, bem formados, e muitos têm estudos universitários. Sabem usar as redes sociais e comprovam, com o sucesso e a rápida difusão de seu movimento, que realmente o mundo tornou-se plano com a chegada da internet e a comunicação em rede. É o novo que chega ao mundo árabe e, embora infelizmente com um importante saldo de violência e morte, traz vento e perfume libertador. [...]"

BINGEMER, Maria Clara. Primavera árabe e advento. *Jornal do Brasil*, 30 nov. 2011. Disponível em: <http://www.jb.com.br/sociedade-aberta/noticias/2011/11/30/primavera-arabe-e-advento/>. Acesso em: 15 mai. 2014.

Estabeleça um debate com o professor e colegas sobre a seguinte questão:

As redes sociais foram realmente fundamentais para a mobilização da população dos países atingidos pelas revoltas populares? Por quê?

Multidão na Praça Tahrir, no Cairo, Egito, no início de 2011. No início de 2012, uma nova onda de protestos tomou conta das ruas das principais cidades egípcias, em razão da demora na transição do governo para uma democracia participativa e ampla, com eleições diretas para presidente.

Atividades

RETOME SEUS CONHECIMENTOS

1. Relacione o processo de colonização africana com a definição dos limites da maioria dos países desse continente e cite quais são as consequências atuais dessa situação.

2. Escreva um parágrafo, explicando a afirmativa a seguir.

No contexto da economia mundial globalizada — caracterizada por intensos fluxos financeiros, desenvolvimento de tecnologia avançada e busca de mão de obra qualificada e mercados consumidores para produtos de alta tecnologia —, a maioria dos países africanos, sobretudo os que se situam ao sul do deserto do Saara (área também chamada de África Negra), tem pouco a oferecer.

EXERCITE SEUS CONHECIMENTOS

3. Analise a tabela e responda às questões a seguir.

Alguns dos países com os piores indicadores sociais

País	IDH (2013)/ posição	Esperança de vida à nascença (anos)	Média de anos de escolaridade
Mali	0,344 (182ª)	51,9	2,0
Burkina Faso	0,343 (183ª)	55,9	1,3
Chade	0,340 (184ª)	49,9	1,5
Moçambique	0,327 (185ª)	50,7	1,2
República Democrática do Congo	0,304 (186ª)	48,7	3,5
Níger	0,304 (186ª)	55,1	1,4

Fonte: Pnud, Relatório de Desenvolvimento Humano, 2013.

a) Dentre os países apresentados na tabela, quais fazem parte da África?

b) Como você avalia a esperança de vida à nascença e a média de anos de escolaridade dos países destacados?

4. A cultura brasileira recebeu influências significativas da cultura africana. Pesquise as influências africanas no modo de vida dos brasileiros. Para realizar a atividade siga as instruções:

Dança tribal em escola de Karatina, Quênia (2011).

a) Procure em livros, revistas ou *sites* aspectos da culinária, das religiões e da música em alguns países africanos.

b) Pesquise como a culinária, as religiões e a música africana influenciaram a cultura brasileira.

c) Selecione textos e imagens sobre essas influências. Cite exemplos destacando comidas típicas, cultos, cerimônias, manifestações populares, ritmos e instrumentos musicais que foram introduzidos no Brasil pelos povos africanos.

d) Com seu professor e colegas de sala, organizem uma exposição com o resultado das pesquisas.

14 África – dinâmicas da natureza

PARA CONTEXTUALIZAR

Leia o texto a seguir.

África — dualidade territorial

"O continente africano apresenta uma dualidade natural bastante acentuada entre a porção norte, dominada pelo deserto do Saara, e as terras mais férteis do sul. Com o decorrer do tempo, essa oposição também adquiriu um caráter étnico, contrapondo as populações negras das florestas e savanas aos brancos do deserto. A franja intermediária entre uma situação e outra é conhecida por Sahel, uma faixa mais ou menos larga que se estende do Atlântico ao mar Vermelho. Essa faixa tem se destacado como uma das regiões mais problemáticas do mundo contemporâneo, tanto em função das secas que a vêm assolando nas duas últimas décadas, quanto das arbitrariedades com que foram traçadas as fronteiras dos Estados que abrange.

Área desertificada do Sahel, em Timbuktu, Mali (2009).

À exceção da Mauritânia, todos os demais países da área convivem com o problema da falta de identidade étnica. Esse problema se agrava em função da religião, uma vez que o monoteísmo muçulmano se choca com o politeísmo das religiões animistas em muitos casos. Particularmente no Chade e no Sudão assiste-se a uma guerra civil interminável que opõe os dois universos raciais e geográficos.

Todavia, enquanto a porção setentrional do continente possui uma relativa unidade, [...] no sul [que abrange praticamente toda a porção ao sul do deserto do Saara] a diversidade é bem maior, o que torna a África Negra o espaço politicamente mais retalhado do planeta e onde os problemas de fronteira são incontáveis. A instalação do modelo europeu de limites interestatais rígidos remonta à 'Conferência de Berlim' de 1885, quando as potências europeias e mais os Estados Unidos resolveram escolher critérios mínimos que fossem aceitos por todos os que disputavam 'a partilha da África'."

MARTIN, André Roberto. *Fronteiras e nações*. São Paulo: Contexto, 1997. p. 79.

ATIVIDADES

Converse com seus colegas e com seu professor.

1. O autor afirma que existe uma dualidade natural bastante acentuada entre as porções norte e sul do continente africano. O que caracteriza essa dualidade? Quais outras características naturais do espaço africano são citadas pelo autor?
2. Além da seca, aponte um problema de ordem social e um de ordem natural que afeta a região conhecida por Sahel?
3. Quais problemas o autor aponta no que se refere ao sul do deserto do Saara? Em parte, quais seriam as causas desses problemas?

Diversidade natural africana

O litoral da África não é muito recortado, portanto há poucos portos naturais no continente. Sua superfície ocupa uma área de 30.309.677 quilômetros quadrados.

A nordeste, a África se une ao continente asiático por uma estreita faixa de terras (entre o mar Vermelho e o Mediterrâneo) que constitui o istmo de Suez. Em 1869, após dez anos de construção, inaugurou-se o canal de Suez, que proporcionou o encurtamento das distâncias que separam a Europa da costa oriental da África, do Oriente Médio e do Sul, Sudeste e Leste asiáticos por via marítima.

Até 1956, o canal ficou sob o controle do Reino Unido. Desde então, passou para o domínio do Egito. É atualmente uma importante fonte de receita para a economia egípcia, uma vez que os navios que o atravessam têm de pagar uma taxa pelo seu uso.

No noroeste do continente, localiza-se o estreito de Gibraltar, com 12 a 14 quilômetros de largura, que separa o Marrocos, na África, da Espanha, na Europa. A região é controlada pelo Reino Unido.

Linha de falhas do Rift Valley, no Quênia (2002).

O relevo

A maior parte da África constitui um imenso planalto, resultante do aplainamento de antigas elevações pela intensa ação erosiva há milhões de anos.

Essa extensa área planáltica apresenta algumas fraturas, entre as quais a mais expressiva ocupa o lado oriental do continente e corresponde a uma longa linha de falhas, denominada Rift Valley pelos ingleses. Essa linha de falhas é ocupada por extensos lagos, como o Niassa, o Vitória (o segundo maior do mundo), o Alberto e o Tanganica, além de vários maciços vulcânicos, que proporcionam solos férteis para as práticas agrícolas.

Essas fraturas têm sua formação associada aos grandes movimentos geológicos do Terciário e Quaternário que ocorreram na África e na Ásia.

No Rift Valley situam-se alguns maciços vulcânicos onde estão os pontos mais altos do relevo africano: o monte Kilimanjaro, com 5.895 metros de altitude; o monte Quênia, com 5.195 metros; e o Ruvenzori, com 5.118 metros.

Na porção norte do continente, está a cadeia montanhosa do Atlas. De formação geológica recente (cerca de 70 milhões de anos), chega a alcançar 4 mil metros de altitude, ocupando terras da Argélia e do Marrocos (monte Tubkal, com 4.165 metros).

Cadeia do Atlas no Marrocos (2008).

No sul, localiza-se a cadeia do Cabo, de formação geológica bem antiga, portanto mais desgastada, onde sobressaem os montes Drakensberg (3.300 metros de altitude).

As planícies africanas localizam-se principalmente próximo ao litoral, ou às margens de alguns rios. De pouca extensão, elas são mais povoadas em alguns trechos da Costa do Marfim, da Nigéria, do Togo, de Benin e de Gana.

Observe o mapa.

África - Físico

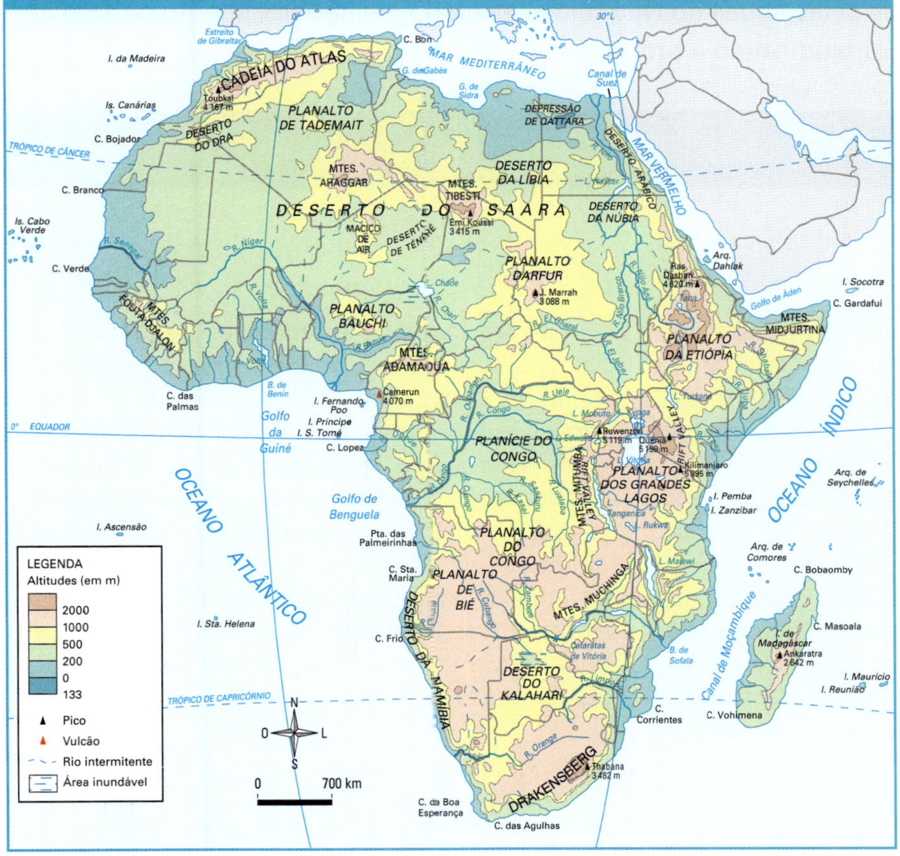

Fonte: ÍSOLA, Leda; CALDINI, Vera. *Atlas geográfico Saraiva*. São Paulo: Saraiva, 2009. p. 150 (adaptado).

- Responda às questões a seguir.

1. Qual a forma de relevo predominante na África? De modo geral, onde se localizam as planícies?

2. Na porção centro-oriental do continente, observa-se a concentração de lagos e montes, como o Quênia e o Kilimanjaro. Explique a origem dos lagos e dos montes dessa região.

A hidrografia

Na África está localizado um dos rios mais extensos do mundo, o Nilo, com 6.670 quilômetros de comprimento, dos quais 2 mil quilômetros correm em pleno deserto.

Esse rio, de grande importância histórica, nasce próximo ao lago Vitória, com o nome de Nilo Branco, e segue rumo ao norte, onde, na cidade de Cartum, capital do Sudão, une-se ao Nilo Azul, cujas nascentes situam-se no maciço da Etiópia (ou Abissínia). Ao se juntarem, passam a formar um único curso de água, que atravessa o deserto do Saara com o nome de rio Nilo, indo desembocar no mar Mediterrâneo. A foz do Nilo é um imenso delta de grande proveito para a atividade agrícola, praticada na região há milhares de anos.

Para o desenvolvimento da agricultura em todo o vale do Nilo, a população ribeirinha sempre dependeu das cheias do rio.

Por causa da curta duração dessas cheias, durante boa parte do ano a população ficava sem água para o plantio, embora o solo, que havia sido inundado, permanecesse fértil.

Para solucionar o problema, no início do século XX (1902), foram construídos a barragem de Assuã e vários canais de irrigação nas margens do Nilo, permitindo cultivos permanentes. A ampliação da barragem, em 1969, e a formação do lago Nasser aumentaram significativamente a área irrigada do vale do Nilo, no seu médio curso.

Entretanto, no baixo curso e no delta do rio, a diminuição do fluxo de água, com a consequente diminuição das cheias, e a redução da carga de nutrientes conduzidos pelas águas do Nilo têm acarretado o empobrecimento do solo nessas áreas, prejudicando a produtividade agrícola.

PARA COMPREENDER Texto

Leia os textos.

Nilo

"O Nilo não é apenas um generoso fornecedor de água para toda a região do norte da África. Mas, também, um eficiente transportador de nutrientes, capaz de transformar a aridez do deserto em terras cultiváveis, altamente produtivas. E o seu ciclo favorece ainda mais essa generosidade: uma vez por ano, entre agosto e outubro, o rio recebe, em suas origens, as chuvas tropicais das terras altas da Etiópia e a neve derretida das Montanhas da Lua, na fronteira entre Uganda e Zaire (atual República Democrática do Congo), provocando suas famosas inundações, que vêm preparando a terra para a agricultura desde tempos remotos.

A necessidade de estender os benefícios do Nilo por uma área cada vez maior provocou, ainda no Antigo Egito [cerca de 3200 a.C.], o desenvolvimento da ciência de construção de canais que serviam tanto para irrigar terras áridas como meio de transporte. A maior parte das grandes construções egípcias — incluindo as pirâmides de Gizé — só foi possível graças ao sistema de transporte, sofisticadíssimo, que os egípcios desenvolveram através de canais — por onde foram transportadas pedras de granito de até 60 toneladas."

Horizonte Geográfico. São Paulo: Horizonte, ano 11, n. 55, jan./fev. 1998. p. 16.

Crise no rio Nilo

"Nem as águas do Nilo parecem capazes de esfriar a polêmica que [...] vem se formando entre Egito e Etiópia. Aliás, o famoso rio é justamente a causa da querela, devido a um tratado estabelecido em 1929. Naquele ano, o Reino Unido e dez países da Bacia do Nilo assinaram um acordo que autorizava apenas o Egito a usar as águas do rio. Isso com a finalidade de beneficiar a produção de algodão, importantíssima para o Império Britânico na época. Agora, a Etiópia quer passar a usufruir delas. E com urgência, já que a seca é diretamente responsável pela fome na região. O país abriga a nascente do mais importante tributário do Nilo — o Nilo Azul, responsável por 80% do seu volume de águas. O Egito reagiu com indiferença a um pedido feito em 2005, alegando que sua população duplicou nas últimas décadas e que se tornou dependente dessa fonte essencial para irrigação, pesca e energia."

Os Caminhos da Terra. São Paulo: Peixes, ano 13, n. 157, maio 2005. p. 15.

■ Com base nos textos, responda às questões a seguir.

1. Por que o rio Nilo não seca, apesar de ter quase metade de seu curso em áreas desérticas?
2. Por que se estabeleceu uma polêmica entre o Egito e a Etiópia?

Outros rios importantes do continente são: o Níger, o Congo, o Zambeze, o Limpopo e o Orange.

Na bacia do rio Congo, na República Democrática do Congo (ex-Zaire), desenvolve-se uma intensa atividade de mineração, destacando-se o cobre, o petróleo, o manganês, o diamante e o cobalto.

A África apresenta um dos maiores conjuntos de lagos do mundo, destacando-se o Niassa, o Vitória, o Tanganica, o Malavi, o Rodolfo, o Alberto e o Chade.

Os rios e lagos africanos têm grande importância para a população no fornecimento de energia elétrica, na irrigação e como meio de transporte.

O clima e a vegetação

Atravessada pela linha do Equador e pelos dois trópicos (de Câncer e Capricórnio), a África é um continente de climas predominantemente quentes. Os que abrangem maiores extensões são o equatorial, o tropical, o desértico e o semiárido.

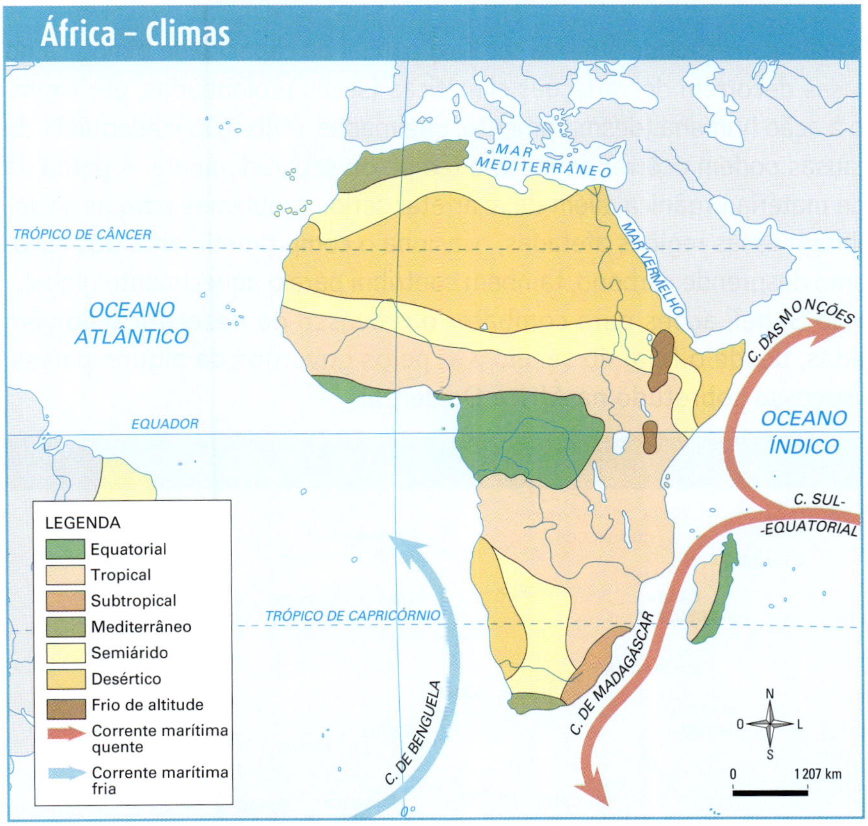

Fonte: ÍSOLA, Leda; CALDINI, Vera. *Atlas geográfico Saraiva*. São Paulo: Saraiva, 2009. p. 170. (adaptado).

Na porção centro-ocidental, onde predominam os climas equatorial e tropical, situam-se a floresta equatorial (bacia do rio Congo) e as savanas. Essas duas coberturas vegetais estão em aproximadamente 40% do território africano.

Na África localizam-se dois grandes desertos: o do Saara, ao norte, conforme visto no texto da seção **Para contextualizar**, o maior do mundo, com 9 milhões de quilômetros quadrados, e o Kalahari, a sudoeste, com 600 mil quilômetros quadrados.

A área ocupada pelos desertos vem se ampliando nos últimos anos. Isso ocorre porque não se mantém a vegetação nem se promove o plantio de árvores nas regiões que os margeiam, que seria uma maneira de contornar esse avanço, e também por causa de intensos desmatamentos nessas áreas.

Um exemplo é o que se verifica ao sul do deserto do Saara, na região chamada de Sahel, de clima tropical semiárido, coberta por uma vegetação de estepe pouco espessa no norte e pela savana na parte meridional. As constantes derrubadas de árvores para estabelecimento de atividades agropastoris e para aproveitamento da madeira, única fonte de energia das populações extremamente carentes da região, vêm provocando a extensão do fenômeno de desertificação.

Savana no Tarangire National Park, Tanzânia (2010).

A desertificação corresponde à perda total ou parcial da capacidade biológica do solo. Suas causas decorrem de variações climáticas (secas prolongadas, por exemplo) ou devido à ação humana (desmatamento, queimadas, utilização inadequada do solo). Essas causas podem ocorrer ao mesmo tempo ou separadamente. A perda da vegetação e de matéria orgânica, além de acarretar sérios problemas para as sociedades que habitam essas regiões afetadas, ocasiona o comprometimento dos ecossistemas e, como desprende carbono, também contribui para o aquecimento global.

Na região do Sahel, ações para combater o processo de desertificação vêm sendo realizadas, desde o final do século XX, pelos governos de alguns países, com relativo sucesso sobretudo na África Ocidental.

África – Sahel

Fonte: ÍSOLA, Leda; CALDINI, Vera. *Atlas geográfico Saraiva*. São Paulo: Saraiva, 2005. p. 91 e 105 (adaptado).

Nas áreas desérticas, as chuvas são escassas e bastante irregulares, e a vegetação praticamente inexiste. Entretanto, onde surgem alguns lençóis de água subterrâneos, formam-se os oásis, com vegetação verdejante, da qual se destacam as palmeiras fornecedoras de tâmaras.

O clima desértico é marcado por grandes oscilações de temperatura: durante o dia o forte calor faz a temperatura atingir quase 50 °C; já à noite, em razão da rápida perda de calor do solo (extremamente seco), as temperaturas caem bruscamente, chegando a menos de 15 °C.

Ao norte, às margens do Mediterrâneo (Marrocos, Argélia e Tunísia) e em um trecho do sul do continente, encontra-se o clima mediterrâneo. Suas temperaturas médias estão entre 15 °C e 20 °C, e as chuvas concentram-se no período do inverno. Sua vegetação corresponde ao maqui e ao garrigue, além de, em alguns trechos, florestas de pinheiros e carvalhos. Essas áreas se prestam ao cultivo da videira, da oliveira, de diversas frutas e cereais.

PARA COMPREENDER Texto

Leia o texto.

De que África estamos falando?

"Dos cinco grandes continentes do globo, o africano é o que tem a imagem mais homogênea ao olhar estrangeiro: ao mesmo tempo em que figura como a origem de todos os negros do planeta — imagem que se sobrepõe à de origem da própria espécie humana —, é visto como um lugar exótico, ainda habitado por grandes animais selvagens, como elefantes, girafas, gorilas e leões, eternamente marcado por guerras civis, muito distante do desenvolvimento atingido pelas nações ricas do mundo ocidental e onde impera a pobreza da maior parte da população. De fato, um grande estereótipo que não condiz com olhares mais atentos. [...]

Houve um contato intenso com povos árabes e uma forte influência de sua cultura ao norte do continente, em uma faixa que abrange desde países mais próximos do Oriente Médio, como a Somália, a Etiópia, o Sudão e o Egito, passando por toda a costa do Mediterrâneo, onde estão Tunísia, Argélia e Marrocos, que se estende até a Mauritânia, já na costa do Atlântico. Para se ter uma ideia, na Mauritânia, o árabe é a língua oficial, que convive com outras cinco, incluindo a dos colonizadores franceses, e praticamente toda a população é de religião islâmica. Se por um lado é possível apontar semelhanças como essas entre certos países, não faltam exemplos de peculiaridades que os distingam.

Enquanto a paisagem do maior deserto do mundo, o Saara, recorta lugares como Argélia e Líbia, ao norte da África, e a Nigéria, na região oeste – esses três, membros da Organização dos Países Exportadores de Petróleo —, imensas florestas tropicais caracterizam a África Central, onde fica o Congo. [...] O Quênia é uma nação mais bem estruturada e mais urbanizada do que países com problemas gerados por guerras civis históricas, como Somália e Etiópia, com os quais faz divisa.

Até internamente os países africanos também têm sua diversidade. Com uma área total de cerca de 924 quilômetros quadrados — o equivalente à região Sudeste brasileira —, a Nigéria é o país mais populoso da África, com mais de 135 milhões de habitantes. Ali vivem pessoas de mais de 250 etnias, dentre as quais as majoritárias são Hausa, Fulani, Yoruba e Igbo, que juntas representam 68% da população e cujos respectivos idiomas são as línguas nacionais nigerianas, ao lado da oficial herdada do colonizador inglês.

'O continente é um mosaico de nações, povos, costumes, religiões. Em termos políticos e de desenvolvimento, há muitas diferenças, certamente. O impacto de um tipo de colonização (francesa, inglesa ou portuguesa) estruturou a economia e a política dos diversos países de forma diferente, do mesmo modo que a trajetória de cada um desses países e as opções políticas realizadas depois das independências nacionais', afirmou Tereza Cruz e Silva, do Centro de Estudos Africanos da Universidade Eduardo Mondlane, de Moçambique [...]".

CUNHA, Rodrigo. De que África estamos falando? Texto publicado em 9 abr. 2008. Disponível em: <http://www.comciencia.br>. Acesso em: 15 mai. 2014.

■ Responda às questões a seguir.

1. Por que não podemos tratar a África como um território homogêneo?
2. Qual é o país mais populoso e quais características conferem uma grande diversidade interna ao continente africano?

Atividades

RETOME SEUS CONHECIMENTOS

1. Onde está localizado o canal de Suez e o estreito de Gibraltar? Comente a importância estratégica dessas duas áreas.

2. Observe as imagens e responda às questões a seguir.

a) As imagens sintetizam as paisagens naturais do continente africano? Explique.

b) Que paisagem natural do Brasil apresenta características semelhantes às da savana?

3. O mapa abaixo destaca um rio e um país do continente africano.

a) Identifique o rio e faça uma descrição da paisagem encontrada nas suas margens, desde a nascente até a foz.

b) Identifique o país, relacionando-o à importância social, histórica e econômica desse rio.

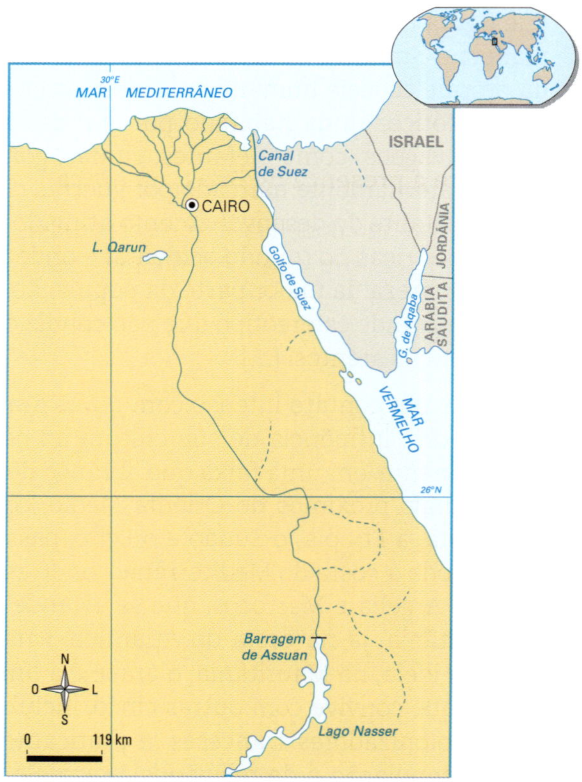

Fonte: ÍSOLA, Leda; CALDINI, Vera. *Atlas geográfico Saraiva*. São Paulo: Saraiva, 2009. p. 148 (adaptado).

EXERCITE SEUS CONHECIMENTOS

4. A árvore é um símbolo de paz na África. Em diversas comunidades, ainda sobrevive uma antiga tradição. Quando há um conflito, a pessoa mais velha planta uma árvore entre os dois lados em disputa, para simbolizar o início da reconciliação entre as partes. Essa herança cultural serviu de inspiração para Wangari Maathai (1940-2011) iniciar no Quênia, em 1977, o movimento Cinturão Verde, trabalho pelo qual recebeu o Prêmio Nobel da Paz em 2004, e depois ocupou o cargo de vice-ministra do Meio Ambiente de seu país.
   - Em grupos, façam uma pesquisa sobre quais motivos levaram Wangari Maathai a propor a campanha contra o desflorestamento do Quênia e quais os resultados e desdobramentos do movimento Cinturão Verde.

15 África – realidade socioeconômica

PARA CONTEXTUALIZAR

Leia a reportagem.

ONU declara surto de fome na África

"A ONU declarou ontem [20 jul. 2000] situação de fome crítica em duas regiões do sul da Somália, no leste da África. [...]

A crise da fome na Somália é causada pela seca recorrente, que atinge a região há anos, mas teve piora em 2011. [...]

Para piorar o cenário, conflitos entre milícias no sul do país também dificultam as operações das agências humanitárias.

[...]"

MONTENEGRO, Carolina. *Folha de S.Paulo*, 21 jul. 2011.

Cresce a presença do Brasil na África

"A África se consolida como rota de investimentos para empresas brasileiras, principalmente nos setores de mineração e petróleo. [...]

Mas chega tarde nessa disputa por ativos africanos. Consultor de empresas brasileiras na África, o engenheiro José Mendo de Souza [...] disse que a China foi mais rápida em enxergar a região como a última fronteira mineral a explorar.

'A China disparou sua avidez por recursos minerais na região antes que o mundo percebesse', afirmou. [...]

[...] Atualmente, o BNDES [Banco Nacional de Desenvolvimento Econômico e Social] trabalha em conjunto com o Itamaraty na preparação de um estudo sobre o potencial de produção de bioetanol em alguns países da África Ocidental, que deve ficar pronto em 2012. [...]

A melhor explicação para o crescente interesse de companhias brasileiras na região está nas recentes crises globais, que abriram oportunidades para economias emergentes. Para a secretária de Comércio Exterior do Ministério do Desenvolvimento, Indústria e Comércio Exterior, Tatiana Prazeres, o fraco desempenho das economias maduras levou o Brasil a buscar oportunidades na África, onde as taxas de crescimento são mais altas do que a média mundial. Além disso, os negócios abrem novos mercados consumidores para empresas brasileiras."

SARAIVA, Alessandra; CIARELLI, Mônica. Disponível em: <http://www.estadao.com.br/noticias/impresso,cresce--a-presenca-do-brasil--na-africa-,817927,0.htm>. Acesso em: 15 mai. 2014.

ATIVIDADES

Converse com seus colegas e com seu professor.

1. De acordo com a reportagem, a seca é a única responsável pela crise de fome na Somália?
2. Em sua opinião, a comunidade internacional deve auxiliar países africanos a amenizarem o problema da fome?
3. Que visão o texto "Cresce a presença do Brasil na África" transmite sobre o continente? Explique.

Subdesenvolvimento e contrastes

O subdesenvolvimento e a pobreza que caracterizam boa parte dos países africanos convivem com a diversidade cultural, étnica e econômica que marca o continente.

Alguns países têm alcançado crescimento econômico expressivo, mas apoiado fundamentalmente na exploração dos recursos naturais como os minérios e, sobretudo, o petróleo. Em Angola, por exemplo, graças aos recursos petrolíferos, em meados da década de 2000 o crescimento do PIB foi superior a 20%. É preciso considerar, no entanto, que a economia do país estava completamente estagnada com a guerra civil que durou de 1975 a 1991. Ainda assim, o crescimento econômico, como é característico dos países subdesenvolvidos, acaba beneficiando uma camada restrita da população e acentuando as desigualdades sociais.

Extração de petróleo em Angola (2005).

Pobreza na cidade de Luanda, capital de Angola (2009).

A China é um dos países que, nos últimos anos, intensificaram bastante as relações diplomáticas com o continente africano. Cerca de 30% do petróleo consumido pelos chineses, que são o segundo maior comprador mundial do produto, provém da África. As relações comerciais entre a China e diversos países africanos vêm crescendo de modo significativo, assim como os investimentos chineses no continente africano. Analistas internacionais criticam o fato de a China dar sustentação a regimes ditatoriais e corruptos — não comprometidos com os direitos humanos —, em troca de acordos comerciais favoráveis. Em Angola, a China vem tendo papel importante na reconstrução do país.

Os países africanos fornecem 15% do petróleo que os Estados Unidos importam do restante do mundo. Esse percentual é quase o mesmo do fornecido pelos países do Oriente Médio aos norte-americanos.

Como vimos anteriormente, a integração econômica entre o Brasil e os países africanos também tem crescido. Empresas brasileiras de grande porte, como Petrobras, Vale (mineração), Odebrecht, Camargo Corrêa e Andrade Gutierrez (construção civil), atuam em cerca de 13 países africanos.

África do Norte e África Subsaariana

Praça na cidade do Cairo, no Egito (2011).

Na África do Norte, formada basicamente por Egito, Líbia, Tunísia, Argélia e Marrocos, países de população majoritariamente branca, merece destaque a influência árabe e islâmica. Principalmente no Egito, na Tunísia e no Marrocos também sobressai a atividade turística. Esses países da África do Norte, apesar de subdesenvolvidos e com indicadores sociais bem inferiores aos dos países desenvolvidos, estão no grupo dos que apresentam melhores indicadores sociais e econômicos do continente africano.

A África Subsaariana — isto é, os países ao sul do deserto do Saara — abriga uma população predominantemente negra, de grupos étnicos bastante diferenciados. As condições de vida nessa região são em geral bastante precárias. Em alguns deles, conforme destacado na seção **Para contextualizar**, o problema da fome está presente.

A economia está concentrada na atividade agrícola de subsistência, no setor terciário — caracterizado, em boa parte, pela atividade informal — e na produção de matérias-primas agrícolas e minerais — exportadas sobretudo para os países desenvolvidos, mas também para economias emergentes, sobretudo para a China, que, cada vez mais, vem reforçando sua influência no continente, com diversos investimentos e parcerias estratégicas, a fim de manter importantes fornecedores de *commodities* agrícolas e minerais.

Refinaria de petróleo na Líbia (2011).

A atividade industrial é limitada, na maior parte dos países desse conjunto, sendo restrita basicamente às indústrias de bens de consumo. Em alguns países produtores e exportadores de petróleo, como Nigéria e Angola, esse setor industrial também tem grande importância e vem apresentando crescimento.

Entre os países subsaarianos, a África do Sul se destaca, pois apresenta atividade industrial e economia diversificadas e se classifica como país subdesenvolvido industrializado. No entanto, os longos anos do regime de *apartheid* deixaram marcas profundas na sociedade sul-africana, que, com o fim oficial da segregação racial, vem se recuperando.

Os países africanos, à exceção da África do Sul e dos que exportam grandes quantidades de petróleo (Líbia, Gabão, Nigéria, Angola e Argélia), apresentam déficit comercial. Essa situação acaba agravando o endividamento externo, que, em certos casos, chega a ser dezenas de vezes superior às exportações ou ao PIB.

Os países africanos, como todos os subdesenvolvidos que dependem da exportação de gêneros agrícolas ou minerais, têm de enfrentar outro problema: o da queda nos preços de algumas dessas matérias-primas. Isso ocorre por causa do aumento da concorrência internacional, determinada em parte pelo crescimento da produtividade em vários países, principalmente nos desenvolvidos. De modo geral, apenas combustíveis fósseis (petróleo e gás natural) têm preços elevados. Os alimentos, com a crise alimentar mundial, podem apresentar recuperação dos preços, o que favorecerá os países subdesenvolvidos da África.

Além disso, como exportadores de produtos agrícolas, os países africanos precisam se submeter às barreiras comerciais dos países importadores. Altos subsídios ofertados aos agricultores nacionais, limitação das importações, barreiras sanitárias rigorosas são algumas das dificuldades impostas pelos países desenvolvidos importadores.

No contexto da economia globalizada, os investimentos estrangeiros acabam sendo canalizados para os países que oferecem mão de obra especializada, mercados consumidores em expansão, mais capacitação tecnológica e boa infraestrutura de transportes e de comunicações.

Diante dessas exigências, diversos países do continente africano são excluídos do mercado mundial. De modo geral, além de atraírem poucos investimentos, apresentam um quadro socioeconômico marcado pela presença constante de ajudas humanitárias, com doação de alimentos e medicamentos. Essa situação, além de não criar condições para o desenvolvimento, reforça a dependência em relação aos países desenvolvidos.

Outro agravante da dependência dos países africanos é a "fuga de cérebros": cerca de 70 mil africanos subsaarianos saem de seus países para estudar na Europa ou nos Estados Unidos. Muitos não retornam.

Estudante somali na França (2011).

A sociedade

A população africana, que em 2013 somava mais de 1,1 bilhão de habitantes, corresponde a cerca de 15% da população mundial. Os países africanos apresentam, de modo geral, taxas de crescimento demográfico superiores a 2,2% (enquanto a média mundial é de aproximadamente 1,2%).

A busca por melhores condições de vida e a fuga motivada por conflitos étnicos provocam migrações no interior do continente, principalmente para regiões que apresentam maior estabilidade política e econômica. A urbanização intensa e rápida acelera o crescimento de algumas cidades já bastante populosas, como Lagos (Nigéria), Cairo (Egito) e Johannesburgo (África do Sul), intensificando os graves problemas sociais e urbanos já existentes e causando, eventualmente, novos conflitos e novas migrações.

África – distribuição populacional (início do século XXI)

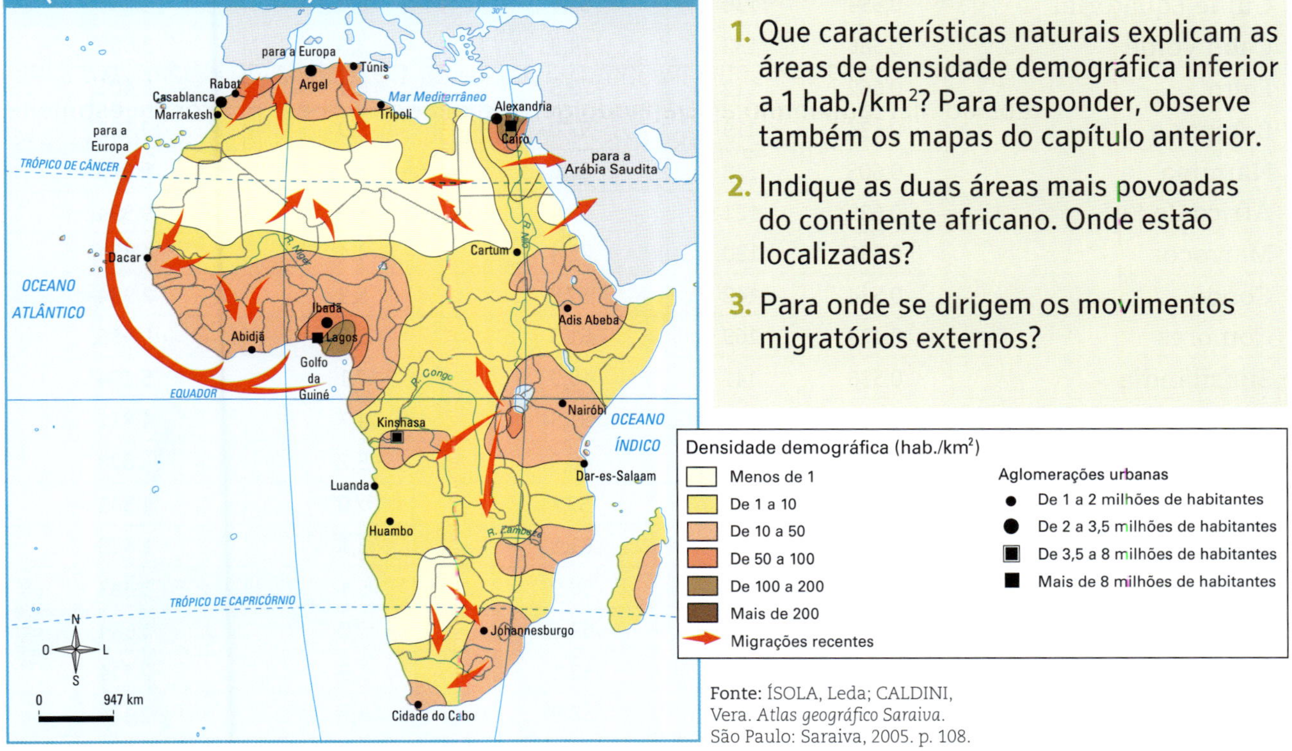

Fonte: ÍSOLA, Leda; CALDINI, Vera. *Atlas geográfico Saraiva*. São Paulo: Saraiva, 2005. p. 108.

- Com base no mapa, responda às questões a seguir.

1. Que características naturais explicam as áreas de densidade demográfica inferior a 1 hab./km²? Para responder, observe também os mapas do capítulo anterior.
2. Indique as duas áreas mais povoadas do continente africano. Onde estão localizadas?
3. Para onde se dirigem os movimentos migratórios externos?

Entre as áreas mais povoadas do continente podem-se distinguir:

- o vale e o delta do rio Nilo;
- a região do Magreb (parte norte), constituída por Tunísia, Marrocos e Argélia, no litoral mediterrânico;
- o delta do rio Níger e áreas próximas do golfo da Guiné (terras da Nigéria, Benin, Gana e Costa do Marfim);
- as margens dos grandes lagos Tanganica e Vitória;
- grande parte da África do Sul.

As mais baixas densidades correspondem às regiões desérticas e a alguns trechos de savanas e de florestas equatoriais.

O IDH dos países africanos

Observe a tabela e responda às questões a seguir.

País	IDH 2012	Posição	Esperança de vida à nascença (anos)	Escolaridade (média de anos)	Rendimento Nacional Bruto *per capita* (RNB) (em dólares)
Líbia	0,769	64	75,0	7,3	13.765
Seychelles	0,806	46	73,8	9,4	22.615
Maurício	0,737	80	73,5	7,2	13.300
Tunísia	0,712	94	74,7	6,5	8.103
Gabão	0,683	106	63,1	7,5	12.521
Argélia	0,713	93	73,4	7,6	7.418
Guiné Equatorial	0,554	136	51,4	5,4	21.715
Cabo Verde	0,586	132	74,3	3,5	3.609
Egito	0,662	112	73,5	6,4	5.401
Botsuana	0,634	119	53,0	8,9	13.102
Namíbia	0,608	128	62,6	6,2	5.973
África do Sul	0,629	121	53,4	8,5	9.594
Marrocos	0,591	130	72,4	4,4	4.384
Congo	0,534	142	57,8	5,9	2.934
Comores	0,429	169	61,5	2,8	986
Suazilândia	0,536	141	48,9	7,1	5.104
Angola	0,508	148	51,5	4,7	4.812
Madagáscar	0,483	151	66,9	5,2	828
Quênia	0,519	145	57,7	7,0	1.541
Sudão	0,414	171	61,8	3,1	1.848
Tanzânia	0,476	152	58,9	5,1	1.383
Gana	0,558	135	64,6	7,0	1.684
Camarões	0,495	150	52,1	5,9	2.114
Mauritânia	0,467	155	58,9	3,7	2.174
Djibuti	0,445	164	58,3	3,8	2.350
Lesoto	0,461	158	48,7	5,9	1.879
Uganda	0,456	161	54,5	4,7	1.168
Nigéria	0,471	153	52,3	5,2	2.102
Togo	0,459	159	57,5	5,3	928
Malawi	0,418	170	54,8	4,2	774
Benin	0,436	166	56,5	3,2	1.439
Costa do Marfim	0,432	168	56,0	4,2	1.593
Zâmbia	0,448	163	49,4	6,7	1.358
Senegal	0,470	154	59,6	4,5	1.653
Ruanda	0,434	167	55,7	3,3	1.147

Gâmbia	0,439	165	58,8	2,8	1.731
Libéria	0,388	174	57,3	3,9	480
Guiné	0,355	178	54,5	1,6	941
Etiópia	0,396	173	59,7	2,2	1.017
Moçambique	0,327	185	50,7	1,2	906
Guiné-Bissau	0,364	176	48,6	2,3	1.042
Burundi	0,355	178	50,9	2,7	544
Chade	0,340	184	49,9	1,5	1.258
República Democrática do Congo	0,304	186	48,7	3,5	319
Burkina Faso	0,343	183	55,9	1,3	1.202
Mali	0,344	182	51,9	2,0	853
República Centro-Africana	0,352	180	49,1	3,5	722
Serra Leoa	0,359	177	48,1	3,3	881
Níger	0,304	186	55,1	1,4	702
Somália	-	-	51,5	-	-
Zimbábue	0,397	172	52,7	7,2	424
Eritreia	0,351	181	62,0	3,4	531

Fonte: Pnud. *Relatório do Desenvolvimento Humano*, 2013.

1. De modo geral, que análise podemos fazer da situação de desenvolvimento humano dos países africanos?
2. Quais repercussões essa situação pode ter sobre a formação de mão de obra qualificada? Qual indicador possibilita fazer essa análise?

Condições precárias da população

Os indicadores sociais dos países africanos revelam as condições precárias em que vive grande parte de sua população.

As taxas de mortalidade infantil são elevadas, atingindo 68‰ em 2013, aproximadamente (a média mundial é de 40‰; nos países desenvolvidos, é de 5‰).

A esperança de vida nos países da África Subsaariana é, em média, de 56 anos, enquanto em quase todas as regiões do mundo é superior a 69 anos, mesmo naquelas onde predominam países subdesenvolvidos, como na América Latina e na Ásia.

A escassez de recursos para investimentos em saúde, aliada à falta de políticas que priorizem a produção de alimentos para consumo interno, tende a diminuir a esperança de vida em muitos países do continente. No caso da Aids, em vários países os índices de infecção chegam a ultrapassar 10% da população adulta – como em Botsuana e Lesoto (23%), Namíbia (13%), África do Sul (16%), Zâmbia (12%) e Moçambique (11%) –, enquanto no Brasil essa taxa é de 0,3%, aproximadamente.

De acordo com estudos realizados por organizações internacionais no início deste século, parte dos países africanos situados ao sul do deserto do Saara passou por um retrocesso econômico nas duas últimas décadas.

O atraso tecnológico, a economia de baixa produtividade — estruturada basicamente nas atividades primárias —, as guerras civis, a corrupção dos governos e a falta de democracia, o ritmo de crescimento populacional superior ao ritmo de crescimento da economia, as secas periódicas — que assolam sobretudo a região do Sahel —, a intensa retirada de recursos naturais sem a aplicação de práticas sustentáveis aprofundam ainda mais o quadro de deterioração das condições de vida de parcela considerável das sociedades africanas.

MAIS INFORMAÇÃO

Na África, novos programas mostram que é possível controlar a Aids

"Na ancestral batalha contra os vírus, quase sempre o homem levou a pior. Foi só a partir da invenção da vacina, já no final do século XVIII, e sua posterior disseminação, no século XX, que conquistamos alguma vantagem contra esses micro-organismos. Até que, em 1979, algo até então considerado impossível foi alcançado. Depois de uma campanha de vacinação em massa inédita na história, a varíola foi erradicada e uma onda de otimismo tomou conta da comunidade médica. Por isso mesmo, a descoberta do vírus da Aids, em 1981, apenas dois anos após a extinção da varíola, representou um dos maiores reveses já sofridos no campo da saúde pública. A doença apresentava características especialmente perniciosas: além de ser transmitida pelo ato sexual, não provocava nenhum sintoma por anos, tempo suficiente para contaminar muitas outras pessoas. E, quando finalmente manifestava-se, acabava com todas as defesas do organismo, deixando suas vítimas vulneráveis a todo tipo de infecção.

Nos últimos 30 anos o HIV matou 25 milhões de pessoas, o equivalente a uma vez e meia a população de Portugal. Tem seu lugar garantido entre as piores epidemias da história. Mas, depois desse período de trevas, aparecem as primeiras vozes defendendo seriamente ser possível pôr fim à doença. [...]

O Fundo Global, que financia projetos de prevenção e tratamento da Aids no mundo inteiro, fala em evitar 10 milhões de mortes e 180 milhões de novas infecções entre 2012 e 2016. O relatório do Programa Conjunto das Nações Unidas sobre HIV/Aids (Unaids) vai ainda mais longe. Fala de 'zero novas infecções, zero mortes', sem especificar datas, mas como algo a se aspirar. 'Há apenas alguns anos, parecia impossível falar sobre o fim da epidemia a curto prazo. No entanto, a ciência, o apoio político e as respostas comunitárias estão começando a dar frutos claros e tangíveis', disse Michel Sidibe, diretor executivo do órgão.

Pesquisas mundiais justificam o otimismo. Em 2005 a doença matou 2,1 milhões de pessoas. Quatro anos depois, o número de vítimas caiu para 1,8 milhão. Além disso, de acordo com dados da Unaids, nos 33 países mais afetados pelo vírus, os índices de novas infecções caíram em mais de 25% entre 2001 e 2009. Desses 33 países, 22 se encontram na África Subsaariana e mesmo os países que apresentam os piores índices da região – Etiópia, Nigéria, África do Sul, Zâmbia e Zimbábue – conseguiram estabilizar ou mesmo reduzir as taxas de novas infecções.

A epidemia na África se tornou a mais crítica do mundo não só pela pobreza que assola o continente. Em países da região leste, os altos índices de transmissão foram impulsionados pela intensa movimentação de migrantes em busca de trabalho – sobretudo homens. Acredita-se que motoristas de caminhão e prostitutas tenham desempenhado um papel significativo na disseminação do vírus em centros urbanos. Em Nairóbi, no Quênia, 85% das prostitutas estavam infectadas em 1986. Na mesma década, 35% dos motoristas testados em Uganda eram positivos. [...]

Em Ruanda, um pequeno país no leste da África, com apenas 10 milhões de habitantes, a luta contra a Aids é um exemplo de como mesmo países pobres e que dependem de ajuda externa estão alcançando sucesso na luta contra a doença.

Com a sexta maior verba de doações do Fundo Global, o país tem um índice de prevalência do HIV na população de apenas 3% – frente a 7,3% há seis anos. A transmissão vertical, de mãe para filho, também sofreu reduções consideráveis: de 9,7% em 2006 para 2% em 2011. Há ainda um intenso programa de circuncisão, que promete fazer o procedimento em 2 milhões de homens até 2013 e reduzir, assim, 50% das transmissões do HIV.

Graças a todas essas medidas, a taxa de resultados positivos em exames caiu de 10,8%, em 2004, para 2%, em 2011. 'É possível sim controlar o número de infecções, mas, para isso, é preciso dinheiro. Se o mundo financia tantas coisas menos importantes, como campeonatos de futebol e bombas atômicas, por que se negar a financiar esses programas?', diz Agnes Binagwaho, ministra da saúde de Ruanda.

O sucesso do país nasceu de uma ideia bem simples: chegar às comunidades ribeirinhas e afastadas através de um sistema baseado na colaboração de agentes de saúde, normalmente mulheres moradoras da própria comunidade. Elas são treinadas para fazer o diagnóstico primário de tuberculose e malária, mas também para garantir que pessoas HIV positivas façam o tratamento corretamente. 'Temos também um processo participativo, onde todo mundo colabora na construção dos programas de prevenção ao HIV. Todos os setores estão em contato entre si. Antes de 1994 havia segregação em Ruanda, agora o país está empenhado em garantir que isso não se repita', diz Agnes."

Yarak, Aretha. Na África, novos programas mostram que é possível controlar a Aids. Texto publicado em 25 nov. 2011. Disponível em: <http://veja.abril.com.br/noticia/saude/a-africa-e-a-aids-uma-luta-perto-do-fim>. Acesso em: 15 mai. 2014.

Percentual de pessoas infectadas com HIV (2009)

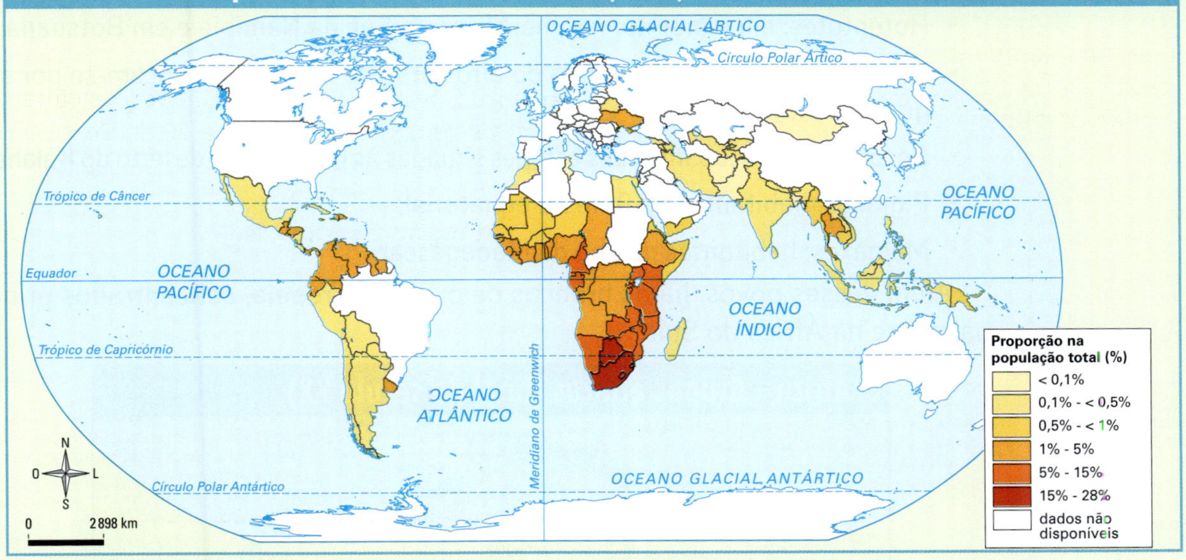

Fonte: Unaids, 2013. Disponível em: <http://www.unaids.org/en/dataanalysis/datatools/aidsinfo>. Acesso em: 19 mai. 2014.

A composição étnica e as religiões

A população africana é constituída predominantemente por negros, mas um terço do total é de brancos, que se concentram, principalmente, na porção setentrional do continente.

A população branca é formada em sua maioria por povos islâmicos, ou muçulmanos, predominantemente de língua árabe.

Os brancos do norte da África subdividem-se em árabes e berberes.

Os árabes pertencem ao grupo étnico semita. Eles conquistaram a África Setentrional no século VII, fixando-se no Egito, na Tunísia, na Líbia e na porção oriental da Argélia.

Os berberes pertencem ao grupo étnico camita e são os mais antigos habitantes do Magreb. Eles constituem a maior parte da população do Marrocos e das regiões montanhosas da Argélia. Dentre os berberes destacam-se os tuaregues (nômades do deserto) e os etíopes. Os dois grupos, em sua maioria, professam a religião islâmica.

Magreb
Região noroeste do continente africano, de maioria árabe e islâmica, que compreende os territórios da Tunísia, do Marrocos e da Argélia.

Caravana de tuaregues, um grupo étnico da região do Saara, na Argélia.

Os negros, concentrados principalmente ao sul do Saara, apresentam grande diversidade de povos, religiões e línguas (mais de 100). Além de diferentes línguas e dialetos nativos, são falados o francês, o inglês e o português (introduzidos pelos colonizadores).

Alguns povos negros praticam a religião islâmica e, nos últimos anos, cresceu o número dos que praticam o cristianismo (sobretudo o catolicismo). Muitos são adeptos do animismo – crença segundo a qual tudo o que existe na natureza (plantas, animais, objetos) tem alma, é animado por um espírito.

Os negros no continente africano subdividem-se nos seguintes grupos:

- Bantos: os mais numerosos e que ocupam a maior parte da região equatorial (bacia do Congo), a região dos grandes lagos e parte da Namíbia, de Botsuana e da África do Sul;
- Sudaneses: situados principalmente na porção ocidental;
- Hotentotes: em maior número na África do Sul, na Namíbia e em Botsuana;
- Nilóticos: habitantes da região do alto curso do rio Nilo (destacam-se por sua grande estatura);
- Bosquímanos: ocupantes das estepes situadas às margens do deserto do Kalahari;
- Pigmeus: habitantes da floresta equatorial;
- Malgaxes: habitantes da ilha de Madagáscar.

Além desses povos, há os brancos de origem europeia, concentrados principalmente na África do Sul.

África – Grupos étnicos (final do século XX)

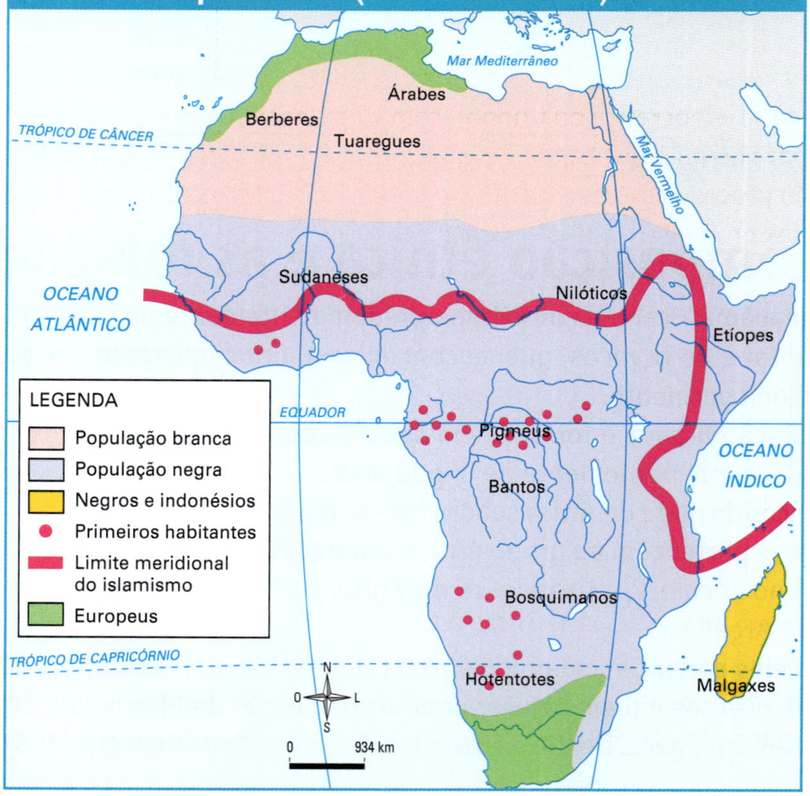

Fonte: *Atlas du continent africain*. Paris: Jaguar, 1993. p. 47 (adaptado).

A urbanização e as principais cidades

No início deste século, o continente africano apresenta índices de urbanização relativamente baixos (cerca de 40%, em média). No entanto, na África Setentrional, o índice é superior, em média, cerca de 50% (78% na Líbia, 67% na Argélia e 66% na Tunísia); na África do Sul é de 62%; e na África Subsaariana, sobretudo no Sahel, é, em diversos países, menor que 35%. As grandes cidades africanas estruturaram-se com a formação de portos de exportação dos produtos agrícolas e minerais para os países desenvolvidos (e importação de produtos desses países). São exemplos: Lagos (Nigéria), Dacar (Senegal), Luanda (Angola), Cidade do Cabo (África do Sul), Maputo (Moçambique), Trípoli (Líbia), Túnis (Tunísia).

Contêineres no porto de Lagos, na Nigéria (2005).

O acelerado crescimento populacional em um ritmo maior que o aumento da produção econômica no espaço rural, o processo de desertificação na região do Sahel, a busca pelos serviços urbanos (ainda que precários), entre outros fatores, vêm sendo responsáveis pelo êxodo rural. Os fluxos migratórios campo-cidade, intensos a partir dos anos 1960, têm se direcionado principalmente para as grandes cidades, que crescem de modo acelerado, com a formação de grande número de favelas.

As cidades mais populosas são, entre outras: Dacar (Senegal), com 2,4 milhões de habitantes; Abidjã (Costa do Marfim), com 3,5 milhões; Casablanca (Marrocos), com 3,1 milhões; Johannesburgo (África do Sul), com 3,2 milhões; Tshwane (ex-Pretória, África do Sul), com 1,2 milhão; Kinshasa (República Democrática do Congo), com 7,1 milhões; Cairo (Egito), com 11,4 milhões; Lagos (Nigéria), com 8,7 milhões.

Yamaoussoukro, Costa do Marfim (2011).

Além do processo de favelização, a maioria das cidades africanas apresenta vários e graves problemas, como deficiência nas redes de água e esgoto, nos sistemas de transportes urbanos e na coleta de lixo.

Para tentar promover a interiorização do desenvolvimento e, com isso, melhorar a organização territorial, a Costa do Marfim e a Nigéria decidiram construir novas capitais, em áreas mais interiores e bem servidas por meios de transporte e comunicação. Yamoussoukro, na Costa do Marfim, e Abuja, na Nigéria, são as novas capitais.

Uma economia dependente

Para entender os vários aspectos da economia desse continente é necessário levar em consideração o longo tempo de colonialismo pelo qual ele passou. Durante esse período, e mesmo na atualidade, o espaço geográfico do continente africano vem sendo organizado de acordo com os interesses de suas ex-metrópoles ou das grandes potências mundiais.

A agropecuária

Agricultor na Etiópia (2011).

A produção agrícola africana, que antes do período colonial estava organizada para atender às necessidades alimentares de seus habitantes, foi substituída, em boa parte, pela agricultura comercial de exportação. Assim, a agricultura na maioria dos países africanos passou a ser praticada de duas formas: de subsistência ou comercial.

A agricultura de subsistência é desenvolvida para atender às necessidades do produtor e de sua família. É praticada em pequenas propriedades e emprega instrumentos bem rudimentares. É caracterizada pelos baixos rendimentos e baseada no uso coletivo da terra, herança das comunidades tribais.

Esse tipo de atividade agrícola, realizada principalmente nas áreas de savanas, é desenvolvido por meio do sistema itinerante, no qual o lavrador limpa uma pequena extensão de terra, faz a queimada e, posteriormente, com a enxada, retira os torrões de terra e faz a semeadura, empregando a cinza que restou como fertilizante. Decorridos alguns anos, quando os solos começam a apresentar sinais de esgotamento, o lavrador parte para uma nova área e, assim, sucessivamente, vai caminhando em busca de novas terras.

Os principais produtos cultivados para a subsistência são a mandioca, o arroz, o milhete, o sorgo, o inhame e a batata.

A agricultura comercial para exportação (denominada *plantation*) surgiu com a chegada do colonizador. Localizada principalmente nas zonas litorâneas, sua finalidade é a produção de culturas destinadas a abastecer o mercado externo. Nela predomina a monocultura, em grandes propriedades, que ocupam as melhores terras do continente.

Cultivo de cacau na Costa do Marfim (2008).

Na África, são produzidos em escala comercial, em boa parte destinados ao mercado externo: o cacau (Costa do Marfim, Gana e Nigéria), o amendoim (Nigéria, Senegal, Guiné-Bissau e Gâmbia), o café (Etiópia, Costa do Marfim, Angola, República Democrática do Congo, Camarões, Uganda e Guiné), o algodão (Sudão, Nigéria, Egito, Mali, Etiópia), a cana-de-açúcar (Angola, Moçambique, África do Sul, Marrocos) e o chá (Uganda, Moçambique e Malawi), além de várias frutas tropicais.

Na região do Magreb (Tunísia, Marrocos e Argélia), destacam-se as culturas de trigo, cevada, centeio, oliveira e videira, que também são cultivados no sul da África do Sul, onde predomina o clima mediterrâneo.

A atividade criatória é praticada principalmente na região mediterrânea, nas estepes e savanas do Sudão, na África do Sul, que será analisada no capítulo seguinte, e nas regiões às margens dos grandes lagos da parte oriental.

Na África do Sul é encontrado um dos maiores rebanhos de ovinos do mundo, destinado principalmente ao fornecimento de lã para as indústrias locais e para exportação.

Plantação comercial de trigo na África do Sul (2011).

Rebanho de ovinos na África do Sul (2010).

As riquezas minerais e a atividade industrial

As riquezas minerais africanas, desde as primeiras descobertas, foram exploradas por companhias estrangeiras, principalmente multinacionais. Entretanto, no fim da década de 1960, alguns países resolveram nacionalizar suas minas, apoiando-se para isso em organismos internacionais que reúnem vários países produtores de minérios.

Um desses organismos é o Conselho Intergovernamental de Países Exportadores de Cobre (Cipec), ao qual a República Democrática do Congo e a Zâmbia, dois grandes produtores de cobre, se associaram após nacionalizar suas principais jazidas.

Assim como esses países, os produtores de minério de ferro e bauxita do continente também passaram a se unir e a ingressar em entidades supranacionais para defender seus interesses.

Entre os produtos minerais africanos, o petróleo é um dos mais significativos, pois constitui uma grande fonte de divisas para vários países. Ele é explorado nos territórios da Líbia, do Marrocos e da Argélia, no Egito (na península do Sinai) e na Nigéria (próximo ao delta do rio Níger), em Angola, no Sudão, no Chade e no Gabão, entre outros. Líbia, Argélia, Nigéria e Gabão são grandes produtores mundiais — os três primeiros fazem parte da Opep.

Botsuana é o maior produtor mundial de diamantes. A República Democrática do Congo, que também produz diamantes, possui duas outras importantes riquezas minerais: o cobre, que representa cerca de 50% do valor total de suas exportações, e o manganês. Também na Zâmbia o cobre tem grande importância econômica, pois é o produto que responde por 80% de suas exportações.

Extração de cobre na República Democrática do Congo (2010).

O Marrocos e a Tunísia são grandes exportadores de fosfato, matéria-prima da indústria de fertilizantes. O Marrocos, por exemplo, responde por cerca de 30% do fosfato comercializado internacionalmente.

A África do Sul é outro país riquíssimo em minerais, destacando-se o ouro, os diamantes, o carvão e o urânio.

No entanto, a produção obtida do rico subsolo africano, quase toda administrada por multinacionais e direcionada ao abastecimento dos mercados dos países desenvolvidos, não contribui para a melhoria do nível de vida da população em geral.

Os efeitos de alguns séculos de colonialismo impedem até hoje que os países africanos possam se desenvolver com base na atividade industrial. Apesar da emancipação (independência) política, muitos países do continente continuam com suas economias fortemente vinculadas às suas antigas metrópoles, numa estreita dependência.

A colonização dificultou a industrialização porque:

- o controle do comércio pelos europeus impediu a formação de uma burguesia de comerciantes nativos;
- não houve acúmulo de capitais tendo por base a propriedade da terra, uma vez que a agricultura comercial estava sob o controle dos colonizadores;
- não se desenvolveu um mercado interno.

Nem os tipos de indústrias mais simples, como as de velas, sabão, óleo de cozinha e outras, eram permitidos pelos colonizadores. A vinda de todos os produtos industriais das metrópoles bloqueou o desenvolvimento tecnológico do continente.

O principal tipo de indústria que vem se desenvolvendo na África é a de bens de consumo, mas só de produtos menos sofisticados, como a indústria alimentícia.

As principais áreas industriais estão situadas ao redor de cidades como Argel, na Argélia; Alexandria e Assuã, no Egito; Trípoli, na Líbia; Tânger, no Marrocos; Túnis, na Tunísia; e Dacar, no Senegal; além das cidades da África do Sul, país mais industrializado do continente.

A produção industrial africana, em média, corresponde a 1% do total do PIB do continente.

África - Economia (início do século XXI)

Fonte: ÍSOLA, Leda; CALDINI, Vera. *Atlas geográfico Saraiva*. São Paulo: Saraiva, 2009. p. 149.

O turismo

Apesar da riqueza do patrimônio natural, que poderia, por exemplo, estimular o desenvolvimento do turismo ecológico, apenas mais recentemente a atividade turística vem apresentando uma importância mais significativa na economia africana. A falta de infraestrutura hoteleira e de transportes e os constantes conflitos étnicos, em alguns países, entre outros fatores, de modo geral, desestimulam o ingresso de maior número de turistas.

O norte do continente, na região do Mediterrâneo — Marrocos, Tunísia e Egito, principalmente —, apresenta um maior fluxo turístico. Sem dúvida, o patrimônio histórico egípcio, com suas pirâmides e templos, é uma das principais atrações do continente, o que eleva o país à posição de mais visitado da África. Na África Subsaariana, a África do Sul é o país que mais se destaca em relação à atividade turística.

8 **África - diversidade e complexidade**
Para o assunto ***Aspectos do continente africado***, acesse e explore este OED.

Atividades

RETOME SEUS CONHECIMENTOS

1. Onde se pratica, predominantemente, a religião muçulmana na África? Toda a população muçulmana é branca?
2. No processo de colonização da África, foram se estruturando áreas mais densamente povoadas nas proximidades do litoral. Aponte algumas evidências desse fato.
3. O processo de colonização africana provocou mudanças nas diversas atividades econômicas. Comente essas transformações de acordo com o setor da economia.
4. Para cada setor da economia, destaque os principais produtos e países onde são desenvolvidos.
5. Observe a imagem a seguir e escreva um texto, utilizando as expressões: colonialismo, agricultura para exportação, ajuda humanitária e países desenvolvidos.

Doação de comida na República Democrática do Congo (2008).

EXERCITE SEUS CONHECIMENTOS

6. Um relatório divulgado pela Organização Internacional do Trabalho (OIT) em 2007 revelou que os jovens de até 25 anos eram os mais afetados pelo desemprego, que atinge 10,3% da população da África.

   Em grupos, façam uma pesquisa sobre a situação atual do desemprego no continente. Cada grupo pode escolher um país, relacionando os índices de desemprego com outros dados da economia local (PIB, setores econômicos etc.).

7. Observe a imagem ao lado:
   a) Que cobertura vegetal está representada na fotografia?
   b) Que importância essa paisagem tem para o desenvolvimento turístico no continente africano? Discuta com seus colegas e com seu professor.
   c) Quais problemas socioeconômicos dificultam o maior desenvolvimento da atividade turística na África Subsaariana?

Zebras e gnus, Tanzânia (2010).

16 África do Sul

PARA CONTEXTUALIZAR

Observe o mapa a seguir.

África – Problemas e potencialidades (início do século XXI)

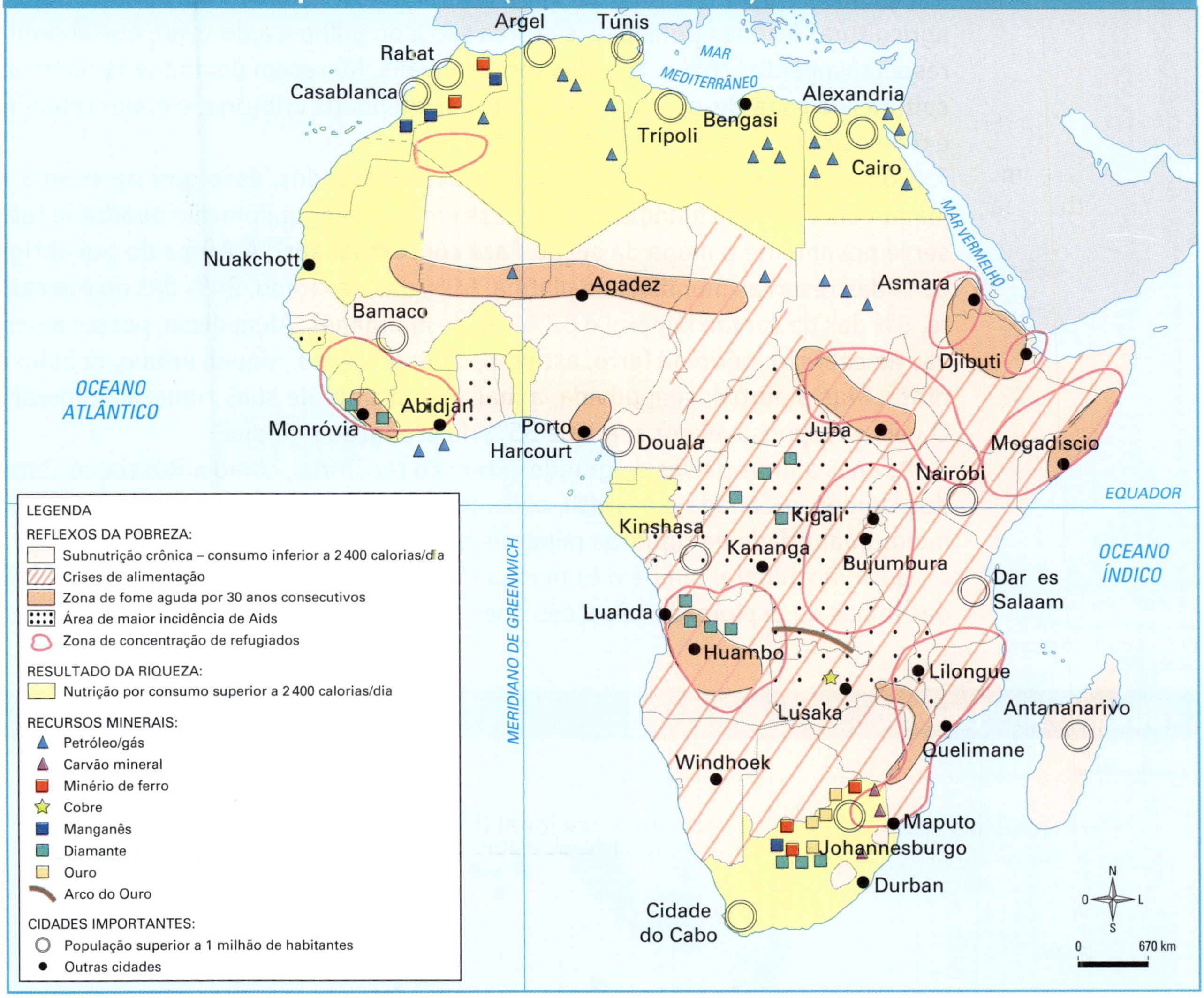

Fonte: ÍSOLA, Leda; CALDINI, Vera. *Atlas geográfico Saraiva*. São Paulo: Saraiva, 2005. p. 91 (adaptado).

ATIVIDADES

Converse com seus colegas e com seu professor.

1. Quais recursos minerais existem no território da África do Sul?
2. Considerando os critérios "Reflexos da pobreza", "Resultados da riqueza" e "Recursos minerais", compare o território da África do Sul com o restante do continente africano. A que conclusões podemos chegar?

África do Sul: realidade socioeconômica

A África do Sul está localizada em uma área estratégica. Desde o século XVII, fazia parte da rota marítima da Europa e da América em direção à Ásia e vice-versa. Nessa região, ao cruzar o cabo da Boa Esperança, os navios atracavam (na Cidade do Cabo) para abastecimento.

Apenas 11% do território da África do Sul é considerado apropriado para a agricultura. As duas principais culturas são a do milho e a do trigo, que cobrem, respectivamente, 26% e 13% das terras aráveis. Merecem destaque também as culturas de cana-de-açúcar e de videira. Na atividade criatória, o maior rebanho é o de ovinos.

Com uma área de 1.221.037 quilômetros quadrados, esse país apresenta a maior concentração mundial de riquezas minerais por quilômetro quadrado (observe novamente o mapa da seção **Para contextualizar**). A África do Sul abriga 69% das reservas mundiais de platina, 56% das de cromo, 24% das de diamante, 8% das de carvão mineral e 82% das de manganês. Além disso, possui reservas de cobre, minério de ferro, estanho, chumbo, zinco, níquel, urânio, cobalto e prata. Mas o ouro é, sem dúvida, a mais importante de suas riquezas minerais. O país é responsável por cerca de 35% da produção mundial.

Apenas alguns países de grande extensão territorial, como a Rússia, os Estados Unidos, o Canadá e o Brasil, considerados países-continentes, apresentam maior quantidade de riquezas minerais que a África do Sul.

O carvão mineral também é um importante recurso energético. Cerca de 30% das minas de exploração são a céu aberto, o que facilita a extração.

África do Sul – Economia

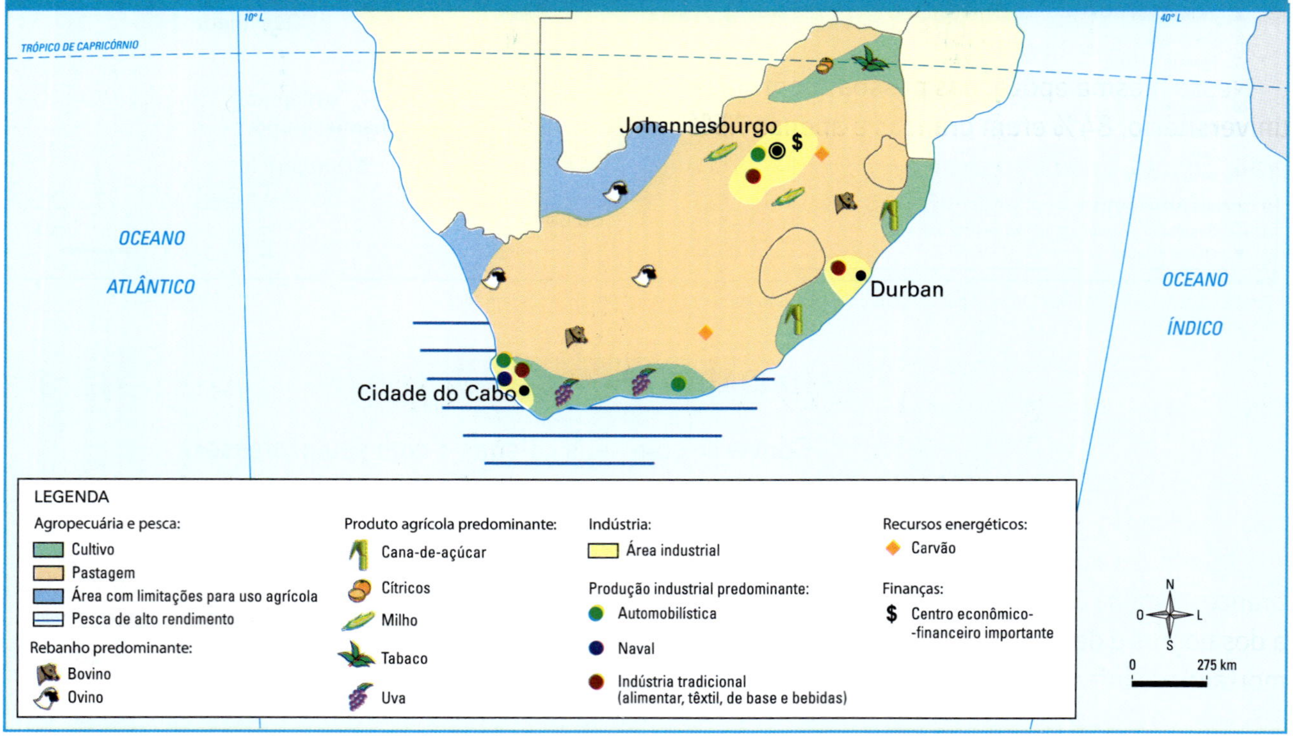

Fonte: ÍSOLA, Leda; CALDINI, Vera. *Atlas geográfico Saraiva*. São Paulo: Saraiva, 2005. p. 85 (adaptado).

A África do Sul é o país mais industrializado do continente. Sua indústria tem uma participação expressiva na composição do PIB (cerca de 28%) e se estruturou no longo período de dominação e controle do país pelas populações de origem europeia. A abundância de recursos minerais e energéticos também facilitou a industrialização.

A atividade industrial e a extração mineral continuam a ser controladas pela elite branca e realizadas com a força de trabalho da maioria negra.

A sociedade e o *apartheid*

Em 2013, a população da África do Sul era de 53 milhões de habitantes, sendo aproximadamente 79,0% negros, 9,6% brancos, 8,9% mestiços e 2,5% asiáticos (indianos, principalmente). Até a primeira metade dos anos 1990, os brancos mantinham uma forte política de segregação racial (*apartheid*), segundo a qual os negros não usufruíam os mesmos direitos dos brancos, ou seja, as pessoas não eram iguais perante a lei. O *apartheid* era a segregação racial institucionalizada, que praticamente negava ao negro a condição humana.

Em 1953, foi publicada a Lei de Recreações, que estabeleceu bibliotecas, escolas, praias e parques separados para brancos e para não brancos. No grupo dos não brancos eram incluídos, além dos negros, os mestiços e os asiáticos, também vítimas da segregação racial.

Esse regime de segregação racial foi criado para controlar a maioria negra, com a finalidade de manter um modelo econômico desenvolvido pelos brancos e baseado na exploração da força de trabalho negra.

Alguns números expressam muito bem o resultado dos longos anos de *apartheid*: até meados da década de 1990, existiam na África do Sul aproximadamente 750 mil piscinas, privilégio praticamente exclusivo dos brancos, o que significava a média de uma piscina para duas famílias brancas. Ao mesmo tempo, havia cerca de 10 milhões de pessoas, quase todas negras, que não tinham acesso a água potável.

A frase "Atenção, cuidado com os nativos" retrata a segregação racial predominante no período do *apartheid*, na África do Sul. Fotografia de 1956.

Nessa mesma época, das pessoas com curso universitário, 84% eram brancas e apenas 7,5% eram negras. Enquanto entre os brancos o índice de analfabetismo era insignificante (apenas 1%), 50% dos negros eram analfabetos.

Também no que diz respeito à questão educacional, na década de 1950 o governo sul-africano instituiu a "Educação Banto" para os negros, que era inferior à educação oferecida aos brancos. Chegava-se a ponto de não ensinar Matemática aos estudantes negros, pois "isso não fazia parte de sua cultura".

Quanto à renda *per capita*, atualmente a dos brancos está na faixa dos 7 mil dólares, enquanto a dos negros é de cerca de 600 dólares. A taxa de mortalidade infantil dos negros é de 74 por mil; a dos brancos, 10 por mil.

O fim do *apartheid* e a nova África do Sul

Desde os anos 1980, a comunidade internacional passou a pressionar intensamente o governo sul-africano para que extinguisse o regime do *apartheid*. Alguns países impuseram até mesmo um boicote econômico à África do Sul.

Em razão disso, alguns dirigentes políticos sul-africanos, liderados pelo presidente Frederik de Klerk, promoveram medidas para abrandar esse regime de segregação racial. Em 1990, o líder negro Nelson Mandela, que estava preso havia 27 anos, foi libertado, bem como todos os presos políticos. Além disso, diversos grupos e partidos políticos de oposição, entre eles o Congresso Nacional Africano (CNA), foram legalizados. Em 1991, foram banidas diversas leis discriminatórias, sendo liberado o uso de piscinas, praias, ônibus, bibliotecas, escolas e banheiros públicos para toda a população.

Libertação do líder Nelson Mandela (1990). Mandela faleceu em dezembro de 2013, aos 95 anos

Em razão dessas mudanças, que expandiram os direitos dos negros, muitos brancos extremistas fizeram uma série de protestos, ameaçando as reformas do governo sul-africano, cujo maior desafio passou a ser a instauração da lei do direito ao voto, que daria à maioria negra a possibilidade de lutar por seus ideais no Parlamento da África do Sul.

A aplicação da nova lei eleitoral concretizou-se entre 26 e 28 de abril de 1994, quando foram realizadas as eleições multirraciais. Os negros votaram pela primeira vez na África do Sul. Foi eleito Nelson Mandela, principal dirigente do partido do CNA, o mais antigo movimento nacionalista da África.

Entretanto, a instituição da democracia e a eleição de Mandela como presidente representaram um grande desafio: transformar a sociedade sul-africana, pois toda a riqueza estava concentrada nas mãos dos brancos. O governo de Mandela também se deparou com sérios problemas étnicos. Há na África do Sul basicamente 11 etnias diferentes, sendo as principais a dos zulus e a dos xhosas. A dos zulus, a maior, com cerca de 6 milhões de pessoas, está concentrada principalmente na província de Kwazulu-Natal e pretende tornar sua província um país independente.

Na gestão de Nelson Mandela ocorreram alguns avanços: mais de 3 milhões de pessoas passaram a ter acesso a água encanada; quase todas as casas foram conectadas à rede de energia elétrica; e o Parlamento sul-africano aprovou, em 1997, a Lei de Igualdade no Trabalho, segundo a qual todas as empresas do país, tanto estatais como privadas, devem adotar uma política de emprego que amplie a participação de negros, mestiços, mulheres e deficientes em seus quadros, particularmente nos postos de nível hierárquico mais elevado (supervisão, gerência, direção). Essa lei visa corrigir as distorções que ocorreram na escolha de empregados pelas empresas durante o regime do *apartheid*, quando os brancos eram quase sempre os escolhidos.

África do Sul: integrante dos BRICS

MAIS INFORMAÇÃO

As capitais da África do Sul

A África do Sul tem três capitais: Tshwane, ex-Pretória (administrativa), Cidade do Cabo (legislativa) e Bloemfontein (judiciária), mas a cidade mais importante é Johannesburgo, principal centro comercial, industrial e financeiro.

A oficialização da África do Sul, em abril de 2011, como membro dos BRICS, mostra que o país vem ganhando projeção no cenário mundial. Apesar de apresentar indicadores econômicos ainda muito distantes daqueles alcançados pelos demais países do grupo e de ter ainda inúmeros problemas sociais, a África do Sul vem consolidando sua posição de país emergente.

Uma das maiores e mais diversificadas economias da África, a África do Sul tem se tornado, de acordo com especialistas, uma porta de entrada do continente.

Encontro dos líderes dos BRICS em 14 de abril de 2011, na ilha de Hainan, China.

Atividades

RETOME SEUS CONHECIMENTOS

1. A partir do fim do século XIX, o continente africano passou a ser alvo dos interesses das potências europeias. Na África do Sul, a ocupação e a dominação da Europa duraram muito tempo. Explique o maior interesse europeu pela África do Sul.
2. Na África do Sul, a opressão aos negros e aos não brancos de forma geral permaneceu por quase quatro décadas sob a forma do *apartheid*. Por que a população branca desse país criou o *apartheid*?
3. Que tipo de relação, considerando a presença de recursos minerais no território, o texto inicial do capítulo estabelece entre a África do Sul e outros países do globo?

EXERCITE SEUS CONHECIMENTOS

4. Leia o texto e responda às questões a seguir.

Racismo na África do Sul e no Brasil

"Comparações entre sociedades distintas não podem decidir qual a melhor ou a pior. Mas podem revelar as originalidades de uma e de outra, fazendo avançar o conhecimento histórico. Embora gostemos de nos apresentar como campeões da mestiçagem, outros países também exibem esse trunfo (Cuba, Colômbia, Trinidad e Tobago etc.), inclusive a África do Sul, tanto que o sistema de *apartheid* determinava um lugar sem poder aos mestiços (cerca de 15% da população total, apesar da repressão ao casamento inter-racial).

No Brasil, é verdade, os pardos são maioria, mas a diferença em relação à África do Sul é mais qualitativa que numérica. Lá, a miscigenação foi, como nos Estados Unidos, preferencialmente entre brancos e negros indiscutíveis (isto é, negros que não poderiam se passar por brancos e vice-versa), enquanto aqui foi, preferencialmente, entre negros e brancos já mestiços, os chamados 'morenos'.

Outra diferença é que o racismo sul-africano foi sempre explícito. No cotidiano, brancos por cima, negros por baixo, *colored* no meio. Essa disposição social garantia a política de separação e a ideia de superioridade branca. O *apartheid* apresentava, paradoxalmente, um laivo democrático: ao Estado caberia dar os meios para cada etnia se desenvolver em separado, conforme suas culturas e aptidões."

SANTOS, Joel Rufino dos. *Carta na escola*, n. 18, ago. 2007. p. 37-38.

a) Identifique no texto trechos que descrevem as diferenças entre a miscigenação e o racismo no Brasil e na África do Sul.

b) O *apartheid* era uma característica exclusiva da sociedade e da economia sul-africana? Qual a sua opinião a respeito?

c) Em sua opinião, o Brasil é um país racista? Por quê?

5. A África do Sul instituiu a data de 27 de abril como o Dia do Fim do *Apartheid*. Em grupos, façam uma pesquisa sobre a situação atual desse país em relação às conquistas socioeconômicas alcançadas pela população negra com o fim da discriminação oficial. Essas conquistas são significativas? Justifiquem.

DIVERSIFICANDO

LIVROS

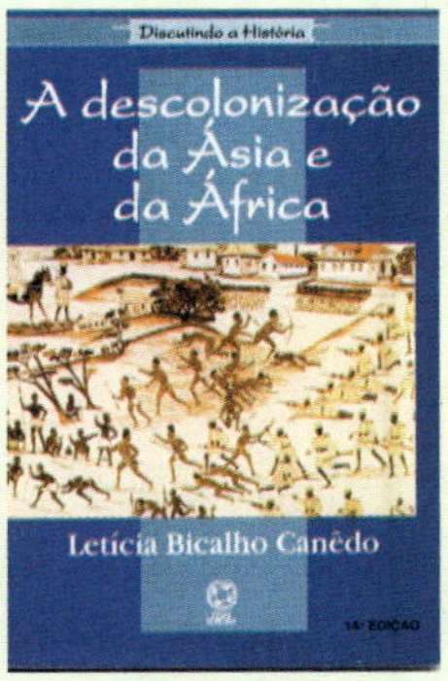

A descolonização da Ásia e da África

Letícia Bicalho Canêdo.
Coleção Discutindo a História. São Paulo: Atual, 2004.

A obra apresenta ao leitor um amplo painel do processo histórico dos continentes africano e asiático e suas abordagens, proporcionando uma reflexão crítica.

ABC do continente africano

Rogério Andrade Barbosa.
São Paulo: SM, 2007.

O autor fala da África como fonte de riqueza cultural, histórica, colocando-a como lugar de origem do homem, revelando uma África que está além da visão atual sobre este continente.

Um passeio pela África

Alberto Costa e Silva.
Rio de Janeiro: Nova Fronteira, 2006.

A obra possui como enredo a viagem de três crianças à África que vão desconstruindo a imagem que tinham do continente à medida que vão conhecendo sua diversidade de povos e culturas, como também suas histórias e organizações políticas e sociais, ressaltando suas contribuições para o mundo.

FILMES

Infância roubada

Direção: Gavin Hood.
África do Sul/Inglaterra, 2005.

O filme conta a história de um jovem líder de uma gangue na África do Sul, que, após roubar um carro e sofrer um acidente em seguida, descobre que no banco de trás do carro encontra-se um bebê. Sentindo-se perdido diante dessa situação, ele o leva para o gueto de Johanesburgo em que vive. Diante disso, esse jovem enfrentará as mais diversas situações para tentar solucionar o problema, repleto de confrontos.

Hotel Ruanda

Direção: Terry George.
Reino Unido/África do Sul, 2004.

Baseado em uma histórica verídica, o filme relata a coragem de um gerente de hotel de abrigar 1200 tutsis durante a guerra civil, no ano de 1994 em Ruanda, quando quase um milhão de tutsis foram brutalmente assassinados por milícias de etnia hutu, salvando-os desse trágico genocídio.

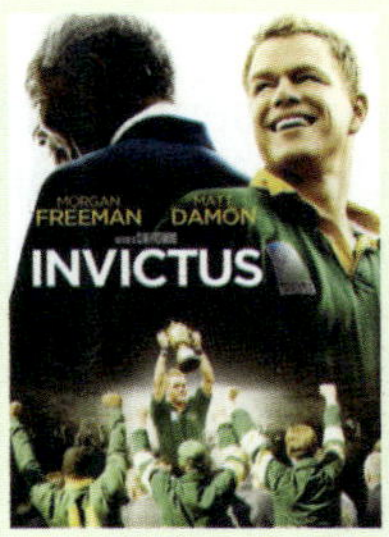

Invictus

Direção: Clint Eastwood.
EUA, 2009.

Com o objetivo de unir sua nação, a África do Sul, que se encontra racial e economicamente dividida após o fim do *apartheid*, o presidente Nelson Mandela acredita ser capaz de unificar a população por meio da linguagem universal do esporte, apoiando o desacreditado time da África do Sul na Copa Mundial de Rúgbi de 1995.

SITE

Museu Afrobrasil

Disponível em: <http://www.museuafrobrasil.org.br>.

O *site* do Museu Afrobrasil contém informações, eventos e acervos acerca do tema africano e brasileiro.

Uma narrativa literária sobre a transformação

Leia o texto.

Para além da guerra, uma narrativa sobre transformação

"A autobiografia de Ishmael Beah, mais do que um relato sobre a guerra, é uma narrativa literária sobre a transformação. Menino que se transforma, pela violência da guerra civil em Serra Leoa, num soldado. Soldado que, mesmo sendo um assassino, nunca deixa de ser criança. Dessas contradições, durante sua reabilitação, surge um escritor.

'Hoje vivo em três mundos: meus sonhos e as experiências da minha nova vida, que desencadeiam memórias do passado.' Desse lugar, hoje, é que Beah nos conta sua história antes, durante e depois da guerra. [...]

O escritor inicia sua história descrevendo como a guerra lhe alcançou, em janeiro de 1993, quando tinha apenas 12 anos. Ele e um grupo de amigos estavam dando um passeio em Mattru Jong: um grupo de crianças brincando, carregando nas mochilas cadernos com letras de música, nos bolsos de seus *jeans* fitas cassete de cantores de *rap*; nadando nos rios [...]. Ouvem, então, notícias sobre o ataque dos rebeldes a Mogbwemo, sua cidade natal, da qual haviam saído há poucas horas, sem sequer se despedir de suas famílias. Começa a jornada de Beah, percorrendo, na companhia dos amigos, boa parte da área de conflito ao sul de Serra Leoa, na tentativa de escapar da guerra. Seu medo é tanto o de ser morto quanto o de ser pego vivo e recrutado, seja pelo exército do governo, seja pelas forças rebeldes do Revolutionary United Front (RUF) [...].

O relato ganha intensidade quando Beah é aliciado pelo exército do governo. [...]

Inicia-se, então, o treinamento do menino-soldado, que consiste num outro aprendizado da violência: manuseio de AK-47, G-3, lança-granadas, uso incessante de maconha, anfetaminas e 'brown-brown' (mistura de cocaína e pólvora), sessões de *Rambo*, *Comando para matar* e outros filmes de guerra, e a repetição constante, por parte dos comandantes, da necessidade de que todos os meninos se lembrem do que aconteceu com suas famílias, para nunca esquecer o que haviam visto e sofrido até então.

Beah descreve como todos vão sendo submetidos a uma banalização da violência. Numa certa ocasião, ele e outros quatro meninos foram escolhidos para uma disputa cronometrada sobre quem realizaria mais rapidamente uma degolação. [...]

Ishmael Beah (2007).

Rebeldes do Revolutionary United Front (RUF), em 1997.

Depois de viver dois anos como soldado do exército, Beah acaba sendo resgatado — a contragosto — do *front* de guerra pelo Unicef. No duro processo de reabilitação, marcado pela abstinência das drogas e pesadelos recorrentes sobre a guerra, já que não consegue esquecer as atrocidades que testemunhou e também as que ele próprio praticou, duas coisas fizeram a diferença: a música e o ouvir e contar histórias.

[...] Música e histórias. Dois elementos que já faziam parte de sua formação intelectual e artística quando ainda era criança, antes da guerra, lembra a crítica literária Leila Perrone Moisés, num ensaio sobre o livro, em que destaca tanto o interesse de Beah pelo *hip hop* quanto o fato de ele ter estudado Shakespeare na escola [...]

Sobre meninos e lobos

Esse foi o nome da mesa-redonda ocorrida durante a Festa Literária Internacional de Paraty (Flip) do ano passado [2007], e que Ishmael Beah compartilhou com Paulo Lins, autor de *Cidade de Deus*. O paralelo entre sua experiência e os meninos das favelas brasileiras aliciados pelo tráfico foi um dos assuntos debatidos. Resta a esperança de que os caminhos de todos eles se cruzem não só nas narrativas sobre a guerra, mas também nas de sobrevivência e transformação como as de Beah."

CANTARINO, Carolina. Para além da guerra, uma narrativa sobre transformação. Texto publicado em 10 abr. 2008. Disponível em: <http://www.comciencia.br/comciencia/?section=8&edicao=34&tipo=resenha>. Acesso em: 15 mai. 2014.

Unicef

Fundo das Nações Unidas para a Infância (em inglês, United Nations Children's Fund) é uma agência das Nações Unidas que tem como objetivo promover a defesa dos direitos das crianças, ajudá-las a satisfazer suas necessidades básicas e a expandir suas oportunidades de pleno desenvolvimento.

ATIVIDADES

1. Com base no texto, responda.

a) Quais as principais transformações ocorridas com o menino Ishmael Beah?

b) Qual a semelhança da experiência de Beah, em Serra Leoa, com o Brasil?

2. Que tal pesquisar livros ou filmes que retratem a questão da violência, do racismo e dos conflitos no continente africano?

- Em grupos de dois ou três componentes, selecionem que tipo de material vocês gostariam de pesquisar: livros ou filmes.
- Escolham o tema e os materiais a serem pesquisados.
- Caso a escolha seja por livros, pesquisem em revistas e jornais, na internet e nas livrarias livros que retratem o tema.
- Caso a escolha seja por filmes, pesquisem em livros, revistas, jornais, na internet ou nas locadoras filmes que retratem o tema.
- Após a seleção do livro ou do filme, na qual o professor poderá orientá-los, preparem uma apresentação para seus colegas de sala e seu professor sobre o material pesquisado. Pode ser na forma de mural, painel, seminário ou mesmo uma encenação comentada de trechos do livro ou do filme.

3. Produza um desenho com base no seguinte tema: "Jovens contra a violência". Inclua em seu desenho as informações obtidas em sua pesquisa e na de seus colegas.

Oceania

Deserto de Pináculos, uma das principais atrações turísticas da Austrália (2011).

Vista de Wellington, capital da Nova Zelândia (2011).

UNIDADE

V

Extração de minério de ferro na região de Pilbara, Austrália (2012).

Além de ser o menor dos cinco continentes, a Oceania é o de colonização mais recente. Os colonizadores ingleses aportaram ali somente no século XVIII.

Como veremos, tanto em relação aos recursos naturais quanto aos aspectos socioeconômicos, a Oceania exibe grande diversidade. Austrália e Nova Zelândia são países desenvolvidos e com economias dinâmicas, enquanto as outras ilhas dependem basicamente da produção agrícola.

A fauna é especialmente intrigante, com ocorrência de cangurus, diabos-da-tasmânia e ornitorrincos, entre outros animais endêmicos, inexistentes em outras regiões do planeta.

- As fotografias apresentam alguns aspectos da Geografia de dois países da Oceania. Quais outras informações você tem sobre os países que fazem parte dessa porção continental do planeta?
- Você já assistiu a filmes ou documentários sobre os países da Oceania? Quais?

17 Oceania – colonização e dinâmicas da natureza

PARA CONTEXTUALIZAR

Analise as informações do mapa.

Oceania – Aspectos físicos e divisão política

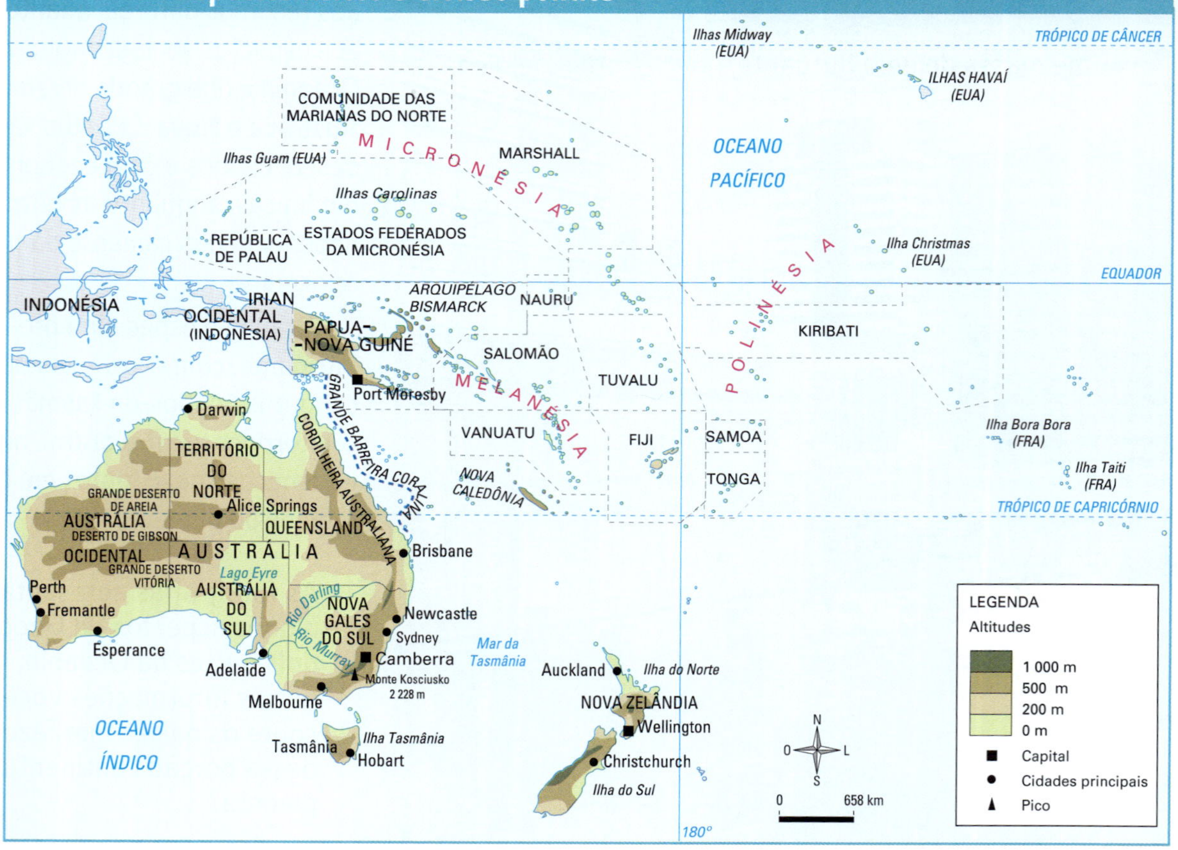

Fonte: *Atlante geografico metodico*. Novara: Instituto Geografico De Agostini, 2010. p. 170; *Atlas geográfico escolar*. Rio de Janeiro: IBGE, 2009. p. 52 e 53 (adaptados).

ATIVIDADES

Converse com seus colegas e com seu professor.

1. Que características naturais da Oceania podemos observar no mapa? Quais os três países de maior extensão territorial?
2. Qual o nome dado aos três conjuntos de ilhas que formam esse continente insular?

Arquipélagos e ilhas

O continente apresenta uma área total de aproximadamente 9 milhões de quilômetros quadrados, que corresponde a 6% das terras emersas do globo. Segundo a origem étnica de seus habitantes ou a dimensão de suas ilhas e arquipélagos, a Oceania, conforme visto na seção **Para contextualizar**, pode ser dividida em:

- Melanésia ("ilha dos negros", em referência a como eram chamados os habitantes nativos): compreende os arquipélagos de Bismarck, Salomão, Santa Cruz, Nova Hébrida, Nova Caledônia e Fiji;
- Micronésia ("ilhas pequenas"): constituída pelos arquipélagos de Marianas, Marshall, Carolinas, Palau, Gilbert e Ellice, situados entre a Melanésia e o Havaí;
- Polinésia ("muitas ilhas"): agrupa o maior número de ilhas e arquipélagos, entre os quais Havaí, Taiti, Samoa, Tonga, Marquesa, Cook, Fenix, Esporadas e Ilha de Páscoa;
- as quatro ilhas maiores: Austrália, Nova Zelândia, Tasmânia e Nova Guiné, que se divide em Papua-Nova Guiné e Irian Ocidental.

Havaí

Pertence aos Estados Unidos e é um dos 50 Estados norte-americanos.

Samoa

Existem dois arquipélagos com esse nome: Samoa Ocidental, independente da Nova Zelândia desde 1962, é formado por nove ilhas, sendo quatro habitadas; o outro é uma possessão norte-americana formada por cinco ilhas.

Irian Ocidental

Faz parte da Indonésia.

Oceania – Divisão política

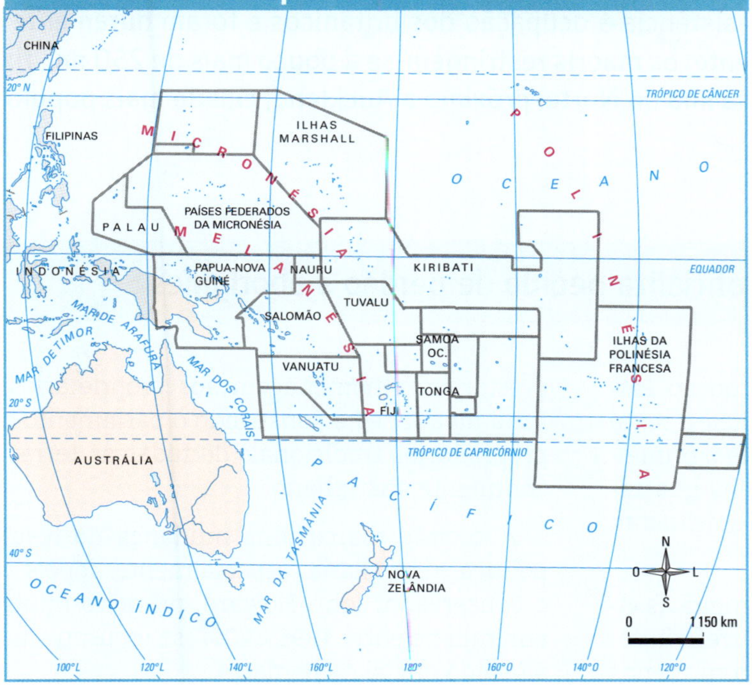

Fonte: ÍSOLA, Leda; CALDINI, Vera. *Atlas geográfico Saraiva*. São Paulo: Saraiva, 2009. p. 156.

A colonização e o povoamento

A colonização da Oceania desenvolveu-se de modo lento e pouco homogêneo.

A grande distância e o isolamento do continente em relação à Europa constituíram obstáculos para a rápida ocupação pelos colonizadores.

Em 1521, em sua viagem de circum-navegação, o português Fernão de Magalhães navegou o Pacífico Sul, passando pelas ilhas Marianas. Entre 1568 e 1606, exploradores holandeses atingiram a costa da Austrália, mas não se importaram com a descoberta, pois a Holanda procurava concentrar seus interesses coloniais em áreas mais produtivas e mais próximas da Europa.

No fim do século XVIII, com a perda de seus domínios na América do Norte, o Reino Unido voltou suas atenções para essa parte da Terra.

A expedição de James Cook, que para todos os efeitos era uma viagem de caráter científico, proporcionou ao Reino Unido a posse da Austrália.

Em 1788, com o objetivo de construir uma colônia penal na baía de Sydney, o governo britânico enviou outra expedição à Austrália. Em seguida, tomou posse da Nova Zelândia e de outros arquipélagos do Pacífico.

No século XIX, Reino Unido, França e Alemanha, as grandes potências europeias da época, ampliaram a colonização da Oceania, instalando bases navais e comerciais em várias ilhas.

No fim do século XIX e início do século XX, os Estados Unidos, ao observarem a posição estratégica das ilhas do Pacífico, decidiram se apossar de algumas (Marshall, Carolinas, Marianas e Palau, entre outras), onde instalaram bases militares, que permanecem até os dias atuais.

No período da colonização da Austrália e da Nova Zelândia, um grande número de habitantes nativos foi massacrado, principalmente pelos britânicos. Os aborígines que habitavam a Austrália foram mortos, escravizados e degredados pelo colonizador.

Na Nova Zelândia, os maoris, povo unido e socialmente bem organizado, impuseram forte resistência à ocupação dos britânicos e foram duramente combatidos. Atualmente, os maoris restringem-se a pouco mais de 250 mil, fixados principalmente na ilha do Norte, próximo a Auckland, cidade mais populosa da Nova Zelândia.

MAIS INFORMAÇÃO

Governo australiano oficializa pedido de perdão a aborígines

"O governo da Austrália apresentou ao Parlamento nesta terça-feira [12 fev. 2008] o texto com o pedido oficial de desculpas que o primeiro-ministro, Kevin Rudd, transmitirá na quarta-feira (13), pedindo 'perdão pela dor, sofrimento e perda' dos aborígines.

Em nome do Legislativo, Rudd se dirigirá às vítimas da chamada 'geração roubada', referindo-se aos mais de 100 mil aborígines com menos de 18 anos que, entre 1910 e 1970, foram separados de suas famílias e entregues a famílias de origem europeia, como parte de um programa governamental de assimilação cultural.

Apesar de especialistas temerem que o 'perdão' dê lugar a uma onda de pedidos de indenizações por parte dos aborígines, o novo governo trabalhista decidiu incluir a palavra no texto.

Rudd, que ocupa o cargo de premiê desde novembro de 2007, declarou que o governo 'quer prestar uma homenagem aos proprietários da terra na qual está construído o parlamento e os proprietários tradicionais de todas as terras do continente australiano'.

A decisão marca uma mudança na história política australiana, especialmente depois que o conservador John Howard, primeiro-ministro australiano entre 1996 e 2007, se recusou a fazer o pedido oficial de perdão. [...]

Cerimônia aborígine

O parlamento australiano abriu o ano legislativo de maneira inédita nesta terça-feira [12 fev. 2008], com uma cerimônia tradicional aborígine. Uma anciã da tribo Ngambri, proprietária ancestral do terreno em que está construído o edifício do Parlamento, presidiu a cerimônia de 'boas-vindas ao país' e entregou 'um bastão-mensagem', presente tradicional de sua cultura, ao primeiro-ministro Kevin Rudd.

Vestida com uma capa de pele, Matilda House-Williams explicou aos parlamentares que 'o bastão-mensagem é um meio de comunicação utilizado há milhares de anos pelos aborígines para contar a história de nosso povo'.

A anciã recordou que o aborígine Jimmy Clemens, sozinho e descalço, foi barrado pela polícia em 1928 durante a inauguração do antigo edifício do Parlamento. [...]

Os aborígines são os habitantes que viviam na Austrália antes da chegada dos britânicos, em 1788. Desde então, foram marginalizados e sua população atual é de apenas 470 mil pessoas — antes, eles chegaram a ser 21 milhões".

Folha Online, 12 fev. 2008. Disponível em: <http://www1.folha.uol.com.br/folha/mundo/ult94u371673.shtml>. Acesso em: 15 mai. 2014.

A descolonização

A descolonização da Oceania se deu em tempos diferentes e de maneiras diversas em cada país. A Austrália e a Nova Zelândia tornaram-se independentes em 1901 e 1931, respectivamente; porém, permaneceram economicamente ligadas ao Reino Unido. As ilhas Marshall, Carolinas, Marianas e Palau, na Micronésia, só deram início ao processo de separação dos Estados Unidos em 1956. Ainda existem arquipélagos subordinados politicamente à França, aos Estados Unidos, à Austrália e à Nova Zelândia.

Dinâmicas da natureza

As formações do relevo das ilhas da Oceania apresentam grandes contrastes, pois se constituíram em períodos geológicos diferentes.

A maior parte do relevo australiano é de origem bem antiga, o que justifica as modestas altitudes, em geral pouco superiores a 350 metros. Há predomínio de planaltos e planícies.

Na cordilheira Australiana, que se estende paralelamente ao litoral oriental, situam-se as montanhas mais altas do país, cujo ponto culminante é o monte Kosciusko, com 2.228 metros de altitude.

As demais ilhas apresentam formações mais recentes, originadas pelo processo de dobramento da Era Terciária, como na Nova Zelândia e no Havaí, onde existe grande atividade vulcânica.

A maior parte das ilhas menores é constituída de atóis de origem coralínea.

A Oceania caracteriza-se pelo predomínio de climas quentes, tropical e equatorial, com temperaturas elevadas.

As chuvas são abundantes em Papua-Nova Guiné, no Havaí e no litoral norte e nordeste da Austrália.

Por causa da influência do relevo, nas vertentes voltadas para o litoral, expostas aos ventos úmidos (alísios), a pluviosidade é altíssima. Nas vertentes interiores, as chuvas são escassas, causando grande aridez (extensos desertos na parte central da Austrália).

Ilha Stephen, que pertence a um grupo de ilhas localizadas no estreito de Torres, entre a Austrália e a Papua-Nova Guiné (2010).

Nos locais onde as precipitações são mais elevadas, como no Havaí, no litoral norte e nordeste da Austrália e na ilha da Tasmânia, a vegetação florestal é densa.

No sudeste da Austrália e na ilha da Tasmânia situa-se a floresta subtropical, cuja espécie predominante é o eucalipto gigante, com mais de 50 metros de altura. Esse tipo de floresta é encontrado também na Nova Zelândia.

As savanas e as estepes dominam as áreas de clima tropical e semiárido. Na porção central da Austrália, as savanas recebem a denominação regional de *bush* e as estepes, de *scrub*.

Os rios são poucos e de pequena extensão na Oceania. Apenas a Austrália tem rios um pouco mais extensos: o Murray e seu afluente, o rio Darling, que nascem na cordilheira Australiana.

PARA COMPREENDER Texto

Leia a notícia.

Genoma do aborígine australiano fornece dados sobre primeiras migrações

"O genoma contido na mecha de cabelo de um aborígine australiano pôs em dúvida as teorias mais aceitas sobre as primeiras migrações da África à Ásia, ao sugerir que não transcorreram em uma só leva, mas em várias.

Segundo um estudo da Universidade de Copenhague publicado nesta quinta-feira na revista Science, o aborígine australiano é o descendente direto dos primeiros exploradores que saíram do norte da África, entre 62 mil e 75 mil anos atrás.

Essa é a principal informação fornecida pela primeira sequência completa do genoma do aborígine australiano, decifrada a partir de uma mecha de cabelo que data do início do século XX e procede da região australiana de Goldfields.

O DNA da sequência carece de informações genéticas dos australianos modernos, que descendem dos europeus, algo que a equipe de cientistas considera uma mostra de que os antecessores dos aborígines se deslocaram através da Ásia e chegaram à Austrália em uma primeira leva migratória, anterior às restantes.

Enquanto isso, 'os antepassados de europeus e asiáticos permaneciam quietos em algum lugar da África ou do Oriente Médio, ainda esperando para explorar o mundo', indicou o principal autor do estudo, o dinamarquês Eske Willerslev.

O estudo contradiz a hipótese apresentada por cientistas americanos e europeus no início da década de 1990, segundo a qual o Homo sapiens iniciou desde a África uma única onda migratória que chegou a todos os continentes, à exceção da América.

Por outro lado, aponta o estudo, os antecessores dos aborígines australianos embarcaram na aventura rumo à Oceania cerca de 24 mil anos antes dos antecedentes dos atuais asiáticos.

'Os aborígines australianos têm provavelmente uma das histórias mais antigas de população estabelecida de forma fixa fora da África Subsaariana', disse Willerslev no estudo.

Para chegar a essa conclusão, a equipe comparou a sequência de genoma do aborígine com outras 79 procedentes de indivíduos da Ásia, Europa e África."

Efe – Ciência. Genoma do aborígine australiano fornece dados sobre primeiras migrações. Texto publicado em: 22 set. 2001. Disponível em: <http://noticias.uol.com.br/ultimas-noticias/efe/2011/09/22/genoma-do-aborigine-australiano-fornece-dados-sobre-primeiras-migracoes.htm>. Acesso em: 15 mai. 2014.

Responda às questões a seguir.

1. De acordo com a notícia, os aborígines australianos descendem de povos que vieram de que região do planeta?
2. Qual outra hipótese os estudos da Universidade de Copenhague contradiz?

Atividades

RETOME SEUS CONHECIMENTOS

1. Em relação aos aspectos naturais da Oceania, explique:
   a) a presença dos climas tropical e equatorial;
   b) a presença de desertos na porção central da Austrália.

EXERCITE SEUS CONHECIMENTOS

2. Leia o texto e responda às questões a seguir.

Fauna e flora

"Os anos de isolamento e as condições climáticas da Austrália fizeram com que o país abrigasse flora e fauna únicas em todo o mundo. A Austrália possui mais de 25 mil espécies de plantas, e suas florestas estão entre as mais abundantes em número de espécies. Inclusive o próprio deserto é rico em biodiversidade, conta com 2 mil espécies vegetais e o recorde mundial de espécies de répteis. [...]

A Austrália possui um equilíbrio ecológico extremamente sensível. Qualquer interferência pode gerar danos irreparáveis. Nesse meio ambiente já foram introduzidos animais que não pertencem à fauna local e, em consequência, viraram peste. Alguns exemplos:

Coelho: introduzido pelos ingleses no início do século XIX, como animal doméstico e para a prática da caça. O coelho procria com uma rapidez incrível e por isso se tornou uma peste para a agricultura e as florestas na Austrália. Em estados como South Australia, os coelhos vivem no deserto e se modificaram para sobreviver naquelas condições. São bem maiores, mais semelhantes a ratos gigantes. Em 2000, um vírus foi desenvolvido para acabar com os coelhos e acidentalmente liberado. Houve grande incidência de mortes entre esses roedores, que depois se tornaram imunes ao tal vírus.

Raposa: introduzida também pelos ingleses para acabar com os coelhos, encontrou presas muito mais fáceis e hoje também se tornou uma peste, atacando animais nativos.

Sapo: vindo do Brasil, no início da década de 1950, para acabar com a invasão de besouros na lavoura de cana. A espécie procria com uma velocidade muito grande e não possui inimigos naturais, pois é venenosa. Possui glândulas de veneno na cabeça e, portanto, seus inimigos naturais, como aves, cobras e roedores, acabam morrendo envenenados. [...]"

Student Planet. Fauna e Flora. Disponível em: <www.studentplanet.com.au/ozzystudy/australia/faunaflora.html> Acesso em: 15 mai. 2014.

   a) Por que foram introduzidos alguns animais de outros ecossistemas no território australiano?
   b) Esses procedimentos foram bem-sucedidos? Por quê?

3. Observe as imagens de aborígines australianos e responda às questões a seguir.

1

Fotografia da década de 1970.

2

Fotografia de 2008.

   a) Que diferenças há entre as imagens?
   b) Quais fatores podem explicar as mudanças da situação retratada na imagem 1 para a situação retratada na imagem 2?

18 Oceania – espaço socioeconômico

PARA CONTEXTUALIZAR

Analise os dados da tabela e observe as fotografias.

IDH e outros indicadores de alguns países da Oceania

País	População total em milhares de hab (2013)	População urbana (%) (2010)	PIB total em milhões de dólares (2012)	IDH / Posição (2012)	RNB *per capita* em dólares (2012)	Mortalidade infantil (‰) (2013)	Esperança de vida — anos (2012)	Média de anos de escolaridade (2011)
Austrália	22.262	89	1.521.000	0,938 (2ª)	34.340	4,49	82,0	12
Nova Zelândia	4.365	86	167.000	0,919 (6ª)	24.358	4,65	80,8	12,5
Samoa	195	20	681	0,702 (96ª)	3.928	20,95	72,7	10,3
Fiji	896	52	3.970	0,702 (96ª)	4.087	10,46	69,4	10,7
Papua--Nova Guiné	6.432	13	14.930	0,466 (156ª)	2.386	40,84	63,1	4,3

RNB: Renda Nacional Bruta.

Fontes: Pnud. *Relatório de Desenvolvimento Humano*, 2013; *CIA World Factbook*, 2013.

Melbourne, na Austrália (2011).

Papua-Nova Guiné (2012).

ATIVIDADES

Converse com seus colegas e com seu professor.

1. Qual país apresenta os melhores indicadores socioeconômicos? E os piores?
2. Se considerarmos os indicadores socioeconômicos, como podemos agrupar esses países? Como você classificaria a Austrália e a Nova Zelândia? E os demais países?

Um continente de contrastes socioeconômicos

Com exceção da Austrália e da Nova Zelândia, países desenvolvidos, com economia diversificada e elevado nível de vida (conforme você pôde perceber ao analisar a tabela da seção **Para contextualizar**), a Oceania é formada por países subdesenvolvidos, que apresentam uma economia dependente de atividades primárias. Muitos territórios são domínios de grandes potências, principalmente dos Estados Unidos e da França, as quais chegaram a realizar testes nucleares na região, respectivamente no atol de Bikini e em Mururoa.

Em algumas das pequenas ilhas, como Bora Bora e Taiti, a atividade turística tem grande importância econômica. No entanto, os principais destinos turísticos do continente são Austrália e Nova Zelândia, onde tanto a diversidade dos elementos naturais como as cidades com excelente infraestrutura hoteleira e de lazer são fortes atrativos.

A população

Com população de aproximadamente 38 milhões de habitantes (2013), a Oceania é um continente pouco populoso e pouco povoado (3 hab./km²). Em parte por causa dos aspectos naturais (como o clima), sua população distribui-se de forma irregular pelo território. Em algumas ilhas e em trechos dos litorais da Austrália (Sydney e Melbourne) e da Nova Zelândia (ilha do Norte), encontram-se altas densidades demográficas (300 a 350 hab./km²). Nas áreas desérticas da parte central da Austrália (que correspondem à área do Amazonas), o número de habitantes é muito reduzido (menos de 1 hab./km²).

Na composição étnica predominam os brancos, descendentes dos colonizadores. Na Micronésia, na Polinésia e na Melanésia é grande o número de malaio-polinésios. A Austrália conta também com aproximadamente 460 mil aborígines em sua população.

Uma característica importante da população australiana é o grande contingente de imigrantes. Em virtude de sua reduzida população, o país sempre procurou estimular a imigração. Atualmente, de cada três cidadãos, um é imigrante ou filho de imigrantes. Em algumas escolas, chega-se a registrar uma média de 11 nacionalidades em cada sala.

Durante a década de 1980, ingressavam anualmente cerca de 150 mil imigrantes na Austrália, enquanto no decorrer da década de 1990, quando foi adotada uma política de imigração mais seletiva em virtude de uma redução no ritmo de crescimento da economia, essa média caiu para 75 mil por ano.

A população da Oceania é predominantemente urbana e suas cidades mais populosas e importantes são: Sydney, Melbourne, Brisbane e Perth, na Austrália; Auckland e Christchurch, na Nova Zelândia; e Honolulu, no Havaí.

Essas cidades australianas e neozelandesas abrigam importantes portos, responsáveis pelo escoamento de grande parte da produção agropecuária e mineral desses países.

Sydney, na Austrália. Em destaque, o Opera House, reconhecido como Patrimônio da Humanidade pela Unesco (2012).

Atividades econômicas

Na Oceania, as atividades econômicas apresentam grandes contrastes. Ao lado de economias que funcionam segundo o modelo europeu, como Austrália e Nova Zelândia, encontram-se economias organizadas tradicionalmente, cuja base são a pesca e a agricultura de subsistência, como Papua-Nova Guiné, Polinésia e Micronésia.

Em algumas ilhas de maior extensão, além da agricultura de subsistência, há culturas de produtos destinados à exportação, como coco, abacaxi, cana-de-açúcar e café.

A fim de intensificar as relações comerciais, em agosto de 1994, 15 países da Ásia e da Oceania situados no Pacífico Sul e liderados por Austrália, Nova Zelândia, Papua-Nova Guiné, Fiji e Indonésia lançaram as bases para a criação de uma associação de interesses comerciais multinacionais, que poderá se transformar em uma zona de livre-comércio.

Esse acontecimento reforça as relações comerciais da Austrália e da Nova Zelândia com os países do Sudeste e do Leste asiáticos e com os da própria Oceania.

Historicamente, australianos e neozelandeses, até por causa dos laços culturais e políticos, sempre mantiveram um comércio bastante intenso com a Europa, em especial com o Reino Unido.

A forte demanda do Japão e da China por matérias-primas agrícolas e minerais e a grande quantidade desses produtos existente na Austrália e na Nova Zelândia, todavia, têm fortalecido as relações comerciais dos países da Oceania com os países asiáticos mencionados.

Austrália, Nova Zelândia e Papua-Nova Guiné também integram a Associação de Cooperação Econômica da Ásia-Pacífico (Apec), formada em 1989 e que conta também com a participação, entre outros, dos Estados Unidos, do Japão, da China, do Canadá, do Chile, da Coreia do Sul e do México. A Apec tem como objetivo a consolidação de um bloco econômico (zona de livre-comércio) até 2020. No entanto, os Estados Unidos, a Austrália e a Nova Zelândia devem ter o comércio liberalizado antes. A produção dos países-membros da Apec representa cerca de 50% do total mundial.

Rebanho de ovinos no sudeste da Austrália (2010).

Agropecuária e exploração mineral na Austrália

A agricultura australiana, bastante mecanizada, emprega apenas 3,9% da População Economicamente Ativa (PEA) e é praticada em grandes propriedades. Seus principais produtos são o trigo, a aveia e a cevada, também merecendo destaque as culturas de cana-de-açúcar e de algodão.

Quanto à pecuária, seu rebanho mais numeroso é o de ovinos — o maior do mundo, cuja produção de lã representa 25% do total mundial.

Destacam-se também os caprinos, que proporcionam uma notável produção de peles e carne, e os bovinos, que pela alta produtividade e pela qualidade de sua carne fazem da Austrália um dos maiores exportadores de carne bovina do mundo.

O subsolo australiano é muito rico em recursos minerais, que somam 50% das exportações. Possui a maior reserva de bauxita (minério de alumínio) do mundo, a segunda de zinco, a terceira de minério de ferro, a quarta de ouro e de níquel, além de reservas expressivas de prata, estanho e cobre. O território australiano concentra também aproximadamente 40% das reservas mundiais de urânio.

A energia é obtida principalmente do petróleo e do carvão mineral. A produção de petróleo é insuficiente, sendo necessário importá-lo; o carvão, por sua vez, é produzido em maiores quantidades, chegando a ser exportado.

A economia da Nova Zelândia

A atividade criatória desempenha um papel importante na economia da Nova Zelândia. Nos sopés das montanhas da ilha do Norte destaca-se a criação de gado leiteiro, enquanto na ilha do Sul predomina a criação extensiva de ovinos. A criação de ovinos está associada à indústria de transformação de lã, situada próximo aos portos para facilitar o escoamento do produto. Parte expressiva das exportações constituem-se de carne, lã e peles.

As indústrias existentes dedicam-se aos produtos da pecuária (carne, leite e lã). Há também no país indústrias metalúrgicas e siderúrgicas, cujo desenvolvimento foi possível graças, em parte, à boa oferta de energia elétrica.

9 Turismo na Austrália e na Nova Zelândia

Para o assunto ***Turismo na Oceania***, acesse e explore este OED.

PARA COMPREENDER Mapa

Austrália e Nova Zelândia — Economia (início do século XXI)

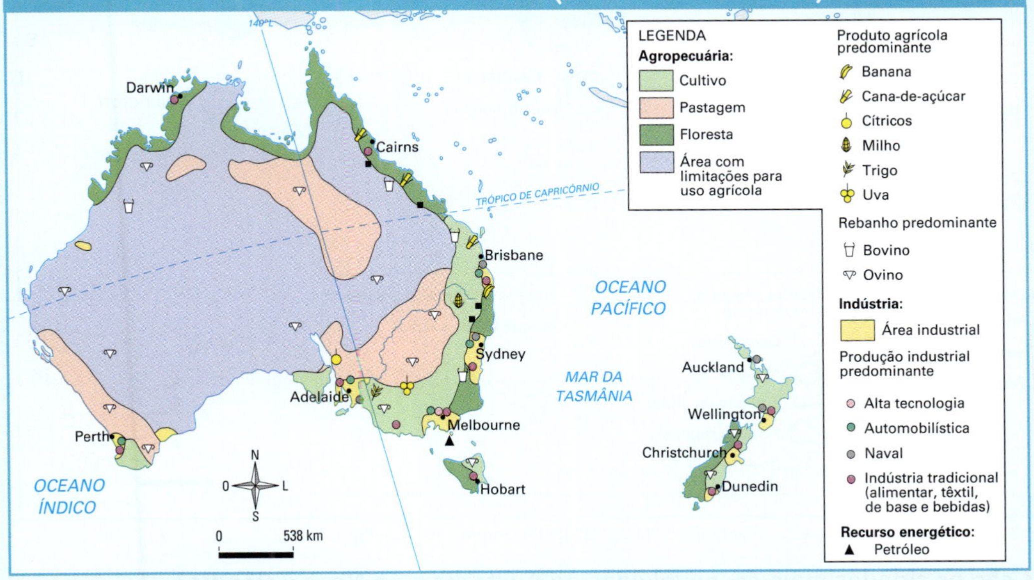

Fonte: ÍSOLA, Leda; CALDINI, Vera. *Atlas geográfico Saraiva*. São Paulo: Saraiva, 2009. p. 157.

Responda às questões a seguir.

1. Por que a área de cor roxa apresenta características que impõem limitações à prática da agricultura?
2. Onde se localiza a região mais industrializada da Austrália?

Atividades

RETOME SEUS CONHECIMENTOS

1. De cada três pessoas que vivem na Austrália, uma é imigrante ou filho de imigrante. Por que isso acontece?
2. É possível identificar dois modelos econômicos diferentes na Oceania: o das ilhas maiores e o das ilhas menores. Explique essa diferença.
3. Quais fatores favoreceram o desenvolvimento da indústria australiana?
4. A Nova Zelândia é um país desenvolvido; no entanto, apresenta características econômicas diferentes das dos demais países desenvolvidos. Explique por quê.
5. Austrália e Nova Zelândia destacam-se mundialmente pela prática da pecuária. Apresente elementos que justifiquem o sucesso desses países no setor.
6. Observe o mapa e responda às questões a seguir.

Austrália e Nova Zelândia – Organização do espaço (início do século XXI)

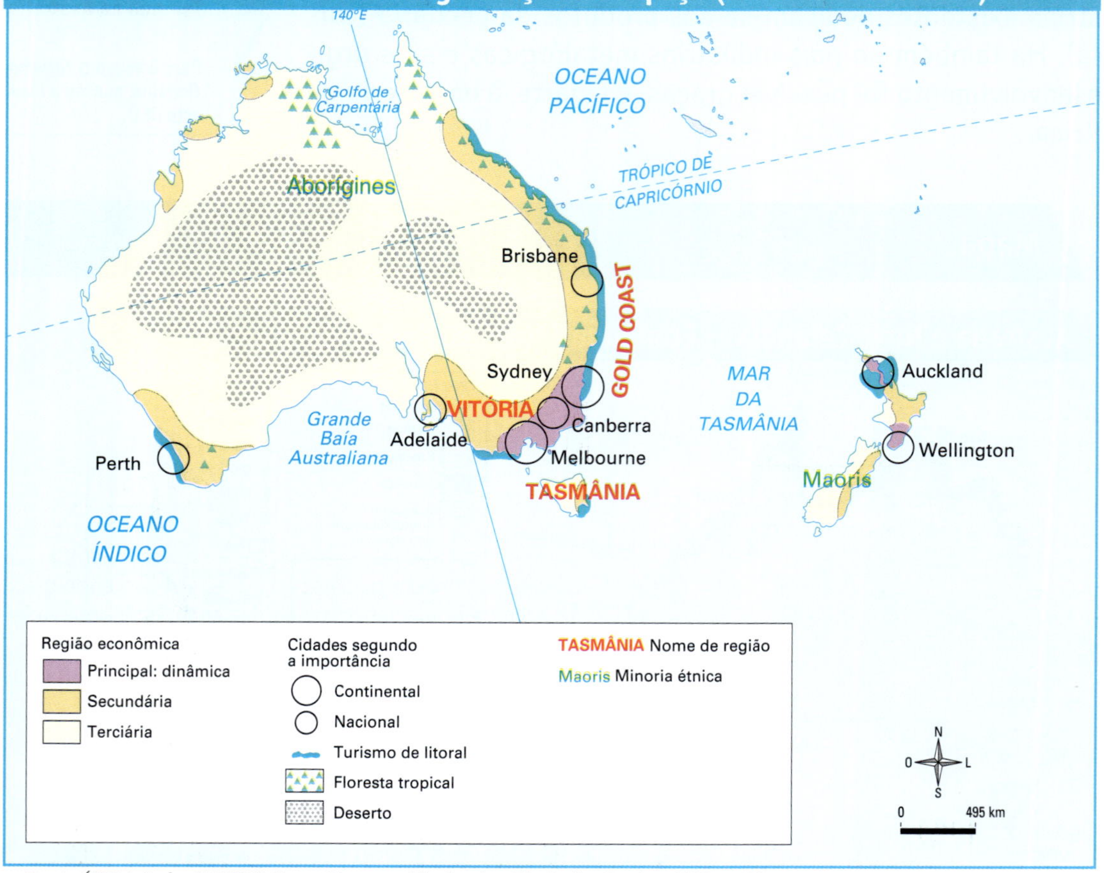

Fonte: ÍSOLA, Leda; CALDINI, Vera. *Atlas geográfico Saraiva*. São Paulo: Saraiva, 2009. p. 157.

a) Quais são as cidades mais desenvolvidas na Austrália e na Nova Zelândia?
b) Onde está localizada a principal região econômica da Austrália?

EXERCITE SEUS CONHECIMENTOS

7. Qual a sua maior curiosidade sobre a Oceania? Faça uma pesquisa sobre o tema, ilustre com imagens e exponha para seus colegas na sala de aula.

DIVERSIFICANDO

LIVROS

Raga – Uma viagem à Oceania, o continente invísivel

J.M.G. Le Clézio.
Rio de Janeiro: Record, 2011.

A obra traz uma abordagem literária da descoberta e colonização da Oceania, como uma grande odisseia marítima, recontando a história utilizando-se de relatos antropológicos, depoimentos de personagens reais e fictícios e lendas que ainda fazem parte da cultura do continente.

Explorando a Austrália

K.D. Smith.
São Paulo: Ática, 1998.

O livro explora cinquenta mil anos de experiência humana, desde o tempo dos primeiros aborígines até os dias atuais. Apresenta a diversidade de paisagens do país, com seus pântanos, desertos, recifes de coral, montanhas e florestas. O leitor irá conhecer as grandes rotas comerciais dos aborígines, as arrojadas viagens dos pescadores indonésios para o norte do continente e a vida dos criminosos britânicos condenados ao desterro.

FILMES

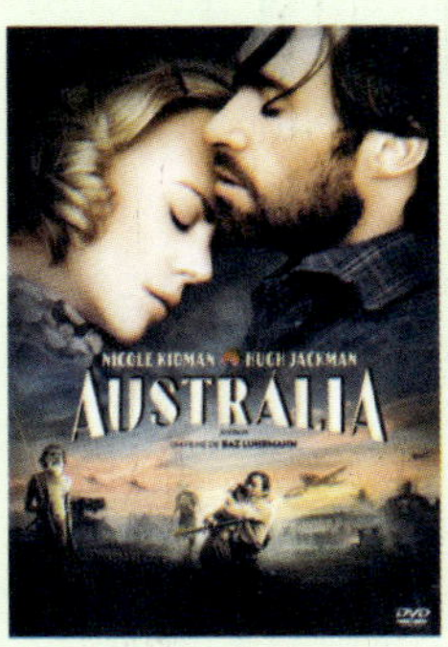

Austrália

Direção: Baz Luhrmann.
EUA / Austrália / Reino Unido, 2008.

O filme Austrália engloba tanto romance quanto drama e aventura, mostrando também as paisagens do país e suas características. O filme se passa no período pré-Segunda Guerra Mundial, e conta a história de uma aristocrata inglesa que viaja a esse país e conhece um australiano rude, com quem unirá forças para salvar a propriedade que ela herdou.

Encantadora de baleias

Direção: Niki Caro.
Estados Unidos, Alemanha, 2002.

A tribo Maori, que vive no leste da Nova Zelândia, acredita ser descendente de Paikea, o domador de baleias. A tradição da tribo Maori diz que o primeiro filho do chefe da tribo seria considerado descendente de Paikea e líder espiritual do povo. Porém, após a morte do atual líder, quem assume o posto é sua irmã, Pai (Keisha Castle-Hughes), uma garota de apenas 11 anos.

SITES

Portal Oceania

Disponível em: <http://www.portaloceania.com>.

O *site* traz informações sobre as cidades, modo de vida e turismo na Oceania.

Sua Pesquisa

Disponível em: <http://www.suapesquisa.com/geografia/oceania.htm>.

O *site* traz diversas informações e dados de forma detalhada sobre os países da Oceania, contendo mapas, e também relacionados a temas como economia, relevo, geografia, vegetação e religião.

Study in Australia

<http://www.sudyinaustralia.gov.au>.

O *site* oficial do governo australiano com informações em diversas línguas, inclusive português, oferece informações para quem pretende estudar no país.

Portal Austrália

<http://www.portalaustralia.com.br>.

O *site* traz informações sobre as cidades, população e geografia da Austrália. Também oferece informações sobre consulados e vistos para viajantes.

PROJETO ESPECIAL

Educação na Austrália

Aumentou muito nas últimas décadas o número de brasileiros que procuram o aperfeiçoamento do inglês na Austrália e na Nova Zelândia, países que, conforme você aprendeu nesta unidade, foram colônias do Reino Unido. O texto a seguir apresenta informações sobre o estudo e o aperfeiçoamento na Austrália, além de outras informações sobre algumas características do país.

Sistema educacional é prioridade do governo australiano

"A principal demanda é a de cursos de inglês, mas a Austrália também oferece opções para quem pretende fazer o ensino médio (*high school*), graduação, pós-graduação e cursos técnicos com qualidade reconhecida internacionalmente.

O sistema educacional é uma das prioridades do governo australiano, que também estimula pesquisas nas áreas médica, biológica, oceanográfica, física e tecnológica.

Os cursos técnicos vêm ganhando destaque: praticamente um terço dos brasileiros que vão ao país se encaminha para esse tipo de formação. Segundo a gerente da Australian Education Internacional no Brasil, Priscila Donato Trevisan, os mais procurados são os da área de administração, ciência da computação, turismo, hotelaria e ciências físicas. Quando o assunto é graduação e pós-graduação, as áreas de administração, artes, meio ambiente e saúde disparam na preferência dos estrangeiros.

Os estudantes podem, ainda, aproveitar as horas de folga para praticar atividades radicais, entre elas *rafting*, surfe, *canyoning*, mergulho, voo livre, *bungee jumping*, paraquedismo e *mountain bike*.[...]

Mais do que a natureza preservada, a Austrália encanta por sua cultura hospitaleira. Seus habitantes costumam receber bem turistas e estudantes, que chegam de todas as partes do mundo.

Em Sydney — cidade mais importante do país —, a população é cosmopolita, formada especialmente por europeus e asiáticos. A mistura de culturas pode ser atribuída ao incentivo que o governo australiano oferece aos estudantes estrangeiros, o que não quer dizer que não haja controle sobre eles.

Em toda a Austrália, há muitas regras a serem cumpridas. Há leis que vão desde a obrigatoriedade no uso do capacete para os ciclistas até o pagamento de multas por estudantes internacionais (imigrantes) flagrados com cartões de trem ou de ônibus mais baratos — legalmente, apenas australianos ou residentes têm esse benefício.

Estudantes com passaporte brasileiro devem apresentar comprovantes de renda com o equivalente a AU$ 1.000 (mil dólares canadenses), para cada mês de estadia no país. Também devem ter outros documentos que comprovem vínculos com o Brasil, como carteira de trabalho assinada ou matrícula trancada em curso superior.

O objetivo do governo é saber se o estrangeiro tem intenção de permanecer em território australiano. Quanto mais documentos o visitante mostrar, provando o contrário, mais fácil será a obtenção ou renovação de seu visto.

A fiscalização em relação à frequência na escola costuma ser inflexível. A imigração intima estudantes estrangeiros que não comparecem a 80% das aulas. No caso de reincidência, a imigração pode cancelar o visto do aluno e expulsá-lo do país.

O mesmo rigor é verificado no campo do trabalho. A Austrália é um dos poucos países que dão permissão de trabalho de 20 horas semanais para estudantes internacionais. Só que lá não tem 'jeitinho brasileiro'. Permissão de 20 horas não quer dizer de 30 ou de 40 horas. As leis são levadas a sério. O estudante que exceder este período e for flagrado por um agente de imigração terá seu visto cancelado e será deportado do país, sem direito de retornar pelo período de dois anos. [...]

Apesar de seguir um grande número de leis e regras, o povo australiano nada tem de tenso ou cerimonioso. Possui bom humor e costuma andar pelas ruas vestido de forma descontraída — com bermudas, camisetas e chinelos ou até mesmo descalço."

Sistema educacional é prioridade do governo australiano. Disponível em: <http://educacao.uol.com.br/intercambio/australia.jhtm>. Acesso em: 21 jan. 2014.

Observe, agora, as fotografias a seguir.

Estudantes de hotelaria em Melbourne, Austrália (2009).

Universidade na Nova Zelândia (2011).

ATIVIDADES

Faça uma pesquisa sobre a Austrália ou a Nova Zelândia e monte um roteiro com os lugares que gostaria de visitar se fosse passar uma temporada de estudos por lá.

Siga as instruções:

- Escolha o país que deverá ser pesquisado.
- Procure textos e imagens em livros, revistas, jornais e na internet sobre as atrações turísticas e outros lugares de seu interesse no país selecionado.
- Organize as informações obtidas na pesquisa.
- Inclua um mapa do país.
- Elabore um painel para apresentar seu roteiro ao professor e colegas. Nesse painel, valorize as imagens, não se esquecendo de criar legendas informativas.

Regiões polares

A Estação Antártica Comandante Ferraz (EACF) é uma base pertencente ao Brasil, localizada na ilha do Rei George, a 130 km da península Antártica (2008).

UNIDADE VI

As baixíssimas temperaturas das regiões polares são responsáveis pela formação das *inlandsis*, grandes blocos de gelo constituídos a partir da compactação da neve. Fotografia de *Ilulissat*, Groenlândia (2007).

Renas no Parque Nacional de Pallas-Yllastunturi, Finlândia (2010).

Com os estudos sobre aquecimento global, o que acontece nas regiões Ártica e Antártica em relação à exploração de seus recursos naturais passa a ter importância ainda maior.

Muitos países têm grande interesse na exploração mineral do continente antártico e de trechos submarinos do Ártico. No entanto, a exploração na Antártida está proibida e, no Ártico, causa muita polêmica.

- Por que as regiões polares não devem ser exploradas economicamente?

Nesta unidade você irá estudar ecossistemas frágeis, extremamente suscetíveis a modificações, com influência no equilíbrio ecológico do restante do planeta. Desse modo, alterações que nelas ocorrem têm repercussão em outras áreas da Terra.

19 Antártida

PARA CONTEXTUALIZAR

Observe o mapa.

Região Antártica – Polo Sul

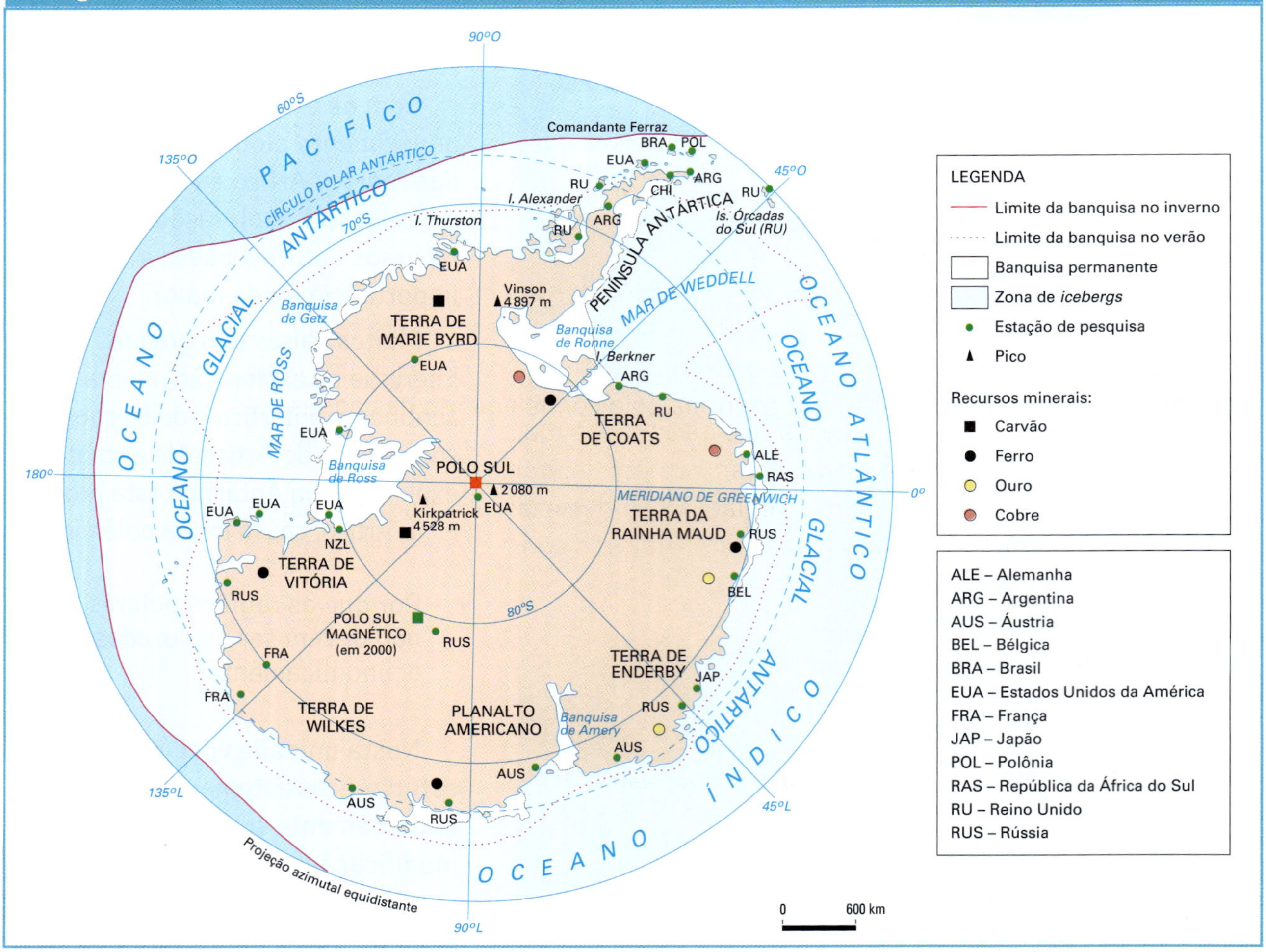

Fonte: ÍSOLA, Leda; CALDINI, Vera. *Atlas geográfico Saraiva*. São Paulo: Saraiva, 2009. p. 161

ATIVIDADES

Converse com seus colegas e com seu professor.

1. Quais informações sobre relevo o mapa apresenta?
2. Quais países têm estações de pesquisa na Antártida?
3. Qual país tem mais estações?
4. Com base no texto de introdução da unidade, reflita: qual a importância de manter estações de pesquisa no território antártico?
5. Por que as informações sobre limites da banquisa no inverno e no verão são relevantes?

Antártida — aspectos naturais

As regiões polares apresentam características bastante peculiares, em termos climáticos, biológicos, geológicos e hidrológicos. Muitas dessas características são ainda desconhecidas ou pouco conhecidas pelos cientistas.

Enquanto no verão as temperaturas médias oscilam em torno de 0 °C, chegando a 15 °C no norte da península Antártica, no inverno elas ficam em torno de −35 °C, chegando a atingir −89 °C, temperatura registrada na estação de Vostok (Rússia) em 1983, a mais baixa do planeta.

Os círculos polares (66°33′ de latitude norte e sul) delimitam as regiões polares e assinalam o limite máximo de iluminação nessas regiões no início do verão (solstício de verão) em cada hemisfério. Dessa forma, durante o verão, não há noite na região polar, que recebe os raios solares durante 24 horas. A partir do início do inverno (solstício de inverno), acontece o contrário, ou seja, não se vê a luz do dia.

A Antártida encontra-se coberta por uma camada de gelo, cuja espessura varia entre 2 mil e 4 mil metros. Durante o inverno, sua área é o dobro da do Brasil (cerca de 19 milhões de km^2), pois o continente fica circundado por uma enorme massa de gelo flutuante, que se forma pelo congelamento das águas da superfície oceânica. Essa massa é conhecida como banquisa. Observe no mapa da seção **Para contextualizar** a área abrangida por banquisa permanente.

As massas de ar formadas nessa região, ao se deslocarem, atingem o Sul e o Sudeste do Brasil, provocando baixas temperaturas no inverno. Nas zonas de alta pressão dos polos formam-se as massas de ar polares.

Na primavera, o gelo começa a derreter, fazendo com que, no verão, a Antártida tenha 73% da superfície do inverno (cerca de 14 milhões de km^2).

Também com a entrada da primavera, grandes blocos de gelo começam a desprender-se das geleiras interiores, dirigindo-se para o mar. Assim se formam os *icebergs*, que, à deriva, são impulsionados pelas correntes marinhas e pelo vento e, à medida que se aproximam de latitudes mais baixas, vão se derretendo. Eles representam grande perigo às embarcações.

Pesquisadores ingleses do British Antartic Survey (BAS) acreditam que a frequência com que tem ocorrido a formação de *icebergs* de grande porte na região está relacionada a um aumento de temperatura na Antártida. Essa constatação também foi feita pelos cientistas brasileiros Jorge Arigony-Neto e Jefferson Simões, da UFRGS, que estimaram em 5 °C o aumento de temperatura média nos últimos 50 anos, marca atingida especificamente na região da península Antártica. Entretanto, não havia consenso entre os pesquisadores sobre a relação entre esse aumento da temperatura antártica e o fenômeno do aquecimento global.

Icebergs na Groenlândia (2010).

MAIS INFORMAÇÃO

O gelo também é nosso

O glaciólogo Jefferson Cardia Simões em missão brasileira na Antártida (2004).

"Pesquisador que esteve no polo Sul diz que a Antártida é mais importante para o Brasil do que para os EUA.

Às 4 horas da manhã de 1° de dezembro passado [2004], um dia após ter vivido a emoção (e o alívio) de chegar ao polo Sul geográfico a bordo de um comboio motorizado puxado por um trator polar, o glaciólogo Jefferson Cardia Simões resolveu dar uma espiada, sozinho e com mais calma, na paisagem a 90° de latitude sul. Em meio ao inclemente vento cortante daquelas paragens, que provoca frequentemente uma sensação térmica equivalente a –50°C, deixou o comboio polar e caminhou os 650 metros que o separavam do polo, passando, no caminho, pela base Amundsen-Scott. 'Hoje, atrás de mim, existe a imensa estação norte-americana, mas no mais o vazio total! Olhando para o imenso e desértico platô, onde as feições mais proeminentes são pequenas dunas (*sastruguis*) com 30 centímetros de altura, rapidamente compreendem-se algumas das opiniões dos exploradores do período heroico (início do século XX). Robert Scott ao chegar aqui, em 1912, exclamou 'Meu Deus, que lugar horrível", escreveu, bem-humorado, em seu diário [...] o pesquisador de 46 anos da Universidade Federal do Rio Grande do Sul (UFRGS).

Um dos líderes do Programa Antártico Brasileiro (Proantar), o gaúcho Simões é o primeiro brasileiro a chegar ao polo por via terrestre numa expedição científica. Embarcou numa aventura de dois meses e US$ 3 milhões ao lado de 12 chilenos, que bancaram 95% dos custos da missão — o Brasil entrou com 5% da verba, cedida pelo Conselho Nacional de Desenvolvimento Científico e Tecnológico (CNPq) e Petrobras. A expedição percorreu cerca de 2.300 quilômetros. Foi da estação chilena Parodi, já no interior da Antártida, a 80° de latitude sul, até o polo e voltou ao ponto de partida. No caminho, Jefferson retirou testemunhos (cilindros) de gelo e amostras de neve.

'As geleiras são o melhor arquivo natural da história do ambiente', afirma Simões, que é casado e tem dois filhos adolescentes. De tanto viajar à Antártida, sempre no verão, sua família já se acostumou a não tê-lo em casa para a troca de presentes no Natal e a ceia do Ano-Novo. [...] O glaciólogo [...] explica que a Antártica não está derretendo e diz que o Brasil deveria olhar com mais atenção para o continente branco. 'Noventa por cento do gelo da Terra está na Antártica. Nós somos o sétimo país mais próximo desse continente. O gelo é mais importante para o Brasil do que para os Estados Unidos ou a Suíça', diz."

PIVETTA, Marcos. O gelo também é nosso. Texto publicado em 2005. Disponível em: <http://revistapesquisa.fapesp.br/?art=2711&bd=1&pg=1&lg=>. Acesso em: 15 mai. 2014.

Biodiversidade

Por causa do clima muito rigoroso, a vegetação praticamente inexiste. Apenas em alguns lugares aparece a tundra, constituída por musgos e liquens.

Nas ilhas próximas, como as Malvinas (Falklands), a abundância de plâncton possibilita a existência de grande número de peixes, que servem de alimento para pássaros, focas, pinguins, baleias, cachalotes e orcas.

A biodiversidade é muito rica na região marinha situada no entorno do continente. Uma campanha oceanográfica realizada por um navio alemão no mar de Weddell, em 2007, encontrou mais de 800 novas espécies, que nunca tinham sido descritas pela ciência.

Grandes frotas pesqueiras, principalmente do Japão e da Rússia, têm se deslocado para a região, com a finalidade de explorar até mesmo a carne de pinguim, utilizada na produção de um concentrado proteico que serve para a fabricação de rações de aves, gado bovino e porcos.

As correntes marinhas, que partem da Antártida e se dirigem às áreas mais próximas dos continentes, contribuem para a formação do fitoplâncton e do zooplâncton, alimento para milhões de peixes que povoam os mares do hemisfério Sul.

Um produto pesqueiro que vem atraindo a atenção de diversos países é o *krill*, pequeno crustáceo parecido com o camarão, rico em proteínas. A pesca indiscriminada do *krill* poderá ocasionar problemas ecológicos na região.

- Com base em discussão com o professor, explique por que a pesca indiscriminada do *krill* poderá ocasionar problemas ecológicos na região.

A riqueza da fauna da Antártida compreende também as diversas espécies de pinguins, focas, elefantes-marinhos e baleias.

Plâncton
organismo microscópico que pode ser animal (zooplâncton) ou vegetal (fitoplâncton). Vive na água ou no ar e é conduzido pelas correntezas. É importante fonte de alimento para peixes e outros organismos.

Cachalote
mamífero da ordem dos cetáceos, de dimensões comparáveis às da baleia.

Controle e exploração na região

O interesse em manter pesquisas na região, além de uma possível posse de terras, com apropriação de recursos minerais – o que é proibido atualmente —, fez com que diversos países procurassem estabelecer suas bases científicas na Antártida. Há interesses também na determinação de trechos do "mar territorial", que são as áreas marítimas próximas do território do país. O Reino Unido, por exemplo, reivindica direitos de soberania sobre aproximadamente 1 milhão de quilômetros quadrados de mar territorial nas proximidades de suas ilhas do Atlântico Sul — Geórgia do Sul e Falklands (que os argentinos denominam Malvinas e pelas quais já empreenderam uma guerra contra os ingleses).

Navio pesqueiro na Antártida (2011).

Krill.

MAIS INFORMAÇÃO

Interesse de países na exploração de leitos marítimos

"O interesse internacional pela exploração de leitos marítimos surge num momento em que o aquecimento global permite acesso a mares antes congelados e as grandes economias competem por novas [reservas de] fontes de energia. No verão [do hemisfério Norte — junho a setembro de 2007], a Rússia foi criticada por reivindicar áreas no oceano Glacial Ártico, enquanto a França reclamou milhares de quilômetros quadrados ao redor da ilha Nova Caledônia, no oceano Pacífico."

BOWCOTT, Owen (*The Guardian*). *O Estado de S. Paulo*. São Paulo, 18 out. 2007, p. A-22.

Um critério cogitado para a determinação da posse das áreas na Antártida seria o do pioneirismo, ou seja, as terras pertenceriam àquele que chegou primeiro. Porém, alguns países, como a Argentina, o Chile e a Nova Zelândia, julgam que o direito de posse deve ser regido pela proximidade geográfica. Outros países, entre eles a Rússia, têm interesse em estabelecer outros critérios.

Em dezembro de 1959, o Tratado da Antártida foi assinado por 12 países e entrou em vigor em junho de 1961. Atualmente dele fazem parte 45 países, entre eles o Brasil. O tratado instituiu condições para pesquisas e explorações no continente, como prioridade para a cooperação científica internacional, proibição de atividades militares e exploração de reservas minerais pelo prazo de 30 anos (até 1991).

Para ser admitido no tratado, o Brasil teve de organizar expedições à Antártida, o que começou a ser feito regularmente em 1982, com o navio de apoio oceanográfico Barão de Teffée. A partir de 1994, as expedições científicas brasileiras ao continente antártico passaram a utilizar o navio Ary Rangel.

Em 1991, durante a 11ª Conferência Especial do Tratado Antártico (Protocolo de Madri), foi firmado um novo acordo, que proíbe a exploração mineral e o uso para fins militares por mais 50 anos (até 2047).

A entidade mundial de defesa do meio ambiente, Greenpeace, considera o novo acordo o primeiro passo para converter a Antártida em um parque ecológico mundial.

Navio *Almirante Maximiano*, incorporado à Marinha do Brasil em fevereiro de 2009 para as Operações Antárticas, próximo à ilha do Rei George, na Antártida (2009).

Atividades

RETOME SEUS CONHECIMENTOS

1. Descreva alguns aspectos físicos da Antártida.
2. A região antártica desperta o interesse de diversos países. Por quê?
3. Cite quais critérios poderiam determinar a posse de territórios na Antártida.
4. O que foi definido no acordo assinado em 1991 entre os países que têm interesse na Antártida?
5. Observe a imagem e responda às questões a seguir.

Península antártica (2010).

a) O que ela retrata?

b) O que acontece com os elementos retratados quando se aproximam das latitudes baixas?

Que tipo de perigo essas formações podem representar aos seres humanos?

c) Segundo cientistas, o que tem colaborado para o aumento dessas formações?

EXERCITE SEUS CONHECIMENTOS

6. Leia o texto a seguir.

"Delegados de 28 países se comprometeram em frear a poluição causada por atividades científicas na Antártida e, principalmente, pelos milhares de turistas que visitam anualmente o chamado 'continente branco'.

O acordo foi firmado durante a reunião anual do Conselho de Administradores de Programas Antárticos Nacionais (Comnap, na sigla em inglês) depois de quatro dias de deliberações em Buenos Aires.

As partes resolveram coordenar políticas que incluem a criação de áreas de proteção do ecossistema e um maior controle para impedir descumprimentos de normas ecológicas e de segurança.

Uma das principais preocupações do comitê é a 'conduta negligente' de turistas que visitam a Antártida em pequenos navios que estão fora dos registros da agência internacional reguladora dessa atividade.

'Não queremos limitar a presença de turistas na Antártida, mas sim vigiar melhor suas atividades para que respeitem as normas ambientais', disse Mariano Mémolli, delegado argentino na reunião de Buenos Aires.

[...]

'Muitos dos turistas independentes estão fora de controle. Eles vão às áreas de pinguins, o que aumenta a mortalidade (das aves), jogam lixo e até roubam elementos históricos', lamenta.

Analisou-se a implantação de medidas que limitem este tipo de turismo e punam as ações negligentes, mas os países do Tratado da Antártida carecem atualmente das 'ferramentas jurídicas necessárias' para limitar e controlar o turismo independente. [...]

EFE. Comunidade internacional renova acordo para frear poluição na Antártida. Texto publicado em 12 ago. 2010. Disponível em: <http://www.estadao.com.br/noticias/vida,comunidade-internacional-renova-acordo-para-frear-poluicao-na-antartida,594216,0.htm>. Acesso em: 15 mai. 2014.

Responda.

a) A que problema o texto se refere?

b) Quais são as fontes causadoras do problema?

7. Amyr Klink, famoso navegador brasileiro, já visitou as duas regiões polares. Por meio de pequisa, procure obter informações de suas impressões sobre a Antártida e sobre o Ártico, que você vai conhecer melhor no próximo capítulo.

20 Ártico

PARA CONTEXTUALIZAR

Observe o cartum.

ATIVIDADES

Converse com seus colegas e com seu professor.

1. O cartum apresenta duas situações que não ocorrem na região Ártica. Quais são?
2. Que problema ambiental global poderia ter motivado uma das situações (irreais) mostradas no cartum?
3. Que povos vivem na região polar Ártica? O que você sabe sobre eles?

Terras polares setentrionais ou região Ártica

As terras polares setentrionais ou região Ártica são aquelas situadas ao norte do círculo polar Ártico (66°33′ de latitude norte). Como ocorre na Antártida, os ecossistemas dessa região são extremamente frágeis.

A região Ártica é composta de numerosas ilhas e arquipélagos, sendo a Groenlândia (2.186 mil km²) a maior ilha, com uma população de 57 mil habitantes aproximadamente. A pesca é a principal atividade econômica da ilha, mas a exploração de recursos minerais, como petróleo e gás natural, é uma atividade promissora. Também fazem parte da região Ártica territórios da Rússia, Noruega, Suécia, Finlândia, Canadá e Estados Unidos (Alasca). A enorme área de banquisa, formada pelas águas permanentemente congeladas do oceano Glacial Ártico, não pertence a nenhum país.

Região Ártica – Polo Norte

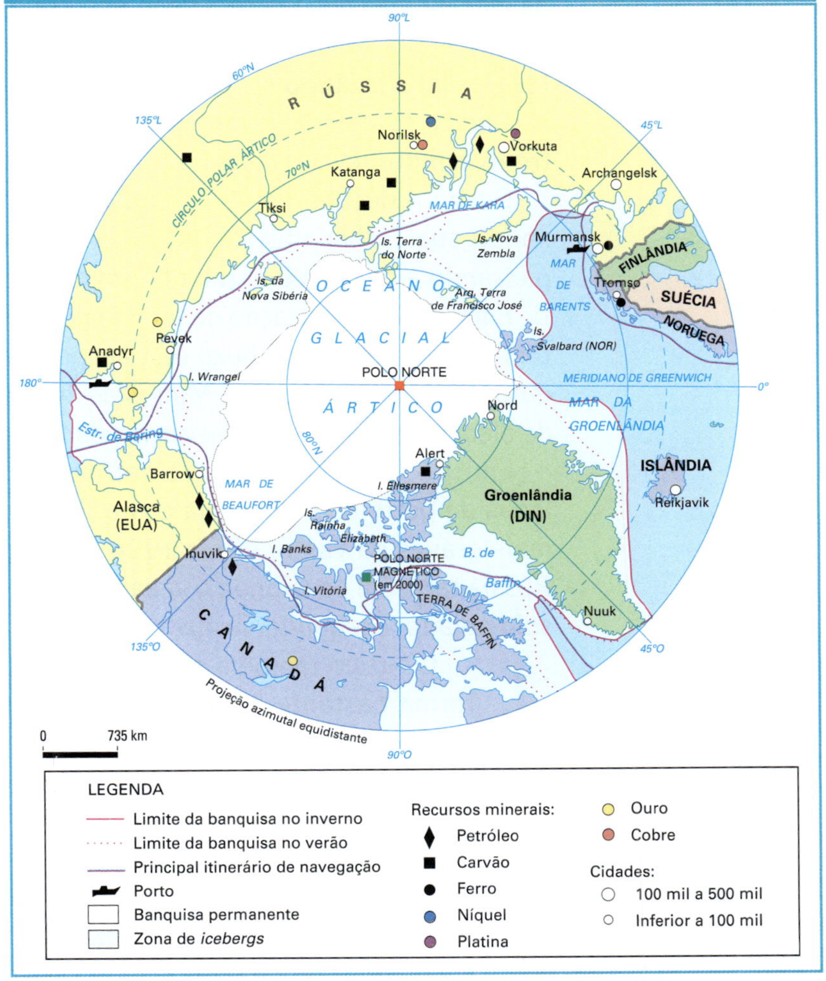

Fonte: ÍSOLA, Leda; CALDINI, Vera. *Atlas geográfico Saraiva*. São Paulo: Saraiva, 2009. p. 160.

Caribu
denominação dada à rena no norte do Canadá.

Os habitantes da região

A maior parte dos habitantes dessas terras pertence ao grupo étnico dos mongóis (amarelos), que se dividem em vários grupos, dos quais o mais numeroso é o dos inuítes. Em menor número, encontramos os brancos, representados pelos lapões, que habitam o norte da Noruega, a Suécia, a Finlândia e a península de Kola (Rússia).

Os inuítes habitam o norte da América, a Groenlândia e um trecho da Sibéria, próximo ao estreito de Bering.

No verão, os inuítes praticam a pesca em água doce e a caça. Eles abatem, principalmente, caribus e animais de peles finas, que são comercializadas.

Lapões na Noruega (2002).

No inverno, a caça marinha é voltada para a captura da foca, importante fonte de alimentação dos ursos, e da morsa. Da foca obtêm-se o óleo para a iluminação, os ossos para os utensílios e o couro para as tendas e embarcações. Para a caça da foca, os inuítes utilizam o caiaque, embarcação leve, impermeável e rápida.

Dentre os meios de transporte mais utilizados pelos inuítes, destacam-se o trenó, a motoneve, o caiaque (individual) e o umiaque (coletivo).

Desde a década de 1980, um grande número de inuítes e lapões vem deixando suas atividades tradicionais para viver em pequenas vilas ou cidades, passando a desenvolver um gênero de vida mais sedentário.

Em virtude da extração de grande quantidade de petróleo nas terras polares setentrionais, é intenso o fluxo de transporte do produto, por meio de navios e oleodutos, para outras regiões. Muitos acidentes com navios petroleiros e vazamentos de oleodutos têm provocado graves danos à natureza e aos habitantes da região.

Em 1989, o acidente com o petroleiro Exxon Valdez derramou 37,5 mil toneladas de petróleo no mar, na costa do Alasca. Foi um dos acidentes ecológicos mais graves da História. Em 1994, o rompimento de um oleoduto no norte da Rússia também ocasionou o vazamento de milhares de toneladas de petróleo no solo gelado, chegando, inclusive, a atingir alguns rios.

Permafrost na Rússia (2009).

O Ártico também sofre as consequências do aquecimento global e de forma bastante intensa, conforme discutido na seção **Para contextualizar**. O degelo na Groenlândia, por exemplo, se intensificou — em 2005 foi quase o triplo da média anual verificada entre 1997 e 2003. A temperatura média anual em Qaqortoq, no extremo sul da ilha, saltou de 0,63 °C para 1,93 °C em 30 anos. Tal fato já permite ampliar a produção de gêneros alimentícios, como morango, brócolis e batatas. A ampliação na produção de leite fará com que a importação do produto seja reduzida, em um local onde o litro custa cerca de R$ 14,00.

O derretimento de gelo nas ilhas e áreas continentais afetaria diretamente o nível dos mares. O mesmo não ocorreria com o degelo da banquisa do oceano Glacial Ártico.

Outra questão ambiental que preocupa os cientistas que estudam os fenômenos e processos naturais da região Ártica é o degelo associado à liberação de gás metano do *permafrost* — o solo congelado, com temperatura inferior a 0 °C, que permanece assim por dois anos ou mais.

Na realidade, a maior parte do solo *permafrost* encontra-se congelada há milhares de anos.

Derramamento de petróleo do petroleiro Exxon Valdez, em 1989, na costa do Alasca.

PARA COMPREENDER Texto

Choque: recuo do gelo do Oceano Ártico libera gases de efeito estufa mortais

"A equipe de pesquisadores russos ficou estupefata depois de encontrar fontes de metano, em quantidade cem vezes maior que o já visto, borbulhando até a superfície.

Quantidades inéditas e dramáticas de metano — um gás de efeito estufa 20 vezes mais potente que o dióxido de carbono — foram vistas borbulhando até a superfície do oceano Ártico por cientistas que realizavam uma vistoria extensiva da região.

A escala e o volume da liberação de metano deixaram estupefato o chefe da equipe russa de pesquisa que há vinte anos vistoria o solo oceânico da Plataforma continental Ártica da Sibéria, na costa norte do Leste da Rússia.

Em entrevista exclusiva a *The Independent*, Igor Semiletov, membro da Academia Russa de Ciências, disse que nunca havia testemunhado a escala e a força do metano liberado de debaixo do solo oceânico ártico.

'Anteriormente havíamos encontrado estruturas em forma de tocha como esta, borbulhando metano, mas elas possuíam apenas dezenas de metros de diâmetro. Esta é a primeira vez que encontramos estruturas de escoamento contínuas, impressionantes e poderosas, de mais de 1.000 metros de diâmetro. É impressionante', disse o Dr. Semiletov. 'Eu fiquei mais estupefato pela tremenda escala e alta densidade das plumas. Em uma área relativamente pequena encontramos mais de 100, mas numa área mais ampla deve haver milhares de plumas'.

Os cientistas estimam que há centenas de milhões de toneladas de gás metano presas por baixo do permafrost, o subsolo congelado, que se estende do continente e mar adentro, localizado na relativamente rasa plataforma continental do mar Ártico no Leste da Sibéria.

Um dos maiores medos é que, com o desaparecimento do gelo marinho do Ártico no verão e a elevação rápida das temperaturas em toda a região, que já está derretendo o subsolo congelado da Sibéria continental, os bolsões de gás metano presos poderiam ser liberados de repente na atmosfera, levando a um rápido e severo aquecimento global.

A equipe do Dr. Semiletov publicou, em 2010, um estudo avaliando que as emissões de metano dessa região eram de aproximadamente de 8 milhões de toneladas por ano, mas a expedição mais recente sugere que esse número subestima significativamente o fenômeno.

No final do verão setentrional de 2011 — inverno no hemisfério Sul —, o navio de pesquisa russo Acadêmico Lavrentiev conduziu uma extensa vistoria no mar na costa do leste da Sibéria. Os cientistas utilizaram quatro instrumentos altamente sensíveis, tanto sísmicos como acústicos, para monitorar as 'fontes' ou plumas de bolhas de metano que sobem até a superfície do mar vindas de debaixo do solo oceânico.

'Numa área bem pequena, de menos de 25.900 km^2 (equivalente a uma área de 259 km × 100 km), contamos mais de 100 fontes, ou estruturas em forma de tocha, borbulhando pelas colunas de água e sendo injetadas diretamente na atmosfera a partir do subsolo oceânico', disse o Dr. Semiletov. 'Em 115 pontos estáticos, nós checamos e descobrimos campos de metano numa escala impressionante — creio que numa escala jamais vista antes. Algumas plumas eram de um quilômetro ou mais de largura e as emissões iam diretamente para a atmosfera. A concentração era cem vezes maior que a normal.'

O Dr. Semiletov divulgou suas descobertas pela primeira vez em dezembro de 2011 [...], no encontro da União Americana de Geofísica, em São Francisco, EUA.

CONNOR, Steve. Choque: recuo do gelo do Oceano Ártico libera gases de efeito estufa mortais. Publicado no Jornal *The Independent*, de Londres, em 13 dez. 2011. Tradução de Celso Copstein Waldemar. Disponível em: <http://www.ecodebate.com.br/2011/12/30/choque-recuo-do-gelo-do-oceano-artico-libera-gases-de-efeito-estufa-mortais/>. Acesso em: 15 mai. 2014.

Responda às questões a seguir.

1. Quais seriam as consequências da liberação de gás metano do leito marítimo do Ártico?

2. O *permafrost* está apenas na porção continental? Explique.

Atividades

RETOME SEUS CONHECIMENTOS

1. Quais países do mundo têm territórios na zona polar ártica?
2. A quais fatos estão relacionados os problemas ambientais nas terras polares setentrionais?
3. Observe as fotografias e responda às questões a seguir.

Representante do povo que habita o norte da Noruega, a Suécia, a Finlândia e a península de Kola (2010).

Representantes do povo que habita o norte da América, a Groenlândia e um trecho da Sibéria (2011).

a) Representantes de que povos podem ser observados nas imagens?

b) Escolha um dos povos retratados e escreva um pequeno texto explicando como ele vive.

EXERCITE SEUS CONHECIMENTOS

4. Observe a ilustração e responda às questões a seguir.

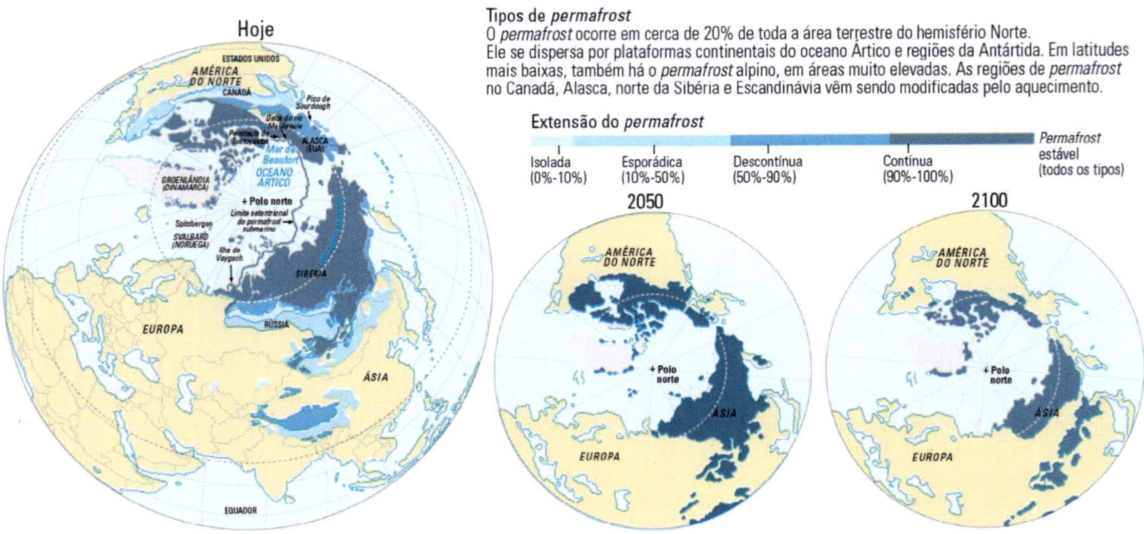

Fonte: *National Geographic*, dez. 2007. p. 124 (adaptado).

a) O que é *permafrost*?

b) Onde o *permafrost* pode ser encontrado?

c) Escreva um texto explicando as possíveis consequências do degelo do *permafrost* existente na superfície do nosso planeta.

10 Regiões polares
Para o assunto ***O Ártico e a Antártida***, acesse e explore este OED.

DIVERSIFICANDO

LIVRO

Explorando as regiões polares

David Rootes.
São Paulo: Ática, 1998.

O livro aborda a história do mundo polar, desde sua povoação até as explorações realizadas por viajantes do mundo inteiro, trazendo curiosidades sobre as histórias desses viajantes corajosos, os fracassos e vitórias dos grandes exploradores e também a respeito dos esquimós e sua sobrevivência no frio do Ártico.

FILMES

A marcha dos pinguins

Direção: Luc Jacquet.
EUA/França, 2005.

O documentário segue o ciclo reprodutor de uma espécie de pinguins, os pinguins imperadores, durante o inverno da Antártida, acompanhando a jornada dessas aves durante o período de um ano.

Uma verdade inconveniente

Direção: Davis Guggenheim.
EUA, 2006.

Em busca de soluções viáveis para a situação em que o meio ambiente mundial se encontra e a fim de evitar uma possível catástrofe climática posteriormente, o ex--vice-presidente dos EUA, Al Gore, apresenta uma análise da questão do aquecimento global, revelando os mitos e equívocos existentes acerca do tema.

Planeta branco

Direção: Jean Lemire.
Canadá/França, 2006.

O filme mostra de maneira ampla e panorâmica a região do Ártico, destacando as diferenças na paisagem provocadas pelas estações do ano, registrando também a luta pela sobrevivência dos animais do Polo Norte e sua vulnerabilidade diante das mudanças agressivas provocadas no seu hábitat devido ao fenômeno do aquecimento global.

SITES

Núcleo de Pesquisas Antárticas e Climáticas da Universidade Federal do Rio Grande do Sul

Disponível em: <http://www.ufrgs.br/antartica/- Núcleo de Pesquisas Antárticas e Climáticas>.

O *site* traz informações sobre suas atuais pesquisas.

Antártida, a última fronteira

Disponível em: <http://www.ultimafronteira.com.br/nupac_navegacao.html>.

Neste *site*, você poderá acompanhar a aventura do professor Jefferson Simões, o primeiro brasileiro a atingir o polo sul geográfico por terra, além de encontrar várias informações sobre a Antártida.

Barrameda

Disponível em: <http://www.barrameda.com.ar/ecologia-brazil/as-regioes-polares.htm>.

Traz informações sobre as regiões polares, como o modo de vida no Ártico e na Antártida.

Amyr Klink

Disponível em: <http://www.amyrklink.com.br>.

Site do navegador Amyr Klink, que já realizou viagens de circum-navegação nos polos. Nele há relatos dessas viagens, além de imagens e vídeos.

O dilema da Groenlândia

Leia o trecho da reportagem a seguir.

Como o aquecimento global aquece a economia local

"Kathrine Thomassen se empolga quando descobre que o passageiro viajando ao seu lado no voo entre Copenhague e Kangerlussuaq, uma vila de 600 habitantes que abriga o maior aeroporto da Groenlândia, é jornalista e se abalou do Brasil para fazer uma reportagem sobre o seu país. 'Ah!', sorri. 'Veio escrever sobre o petróleo?'

Com uma bolsa de pele de foca numa mão e um MacBook prateado na outra, a groenlandesa de 58 anos desata a falar sobre os bilhões de barris que se estima haver na costa noroeste da ilha e as transformações que causarão na economia. 'Para os jovens, vai ser mais fácil arrumar emprego.' Diz que se preocupa com os potenciais impactos ambientais da exploração, mas conforma-se: 'Não dá para parar o tempo nem reverter a maré'.

Cinco dias depois, num outro voo, o geofísico alemão Michael Studinger aponta outra maré que não pode ser revertida.

Estamos sobrevoando a geleira de Jakobshavn a bordo de um avião de pesquisas P-3 da Nasa, a agência espacial americana. O glaciar desemboca num fiorde (um braço de mar escavado por geleira), no mesmo litoral noroeste groenlandês onde o óleo está sendo prospectado.

'Esta imagem é de dez anos atrás', diz, apontando uma imagem de satélite da geleira em seu laptop. 'E aqui é onde nós acabamos de passar.' O que aparece como uma grande língua de gelo na foto é apenas um fiorde coalhado de icebergs visto da janela. A frente do glaciar não está mais lá.

'Ele recuou 10 km em dez anos', calcula Studinger. 'Está mudando muito rápido.'

Dilema

As duas cenas resumem o dilema da Groenlândia nestes tempos de aquecimento global. O mesmo óleo que, queimado, produz o gás carbônico que derrete geleiras como Jakobshavn e traz a ameaça de elevação do nível do mar é a grande aposta num futuro de prosperidade econômica. Técnicos do governo comparam a prospecção de petróleo na costa da maior ilha do mundo com a descoberta do pré-sal brasileiro.

'Queremos ser como vocês', diz Henrik Stendal, diretor de Geologia do Birô de Minas e Petróleo de Kalaallit Nunaat — nome do país na língua local. [...]

Independência

Para o governo da Groenlândia, que em 2009 conseguiu autonomia política em relação ao reino da Dinamarca após quase três séculos de tutela, o petróleo é uma oportunidade de comprar sua independência econômica. A Coroa dinamarquesa ainda subsidia anualmente a Groenlândia com US$ 600 milhões. 'Estamos trabalhando duro para diversificar a economia', afirmou à *Folha* o premiê groenlandês, Kuupik Kleist. 'É muito frágil depender de apenas um recurso, a pesca, que pode ser afetado por clima, migração de estoques e mudanças na demanda dos mercados mundiais.' Kleist diz esperar que o óleo comece a jorrar em cinco ou dez anos. Enquanto os groenlandeses sonham com petróleo, o país esquenta como nenhum outro: os termômetros na ilha subiram 2 °C acima do normal no último século, contra 0,76 °C de aquecimento médio mundial. Isso acontece porque o Ártico tende a amplificar o aumento na temperatura.

'As superfícies do Ártico ou são neve e gelo, ou são mar aberto, ou são tundra verde. Quando você tem neve e gelo, 90% da energia que chega à superfície é refletida de volta', diz Mark Fahnestock, glaciologista da Universidade de New Hampshire, EUA. 'Quando o Ártico começa a esquentar, a neve e o gelo vão embora, a superfície fica mais escura e absorve mais energia. No caso do oceano Ártico, a energia é amplificada em nove vezes.'

Por esse motivo, os cientistas previram que os primeiros sinais de um planeta mais quente seriam detectados no Ártico. A amplificação ártica faz o manto de gelo da Groenlândia — a segunda maior reserva de água doce da Terra (só perde para a Antártida) — derreter aceleradamente: já responde por 20% da elevação do nível do mar no planeta.[...]

Navegação

O que definitivamente está mudando por obra e graça do aquecimento é a navegação. Isso é boa notícia para os 56 mil groenlandeses — população que caberia com folga no estádio do Morumbi —, já que praticamente tudo na ilha que não seja peixe ou peles é importado.

'Cinco anos atrás, tínhamos de manter a produção de pescado processado em um depósito por cinco meses, para ser despachado em maio ou abril e só então chegar aos clientes. Hoje, eles podem consumir produtos mais frescos', diz Niels Ole Moller, gerente da usina da Royal Greenland em Ilulissat. [...]

O declínio do gelo marinho na região tem sido ótimo para os negócios, permitindo a pesca do camarão entre dezembro e abril, tradicional período morto para a atividade. 'Agora não há mais gelo, e as pessoas podem pescar o ano todo', diz. 'É melhor, não é?' [...]"

ANGELO, Claudio. O dilema da Groenlândia. *Folha de S.Paulo*, 8 maio 2011. Caderno Ilustríssima.

ATIVIDADES

1. Explique o seguinte trecho da reportagem:

"O mesmo óleo que, queimado, produz o gás carbônico que derrete geleiras como Jakobshavn e traz a ameaça de elevação do nível do mar é a grande aposta num futuro de prosperidade econômica".

2. Por que o aumento da temperatura da Groenlândia tem chamado a atenção de pesquisadores?

3. Em sua opinião, a possibilidade de crescimento econômico justificaria os impactos ambientais provocados pela exploração do petróleo na Groenlândia? Por quê?

4. Analise os cartuns a seguir e observe novamente o que está na seção **Para contextualizar** deste capítulo.

Junior Cohen. Aquecimento global (2010).

Os ursos-polares e o aquecimento global (2010).

5. Em grupos, vocês irão pesquisar cartuns relacionados ao tema "Aquecimento global", mas que tenham como foco os problemas que o aumento na temperatura média da Terra poderia trazer para os ecossistemas das regiões polares. Pesquisem três cartuns por grupo. Depois, os grupos expõem para a classe, comentando as características de cada cartum.

6. Agora, cada grupo fará um cartum, considerando o mesmo tema. Depois, os cartuns elaborados ficarão expostos para a classe, podendo ser realizada uma votação para eleger o melhor cartum.

Bibliografia

ALMANAQUE Brasil Socioambiental. São Paulo: Instituto Socioambiental, 2008.

ATLAS Nacional do Brasil – Milton Santos. Rio de Janeiro: IBGE, 2010.

BADIE, Bertrand; VIDAL, Dominique. *L'etat du monde 2011*. Paris: La Decouverte, 2011.

BARBOSA, Alexandre de. *O mundo globalizado*. São Paulo: Contexto, 2001.

BAUMAN, Zygmunt. *Globalização:* as consequências humanas. Rio de Janeiro: Jorge Zahar, 1999.

BECKOUCHE, Pierre. *Indústria:* um só mundo. São Paulo: Ática, 1997.

BENKO, Georges. *Economia, espaço e globalização*. São Paulo: Hucitec, 1996.

BOCHICCHIO, Vincenzo Raffaele. *Atlas mundo atual*. São Paulo: Atual, 2003.

BORGES, Edson et al. *Racismo, preconceito e intolerância*. São Paulo: Atual, 2002.

BOST, François et al. *Images* économiques *du monde 2012*. Paris: Armand Colin, 2011.

BRAND, Denis; DUROSSET, Maurice. *Dictionnaire thématique Histoire/Géographie*. Paris: Sirey, 1993.

BRENER, Jayme. *As guerras entre Israel e os árabes*. São Paulo: Scipione, 1997.

______. *Jornal do século XX*. São Paulo: Moderna, s/d.

______. *O mundo pós-Guerra Fria*. São Paulo: Scipione, 1994.

CARVALHO, Bernardo de Andrade. *A globalização em xeque*. São Paulo: Atual, 2000.

CASTELLS, Manuel. *A sociedade em rede*. São Paulo: Paz e Terra, 2007.

______. *O poder da identidade*. São Paulo: Paz e Terra, 2000.

CASTRO, Iná Elias de; GOMES, Paulo César da Costa; CORRÊA, Roberto Lobato. *Geografia:* conceitos e temas. 10. ed. Rio de Janeiro: Bertrand Brasil, 2007.

CHESNAIS, François. *A mundialização do capital*. São Paulo: Xamã, 1996.

DICTIONARY of the Earth. Londres: Dorling Kindersley, 1994.

DOWBOR, Ladislau et al. (Org.). *Desafios da globalização*. Petrópolis: Vozes, 1998.

______. *São Paulo em perspectiva*. São Paulo: Fundação Seade, 1995.

DRUCKER, Peter. *Sociedade pós-capitalista*. 7. ed. São Paulo: Pioneira, 1999.

DUBY, Georges. *Atlas historique*. Paris: Larousse, 1996.

DUPAS, Gilberto. *O mito do progresso*. São Paulo: Editora da Unesp, 2006.

DURAND, Marie-Françoise et al. *Atlas da Mundialização 2009*: compreender o espaço mundial contemporâneo. São Paulo: Saraiva, 2009.

FERREIRA, Graça Maria Lemos. *Atlas geográfico*: espaço mundial. São Paulo: Moderna, 2003.

FORSDYKE, A.G. *Previsão do tempo e do clima*. São Paulo: Melhoramentos/Edusp, 1969.

GIDDENS, Anthony. *As consequências da modernidade*. São Paulo: Editora da Unesp, 1991.

HAESBAERT, Rogério (Org.). *Globalização e fragmentação do mundo contemporâneo*. Niterói: Eduff, 1998.

______. *Blocos internacionais de poder*. São Paulo: Contexto, 1997.

______. *Regional-Global*. Rio de Janeiro: Bertrand Brasil, 2010

HARVEY, David. *A produção capitalista do espaço*. São Paulo: AnnaBlume, 2006.

______. *Condição pós-moderna*. São Paulo: Loyola, 1992.

______. *O novo Imperialismo*. São Paulo: Loyola, 2005.

HAYDEN, Thomas. *Dossiê Terra:* o guia indispensável sobre as tendências globais. São Paulo: National Geographic/Abril, 2007.

HOBSBAWM, Eric J. *A era dos impérios*. 11. ed. Rio de Janeiro: Paz e Terra, 2007.

______. *Globalização, democracia e terrorismo*. São Paulo: Companhia das Letras, 2007.

______. *Nações e nacionalismo desde 1780*. 2. ed. Rio de Janeiro: Paz e Terra, 1998.

IANNI, Octavio. *Teorias da globalização*. 11. ed. Rio de Janeiro: Civilização Brasileira, 2003.

ÍSOLA, Leda; CALDINI, Vera. *Atlas geográfico Saraiva*. São Paulo: Saraiva, 2009.

JACKSON, Robert; SORENSEN, Georg. *Introdução às relações internacionais*. Rio de Janeiro: Zahar, 2007.

JOINT, Pierre et al. *La géographie de l'Europe des 15*. Paris: Nathan, 1998.

KENNEDY, Paul. *Ascensão e queda das grandes potências*. Rio de Janeiro: Campus, 1994.

KLEIN, Naomi. *Sem logo:* a tirania das marcas em um planeta vendido. Rio de Janeiro: Record, 2004.

LE MONDE Diplomatique – Brasil. Ano 1, n. 11, jun. 2008.

LEINZ, Viktor; AMARAL, Sérgio E. do. *Geologia geral*. 14. ed. São Paulo: Nacional, 2003.

MAGNOLI, Demétrio. *União Europeia:* história e geopolítica. São Paulo: Ática, 1996.

MAO JR., José; SECCO, Lincoln. *A Revolução Chinesa:* até onde vai a força do dragão. São Paulo: Scipione, 1998.

MARTIN, André Roberto. *Fronteiras e nações*. São Paulo: Contexto, 1997.

MATTOS, Regiane Augusto. *História e cultura afro-brasileira*. São Paulo: Contexto, 2011.

MENDONÇA, Francisco; KOZEL, Salete (Org.). *Elementos de Epistemologia da Geografia contemporânea*. Curitiba: Editora UFPR, 2004.

MORAES, Antonio Carlos Robert. *Geografia:* pequena história crítica. São Paulo: AnnaBlume, 2005.

OLIC, Nelson Bacic. *A desintegração do Leste*. São Paulo: Moderna, 1994.

PASSINI, Elsa Yasuko. *Japão:* que país é este? Belo Horizonte: Lê, 1996.

PENNAFORTE, Charles. *África:* horizontes e desafios no século XXI. São Paulo: Atual, 2005.

PERALVA, Osvaldo. *Um retrato do Japão*. São Paulo: Moderna, 1991.

PHILLIPSON, Olly. *Atlas geográfico mundial*. Curitiba: Fundamento, 2007.

PNUD. *Relatório de Desenvolvimento Humano 2011*.

POLÍTICA externa. v. 19, n. 4. São Paulo: Paz e Terra, mar./abr./maio 2011.

POLÍTICA externa. v. 20, n. 1. São Paulo: Paz e Terra, dez./jan./fev. 2011-2012.

POLÍTICA externa. v. 20, n. 1. São Paulo: Paz e Terra, jun./jul./ago. 2011.

POMAR, Wladimir. *China:* o dragão do século XXI. São Paulo: Ática, 1996.

PONTUSCHKA, Nídia Nacib; OLIVEIRA, Ariovaldo Umbelino de (Org.). *Geografia em perspectiva*. São Paulo: Contexto, 2002.

QUINO. *Toda Mafalda*. São Paulo: Martins Fontes, 1995.

RAMONET, Ignácio. *Geopolítica do caos*. 4. ed. Rio de Janeiro: Vozes, 2001.

REGO, Nelson et al. (Org.). *Geografia e educação:* geração de ambiências. Porto Alegre: Editora da UFRGS, 2001.

RESENDE, Cyro. *História econômica geral*. São Paulo: Contexto, 1999.

REVISTA eletrônica Com Ciência (http://www.comciencia.br/comciencia/).

RIFKIN, Jeremy. *A era do acesso*. 2. ed. São Paulo: Makron Books, 2005.

____________. *O século da biotecnologia*. São Paulo: Makron Books, 1998.

RODRIGUES, Adyr Balastreri. *Turismo e espaço:* rumo a um conhecimento transdisciplinar. São Paulo: Hucitec, 2001.

SACHS, Ignacy. *Rumo à ecossocioeconomia*. São Paulo: Cortez, 2006.

SANDRONI, Paulo. *Dicionário de economia do século XXI*. Rio de Janeiro: Record, 2008.

SANTOS, Milton et al. (Org.). *Território:* globalização e fragmentação do espaço. São Paulo: Hucitec, 1996.

SANTOS, Milton. *Técnica Espaço Tempo*. São Paulo: Hucitec, 1997.

SILVA, Adão C. *Oriente Médio:* a gênese das fronteiras. São Paulo: Zouk, 2003.

SILVEIRA, Sérgio Amadeu da. *Exclusão digital:* a miséria na era da informação. São Paulo: Fundação Perseu Abramo, 2001.

SIMIELLI, Maria Elena. *Geoatlas*. São Paulo: Ática, 2006.

SIMONDS, Rosey. *Todos temos direitos*. São Paulo: Ática, 1999.

SIQUEIRA, Ethevaldo. *Revolução digital*. São Paulo: Saraiva, 2007.

SMITH, Dan. *Atlas dos conflitos mundiais*. São Paulo: Nacional, 2007.

SOUZA, Maria Adélia A. de et al. (Org.). *Natureza e sociedade hoje:* uma leitura geográfica. São Paulo: Hucitec/Anpur, 2002.

STATUS of world nuclear forces 2007 (http://www.nukestrat.com).

TEIXEIRA, Wilson; TOLEDO, M. Cristina Motta de; FAIRCHILD, Thomas Rich; TAIOLI, Fabio (Org.). *Decifrando a Terra*. São Paulo: Nacional, 2008.

TRIGUEIRO, André et al. *Meio ambiente no século 21*. 4. ed. Campinas: Autores Associados, 2005.

UNESCO. *História econômica geral*. São Paulo: Ática/Unesco, 1991. v. VII.

US Securities and Exchange Commission. *BP Statistical review of world energy 2010*.

VESENTINI, José Wiliam. *Novas geopolíticas*. São Paulo: Contexto, 2000.

VICENTINO, Cláudio; SCALZARETTO, Reinaldo. *Cenário mundial:* a nova ordem internacional. São Paulo: Scipione, 1992.

WARNIER, Jean-Pierre. *A mundialização da cultura*. São Paulo: Edusc, 1999.

Créditos das fotos

(da esquerda para a direita, de cima para baixo)

Pg.10 ALEXANDER NEMENOV/AFP/Getty Images; PHILIPPE WOJAZER/AFP/Getty Images.
Pg.11 Alamy /Other Images.
Pg.13 DOD/Roger-Viollet/AFP
Pg.21 Alamy/Other Images.
Pg.23 Angeli.
Pg.26 Gilmar; Rogan Ward/Reuters/Latinstock.
Pg.27 CHRISTOPHE SIMON/AFP/Getty Images.
Pg.28 Márcio Baraldi.
Pg.31 Alamy/Other Images.
Pg.33 © Delfim Martins/Tyba.
Pg.35 Ricardo Azoury/Pulsar Imagens; Jeoffrey Maitem/Getty Images.
Pg.38 Adão Iturrusgarai; Alamy/Other Images.
Pg.39 Igor Kostin/Sygma/Corbis/Latinstock.
Pg.40 Simon Dawson/Bloomberg/Getty Images.
Pg.45 MIKE CLARKE/AFP/Getty Images.
Pg.47 Uberti.
Pg.50 AP Photo/Keystone/Martial Trezzini/Glow Images.
Pg.51 Adek Berry/AFP
Pg.53 Editora Átomo (Geopolítica: uma visão atual); Contexto (Da Guerra Fria à nova ordem mundial); Adeus, Lênin! 2003. Direção Wolfgang Becker; Warner Home Video.
Pg.56 Alamy/Other Images; Alamy/Other Images.
Pg.57 Alamy/Other Images.
Pg.59 Alamy/Other Images.
Pg.61 © María Galán/Easypix Brasil.
Pg.62 Alamy/Other Images; Richard Roscoe/Barcroft Media/Getty Images.
Pg.64 Alamy/Other Images.
Pg.65 Alamy/Other Images.
Pg.69 Alexey Solodov/Alamy/Other Images; Alamy/Other Images; Alamy/Other Images.
Pg.73 Coleção particular.
Pg.76 ADRIAN DENNIS/AFP/Getty Images.
Pg.80 Ollie Millington/Getty Images.
Pg.81 Denis Doyle/Bloomberg/Getty Images.
Pg.83 David Turnley/CORBIS/Latinstock.
Pg.84 DIMITAR DILKOFF/AFP/Getty Images.
Pg.86 ARMEND NIMANI/AFP/Getty Images.
Pg.88 PHILIPPE MERLE/AFP/Getty Images.
Pg.95 Alamy/Other Images.
Pg.96 Pascal Le Segretain/Getty Images; Jock Fistick/Bloomberg/Getty Images
Pg.97 Alamy/Other Images.
Pg.98 Denis Doyle/Getty Images.
Pg.101 Akos Stiller/Bloomberg/Getty Images.
Pg.102 PATRICK KOVARIK/AFP/Getty Images.
Pg.104 Alamy/Other Images.
Pg.105 Alamy/Other Images.
Pg.106 Jason Alden/Bloomberg/Getty Images.
Pg.108 Alamy/Other Images; Coleção particular.
Pg.109 © Franziska Kraufmann/dpa/Corbis/Latinstock.
Pg.110 ODD ANDERSEN/AFP/Getty Images.
Pg.111 Alamy/Other Images.
Pg.113 Alamy/Other Images.
Pg.114 Alamy/Other Images; Harold Cunningham/Getty Images.
Pg.115 Alamy/Other Images; Ville Mannikko/Bloomberg/Getty Images.
Pg.120 © Peter Turnley/CORBIS/Latinstock.
Pg.122 EyesWideOpen/Getty Images.
Pg.126 STR/AFP/Getty Images.
Pg.130 Santiago.
Pg.131 Editora Vozes (Uma breve história da Europa); Cinema Paradiso. Dir. Giuseppe Tornatore, 1988; Edusc (Europa, a gênese de uma civilização); Ladrões de bicicleta, 1948. Direção de Vittorio de Sica.
Pg.132 Everett Collection/Keystone.
Pg.133 ©Sony Pictures Classics/courtesy Everett Collection/Keystone.
Pg.134 Alamy/Other Images.
Pg.135 Karine Basilio.
Pg.136 Alamy/Other Images; Denis Sinyakov/REUTERS/Latinstock; Alamy/Other Images; Alamy/Other Images.
Pg.140 KAZUHIRO NOGI/AFP/Getty Images.
Pg.142 Tim Graham/Getty Images.
Pg.143 Alamy/Other Images.
Pg.145 Alamy/Other Images.
Pg.146 Ulet Ifansasti/Getty Images.
Pg.147 © Rudy Sulgan/Corbis/Latinstock.
Pg.148 ChinaFotoPress/Getty Images.
Pg.149 MOHAMMED ABED/AFP/Getty Images; LAFFORGUE/Gamma-Rapho/Getty Images; STR/AFP/Getty Images; AHMAD AHMAD.
Pg.151 Alamy/Other Images.
Pg.154 Alamy/Other Images.
Pg.158 Ron Edmonds/AP Photo/Glow Images.
Pg.160 Keystone/Getty Images.
Pg.161 Getty Images News/Getty Images.
Pg.162 Scott Nelson/Getty Images.
Pg.164 Alamy/Other Images.
Pg.165 Alamy/Other Images.
Pg.168 SeongJoon Cho/Bloomberg/Getty Images; Alamy/Other Images.
Pg.170 TORU YAMANAKA/AFP/Getty Images.
Pg.171 Alamy/Other Images.
Pg.173 TORU YAMANAKA/AFP/Getty Images.
Pg.174 Kimimasa Mayama/Bloomberg/Getty Images.
Pg.176 Alamy/Other Images.
Pg.180 Alamy/Other Images.
Pg.181 HOANG DINH NAM/AFP/Getty Images.
Pg.182 Amana Images/Glow Images.
Pg.184 Alamy/Other Images.
Pg.186 AKG/Latinstock.
Pg.187 James Andanson/Sygma/Corbis/Latinstock.
Pg.188 Bettmann/CORBIS/Latinstock.
Pg.189 Alamy/Other Images.
Pg.191 STR/AFP/Getty Images.
Pg.197 Alamy/Other Images.
Pg.198 Alamy/Other Images; Tim Graham/Getty Images.
Pg.199 © Bettmann/CORBIS/Latinstock
Pg.200 Alamy/Other Images.
Pg.201 Fox Searchlight / Everett Collection/ Latinstock; Alamy/Other Images.
Pg.202 SAM PANTHAKY/AFP/Getty Images.
Pg.205 Editora Desatino (Olhares ao leste); As margens do rio sagrado - Dir. Deepa Mehta. Canadá/Índia, 2005; Vozes (História da Ásia anterior aos descobrimentos); Flores do amanhã. Dir. Yang Zhang. Hong Kong/China/Holanda, 2005; The Promises Film Project 2001.
Pg.207 Alamy/Other Images; Alamy/Other Images; DEA/W. BUSS/De Agostini/Getty Images.
Pg.208 Alamy/Other Images; Nadine Hutton/Bloomberg/Getty Images.
Pg.209 Alamy/Other Images.
Pg.211 GEORGES GOBET/AFP/Getty Images.
Pg.213 MUSTAFA ABDI/AFP/Getty Images.
Pg.216 © Jon Hrusa/epa/Corbis/Latinstock.
Pg.218 MARTIN BUREAU/AFP/Getty Image.
Pg.219 MOHAMMED ABED/AFP/Getty Images.
Pg.220 Alamy/Other Images.
Pg.221 Alamy/Other Images.
Pg.222 Philippe Plaily Eurelios/SPL/Latinstock; Alamy/Other Images.
Pg.226 Alamy/Other Images.
Pg.228 Alamy/Other Images.
Pg.230 Jerome Sessini/Getty Images; CHRISTOPHE SIMON/AFP/Getty Images.
Pg.231 Alamy/Other Images; GIANLUIGI GUERCIA/AFP/Getty Images.
Pg.232 Stephane Mahe/REUTERS/Latinstock.
Pg.238 Alamy/Other Images.
Pg.239 PIUS UTOMI EKPEI/AFP/Getty Images; SIA KAMBOU/AFP/Getty Images.
Pg.240 Alamy/Other Images; ISSOUF SANOGO/AFP/Getty Images.
Pg.241 Alamy/Other Images; PATRICK HERTZOG/AFP/Getty Images.
Pg.242 REUTERS/Katrina Manson/Latinstock.
Pg.244 PASCAL GUYOT/AFP/Getty Images; Alamy/Other Images.
Pg.247 Ejor/Getty Images.
Pg.248 TREVOR SAMSON/AFP/Getty Images.
Pg.249 Ed Jones/AFP/Getty Images.
Pg.251 Editora Atual (A descolonização da Ásia e da África); Infância Roubada, 2005. Dir. Gavin Hood; SM (ABC do continente africano); LIONSGATE Films (Hotel Ruanda); Editora Nova Fronteira (Um passeio pela África); Warner Bros (Invictus).
Pg.252 CLEMENS BILAN/AFP/Getty Images; ISSOUF SANOGO/AFP/Getty Images.
Pg.254 Alamy/Other Images.
Pg.255 Ian Waldie/Bloomberg/Getty Images.
Pg.259 Lonely Planet Images/DIOMEDIA.
Pg.261 Bill Bachmann/Latinstock; Alamy/Other Images.
Pg.262 Alamy/Other Images; Chris Hyde/Getty Images.
Pg.263 Alamy/Other Images.
Pg.264 Alamy/Other Images.
Pg.267 Editora Record (Raga); Encantadora de baleias, 2002. Direção Niki Caro; Editora Ática (Explorando a Austrália); Austrália, 2008. Direção Baz Luhrmann.
Pg.269 Mick Tsikas/REUTERS/Latinstock; Alamy/Other Images.
Pg.270 Renata Mello/ Pulsar Imagens; Alamy/Other Images.
Pg.271 © Patrick Robert/Corbis/Latinstock.
Pg.273 Alamy/Other Images.
Pg.274 Missão brasileira na Antártica, Jefferson Cardia Simões em 2004-2005.
Pg.275 © Peter Johnson/CORBIS/Latinstock; Minden Pictures/Latinstock.
Pg.276 Johnson/CORBIS/Latinstock.
Pg.277 Steven Kazlowski/Barcroft Media/Getty Images.
Pg.278 Jean Galvão.
Pg.279 © Anders Ryman/Corbis/Latinstock.
Pg.280 © Jenny E. Ross/Corbis/Latinstock; CHRIS WILKINS/AFP/Getty Images.
Pg.282 © Arctic-Images/Corbis/Latinstock; Keenpress/National Geographic Image Collection/Glow Images.
Pg.283 Editora Ática (Explorando as regiões polares); O Planeta branco, 2006. Direção Jean Lemire; A marcha dos pinguins, 2005. Direção Luc Jacquet; Uma verdade inconveniente, 2006. Direção Davis Guggenheim.
Pg.285 Junior Cohen; Nitrozac Snaggy.

Ilustrações e mapas

Alex Argozino - p. 71, 139, 153.
Carlos Tadeu de Carvalho Gamba - p. 14, 23, 30, 99, 119, 148, 157, 158, 197, 217, 246, 257.
ConceitoGraf. - p. 46,177.
Fernando e Wilma - p. 282.
Márcio Baraldi - p. 28.
Mario Yoshida - p. 16, 18, 41, 48, 60, 66, 72, 74, 77 (mapa), 79, 85, 88, 103, 107, 109, 112, 116, 123, 124, 125, 127, 129, 137 (mapa - os glofos do petróleo), 141, 144, 150, 152, 155, 170, 171, 172, 175, 178, 182, 184, 190, 195, 210, 211, 212, 214, 223, 238, 256, 265, 266, 272, 279.
Mauro Takeshi Kawasaki - p. 45, 77 (gráfico), 179, 194.
Portal de Mapas - p.163.
Selma Caparroz - p. 225, 226, 233, 237, 243, 245.
Sic Comunicação - p. 42.
Sidnei Moura - p. 58, 67, 91, 137 (mapa - Ásia), 138, 145, 187, 203, 228.
Vagner C. Santos - p. 68.